科学出版社“十三五”普通高等教育[illegible]教材

现代控制理论及应用

主　编　汪纪锋

副主编　党晓圆　张　毅

科学出版社

北　京

内 容 简 介

本书主要讨论线性系统理论的基础内容，研究线性系统状态的运动规律以及改变这种运动规律的可能性与基本方法。全书共 5 章，前 4 章分别介绍控制系统的状态空间模型及其建立问题、线性系统的状态解和输出响应解、线性系统的能控性和能观性与结构分解及其应用、控制系统的李雅普诺夫稳定性理论，最后一章着重讨论控制系统极点配置、观测器设计、系统解耦镇定等综合理论。各章列举大量实际应用例题，强调基本理论的工程实际应用。

本书可作为高等学校自动化、电气工程及其自动化、智能工程、人工智能等专业本科生的教材，也可供相关专业研究生、科研人员以及从事控制工程的技术人员参考。

图书在版编目(CIP)数据

现代控制理论及应用/汪纪锋主编. —北京：科学出版社，2020.1

科学出版社“十三五”普通高等教育本科规划教材

ISBN 978-7-03-063309-5

Ⅰ. ①现… Ⅱ. ①汪… Ⅲ. ①现代控制理论-高等学校-教材 Ⅳ. ①O231

中国版本图书馆 CIP 数据核字(2019)第 255529 号

责任编辑：余 江 陈 琪 / 责任校对：王萌萌

责任印制：赵 博 / 封面设计：迷底书装

科 学 出 版 社 出版

北京东黄城根北街 16 号

邮政编码：100717

http://www.sciencep.com

北京厚诚则铭印刷科技有限公司印刷

科学出版社发行 各地新华书店经销

*

2020 年 1 月第 一 版 开本：787×1092 1/16

2025 年 1 月第五次印刷 印张：17 3/4

字数：432 000

定价：65.00 元

(如有印装质量问题，我社负责调换)

前　言

“现代控制理论(基础)”课程一直是传统自动化、电气工程及其自动化等相近专业本科生的专业基础课程。随着科学技术日新月异的进步和发展，智能工程、人工智能被推向科技的前沿。智能控制、智能决策、智能算法、智能检测等，无疑是支撑智能工程、人工智能学科的基础核心，而“控制”“决策”“算法”“检测”等的理论基础，则是先进的现代控制理论。也就是说，“现代控制理论”不仅是传统自动化类专业的课程，而且也是现今高校智能工程(包括智能控制、智能制造、智能装备等)、人工智能专业必修的重要基础理论课程之一。

本课程的目的是使学生获得现代控制理论的基础知识，掌握控制系统状态空间分析方法，熟悉控制系统综合与设计方法，为后续专业课程的学习和实际运用打下扎实的基础。现代控制理论研究范围广、内容多，因受教学学时和教材篇幅的限制，难以面面俱到。考虑到线性系统理论是现代控制理论的基础理论，本书选取了线性系统理论最基本的知识内容，包括线性系统的状态空间模型建立与运动分析、线性系统的能控性与能观性分析、控制系统的李雅普诺夫稳定性分析及线性系统设计综合应用等。

本书从工程应用实际出发，阐述现代数学与控制理论的基本概念和方法，为读者进一步学习控制理论与控制工程设计及应用奠定了基础。本书主编从事控制理论系列课程的教学工作近 45 年，潜心研究控制理论课程的教材内容和教学方法，具有丰富的经验。在本书撰写过程中考虑了学生的学习过程、教师的教学过程，充分兼顾了教与学两方面的特点，以增强教学过程中的可操作性，突出状态空间中控制理论与工程实践问题的紧密结合，注重学生分析问题和解决问题的能力培养。考虑到目前很多学校都开设有 MATLAB 在控制系统设计与仿真应用的相关课程，所以本书略去了各章中有关 MATLAB 应用的相应内容。本书结构清晰，便于学生从整体上掌握现代控制理论的基本概念和方法，注重物理概念，避免烦琐的数学推证，论证与实例相结合，内容阐述循序渐进，利于学生运用理论解决工程实际问题。

本书由汪纪锋任主编，党晓圆、张毅任副主编。本书是在汪纪锋教授讲授的“现代控制理论”课程英文原稿基础上，经党晓圆、张毅两位老师翻译整理和编辑之后完成的。其中，张毅翻译整理第 1、2 章，党晓圆翻译整理第 3、4、5 章，汪纪锋完成统稿并校核全书。

本书的出版得到以下项目的资助：

教育部高等学校自动化类专业教学指导委员会专业教育教学改革研究课题“校企合作办学的自动化类人才培养模式研究与实践”(批准号：2019A55)。

重庆市教委高等学校市级重点培育学科，重庆邮电大学移通学院“控制科学与工程”(渝教研发[2017]8 号)。

重庆市教委普通本科高校新型二级学院建设“重庆邮电大学移通学院(智能工程学院)”项目(渝教高[2018]22 号)。

在此一并向教育部高等学校自动化类专业教学指导委员会和重庆市教委致谢。

在本书撰写过程中还参考了一些同行专家的论著和教材，在此表示衷心的感谢。

同时，本书的出版也得到了重庆大学自动化学院、重庆邮电大学自动化学院、重庆邮电大学移通学院的支持和帮助，也一并表示感谢。

由于编者水平有限，书中难免有不足之处，敬请读者批评指正，以便修订时改进。如读者在使用本书的过程中有其他意见或建议，也可向编者提出。

编　者

2019 年 10 月于重庆南山

目　录

绪　论

0.1　现代控制理论概述

控制理论作为具有前瞻性的系统科学之基础，广泛应用于工业生产、国防建设及国民经济的许多方面，包括各种自动控制系统、各类生产过程、各种形式的自动机构、机器人，以及运用信息采集、信息处理、信息加工、管理决策的各种自动化装置和集成化系统。它不仅可以把人们从繁重的劳动中解放出来，而且还可以完成人们自身难以实现的众多精准、复杂的工作。

控制理论一般包括经典控制理论和现代控制理论两大部分。如同其他理论一样，控制理论的发展也经历了不断改进、不断完善和不断提升这样的一种过程。

0.1.1　控制理论的发展

1. 经典控制理论的产生和发展

理论总是由实践而来，它源于实践，但又反过来指导实践。人类发明具有“自动”功能装置的历史大约可追溯到公元前中国的“铜壶滴漏”、南北朝时期祖冲之等制造的指南车、北宋时期苏颂等建成的“水运仪象台”等。但比较明显地采用“反馈原理”设计并成功应用于实践的当数 1788 年瓦特(James Watt)发明的蒸汽机上运行工作的离心式飞球调速器。大约 80 年后的 1868 年，美国学者麦克斯韦(J.C.Maxwell)就此发表了题为《论调速器》的论文，解决了蒸汽机调速系统中出现剧烈振荡的不稳定性问题，提出了简单的稳定性代数判据。1895 年劳斯(Routh)与赫尔维茨(Hurwitz)把麦克斯韦的思想扩展到由高阶微分方程描述的更为复杂的系统中，分别提出了著名的劳斯判据和赫尔维茨判据，这基本上满足了 20 世纪初期工业控制系统的需要。为了适应第二次世界大战中控制系统需要具有准确跟踪与补偿特性的实际要求，1932 年奈奎斯特(H.Nyquist)提出了研究系统的频率响应法，1948 年伊万斯(W.R.Ewans)提出了研究系统的复域根轨迹法。1947 年美国学者维纳(N.Weiner)把因控制理论引发的生产自动化同第二次产业革命联系起来，于 1948 年出版了控制理论界的标志性著作《控制论》，书中以频率响应法和根轨迹法为要点，论述了控制理论的一般方法，扩展了反馈的概念，为控制理论这门学科奠定了基础，被称为经典控制理论，也称为维纳滤波(经典)控制理论。随后，1954 年我国著名科学家钱学森在美国出版了《工程控制论》，从而为控制理论的工程应用奠定了基础。

2. 现代控制理论的产生和发展

随着近代科学技术的突飞猛进，特别是空间技术、大规模现代先进生产和集成制造技术的发展，使工程系统的结构和所完成的任务越来越复杂，速度和精度要求也越来越高。这就要求控制理论必须解决动态耦合的多输入/多输出系统、时变系统的控制设计问题。此外，还常常要求系统的某些性能最优，要求系统具有一定的抵御干扰的能力和环境适应能力等，这些新的指标及控制要求都是经典控制理论无法解决的。由此，现代控制理论的形成则是必然的。

现代科技的发展不仅对控制理论与技术提出了挑战，也为推动现代控制理论的形成和发展创造了积极条件。现代数学，如现代代数、泛函分析、动态规划等，为现代控制理论提供了多种多样的分析方法和分析工具；而计算机技术又为现代控制理论发展提供了应用的平台。20 世纪 50 年代后期，贝尔曼(Bellman)等提出了分析系统的状态法和动态规划法；60 年代初美籍匈牙利学者卡尔曼(Kalman)提出了状态的能控性、能观性概念，创建了卡尔曼滤波理论，尔后苏联数学家庞特里亚金又提出了极大值原理，这催促着现代控制理论的形成。这一时期的标志性成果当数卡尔曼提出的滤波理论，即卡尔曼滤波理论。20 世纪 60 年代以来，控制理论得到快速发展，形成了几个重要分支学科，比如线性系统理论、最优控制理论、自适应控制理论、系统辨识理论等。到了 70 年代，又逐步向“大系统理论”“智能控制理论”“复杂系统理论”等方向发展，而现今“鲁棒控制理论”等又是一个新的研究热点。

近半个世纪以来，现代控制理论已广泛应用于工业、农业、交通运输、电力系统、钢铁冶金、航空航天及国防建设各领域。回顾控制理论的发展历程可以看出，控制理论的发展反映了人类历经由机械化时代进入电气化时代，并开始走向自动化、信息化、智能化时代这样的一个过程。

0.1.2　现代控制理论与经典控制理论的不同点

现代控制理论与经典控制理论的不同点主要表现在研究对象、研究方法、研究手段、控制的着眼点、分析方法、综合设计及方法等几个方面。

经典控制理论以单输入/单输出系统为研究对象，数学模型是高阶微分方程，应用传递函数法(外部描述法)和拉普拉斯变换法作为研究方法和工具，研究问题的着眼点是系统的输出，分析和设计方法主要是在复频域，运用频率特性、根轨迹等校正系统，设计 PID 控制。

现代控制理论以多输入/多输出系统为研究对象，用一阶向量微分方程作为数学模型，以状态空间法(内部描述法)为研究方法，以线性代数、矩阵理论为研究工具。研究问题的着眼点是系统的状态，分析方法在实域、复域进行，从能控性能观性角度，运用极点配置设计状态反馈闭环系统和输出反馈闭环系统，运用状态观测器实现状态反馈的工程应用。

另外，在经典控制理论中，频率法物理概念清楚，直观且实用，但难于实现最优控制，现代控制理论则易于实现最优控制和实时控制。

应当指出，现代控制理论是在经典控制理论基础上发展起来的，两者虽有本质的区别，但在对系统进行分析时，两种理论是相互补充、相辅相成的。对初学者来说，学习现代控制理论应采用与经典理论两者相对比的方式进行更为有益。

0.2　本书主要内容结构

本书主要讨论线性系统理论部分的基本内容，即研究线性系统状态的特性与运动规律，以及改善系统特性与运动规律的可能性与基本方法，强调了基本理论的工程实际应用。本书分 5 章：

第 1 章是控制系统的状态空间描述，主要解决系统状态空间数学模型的建立问题。本章的特点在于突出了由经典框图结构模型建立状态空间模型的方法和物理概念。

第 2 章是线性系统的运动分析，讨论状态转移矩阵及系统的状态解和输出响应解。本章的特点在于强调了状态方程的求解方法以及状态转移矩阵的数学物理概念。

第 3 章是线性系统的能控性和能观性，分析介绍系统能控能观性的定义及其判据，讨论系统按能控能观性结构分解问题；本章是这门课程的一个核心内容之一，强调能控能观性的工程应用概念及系统结构分解的实际应用则是本章的一个特点。本章充分证实了现代控制理论研究问题的着眼点在于系统的状态而非系统的输出。

第 4 章是稳定性理论，介绍李雅普诺夫稳定性概念和判定问题；本章将经典线性理论中的渐近稳定概念引申至李雅普诺夫意义下的稳定性理论，突出了针对非线性系统稳定性判据的一般方法，以及李雅普诺夫函数的非稳定性应用，这是本章的特点。

第 5 章是线性系统综合理论，讨论利用系统极点配置改变系统性能的方法和状态观测器的设计、系统的镇定及解耦等问题。本章的特点，一是强调了利用状态反馈配置极点、设计观测器、解耦系统以及镇定系统所必须的条件；二是突出了综合后设计系统的物理仿真实现与状态变量图的工程应用。

第 1 章　控制系统的状态空间描述

本章主要讨论控制系统的动态描述——数学模型。

经典控制理论的系统分析，在时域中采用n阶微分方程(连续系统)或n阶差分方程(离散系统)作为描述系统动态特性的数学模型。而在频域中则采用传递函数(连续系统)或z传递函数(离散系统)作为数学模型。但是，这些数学模型只建立了系统的输入信号量和输出信号量之间的关系，不能反映系统内部变化的特性。因此，通常把经典理论中的这类描述称为外部描述，即黑箱理论。可以证明，系统变化的真正原因是系统内部状态的变化，而现代控制理论描述系统状态的数学模型则称为内部描述，状态空间模型恰好是动态系统的内部描述。

1.1　动态系统的状态空间描述

本节主要就动态系统状态空间描述的形式即状态空间模型的建立方法做了较详尽的说明，同时也对实际系统实现物理模拟的系统状态变量图的结构及应用做了讲解。

1.1.1　一般概念

1. 状态、状态变量(State Variable)

状态是描述系统行为特征的一组变量。状态就是指状态变量。

动态系统的状态定义为：在时间域中能够完整地、确定地描述系统行为特征的一个最小变量组。这里，对三个限定词做一个说明。

所谓“完整地”，是指这组变量既可以描述系统的静态特性，又可以描述系统的动态特性。

所谓“确定地”，是指当系统的初始状态$\boldsymbol{x}(t_0)$和输入信号$\boldsymbol{u}(t)(t \geqslant t_0)$被给定，则系统在$t \geqslant t_0$的任意时刻的状态就可以由这组状态变量加以确定。

所谓“最小”，是指再增加一个变量是多余的，而减少一个变量就不能完整地描述系统行为特性。或用数学语言来说，“最小变量组”就是一组最大线性无关变量组。

2. 状态向量(State Vector)

设系统有n个状态变量为$x_1(t)$，$x_2(t)$，…，$x_n(t)$，把这些状态变量作为分量所构成的列向量就是状态向量，记作

$$\boldsymbol{x}(t)=\begin{bmatrix} x_1(t) \\ x_2(t) \\ \vdots \\ x_n(t) \end{bmatrix} \qquad (n\text{维列向量})$$

或记为

$$\boldsymbol{x}(t)=\left[x_1(t)\quad x_2(t)\quad\cdots\quad x_n(t)\right]^{\mathrm{T}}\qquad（n\text{维行向量的转置}）$$

其中，$x_i(t)$为状态分量，$i=1,2,\cdots,n$。

3. 状态空间(State Space)

以状态变量的各分量$x_i(t)$为坐标轴所构成的n维欧氏(Euclid)空间称为状态空间，记为$\mathbf{R}^n$。状态空间中的每一个点，对应于系统的某一特定性能的状态。三维状态空间$\mathbf{R}^3$如图 1-1 所示。若图中$\boldsymbol{A}$点为初始状态$\boldsymbol{x}(t_0)$，当给定输入函数$\boldsymbol{u}(t)$随时间变化，状态变化的轨迹将会唯一确定。特别当n=2 时，就是经典理论中大家熟悉的相平面。

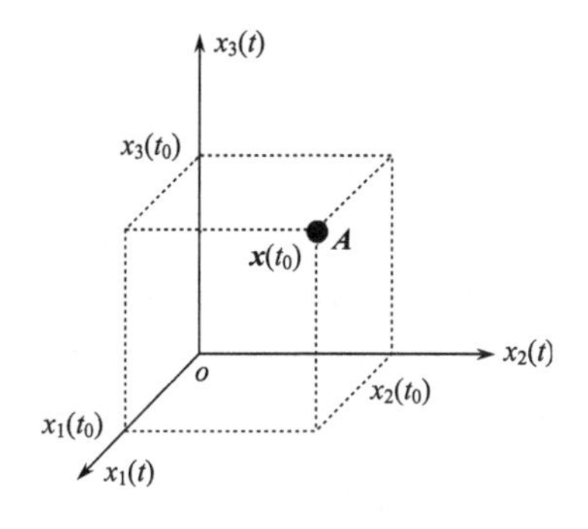

图 1-1　三维状态空间图

1.1.2　控制系统状态空间数学描述(模型)

在现代控制理论中，一个典型的控制系统(或称受控过程)的框图如图 1-2 所示。

其中，输入向量记为

$$\boldsymbol{u}(t)=\begin{bmatrix}u_1(t)\\u_2(t)\\\vdots\\u_r(t)\end{bmatrix}\tag{1-1}$$

即，$\boldsymbol{u}(t)\in\mathbf{R}^r$，为$r$维列向量。

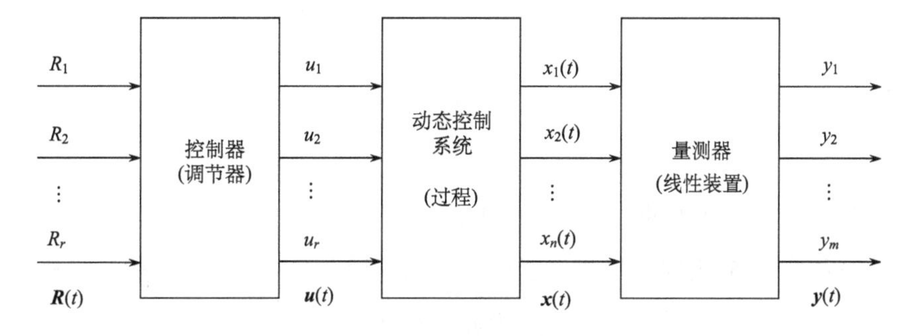

图 1-2　典型控制系统框图

输出向量记为

$$\boldsymbol{y}(t)=\begin{bmatrix}y_1(t)\\y_2(t)\\\vdots\\y_m(t)\end{bmatrix}\tag{1-2}$$

即，$\boldsymbol{y}(t)\in\mathbf{R}^m$，为$m$维列向量。

状态向量记为

$$\boldsymbol{x}(t)=\begin{bmatrix} x_1(t) \\ x_2(t) \\ \vdots \\ x_n(t) \end{bmatrix} \tag{1-3}$$

即，$\boldsymbol{x}(t)\in\mathbf{R}^n$，为$n$维列向量。

从工程控制角度，这里$r\leqslant n$， $m\leqslant n$。

研究认为，输入信号向量$\boldsymbol{u}(t)$激励了系统内部状态$\boldsymbol{x}(t)$的变化，其变化关系可以用n个一阶微分方程来描述；而状态的变化通过线性量测传递到系统输出端而得到系统输出信号向量$\boldsymbol{y}(t)$，故其(量测)传递过程可以用m个代数方程加以表示。于是，有状态变化的n个一阶微分方程为

$$\begin{cases} \dot{x}_1 = f_1(x_1,x_2,\cdots,x_n;u_1,u_2,\cdots,u_r;t) \\ \dot{x}_2 = f_2(x_1,x_2,\cdots,x_n;u_1,u_2,\cdots,u_r;t) \\ \quad\vdots \\ \dot{x}_i = f_i(x_1,x_2,\cdots,x_n;u_1,u_2,\cdots,u_r;t) \\ \quad\vdots \\ \dot{x}_n = f_n(x_1,x_2,\cdots,x_n;u_1,u_2,\cdots,u_r;t) \end{cases} \tag{1-4}$$

其中，函数f_i可以是线性的也可以是非线性的。

m个输出的代数方程为

$$\begin{cases} y_1 = g_1(x_1,x_2,\cdots,x_n;u_1,u_2,\cdots,u_r;t) \\ y_2 = g_2(x_1,x_2,\cdots,x_n;u_1,u_2,\cdots,u_r;t) \\ \quad\vdots \\ y_j = g_j(x_1,x_2,\cdots,x_n;u_1,u_2,\cdots,u_r;t) \\ \quad\vdots \\ y_m = g_m(x_1,x_2,\cdots,x_n;u_1,u_2,\cdots,u_r;t) \end{cases} \tag{1-5}$$

同样地，函数g_j可以是线性的，也可以是非线性的。

将式(1-4)和式(1-5)用向量形式表示就得到系统状态空间描述的一般数学模型

$$\begin{cases} \dot{\boldsymbol{x}} = \boldsymbol{f}(\boldsymbol{x},\boldsymbol{u},t) \\ \boldsymbol{y} = \boldsymbol{g}(\boldsymbol{x},\boldsymbol{u},t) \end{cases} \tag{1-6}$$

式中，$\boldsymbol{x}$为状态向量；$\boldsymbol{u}$为输入向量；t为时间标量。$\dot{\boldsymbol{x}} = \boldsymbol{f}(\boldsymbol{x},\boldsymbol{u},t)$是一阶向量微分方程，称为系统的状态方程(State Equation)；$\boldsymbol{y} = \boldsymbol{g}(\boldsymbol{x},\boldsymbol{u},t)$是向量代数方程，称为系统的输出方程(Output Equation)或测量方程。该向量数学模型，式(1-6)就是系统的内部描述，也就是状态空间描述的一般形式。

特别地，当控制系统为线性系统时，根据线性系统的叠加性和齐次性，可以得到$\dot{x}_i$和y_i与x_i和u_j的线性组合关系。故可得线性微分方程组和代数方程组为

$$\begin{cases} \dot{x}_1 = [a_{11}(t)x_1 + a_{12}(t)x_2 + \cdots + a_{1n}(t)x_n] + [b_{11}(t)u_1 + b_{12}(t)u_2 + \cdots + b_{1r}(t)u_r] \\ \dot{x}_2 = [a_{21}(t)x_1 + a_{22}(t)x_2 + \cdots + a_{2n}(t)x_n] + [b_{21}(t)u_1 + b_{22}(t)u_2 + \cdots + b_{2r}(t)u_r] \\ \quad\vdots \\ \dot{x}_i = [a_{i1}(t)x_1 + a_{i2}(t)x_2 + \cdots + a_{in}(t)x_n] + [b_{i1}(t)u_1 + b_{i2}(t)u_2 + \cdots + b_{ir}(t)u_r] \\ \quad\vdots \\ \dot{x}_n = [a_{n1}(t)x_1 + a_{n2}(t)x_2 + \cdots + a_{nn}(t)x_n] + [b_{n1}(t)u_1 + b_{n2}(t)u_2 + \cdots + b_{nr}(t)u_r] \end{cases} \tag{1-7}$$

$$\begin{cases} y_1 = [c_{11}(t)x_1 + c_{12}(t)x_2 + \cdots + c_{1n}(t)x_n] + [d_{11}(t)u_1 + d_{12}(t)u_2 + \cdots + d_{1r}(t)u_r] \\ y_2 = [c_{21}(t)x_1 + c_{22}(t)x_2 + \cdots + c_{2n}(t)x_n] + [d_{21}(t)u_1 + d_{22}(t)u_2 + \cdots + d_{2r}(t)u_r] \\ \quad\vdots \\ y_j = [c_{j1}(t)x_1 + c_{j2}(t)x_2 + \cdots + c_{jn}(t)x_n] + [d_{j1}(t)u_1 + d_{j2}(t)u_2 + \cdots + d_{jr}(t)u_r] \\ \quad\vdots \\ y_m = [c_{m1}(t)x_1 + c_{m2}(t)x_2 + \cdots + c_{mn}(t)x_n] + [d_{m1}(t)u_1 + d_{m2}(t)u_2 + \cdots + d_{mr}(t)u_r] \end{cases} \tag{1-8}$$

应用矩阵运算形式，可得出线性系统的状态空间表达式为

$$\begin{cases} \dot{\boldsymbol{x}} = \boldsymbol{A}(t)\boldsymbol{x} + \boldsymbol{B}(t)\boldsymbol{u} \\ \boldsymbol{y} = \boldsymbol{C}(t)\boldsymbol{x} + \boldsymbol{D}(t)\boldsymbol{u} \end{cases} \tag{1-9}$$

其中

$$\boldsymbol{A}(t) = \begin{bmatrix} a_{11}(t) & \cdots & a_{1n}(t) \\ \vdots & & \vdots \\ a_{n1}(t) & \cdots & a_{nn}(t) \end{bmatrix}, \quad \boldsymbol{B}(t) = \begin{bmatrix} b_{11}(t) & \cdots & b_{1r}(t) \\ \vdots & & \vdots \\ b_{n1}(t) & \cdots & b_{nr}(t) \end{bmatrix}$$

$$\boldsymbol{C}(t) = \begin{bmatrix} c_{11}(t) & \cdots & c_{1n}(t) \\ \vdots & & \vdots \\ c_{m1}(t) & \cdots & a_{mn}(t) \end{bmatrix}, \quad \boldsymbol{D}(t) = \begin{bmatrix} d_{11}(t) & \cdots & d_{1r}(t) \\ \vdots & & \vdots \\ d_{m1}(t) & \cdots & d_{mr}(t) \end{bmatrix} \tag{1-10}$$

$\boldsymbol{A}(t)$，$\boldsymbol{B}(t)$，$\boldsymbol{C}(t)$ 和 $\boldsymbol{D}(t)$ 均为状态空间描述中的系数矩阵，一般它们由组成该系统的设备元器件参数构成。

1.1.3　状态空间描述建模实例

为了说明状态空间模型建立的过程，下面给出两个简单实例。

【例 1.1】 有弹簧-质量-阻尼器封闭系统如图 1-3 所示，输入为外力 P，输出为质量上的位移 s，假设系统为刚性联接，试建立该系统的状态空间描述。

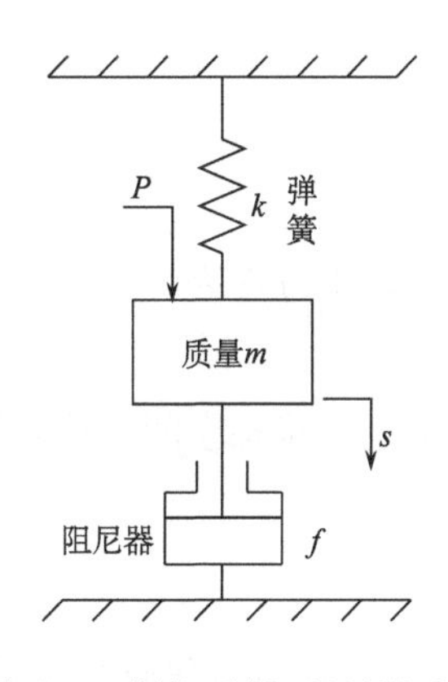

图 1-3　弹簧-质量-阻尼器系统

解前分析　一方面，系统中独立储能元件的数目决定了状态变量的个数。在此系统中，有 2 个独立储能元件。弹簧——存储势能；质量——存储动能。因此，可选择 2 个状态变量。

另一方面，可选择能反映储能特性的物理变量作为系统

的状态变量。该刚性连接系统中，弹簧的位移 s 反映了弹簧的势能大小，质量的速度 v 反映了质量的动能大小，故可选择 s 和 v 两变量作为状态变量。

解 选取状态变量 $\boldsymbol{x}$

$$\boldsymbol{x}=\begin{bmatrix}x_1\\x_2\end{bmatrix}=\begin{bmatrix}v\\s\end{bmatrix}$$

注意到刚性连接系统中，质量的速度 v 也是阻尼器的速度，弹簧的位移 s 则正是系统的输出。

由于支撑该系统运动的物理定律是牛顿第二定律，于是可列出时域中的运动方程

$$\begin{cases}m\dfrac{\mathrm{d}v}{\mathrm{d}t}=P-ks-fv\\ v=\dfrac{\mathrm{d}s}{\mathrm{d}t}\end{cases}$$

则两个关于状态变量的一阶微分方程

$$\begin{cases}\dfrac{\mathrm{d}v}{\mathrm{d}t}=-\dfrac{f}{m}v-\dfrac{k}{m}s+\dfrac{1}{m}P\\ \dfrac{\mathrm{d}s}{\mathrm{d}t}=v\end{cases}$$

得状态方程为

$$\begin{cases}\dot{v}=-\dfrac{f}{m}v-\dfrac{k}{m}s+\dfrac{1}{m}P\\ \dot{s}=v\end{cases}$$

同时，输出方程为

$$y=x_2=s$$

写成矩阵形式

$$\begin{cases}\dot{\boldsymbol{x}}=\begin{bmatrix}\dot{x}_1\\\dot{x}_2\end{bmatrix}=\begin{bmatrix}\dot{v}\\\dot{s}\end{bmatrix}=\begin{bmatrix}-\dfrac{f}{m} & -\dfrac{k}{m}\\1 & 0\end{bmatrix}\begin{bmatrix}v\\s\end{bmatrix}+\begin{bmatrix}\dfrac{1}{m}\\0\end{bmatrix}[P]\\ \boldsymbol{y}=[y]=[0\quad 1]\begin{bmatrix}v\\s\end{bmatrix}\end{cases}$$

或

$$\dot{\boldsymbol{x}}=\boldsymbol{A}(t)\boldsymbol{x}+\boldsymbol{B}(t)P$$

输出方程为

$$\boldsymbol{y}=\boldsymbol{C}(t)\boldsymbol{x}$$

故系统的状态空间表达式为

$$\begin{cases}\dot{\boldsymbol{x}}=\boldsymbol{Ax}+\boldsymbol{B}P\\ \boldsymbol{y}=\boldsymbol{Cx},\qquad \boldsymbol{D}=\boldsymbol{0}\end{cases}$$

显然，弹簧-质量-阻尼器系统是一个二维线性时不变系统。

【例 1.2】 有线性 RLC 网络电路如图 1-4 所示。设 u_1 为加在端口①-②的外施电压源，u_2 为电路中的干扰电压源，网络端口③-④的电压 y 为输出电压。试求该电网络的状态空间描述。

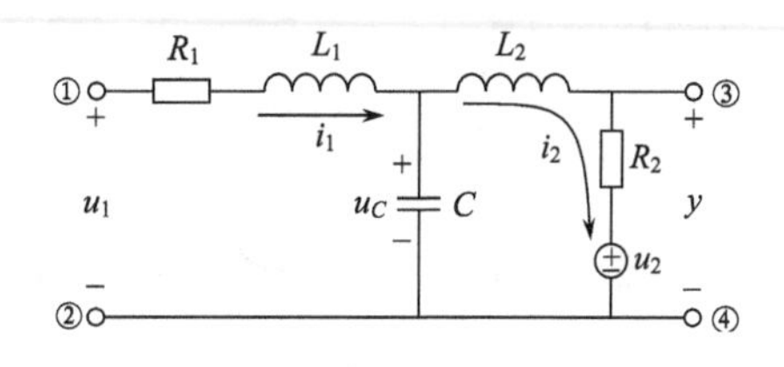

图 1-4　RLC 网络电路图

解前分析　因为网络系统中有两种不同形式的储能元件 L 和 C，且 L_1 和 L_2 是不能被简化的 2 个独立储能元件，所以网络系统中共有 3 个独立的储能元件 L_1、L_2 和 C。而直接反映这 3 个元件独立储能大小的则是施于其上的电流和电压。

解　(1) 选择状态变量。可选择相应的电流和电压为状态变量 $\boldsymbol{x}$，即

$$\boldsymbol{x}=\begin{bmatrix} x_1 \\ x_2 \\ x_3 \end{bmatrix}=\begin{bmatrix} i_1 \\ i_2 \\ u_C \end{bmatrix}$$

(2) 利用支撑网络运行的物理定律列写运动方程。由基尔霍夫定律，列出回路电压、节点电流方程为

$$\begin{cases} u_1 = R_1 i_1 + L_1\dfrac{\mathrm{d}i_1}{\mathrm{d}t} + u_C \\ u_C = R_2 i_2 + L_2\dfrac{\mathrm{d}i_2}{\mathrm{d}t} + u_2 \\ i_1 = i_2 + C\dfrac{\mathrm{d}u_C}{\mathrm{d}t} \end{cases}$$

并得到输出方程为

$$y = R_2 i_2 + u_2$$

(3) 解析出状态变量的一阶微分方程组，即

$$\begin{cases} \dot{x}_1 = \dot{i}_1 = -\dfrac{R_1}{L_1}i_1 - \dfrac{1}{L_1}u_C + \dfrac{1}{L_1}u_1 \\ \dot{x}_2 = \dot{i}_2 = -\dfrac{R_2}{L_2}i_2 + \dfrac{1}{L_2}u_C - \dfrac{1}{L_2}u_2 \\ \dot{x}_3 = \dot{u}_C = \dfrac{1}{C}i_1 - \dfrac{1}{C}i_2 \end{cases}$$

(4) 借用矩阵及其运算，可得出状态空间表达式

$$\begin{cases} \dot{\boldsymbol{x}}=\begin{bmatrix} \dot{x}_1 \\ \dot{x}_2 \\ \dot{x}_3 \end{bmatrix}=\begin{bmatrix} \dot{i}_1 \\ \dot{i}_2 \\ \dot{u}_C \end{bmatrix}=\begin{bmatrix} -\dfrac{R_1}{L_1} & 0 & -\dfrac{1}{L_1} \\ 0 & -\dfrac{R_2}{L_2} & \dfrac{1}{L_2} \\ \dfrac{1}{C} & -\dfrac{1}{C} & 0 \end{bmatrix}\begin{bmatrix} x_1 \\ x_2 \\ x_3 \end{bmatrix}+\begin{bmatrix} \dfrac{1}{L_1} & 0 \\ 0 & -\dfrac{1}{L_2} \\ 0 & 0 \end{bmatrix}\begin{bmatrix} u_1 \\ u_2 \end{bmatrix} \\ \boldsymbol{y}=[y]=[0 \quad R_2 \quad 0]\boldsymbol{x}+[0 \quad 1]\begin{bmatrix} u_1 \\ u_2 \end{bmatrix} \end{cases}$$

或

$$\begin{cases}\dot{\boldsymbol{x}} = \boldsymbol{A}\boldsymbol{x} + \boldsymbol{B}\boldsymbol{u} \\ \boldsymbol{y} = \boldsymbol{C}\boldsymbol{x} + \boldsymbol{D}\boldsymbol{u}\end{cases}$$

显然，这是一个双输入单输出的三维电路系统模型。

1.1.4　关于状态空间描述的几点概念性结论

根据前面的分析和实例，可得出下面几点有用的结论。

(1) 和经典描述相比，状态空间描述考虑了这样一个过程：$\boldsymbol{u}(t) \to \boldsymbol{x}(t) \to \boldsymbol{y}(t)$。该过程表明，输入激励了状态的变化，而状态的变化产生输出。状态空间描述考虑了被经典描述掩盖了的状态的变化。所以说，经典数学模型是外部描述，而状态空间描述是内部描述。

(2) 一方面，受输入信号激励而引起的状态变化是一个运动过程，因此，状态方程是一个向量微分方程，即 $\dot{\boldsymbol{x}} = \boldsymbol{f}(\boldsymbol{x},\boldsymbol{u},t)$。另一方面，由状态变化所影响的输出信号的变化是一个传递过程，所以，输出方程必然是向量代数方程，即 $\boldsymbol{y} = \boldsymbol{g}(\boldsymbol{x},\boldsymbol{u},t)$ 。

(3) 一般地，系统状态变量的个数等且仅等于系统中独立储能元件的个数。在经典控制理论中，一个 n 阶系统一定具有 n 个独立储能元件。因此，n 阶系统可选取的状态变量必须是 n 个。这表明，经典控制理论中的 n 阶系统等价于现代控制理论中的 n 维系统。

(4) 对于一些机械系统和电气系统(网络)，通常选择能表达独立储能元件储能特性的物理变量作为状态变量。所谓“独立储能元件”是指这些储能元件间相互不能被简化。

如图 1-5 所示的 RLC 网络。该网络独立储能元件只有 2 个，而非 3 个。故该系统是 2 阶网络或者说是 2 维网络。

又如，图 1-6 所示的 RC 网络中，虽然只有 1 种形式的储能元件，2 个电容，但是 C_1 和 C_2 是相对独立的，不能简化为 1 个电容。所以说该网络也是 2 阶网络或 2 维网络。事实上，在时域中的数学模型如下：

$$\begin{aligned}&(R_1R_2 + R_1R_3 + R_2R_3)C_1C_2\frac{\mathrm{d}^2u_2}{\mathrm{d}t^2} + (R_1C_1 + R_2C_2 + R_1C_2 + R_3C_1)\frac{\mathrm{d}u_2}{\mathrm{d}t} + u_2 \\ &= R_2(R_1 + R_3)C_1C_2\frac{\mathrm{d}u_1^{\ 2}}{\mathrm{d}t^2} + (R_1C_1 + R_2C_2 + R_3C_1)\frac{\mathrm{d}u_1}{\mathrm{d}t} + u_1\end{aligned}$$

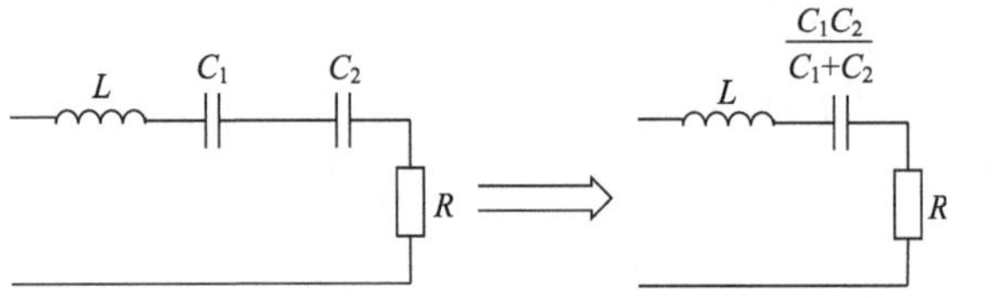

图 1-5　RLC 网络

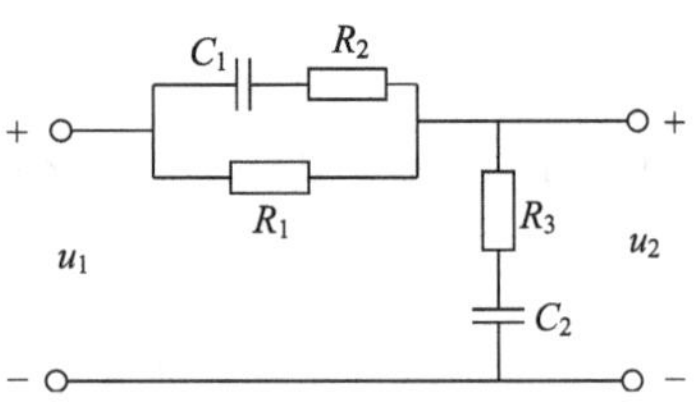

图 1-6　RC 网络

【例 1.3】　有如图 1-7 所示的 RC 电路，试指出该网络中独立储能元件的个数和系统的阶数。

解前分析　一般可采用微分方程或传递函数两种方法来验证电路的阶数。在这里，运用传递函数的方法。

解　(1) 利用复域电路模型图 1-8，可方便推导出 RC 网络的总阻抗 $Z(s)$

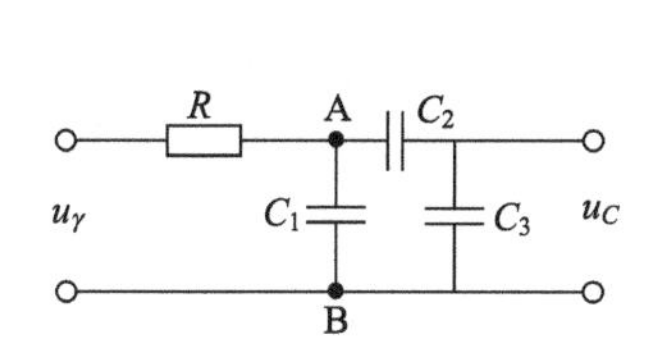

图 1-7　RC 电路

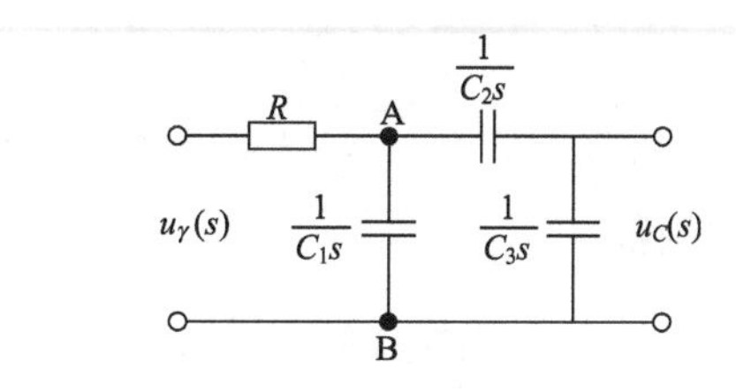

图 1-8　RC 复域电路图

$$Z(s)=R+Z_{AB}(s)$$

其中

$$Z_{\mathrm{AB}}(s)=\frac{1}{C_1s}//\left(\frac{1}{C_2s}+\frac{1}{C_3s}\right)=\frac{1}{C_1s}//\frac{C_2+C_3}{C_2C_3s}$$

$$=\frac{1}{C_1s}\cdot\frac{C_2+C_3}{C_2C_3s}\Bigg/\left(\frac{1}{C_1s}+\frac{C_2+C_3}{C_2C_3s}\right)=\frac{C_2+C_3}{(C_1C_2+C_1C_3+C_2C_3)s}$$

因此

$$Z(s)=R+Z_{\mathrm{AB}}(s)=R+\frac{C_2+C_3}{(C_1C_2+C_1C_3+C_2C_3)s}$$

$$=\frac{R(C_1C_2+C_1C_3+C_2C_3)s+C_2+C_3}{(C_1C_2+C_1C_3+C_2C_3)s}$$

(2) 导出 $u_{\mathrm{AB}}(s)$

$$u_{\mathrm{AB}}(s)=u_\gamma(s)\cdot\frac{Z_{\mathrm{AB}}(s)}{Z(s)}=u_\gamma(s)\cdot\frac{C_2+C_3}{R(C_1C_2+C_1C_3+C_2C_3)s+C_2+C_3}$$

$$=u_\gamma(s)\cdot\frac{(C_2+C_3)/(C_2+C_3)}{\left(R\cdot\frac{C_1C_2}{C_2+C_3}+R\cdot\frac{C_1C_3}{C_2+C_3}+R\cdot\frac{C_2C_3}{C_2+C_3}\right)s+1}$$

$$=u_\gamma(s)\cdot\frac{1}{\left(R\cdot\frac{C_1C_2}{C_2+C_3}+R\cdot\frac{C_1C_3}{C_2+C_3}+R\cdot\frac{C_2C_3}{C_2+C_3}\right)s+1}$$

令 $R\cdot\frac{C_1C_2}{C_2+C_3}=\tau_1$，$R\cdot\frac{C_1C_3}{C_2+C_3}=\tau_2$，$R\cdot\frac{C_2C_3}{C_2+C_3}=\tau_3$，则

$$u_{\mathrm{AB}}(s)=u_\gamma(s)\times\frac{1}{(\tau_1+\tau_2+\tau_3)s+1}$$

(3) 根据电路原理，可知 $u_C(s)$ 为

$$u_C(s)=\frac{\frac{1}{C_3s}}{\frac{1}{C_2s}+\frac{1}{C_3s}}u_{\mathrm{AB}}(s)=\frac{\frac{1}{C_3s}}{\frac{C_2+C_3}{C_2C_3s}}u_{\mathrm{AB}}(s)=\frac{C_2}{C_2+C_3}u_{\mathrm{AB}}(s)$$

$$=\frac{C_2}{C_2+C_3}\cdot\frac{1}{(\tau_1+\tau_2+\tau_3)s+1}\cdot u_\gamma(s)$$

可得电路传递函数

$$G(s)\triangleq\frac{u_C(s)}{u_\gamma(s)}=\frac{C_2}{C_2+C_3}\cdot\frac{1}{(\tau_1+\tau_2+\tau_3)s+1}$$

令$T=\tau_1+\tau_2+\tau_3$和$K=\dfrac{C_2}{C_2+C_3}$，则

$$G(s)=\frac{K}{Ts+1}$$

从而可知，该RC网络是仅有一个独立储能元件的一阶电路。

实际上，令$x_1=u_{C1}$，$x_2=u_{C2}$，$x_3=u_{C3}$，而

$$u_{C2}=\frac{C_3}{C_2+C_3}u_{C1}，\quad u_{C3}=\frac{C_2}{C_2+C_3}u_{C1}$$

故可得

$$\begin{cases}x_2=K_{23}x_1\\ x_3=K_{32}x_1\end{cases}$$

由矩阵线性相关性理论可得

$$\boldsymbol{x}=\begin{bmatrix}x_1\\ x_2\\ x_3\end{bmatrix}=\begin{bmatrix}x_1\\ K_{23}x_1\\ K_{32}x_1\end{bmatrix}=\begin{bmatrix}1\\ K_{23}\\ K_{32}\end{bmatrix}x_1$$

显然，该网络性能仅用一个状态变量就可以完整地描述了，故该网络是一阶网络。

例 1.3 也进一步验证了状态变量间必须是线性无关的结论，即状态变量必须是一个最小变量组。

(5) 对于一个给定系统，状态变量(组)的选取具有非唯一性。

例如，假定$x_1,x_2,\cdots,x_n$是系统的一组状态变量组，由$x_1,x_2,\cdots,x_n$线性组合形成的另一组变量$\tilde{x}_1,\tilde{x}_2,\cdots,\tilde{x}_n$也是系统的状态变量组。由此可得

$$\tilde{\boldsymbol{x}}=\begin{bmatrix}\tilde{x}_1\\ \tilde{x}_2\\ \vdots\\ \tilde{x}_n\end{bmatrix}=\begin{bmatrix}\varphi_1(x_1,x_2,\cdots,x_n)\\ \varphi_2(x_1,x_2,\cdots,x_n)\\ \vdots\\ \varphi_n(x_1,x_2,\cdots,x_n)\end{bmatrix}$$

也是系统的一组状态向量。式中，$\varphi_i(i=1,2,\cdots,n)$表示$x_i$的线性函数。

从矩阵理论的观点来看，若$\boldsymbol{x}=[x_1,x_2,\cdots,x_n]^{\mathrm{T}}$是系统的一组状态变量，如果存在非奇异变换矩阵$\boldsymbol{P}$满足$\boldsymbol{P}\in\mathbf{R}^n$和$\boldsymbol{P}\boldsymbol{P}^{-1}=\boldsymbol{I}$，那么$\tilde{\boldsymbol{x}}=\boldsymbol{P}\boldsymbol{x}$也是系统的一组状态变量。

由于系统状态变量的选取不是唯一的，因此系统状态空间描述也不是唯一的。尽管如此，但系统的维数应该是唯一的，与状态变量的选取方式无关。

(6) 通常，状态变量在物理上可以是可测量(Measurable)或可观测的(Observable)，也

可以是不可测量或不可观测的。但是，从自动控制系统工程结构的角度来考虑，总希望所选状态变量都是可测量或可观测的。这是有利于系统分析的直观性和系统综合的可实现性。

(7) 系统的分类。

系统分类对从不同角度研究、讨论问题是非常方便和有益的。

已知任一系统的状态空间表达式的一般形式为

$$\begin{cases} \dot{\boldsymbol{x}} = \boldsymbol{f}(\boldsymbol{x},\boldsymbol{u},t) \\ \boldsymbol{y} = \boldsymbol{g}(\boldsymbol{x},\boldsymbol{u},t) \end{cases} \tag{1-11}$$

式中

$$\begin{cases} \dot{x}_i = f_i(x_1,x_2,\cdots,x_n;u_1,u_2,\cdots,u_r;t) & (i=1,2,\cdots,n) \\ y_j = g_j(x_1,x_2,\cdots,x_n;u_1,u_2,\cdots,u_r;t) & (j=1,2,\cdots,m) \end{cases} \tag{1-12}$$

因此，按照向量函数的性质，系统可以分为线性系统和非线性系统、时变系统和时不变系统等。

①线性系统与非线性系统。如果向量函数 $\boldsymbol{f}$ 和 $\boldsymbol{g}$ 的各元 f_i 和 g_j 中至少有一个分量函数是关于 x_i、u_j 的非线性函数，那么系统为非线性系统。反之，如果 f_i 和 g_j 全部分量函数都是关于 x_i、u_j 的线性函数，则该系统就是线性系统。

线性系统的状态空间描述为式(1-7)和式(1-8)，则可写成

$$\begin{cases} \dot{\boldsymbol{x}} = \boldsymbol{A}(t)\boldsymbol{x} + \boldsymbol{B}(t)\boldsymbol{u} \\ \boldsymbol{y} = \boldsymbol{C}(t)\boldsymbol{x} + \boldsymbol{D}(t)\boldsymbol{u} \end{cases} \tag{1-13}$$

式中，$\boldsymbol{A}(t)$，$\boldsymbol{B}(t)$，$\boldsymbol{C}(t)$，$\boldsymbol{D}(t)$ 称为系统的系数矩阵，取决于系统的组成结构。

$\boldsymbol{A}(t)_{n\times n}$ 为系统矩阵，体现了系统的基本性质。

$\boldsymbol{B}(t)_{n\times r}$ 为输入矩阵，体现了系统的输入效应。

$\boldsymbol{C}(t)_{m\times n}$ 为输出矩阵，体现了系统的输出效应。

$\boldsymbol{D}(t)_{m\times r}$ 为耦合矩阵，体现了输入到输出直接耦合的效应。通常，$\boldsymbol{D}(t)=\boldsymbol{0}$ 为零块。

因此，可以得到线性系统的状态空间结构框图，如图 1-9 所示。

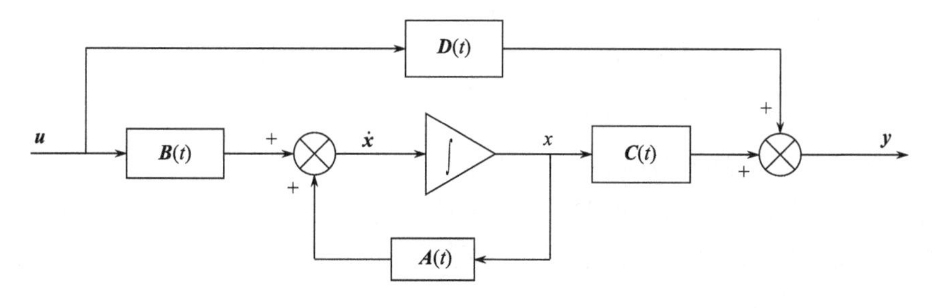

图 1-9　线性系统的状态空间结构框图

应该指出，实际上所有的物理系统都是非线性的，但是大部分实际系统在某种近似程度下都可以看作线性系统。所以说，系统是线性还是非线性，主要取决于讨论问题的精确度。在本书中，主要讨论线性系统，但也会涉及一些非线性系统的问题。

关于实际系统的线性化，严格地说，一切真实的系统都是非线性的，但如果仅仅考虑其工作在某个固定(平衡)点 $\boldsymbol{x}_0(t)$ 范围内的情况下，可以通过一次微分法使其线性化(参考

经典理论)。

②时变系统与时不变系统。若向量函数 $\boldsymbol{f}$ 和 $\boldsymbol{g}$ 的某元 f_i 和 g_j 都是时间 t 的显函数，即 $\boldsymbol{f}(\boldsymbol{x},\boldsymbol{u},t)$、$\boldsymbol{g}(\boldsymbol{x},\boldsymbol{u},t)$，则称该系统为时变系统。例如

$$f_i(x_1,x_2,\cdots,x_n;u_1,u_2,\cdots,u_r;t)=(1+2t)x_1+(2+3t)x_2+\cdots+x_n+u_1+\cdots+tu_r$$

由此，线性时变系统的状态空间表达式为

$$\begin{cases}\dot{\boldsymbol{x}}=\boldsymbol{A}(t)\boldsymbol{x}+\boldsymbol{B}(t)\boldsymbol{u}\\ \boldsymbol{y}=\boldsymbol{C}(t)\boldsymbol{x}+\boldsymbol{D}(t)\boldsymbol{u}\end{cases}\tag{1-14}$$

相反地，如果向量函数 $\boldsymbol{f}$ 和 $\boldsymbol{g}$ 的各元 f_i 和 g_j 都是时间 t 的隐含函数，即 $\boldsymbol{f}(\boldsymbol{x},\boldsymbol{u})$、$\boldsymbol{g}(\boldsymbol{x},\boldsymbol{u})$，则称该系统为时不变系统(亦称定常系统)。例如

$$f_i=a_{i1}x_1+a_{i2}x_2+\cdots+a_{in}x_n+b_{i1}u_1+b_{i2}u_2+\cdots+b_{ir}u_r$$

式中，a_{ij}、b_{ij} 均为常系数。

因此，线性时不变系统的状态空间表达式为

$$\begin{cases}\dot{\boldsymbol{x}}=\boldsymbol{A}\boldsymbol{x}+\boldsymbol{B}\boldsymbol{u}\\ \boldsymbol{y}=\boldsymbol{C}\boldsymbol{x}+\boldsymbol{D}\boldsymbol{u}\end{cases}\tag{1-15}$$

式中，$\boldsymbol{A}$、$\boldsymbol{B}$、$\boldsymbol{C}$、$\boldsymbol{D}$ 均为常系数矩阵。

顺便提一下，线性系统可以简单地记为 $\Sigma[\boldsymbol{A}(t),\boldsymbol{B}(t),\boldsymbol{C}(t),\boldsymbol{D}(t)]$ 或 $\Sigma[\boldsymbol{A}(t),\boldsymbol{B}(t)]$ 或 $\Sigma[\boldsymbol{A}(t),\boldsymbol{C}(t)]$ 和 $\Sigma(\boldsymbol{A},\boldsymbol{B},\boldsymbol{C},\boldsymbol{D})$ 或 $\Sigma(\boldsymbol{A},\boldsymbol{B})$ 或 $\Sigma(\boldsymbol{A},\boldsymbol{C})$。

③强迫系统与自由系统。若系统受到外部信号(输入或扰动)的作用，则称该系统为强迫系统。相反，如果系统不受外部信号的作用，则称该系统为自由系统。

强迫系统的状态空间表达式为

$$\begin{cases}\dot{\boldsymbol{x}}=\boldsymbol{f}(\boldsymbol{x},\boldsymbol{u},t)\\ \boldsymbol{y}=\boldsymbol{g}(\boldsymbol{x},\boldsymbol{u},t)\end{cases}\quad\text{或}\quad\begin{cases}\dot{\boldsymbol{x}}=\boldsymbol{A}(t)\boldsymbol{x}+\boldsymbol{B}(t)\boldsymbol{u}\\ \boldsymbol{y}=\boldsymbol{C}(t)\boldsymbol{x}+\boldsymbol{D}(t)\boldsymbol{u}\end{cases}\tag{1-16}$$

从数学角度，该表达式也可称作系统的非齐次状态空间描述。

而对于自由系统，其状态空间表达式为

$$\begin{cases}\dot{\boldsymbol{x}}=\boldsymbol{f}(\boldsymbol{x},t)\\ \boldsymbol{y}=\boldsymbol{g}(\boldsymbol{x},t)\end{cases}\quad\text{或}\quad\begin{cases}\dot{\boldsymbol{x}}=\boldsymbol{A}(t)\boldsymbol{x}\\ \boldsymbol{y}=\boldsymbol{C}(t)\boldsymbol{x}\end{cases}\tag{1-17}$$

同样，上式也可称为系统的齐次状态空间描述。

④确定性系统和随机系统。所谓确定性系统，是指系统的特性、参数及外施扰动都是时间的确定函数。相反，如果系统的特性、参数及外施扰动中具有不确定的随机时间变量，则称该系统为随机系统。

本书仅讨论确定性系统。

1.2　数学模型变换

1.1 节例 1.1 和例 1.2 中介绍的建立系统状态空间描述的方法称为直接法。对于简单系统和网络，直接法实用方便、物理概念清晰。但是对于工程实际系统而言，直接法有时会

显得十分麻烦。

目前，对于系统的经典数学模型都比较熟悉，所以可通过数学模型变换的方法建立状态空间模型。所谓“数学模型的变换”，是指将时域或频域的经典模型转换为状态空间模型的变换方法。

1.2.1　经典时域模型转换为状态空间模型

经典理论中，确定性系统的时域数学模型是关于输入输出的高阶微分方程。对于一个单输入/单输出线性时不变系统，设 u 和 y 为输入和输出，则其经典时域数学模型为

$$A_0 \overset{(n)}{y} + A_1 \overset{(n-1)}{y} + \cdots + A_{n-1}\dot{y} + A_n y = B_0 \overset{(m)}{u} + B_1 \overset{(m-1)}{u} + \cdots + B_{m-1}\dot{u} + B_m u$$

该模型为 n 阶常系数非齐次线性微分方程。化输出的 n 阶导数项系数等于 1 时，则系统经典时域模型变为

$$\overset{(n)}{y} + a_1 \overset{(n-1)}{y} + \cdots + a_{n-1}\dot{y} + a_n y = b_0 \overset{(m)}{u} + b_1 \overset{(m-1)}{u} + \cdots + b_{m-1}\dot{u} + b_m u \tag{1-18}$$

若该线性时不变系统状态空间模型记为

$$\begin{cases} \dot{\boldsymbol{x}} = \boldsymbol{A}\boldsymbol{x} + \boldsymbol{B}\boldsymbol{u} \\ \boldsymbol{y} = \boldsymbol{C}\boldsymbol{x} + \boldsymbol{D}\boldsymbol{u} \end{cases} \tag{1-19}$$

显然，式(1-18)等价于式(1-19)。因此，本小节主要讨论怎样由经典时域模型方程式(1-18)得到状态空间描述式(1-19)。事实上就是寻求系数矩阵 $\boldsymbol{A}$、$\boldsymbol{B}$、$\boldsymbol{C}$、$\boldsymbol{D}$ 和常系数 a_i、b_j 之间存在着什么样的关系。

需要指出的是，将经典数学模型转换为状态空间描述的关键步骤是合理地选取系统的状态变量和确定各系数矩阵与系数 a_i、b_j 之间的对应关系。下面分两种情况来讨论，并给出典型步骤。

1. 经典数学模型中不存在 $\overset{(i)}{u}\ (i=1,2,\cdots,m)$

系统的微分方程中不包含输入信号的各阶导数项，这是一种简单但比较常见的情况。

设系统 n 阶微分方程的形式为

$$\overset{(n)}{y} + a_1 \overset{(n-1)}{y} + \cdots + a_{n-1}\dot{y} + a_n y = bu \tag{1-20}$$

由微分方程理论可知，当系统初始条件 $y(0)$，$\dot{y}(0)$，$\ddot{y}(0)$，$\cdots$，$\overset{(n-1)}{y}(0)$ 被确定，同时系统输入 $u(t)\ (t \geqslant 0)$ 被给定，则系统响应 $y(t)$ 就可以唯一被确定，因此可选取输出 y 及其各阶导数为状态变量，即

$$\boldsymbol{x} = \begin{bmatrix} x_1 \\ x_2 \\ \vdots \\ x_n \end{bmatrix} = \begin{bmatrix} y \\ \dot{y} \\ \vdots \\ \overset{(n-1)}{y} \end{bmatrix} \tag{1-21}$$

显然，很容易得到状态变量的 n 个一阶微分方程

$$\begin{cases} \dot{x}_1 = \dot{y} = x_2 \\ \dot{x}_2 = \ddot{y} = x_3 \\ \vdots \\ \dot{x}_{n-1} = \overset{(n-1)}{y} = x_n \\ \dot{x}_n = \overset{(n)}{y} = -a_n y - a_{n-1}\dot{y} - \cdots - a_1 \overset{(n-1)}{y} + bu = -a_n x_1 - a_{n-1}x_2 - \cdots - a_1 x_n + bu \end{cases} \tag{1-22}$$

注意：对于最后一项 $\dot{x}_n$ 它是由 n 阶微分方程式(1-20)得到的。

事实上，$\dot{x}_i$ 为状态变量 $x_i\,(i=1,2,\cdots,n)$ 及输入信号 u 的线性组合。同时，输出方程可写为

$$y = x_1 \tag{1-23}$$

令 $\boldsymbol{x}=[x_1,x_2,\cdots,x_n]^{\mathrm{T}}$，$\boldsymbol{u}=[u]$，$\boldsymbol{y}=[y]$，运用矩阵运算，可得系统的状态空间模型

$$\begin{cases} \dot{\boldsymbol{x}} = \begin{bmatrix} \dot{x}_1 \\ \dot{x}_2 \\ \vdots \\ \dot{x}_n \end{bmatrix} = \begin{bmatrix} 0 & 1 & 0 & 0 & \dots & 0 \\ 0 & 0 & 1 & 0 & & 0 \\ 0 & 0 & 0 & 1 & & 0 \\ \vdots & & & & \ddots & \vdots \\ 0 & 0 & 0 & 0 & \dots & 1 \\ -a_n & -a_{n-1} & -a_{n-2} & -a_{n-3} & \dots & -a_1 \end{bmatrix} \begin{bmatrix} x_1 \\ x_2 \\ \vdots \\ x_n \end{bmatrix} + \begin{bmatrix} 0 \\ \vdots \\ 0 \\ b \end{bmatrix} [u] \\ \boldsymbol{y} = [y] = [1 \quad 0 \quad \dots \quad 0]\boldsymbol{x} \end{cases} \tag{1-24}$$

即

$$\begin{cases} \dot{\boldsymbol{x}} = \boldsymbol{A}\boldsymbol{x} + \boldsymbol{B}\boldsymbol{u} \\ \boldsymbol{y} = \boldsymbol{C}\boldsymbol{x}, \qquad \boldsymbol{D} = \boldsymbol{0} \end{cases}$$

2. 经典数学模型中存在有 $\overset{(i)}{u}\ (i=1,2,\cdots,m)$

这种情况，系统数学模型如下：

$$\overset{(n)}{y} + a_1 \overset{(n-1)}{y} + \cdots + a_{n-1}\dot{y} + a_n y = b_0 \overset{(m)}{u} + b_1 \overset{(m-1)}{u} + \cdots + b_{m-1}\dot{u} + b_m u \tag{1-25}$$

工程实际中，其 m 总是小于或最多等于 n，即 $m \leqslant n$。

一般地，当 $m=n$ 时，称系统为常态；当 $m<n$ 时，称为严格常态；而当 $m>n$ 时，称为非常态。本书不讨论 $m>n$ 非常态情况。

考虑 $m=n$，即常态情况，则有

$$\overset{(n)}{y} + a_1 \overset{(n-1)}{y} + \cdots + a_{n-1}\dot{y} + a_n y = b_0 \overset{(n)}{u} + b_1 \overset{(n-1)}{u} + \cdots + b_{n-1}\dot{u} + b_n u \tag{1-26}$$

对于存在 $\overset{(i)}{u}\ (i=1,2,\cdots,m)$ 的情况，表明输入函数 $u(t)$ 在 $t=t_0$ 时刻存在有高阶跳变。

从数学角度讲，“跳变”使得状态方程不能获得唯一解；从物理角度，“跳变”的出现将使得系统行为特征具有不确定性。为了消除系统跳变的作用，使状态方程 $\boldsymbol{f}(\boldsymbol{x},\boldsymbol{u},t)$ 有唯一解，因此，当经典数学模型中存在 $\overset{(i)}{u}\ (i=1,2,\cdots,m)$ 时，系统状态空间模型的求取可按如下步骤进行。

第一步，选取状态变量 $\boldsymbol{x}$ 为如下组合形式

$$\boldsymbol{x}=\begin{cases}x_1=y-\beta_0 u\\ x_2=\dot{x}_1-\beta_1 u\\ \quad\vdots\\ x_n=\dot{x}_{n-1}-\beta_{n-1}u\end{cases}\tag{1-27}$$

第二步，确定组合系数 β_i

$$\begin{cases}\beta_0=b_0\\ \beta_1=b_1-a_1\beta_0\\ \quad\vdots\\ \beta_n=b_n-a_1\beta_{n-1}-\cdots-a_{n-1}\beta_1-a_n\beta_0\end{cases}\tag{1-28}$$

第三步，由式(1-27)可直接得到状态方程

$$\dot{\boldsymbol{x}}=\begin{cases}\dot{x}_1=x_2+\beta_1 u\\ \dot{x}_2=x_3+\beta_2 u\\ \quad\vdots\\ \dot{x}_n=-a_n x_1-a_{n-1}x_2-\cdots-a_1 x_n+\beta_n u\end{cases}\tag{1-29}$$

且输出方程为

$$y=x_1+\beta_0 u\tag{1-30}$$

第四步，将状态方程式(1-29)和输出方程式(1-30)写成矩阵向量方程形式

$$\begin{cases}\dot{\boldsymbol{x}}=\begin{bmatrix}\dot{x}_1\\ \dot{x}_2\\ \vdots\\ \dot{x}_{n-1}\\ \dot{x}_n\end{bmatrix}=\begin{bmatrix}0&1&0&0&\cdots&0\\ 0&0&1&0&&0\\ 0&0&0&1&&0\\ \vdots&&&&\ddots&\vdots\\ 0&0&0&0&&1\\ -a_n&-a_{n-1}&-a_{n-2}&-a_{n-3}&\cdots&-a_1\end{bmatrix}\begin{bmatrix}x_1\\ x_2\\ \vdots\\ x_{n-1}\\ x_n\end{bmatrix}+\begin{bmatrix}\beta_1\\ \beta_2\\ \vdots\\ \beta_{n-1}\\ \beta_n\end{bmatrix}[u]\\ \boldsymbol{y}=[y]=[1\quad 0\quad\cdots\quad 0]\begin{bmatrix}x_1\\ x_2\\ \vdots\\ x_n\end{bmatrix}+[b_0][u],\qquad 即\boldsymbol{D}=b_0\end{cases}\tag{1-31}$$

应当指出，第二种情况的运算步骤具有通用性，它既适用于含有 $\overset{(i)}{u}$ 的情况，也适用于不含有 $\overset{(i)}{u}$ 的情况。例 1.4 给予了印证。

【例 1.4】 设系统的输入输出微分方程为 $\dddot{y}+6\ddot{y}+41\dot{y}+7y=6u$，试写出其状态空间的表达式。

解前分析　题目给出的微分方程是不含 $\overset{(i)}{u}$ $(i\geqslant 1,2,\cdots)$ 的情况，这里利用上述运算步骤来解它。

解　(1)选取状态变量 $\boldsymbol{x}$

$$\boldsymbol{x}=\begin{cases}x_1=y-\beta_0 u\\x_2=\dot{x}_1-\beta_1 u\\x_3=\dot{x}_2-\beta_2 u\end{cases}$$

(2) 确定组合系数 β_i

$$\begin{cases}\beta_0=b_0=0\\\beta_1=b_1-a_1\beta_0=0\\\beta_2=b_2-a_1\beta_1-a_2\beta_0=0\\\beta_3=b_3-a_1\beta_2-a_2\beta_1-a_3\beta_0=6\end{cases}$$

(3) 由上式可直接得到状态方程

$$\dot{\boldsymbol{x}}=\begin{cases}\dot{x}_1=x_2\\\dot{x}_2=x_3\\\dot{x}_3=-7x_1-41x_2-6x_3+6u\end{cases}$$

且输出方程为

$$y=x_1$$

(4) 写成矩阵向量方程形式

$$\begin{cases}\dot{\boldsymbol{x}}=\begin{bmatrix}\dot{x}_1\\\dot{x}_2\\\dot{x}_3\end{bmatrix}=\begin{bmatrix}0&1&0\\0&0&1\\-7&-41&-6\end{bmatrix}\begin{bmatrix}x_1\\x_2\\x_3\end{bmatrix}+\begin{bmatrix}0\\0\\6\end{bmatrix}u\\ \boldsymbol{y}=[y]=[1\quad 0\quad 0]\begin{bmatrix}x_1\\x_2\\x_3\end{bmatrix}\end{cases}$$

【例 1.5】 已知系统的输入输出微分方程为 $\dddot{y}+3\ddot{y}+5\dot{y}+8y=6\dot{u}+10u$ ，试写出其状态空间表达式。

解 (1) 选取状态变量 $\boldsymbol{x}$

$$\boldsymbol{x}=\begin{cases}x_1=y-\beta_0 u\\x_2=\dot{x}_1-\beta_1 u\\x_3=\dot{x}_2-\beta_2 u\end{cases}$$

(2) 确定组合系数 β_i

$$\begin{cases}\beta_0=b_0=0\\\beta_1=b_1-a_1\beta_0=0\\\beta_2=b_2-a_1\beta_1-a_2\beta_0=6\\\beta_3=b_3-a_1\beta_2-a_2\beta_1-a_3\beta_0=-8\end{cases}$$

(3) 由上式可直接得到状态方程

$$\dot{\boldsymbol{x}}=\begin{cases}\dot{x}_1=x_2\\\dot{x}_2=x_3+6u\\\dot{x}_3=-8x_1-5x_2-3x_3-8u\end{cases}$$

且输出方程为

$$y = x_1$$

(4)写成矩阵向量方程形式

$$\begin{cases} \dot{\boldsymbol{x}} = \begin{bmatrix} \dot{x}_1 \\ \dot{x}_2 \\ \dot{x}_3 \end{bmatrix} = \begin{bmatrix} 0 & 1 & 0 \\ 0 & 0 & 1 \\ -8 & -5 & -3 \end{bmatrix} \begin{bmatrix} x_1 \\ x_2 \\ x_3 \end{bmatrix} + \begin{bmatrix} 0 \\ 6 \\ -8 \end{bmatrix} u \\ \boldsymbol{y} = [y] = [1 \quad 0 \quad 0] \begin{bmatrix} x_1 \\ x_2 \\ x_3 \end{bmatrix} \end{cases}$$

将经典时域模型转换为状态空间模型的例子，还可以参考其他相关书籍。

本节之前介绍的方法对于时变系统也是类似的，不过要注意的是各系数 a_i、b_j 不再是常数，而是时间的函数，即 $a_i(t)$、$b_j(t)$。

1.2.2　经典频域模型转换为状态空间模型

经典理论中，经常用频域模型即传递函数来描述线性时不变系统。

假设线性时不变系统的频域模型如下：

$$G(s) = \frac{y(s)}{u(s)} = \frac{b_0 s^m + b_1 s^{m-1} + \cdots + b_{m-1}s + b_m}{s^n + a_1 s^{n-1} + \cdots + a_{n-1}s + a_n} \qquad (m \leqslant n) \tag{1-32}$$

且系统具有零初始条件。

显然，在严格常态条件下，如果 $(n-m) = r > 0$，则 $b_i = 0(\ i = 0,1,\cdots,r-1)$。

下面分别讨论利用经典频域模型求取状态空间模型的部分分式法、方框图法和三重对角线法。

1. 部分分式法

将系统传递函数在极点处展开为部分分式。

一般考虑系统极点的三种情况，即所有极点都是互不相同的单极点；极点是一个 n 阶重极点；既存在单极点又有重极点。

情况一：系统极点为单极点，即 $s_i \neq s_j\,(i \neq j, i、j = 1,2,\cdots,n)$。

(1)将传递函数式(1-32)展开为部分分式，即

$$G(s) = \frac{y(s)}{u(s)} = \frac{M(s)}{\prod_{j=1}^{n}(s - s_j)} = \sum_{i=1}^{n} \frac{k_i}{s - s_i} = \frac{k_1}{s - s_1} + \frac{k_2}{s - s_2} + \cdots + \frac{k_n}{s - s_n} \tag{1-33}$$

式中，k_i 是 $G(s)$ 在极点 s_i 处的留数，利用比较系数法或留数法可求得

$$k_i = \lim_{s \to s_i} G(s) \cdot (s - s_i) \tag{1-34}$$

(2)选取频域中的状态变量 $x_i(s)\,(i = 1,2,\cdots,n)$，令

$$x_i(s) = \frac{1}{s - s_i} u(s) \tag{1-35}$$

展开后则有

$$sx_i(s) = s_i x_i(s) + u(s) \tag{1-36}$$

事实上，由拉氏变换的微分性质可知：式(1-36)就是系统状态方程在频域中的表达式。

(3) 由部分分式展开式(1-33)可方便地得到

$$y(s) = G(s) \cdot u(s)$$

即

$$y(s) = k_1 \frac{1}{s - s_1} u(s) + k_2 \frac{1}{s - s_2} u(s) + \cdots = \sum_{i=1}^{n} k_i \frac{1}{s - s_i} u(s) \tag{1-37}$$

将频域状态变量式(1-35)代入上式中，有

$$y(s) = k_1 x_1(s) + k_2 x_2(s) + \cdots = \sum_{i=1}^{n} k_i x_i(s) \tag{1-38}$$

显然，式(1-38)就是输出方程在频域中的表达式。

(4) 在零初始条件下，对式(1-36)和式(1-38)取拉氏逆变换便得系统的状态空间模型，即

$$\begin{cases} \dot{x}_i = s_i x_i + u \qquad (i = 1, 2, \cdots, n) \\ y = k_1 x_1 + k_2 x_2 + \cdots + k_n x_n = \sum\limits_{i=1}^{n} k_i x_i \end{cases} \tag{1-39}$$

(5) 将式(1-39)写成矩阵形式，有

$$\begin{cases} \dot{\boldsymbol{x}} = \begin{bmatrix} \dot{x}_1 \\ \dot{x}_2 \\ \vdots \\ \dot{x}_n \end{bmatrix} = \begin{bmatrix} s_1 & 0 & 0 & \cdots & 0 \\ 0 & s_2 & 0 & & 0 \\ \vdots & & \ddots & \ddots & \vdots \\ \vdots & & & \ddots & 0 \\ 0 & 0 & 0 & \cdots & s_n \end{bmatrix} \begin{bmatrix} x_1 \\ x_2 \\ \vdots \\ x_n \end{bmatrix} + \begin{bmatrix} 1 \\ 1 \\ \vdots \\ 1 \end{bmatrix} [u] \\ \boldsymbol{y} = [y] = \begin{bmatrix} k_1 & k_2 & \cdots & k_n \end{bmatrix} \begin{bmatrix} x_1 \\ x_2 \\ \vdots \\ x_n \end{bmatrix}, \qquad \boldsymbol{D} = \boldsymbol{0} \end{cases} \tag{1-40}$$

对于情况一，有以下几点结论。

(1) 当系统有且仅有 n 个单极点时，由部分分式法得到系统的状态方程为 $\dot{x}_i = s_i x_i + u \ (i = 1, 2, \cdots, n)$。

因此，系统的物理特性是各状态的变化率 $\dot{x}_i$ 仅与该状态变量 x_i 自身有关，而与其他状态变量无关。换句话说，状态变量之间不存在耦合关系，则把这种情况称为状态间是解耦的。

(2) 对于状态间解耦的状态方程，系统矩阵 $\boldsymbol{A}$ 为对角线阵，且对角线上的元素就是该系统的 n 个单极点。

(3) 状态间解耦系统的描述式(1-40)又称为按特征值的对角规范型(Diagonal Normative Form for Eigenvalue)。

【例 1.6】　假设 $G(s)=\dfrac{y(s)}{u(s)}=\dfrac{6}{s^3+6s^2+11s+6}$，且系统具有零初始状态，试求其状态空间模型。

解　令 $D(s)=s^3+6s^2+11s+6=0$，解得

$$s_1=-1,\quad s_2=-2,\quad s_3=-3$$

均为单极点。

展开 $G(s)$ 为部分分式

$$G(s)=\frac{6}{(s+1)(s+2)(s+3)}=\frac{k_1}{s+1}+\frac{k_2}{s+2}+\frac{k_3}{s+3}$$

利用留数法求取 k_i，即

$$k_1=\lim_{s\to s_1}G(s)\cdot(s-s_1)=\lim_{s\to-1}\frac{6}{(s+2)(s+3)}=3$$

$$k_2=\lim_{s\to s_2}G(s)\cdot(s-s_2)=\lim_{s\to-2}\frac{6}{(s+1)(s+3)}=-6$$

$$k_3=\lim_{s\to s_3}G(s)\cdot(s-s_3)=\lim_{s\to-3}\frac{6}{(s+1)(s+2)}=3$$

于是，可写出系统特征值对角线规范型状态空间表达式，即

$$\begin{cases}\dot{\boldsymbol{x}}=\begin{bmatrix}\dot{x}_1\\ \dot{x}_2\\ \dot{x}_3\end{bmatrix}=\begin{pmatrix}-1&0&0\\0&-2&0\\0&0&-3\end{pmatrix}\begin{bmatrix}x_1\\x_2\\x_3\end{bmatrix}+\begin{bmatrix}1\\1\\1\end{bmatrix}[u]\\ \boldsymbol{y}=[y]=[3\quad -6\quad 3]\boldsymbol{x},\qquad \boldsymbol{D}=\boldsymbol{0}\end{cases}$$

情况二：考虑一种极端情况，即系统仅有一个 n 重极点 s_0。这时，由复变函数理论，传递函数 $G(s)=\dfrac{y(s)}{u(s)}$ 的部分分式展开式为

$$G(s)=\frac{y(s)}{u(s)}=\frac{M(s)}{(s-s_0)^n}=\frac{k_{11}}{(s-s_0)^n}+\frac{k_{12}}{(s-s_0)^{n-1}}+\cdots+\frac{k_{1n}}{(s-s_0)}\tag{1-41}$$

式中，k_{1i} 可以由重极点留数公式确定，即

$$k_{1i}=\lim_{s\to s_0}\frac{1}{(i-1)!}\frac{\mathrm{d}^{i-1}}{\mathrm{d}s^{i-1}}\left[G(s)\cdot(s-s_0)^n\right]\tag{1-42}$$

选取频域中状态变量 $\boldsymbol{x}(s)$

$$\boldsymbol{x}(s)=\begin{cases}x_1(s)=\dfrac{1}{(s-s_0)^n}u(s)\\ x_2(s)=\dfrac{1}{(s-s_0)^{n-1}}u(s)\\ \quad\vdots\\ x_n(s)=\dfrac{1}{s-s_0}u(s)\end{cases}\tag{1-43}$$

对式(1-43)稍作变换，可得

$$
\begin{cases}
x_1(s) = \dfrac{1}{s-s_0} \cdot \left[\dfrac{1}{(s-s_0)^{n-1}} u(s) \right] = \dfrac{1}{s-s_0} x_2(s) \\
x_2(s) = \dfrac{1}{s-s_0} \cdot \left[\dfrac{1}{(s-s_0)^{n-2}} u(s) \right] = \dfrac{1}{s-s_0} x_3(s) \\
\quad \vdots \\
x_n(s) = \dfrac{1}{s-s_0} u(s)
\end{cases} \tag{1-44}
$$

将式(1-44)展开，可得频域中的状态方程为

$$
s\boldsymbol{x}(s) = \begin{cases}
sx_1(s) = s_0 x_1(s) + x_2(s) \\
sx_2(s) = s_0 x_2(s) + x_3(s) \\
\quad \vdots \\
sx_n(s) = s_0 x_n(s) + u(s)
\end{cases} \tag{1-45}
$$

频域中的输出方程则为

$$
\begin{aligned}
y(s) &= G(s) \cdot u(s) = \frac{k_{1n}}{(s-s_0)^n} u(s) + \frac{k_{1n-1}}{(s-s_0)^{n-1}} u(s) + \cdots + \frac{k_{11}}{(s-s_0)} u(s) \\
y(s) &= G(s) \cdot u(s) = k_{1n} x_1(s) + k_{1n-1} x_2(s) + \cdots + k_{11} x_n(s)
\end{aligned} \tag{1-46}
$$

在零初始条件下，对式(1-45)和式(1-46)进行拉氏逆变换，可得状态空间描述

$$
\begin{cases}
\dot{\boldsymbol{x}} = \begin{cases}
\dot{x}_1 = s_0 x_1 + x_2 \\
\dot{x}_2 = s_0 x_2 + x_3 \\
\quad \vdots \\
\dot{x}_n = s_0 x_n + u
\end{cases} \\
\boldsymbol{y} = k_{1n} x_1 + k_{1n-1} x_2 + \cdots + k_{11} x_n
\end{cases} \tag{1-47}
$$

写成矩阵向量方程形式

$$
\begin{cases}
\dot{\boldsymbol{x}} = \begin{bmatrix} \dot{x}_1 \\ \dot{x}_2 \\ \vdots \\ \dot{x}_{n-1} \\ \dot{x}_n \end{bmatrix} = \begin{bmatrix}
s_0 & 1 & 0 & \cdots & 0 & 0 \\
0 & s_0 & 1 & & 0 & 0 \\
0 & 0 & s_0 & \ddots & 0 & 0 \\
\vdots & & & \ddots & \ddots & \vdots \\
0 & 0 & 0 & & s_0 & 1 \\
0 & 0 & 0 & \cdots & 0 & s_0
\end{bmatrix} \begin{bmatrix} x_1 \\ x_2 \\ \vdots \\ x_{n-1} \\ x_n \end{bmatrix} + \begin{bmatrix} 0 \\ 0 \\ \vdots \\ 0 \\ 1 \end{bmatrix} [u] \\
\boldsymbol{y} = [y] = \begin{bmatrix} k_{1n} & k_{1n-1} & \cdots & k_{11} \end{bmatrix} \boldsymbol{x}, \qquad \boldsymbol{D} = \boldsymbol{0}
\end{cases} \tag{1-48}
$$

关于情况二的两点结论：

(1) 当且仅当系统具有一个 n 重极点时，由部分分式法得到系统状态方程如式(1-47)所示。系统的物理特性是每个状态变量的变化率 $\dot{x}_i$ 与该状态 x_i 自身及它的下一个状态变量 x_{i+1} 有关，称之为状态变量间的最简耦合形式。

(2) 当状态变量间存在最简耦合形式时，系统矩阵 $\boldsymbol{A}$ 为约当(Jordan)矩阵形式，则系统状态空间模型式(1-48)称为按特征值的约当规范型(Jordan Normative Form for Eigenvalue)。

【例 1.7】　设有系统传递函数 $G(s)=\dfrac{y(s)}{u(s)}=\dfrac{2s^2+5s+1}{(s-2)^3}$，且系统初始状态为零，即 $\boldsymbol{x}(0)=\boldsymbol{0}$。试建立其状态空间描述。

解　展开传递函数 $G(s)$ 为部分分式

$$G(s)=\frac{y(s)}{u(s)}=\frac{k_{11}}{(s-2)^3}+\frac{k_{12}}{(s-2)^2}+\frac{k_{13}}{s-2}$$

由留数公式(1-42)求得待定系数 k_{1i}，有

$$k_{11}=\lim_{s\to 2}\frac{1}{(1-1)!}\frac{\mathrm{d}^0}{\mathrm{d}s^0}\left[\frac{2s^2+5s+1}{(s-2)^3}.(s-2)^3\right]=19$$

$$k_{12}=\lim_{s\to 2}\frac{1}{(2-1)!}\frac{\mathrm{d}}{\mathrm{d}s}\left[\frac{2s^2+5s+1}{(s-2)^3}.(s-2)^3\right]=\lim_{s\to 2}(4s+5)=13$$

$$k_{13}=\lim_{s\to 2}\frac{1}{(3-1)!}\frac{\mathrm{d}^2}{\mathrm{d}s^2}\left[\frac{2s^2+5s+1}{(s-2)^3}.(s-2)^3\right]=\frac{1}{2!}\frac{\mathrm{d}}{\mathrm{d}s}(4s+5)\Big|_{s=2}=2$$

选取频域状态变量 $\boldsymbol{x}(s)$

$$\boldsymbol{x}(s)=\begin{cases}x_1(s)=\dfrac{1}{(s-2)^3}u(s)\\[2ex] x_2(s)=\dfrac{1}{(s-2)^2}u(s)\\[2ex] x_3(s)=\dfrac{1}{s-2}u(s)\end{cases}$$

则

$$\boldsymbol{x}(s)=\begin{cases}x_1(s)=\dfrac{1}{s-2}x_2(s)\\[2ex] x_2(s)=\dfrac{1}{s-2}x_3(s)\\[2ex] x_3(s)=\dfrac{1}{s-2}u(s)\end{cases}$$

展开上式求得频域中的状态方程

$$s\boldsymbol{x}(s)=\begin{cases}sx_1(s)=2x_1(s)+x_2(s)\\ sx_2(s)=2x_2(s)+x_3(s)\\ sx_3(s)=2x_3(s)+u(s)\end{cases}$$

零始条件下取拉氏逆变换得状态方程

$$\begin{cases}\dot{x}_1=2x_1+x_2\\ \dot{x}_2=2x_2+x_3\\ \dot{x}_3=2x_3+u\end{cases}$$

输出方程为

$$y = k_{13}x_1 + k_{12}x_2 + k_{11}x_3$$

写成矩阵向量方程形式为

$$\begin{cases} \dot{\boldsymbol{x}} = \begin{bmatrix} \dot{x}_1 \\ \dot{x}_2 \\ \dot{x}_3 \end{bmatrix} = \begin{bmatrix} 2 & 1 & 0 \\ 0 & 2 & 1 \\ 0 & 0 & 2 \end{bmatrix} \begin{bmatrix} x_1 \\ x_2 \\ x_3 \end{bmatrix} + \begin{bmatrix} 0 \\ 0 \\ 1 \end{bmatrix} [u] \\ \boldsymbol{y} = [y] = [19 \quad 13 \quad 2]\boldsymbol{x} \end{cases}$$

情况三：实际系统一般是情况一和情况二的综合。

假设系统 $G(s)$ 的极点构成如下：

$$\begin{cases} s_1, s_2, \cdots, s_k \text{ 为 } k \text{ 个单极点；} \\ s_{k+1} \text{ 为 } l_1^{th} \text{ 重极点；} \\ s_{k+2} \text{ 为 } l_2^{th} \text{ 重极点；} \\ s_m \text{ 为 } l_m^{th} \text{ 重极点。} \end{cases}$$

当然有，$k+l_1+l_2+\cdots l_m = k+\sum_{i=1}^{m} l_i = n$。

利用矩阵理论中块矩阵(Block Matrix)的概念与性质，得状态空间模型如下(过程从略)：

$$\begin{cases} \dot{\boldsymbol{x}} = \begin{bmatrix} \dot{x}_1 \\ \dot{x}_2 \\ \vdots \\ \dot{x}_k \\ \dot{x}_{k+1,1} \\ \vdots \\ \dot{x}_{k+1,L_1} \\ \vdots \\ \dot{x}_{m,1} \\ \vdots \\ \dot{x}_{m,L_m} \end{bmatrix} = \begin{bmatrix} s_1 & 0 & \cdots & 0 & 0 & 0 & \cdots & 0 & 0 & \cdots & 0 & 0 & \cdots & 0 & 0 \\ 0 & s_2 & & 0 & 0 & 0 & & 0 & 0 & & 0 & 0 & & 0 & 0 \\ \vdots & & \ddots & \ddots & & & & & & & 0 & 0 & & 0 & 0 \\ 0 & 0 & & s_k & 0 & 0 & & 0 & 0 & & 0 & 0 & & 0 & 0 \\ 0 & 0 & & 0 & s_{k+1} & 1 & & 0 & 0 & & 0 & 0 & & 0 & 0 \\ 0 & 0 & & 0 & 0 & s_{k+1} & \ddots & 0 & 0 & & 0 & 0 & & 0 & 0 \\ \vdots & & & & & & \ddots & \ddots & & & 0 & 0 & & 0 & 0 \\ 0 & 0 & & 0 & 0 & 0 & & s_{k+1} & 1 & & 0 & 0 & & 0 & 0 \\ 0 & 0 & & 0 & 0 & 0 & & 0 & s_{k+1} & & 0 & 0 & & 0 & 0 \\ \vdots & & & & & & & & & \ddots & \ddots & & & & \vdots \\ 0 & 0 & & 0 & 0 & 0 & & 0 & 0 & & s_m & 1 & & 0 & 0 \\ 0 & 0 & & 0 & 0 & 0 & & 0 & 0 & & 0 & s_m & \ddots & 0 & 0 \\ \vdots & & & & & & & & & & & & \ddots & \ddots & \vdots \\ 0 & 0 & & 0 & 0 & 0 & & 0 & 0 & & 0 & 0 & & s_m & 1 \\ 0 & 0 & \cdots & 0 & 0 & 0 & \cdots & 0 & 0 & \cdots & 0 & 0 & \cdots & 0 & s_m \end{bmatrix} \begin{bmatrix} x_1 \\ x_2 \\ \vdots \\ x_k \\ x_{k+1,1} \\ \vdots \\ x_{k+1,L_1} \\ \vdots \\ x_{m,1} \\ \vdots \\ x_{m,L_m} \end{bmatrix} + \begin{bmatrix} 1 \\ 1 \\ \vdots \\ 1 \\ 0 \\ \vdots \\ 0 \\ 1 \\ \vdots \\ 0 \\ \vdots \\ 0 \\ 1 \end{bmatrix} [u] \\ \boldsymbol{y} = [y] = \left[k_1 \quad k_2 \quad \cdots \quad k_k \mid k_{k+1,L_1} \quad \cdots \quad k_{k+1,1} \mid \cdots \mid k_{m,L_m} \quad \cdots \quad k_{m,1} \right] \boldsymbol{x}, \qquad \boldsymbol{D} = \boldsymbol{0} \end{cases} \tag{1-49}$$

2. *方框图法*(Block Diagram Method)

方框图法比部分分式法更有用。在频域中，当给定系统的方框图时，最好利用方框图法推导出状态空间描述。方框图法一般有两种处理方式，一种是所谓“串并联处理方式”，另一种是“单一回路处理方式”。本节先用一个应用实例介绍第一种串并联处理方式。第二种单一回路处理方式将在1.3节状态变量图法中讨论。

串并联处理方式，以例1.8说明。

【例1.8】 设系统的方框结构图如图1-10所示，其中z，p，k和a都是由系统结构参数所确定的常数，且输入为u，输出为y。

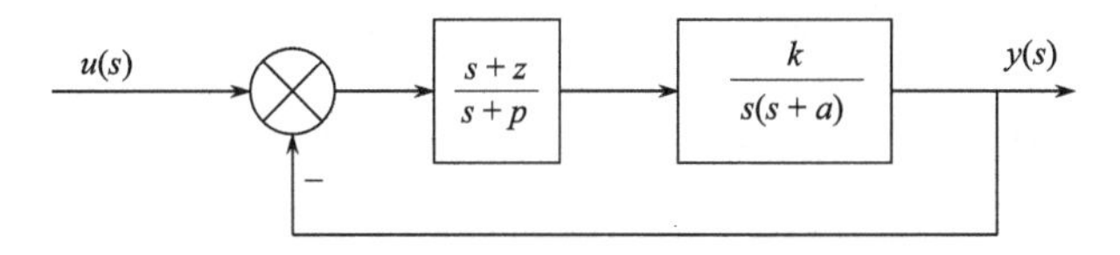

图1-10 例1.8系统框图

解 (1)将各环节中的传递函数化为最简传递函数间的组合或者最简传递函数与常数间的组合形式。即

$$\begin{cases}\dfrac{s+z}{s+p}=1+\dfrac{z-p}{s+p}\\[2ex]\dfrac{k}{s(s+a)}=\dfrac{k}{s}\cdot\dfrac{1}{s+a}\end{cases}\tag{1-50}$$

从而可得到如图1-11所示的最简传递函数形式的等效框图。

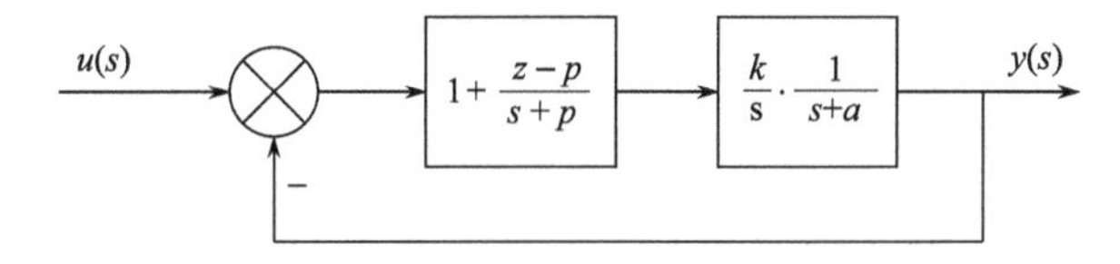

图1-11 例1.8系统等效框图

(2)按最简传递函数的组合形式分解方框图。

分解规则为：加(减)按并联分解；相乘按串联分解。

分解后的方框图如图1-12所示。

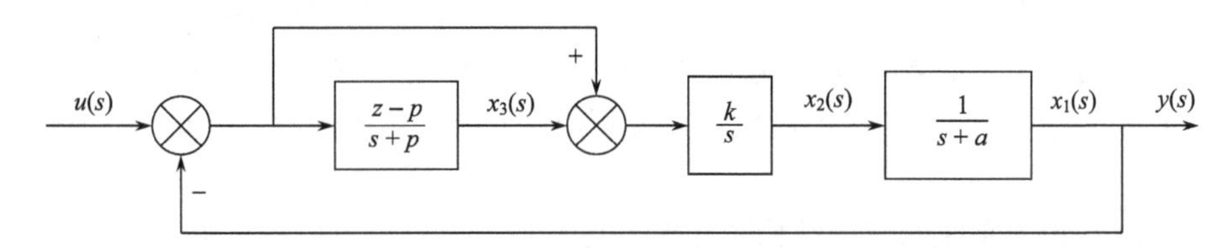

图1-12 例1.8系统的分解方框图

(3)选择每一个最简传递函数的输出作为系统频域中的状态变量$x_i(s)$，如图1-12所选$x_i(s)$。一般状态变量序号习惯于从输出端向输入端方向递增。

利用框图代数计算频域中的状态变量，即

$$\boldsymbol{x}(s)=\begin{cases}x_1(s)=\dfrac{1}{s+a}x_2(s)\\ x_2(s)=\dfrac{k}{s}x_3(s)+\dfrac{k}{s}\left[u(s)-x_1(s)\right]\\ x_3(s)=\dfrac{z-p}{s+p}\left[u(s)-x_1(s)\right]\end{cases}\tag{1-51}$$

(4) 展开上式写出频域中的状态方程 $s\boldsymbol{x}(s)$ 表达式，即

$$s\boldsymbol{x}(s)=\begin{cases}sx_1(s)=-ax_1(s)+x_2(s)\\ sx_2(s)=-kx_1(s)+kx_3(s)+ku(s)\\ sx_3(s)=(p-z)x_1(s)-px_3(s)+(z-p)u(s)\end{cases}\tag{1-52}$$

且输出方程为

$$\boldsymbol{y}(s)=y(s)=x_1(s)\tag{1-53}$$

(5) 在零始条件下将频域状态方程和输出方程进行拉氏逆变换后得到

$$\begin{cases}\dot{\boldsymbol{x}}=\begin{cases}\dot{x}_1=-ax_1+x_2\\ \dot{x}_2=-kx_1+kx_3+ku\\ \dot{x}_3=(p-z)x_1-px_3+(z-p)u\end{cases}\\ \boldsymbol{y}=y=x_1\end{cases}\tag{1-54}$$

(6) 借用矩阵运算便可得到系统的状态空间模型，即

$$\begin{cases}\dot{\boldsymbol{x}}=\begin{bmatrix}\dot{x}_1\\ \dot{x}_2\\ \dot{x}_3\end{bmatrix}=\begin{bmatrix}-a & 1 & 0\\ -k & 0 & k\\ (p-z) & 0 & -p\end{bmatrix}\begin{bmatrix}x_1\\ x_2\\ x_3\end{bmatrix}+\begin{bmatrix}0\\ k\\ (z-p)\end{bmatrix}[u]\\ \boldsymbol{y}=[y]=\begin{bmatrix}1 & 0 & 0\end{bmatrix}\boldsymbol{x}, \qquad \boldsymbol{D}=\boldsymbol{0}\end{cases}\tag{1-55}$$

由例 1.8 可得知，系统在频域中的状态变量 $\boldsymbol{x}(s)$ 可以用最简传递函数的输出来表示。一方面，系统的基本特性是由系统中独立储能元件的多少和性能所确定；另一方面，一个最简传递函数的输出正好表示了系统中独立储能元件的性能。对于一个 n 阶系统，它包含有 n 个独立储能元件，而它的传递函数可以分解成 n 个最简传递函数，因此，系统的状态变量也就是 n 个。

【例 1.9】 设原系统的方框结构图如图 1-13 所示，试利用方框图法求其状态空间描述。

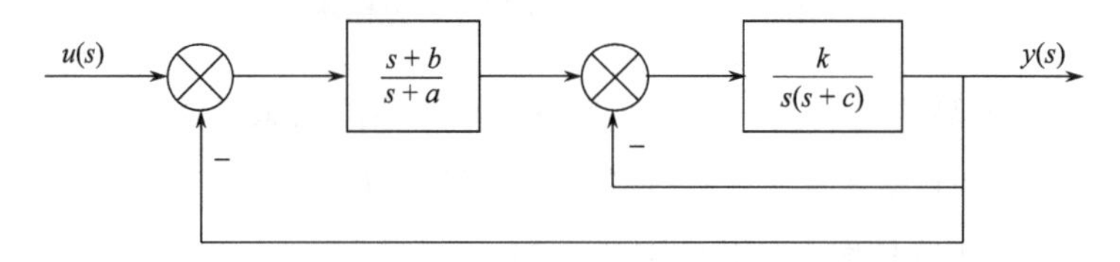

图 1-13　例 1.9 系统的方框图

解　(1) 分解各环节传递函数

$$\begin{cases}\dfrac{s+b}{s+a}=\dfrac{s+a+b-a}{s+a}=1+\dfrac{b-a}{s+a}\\[2mm]\dfrac{k}{s(s+c)}=\dfrac{k}{s}\cdot\dfrac{1}{s+c}\end{cases}$$

(2) 按最简传递函数的组合形式分解框图如图 1-14 所示。

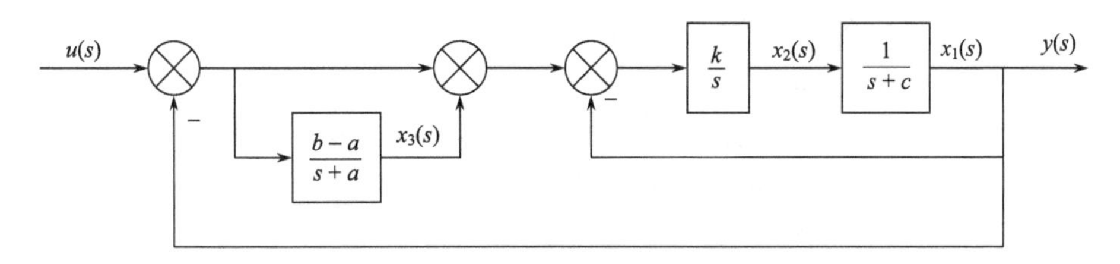

图 1-14　例 1.9 系统的分解框图

(3) 在分解后方框图 1-14 上选取频域状态变量 $\boldsymbol{x}(s)$，且

$$\boldsymbol{x}(s)=\begin{cases}x_1(s)=\dfrac{1}{s+c}x_2(s)\\[2mm]x_2(s)=\dfrac{k}{s}\left[-x_1(s)+x_3(s)+u(s)-x_1(s)\right]\\[2mm]x_3(s)=\dfrac{b-a}{s+a}\left[u(s)-x_1(s)\right]\end{cases}$$

(4) 解出频域中的状态方程 $s\boldsymbol{x}(s)$

$$s\boldsymbol{x}(s)=\begin{cases}sx_1(s)=-cx_1(s)+x_2(s)\\sx_2(s)=-kx_1(s)+kx_3(s)+ku(s)-kx_1(s)=-2kx_1(s)+kx_3(s)+ku(s)\\sx_3(s)=-(b-a)x_1(s)-ax_3(s)+(b-a)u(s)\end{cases}$$

和输出方程

$$\boldsymbol{y}(s)=y(s)=x_1(s)$$

(5) 零初始条件下对 $s\boldsymbol{x}(s)$ 和 $\boldsymbol{y}(s)$ 取拉氏逆变换，有

$$\begin{cases}\dot{\boldsymbol{x}}=\begin{cases}\dot{x}_1=-cx_1+x_2\\\dot{x}_2=-2kx_1+kx_3+ku\\\dot{x}_3=-(b-a)x_1-ax_3+(b-a)u\end{cases}\\\boldsymbol{y}=x_1\end{cases}$$

(6) 写成矩阵向量方程形式

$$\begin{cases}\dot{\boldsymbol{x}}=\begin{bmatrix}\dot{x}_1\\\dot{x}_2\\\dot{x}_3\end{bmatrix}=\begin{bmatrix}-c&1&0\\-2k&0&k\\-(b-a)&0&-a\end{bmatrix}\begin{bmatrix}x_1\\x_2\\x_3\end{bmatrix}+\begin{bmatrix}0\\k\\(b-a)\end{bmatrix}[u]\\\boldsymbol{y}=[y]=[1\quad 0\quad 0]\boldsymbol{x}\end{cases}$$

【例 1.10】　假设系统结构如图 1-15 所示，利用方框图法建立其状态空间描述。

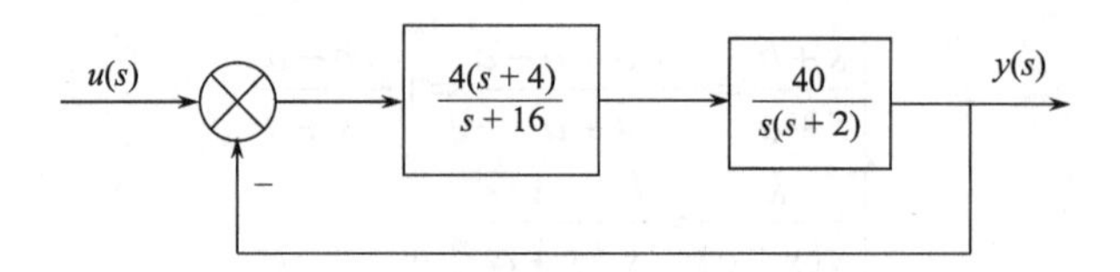

图 1-15　例 1.10 系统的方框图

解　(1) 分解系统中各环节的传递函数为

$$\frac{4(s+4)}{s+16}=\frac{4(s+16)-48}{s+16}=4-\frac{48}{s+16}$$

$$\frac{40}{s(s+2)}=\frac{40}{s}\cdot\frac{1}{s+2}$$

(2) 分解方框图为图 1-16 所示。

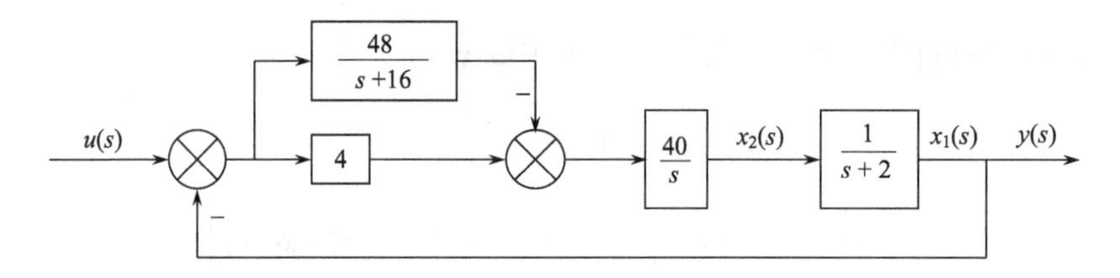

图 1-16　例 1.10 系统的分解框图

(3) 选取频域中的状态变量 $\boldsymbol{x}(s)$

$$\boldsymbol{x}(s)=\begin{cases}x_1(s)=\dfrac{1}{s+2}x_2(s)\\x_2(s)=-\dfrac{40}{s}x_3(s)+\dfrac{40}{s}\cdot4\left[u(s)-x_1(s)\right]\\x_3(s)=\dfrac{48}{s+16}\left[u(s)-x_1(s)\right]\end{cases}$$

(4) 解得频域中的状态方程 $s\boldsymbol{x}(s)$

$$s\boldsymbol{x}(s)=\begin{cases}sx_1(s)=-2x_1(s)+x_2(s)\\sx_2(s)=-160x_1(s)-40x_3(s)+160u(s)\\sx_3(s)=-48x_1(s)-16x_3(s)+48u(s)\end{cases}$$

和输出方程

$$\boldsymbol{y}(s)=y(s)=x_1(s)$$

(5) 零初始条件下对 $s\boldsymbol{x}(s)$ 和 $\boldsymbol{y}(s)$ 取拉氏逆变换，有

$$\begin{cases}\dot{\boldsymbol{x}}=\begin{cases}\dot{x}_1=-2x_1+x_2\\\dot{x}_2=-160x_1-40x_3+160u\\\dot{x}_3=-48x_1-16x_3+48u\end{cases}\\\boldsymbol{y}=x_1\end{cases}$$

(6)写成矩阵向量方程形式

$$\begin{cases}\dot{\boldsymbol{x}}=\begin{bmatrix}\dot{x}_1\\ \dot{x}_2\\ \dot{x}_3\end{bmatrix}=\begin{bmatrix}-2 & 1 & 0\\ -160 & 0 & -40\\ -48 & 0 & -16\end{bmatrix}\begin{bmatrix}x_1\\ x_2\\ x_3\end{bmatrix}+\begin{bmatrix}0\\ 160\\ 48\end{bmatrix}[u]\\ \boldsymbol{y}=[y]=[1\quad 0\quad 0]\boldsymbol{x}\end{cases}$$

3. 三重对角线法

三重对角线法考虑了前后相邻三个状态变量间简单耦合关系的状态空间描述，具有一定的工程实用背景。

考虑系统$m=n$，有

$$G(s)=\frac{y(s)}{u(s)}=\frac{b_0s^n+b_1s^{n-1}+\cdots+b_{n-1}s+b_n}{s^n+a_1s^{n-1}+\cdots+a_{n-1}s+a_n} \tag{1-56}$$

当然，若$n-m=r>0$，则$b_i=0\ (i=1,2,\cdots,r-1)$。

设系统的初始状态为$\mathbf{0}$，即$\boldsymbol{x}(0)=\mathbf{0}$。

将$G(s)$展开为

$$G(s)=\frac{y(s)}{u(s)}=d_0+\cfrac{1}{B_1+A_1s+\cfrac{1}{B_2+A_2s+\cfrac{1}{B_3+A_3s+\cfrac{1}{\cdots+\cfrac{1}{B_i+A_is+\cfrac{1}{\cdots+\cfrac{1}{B_n+A_ns}}}}}}} \tag{1-57}$$

式中，$A_i\neq 0\ (i=1,2,\cdots,n)$。

显然，当$n-m=r>0$时，$d_0=0$。

选取频域中的状态变量$\boldsymbol{x}(s)=[x_1(s)\quad x_2(s)\quad\cdots\quad x_n(s)]^{\mathrm{T}}$，且令

$$\begin{aligned}\frac{x_1(s)}{u(s)}&=\frac{1}{B_1+A_1s+x_2(s)/x_1(s)}\\ \frac{x_2(s)}{x_1(s)}&=\frac{1}{B_2+A_2s+x_3(s)/x_2(s)}\\ &\vdots\\ \frac{x_i(s)}{x_{i-1}(s)}&=\frac{1}{B_i+A_is+x_{i+1}(s)/x_i(s)}\\ &\vdots\\ \frac{x_n(s)}{x_{n-1}(s)}&=\frac{1}{B_n+A_ns}\end{aligned} \tag{1-58}$$

将式(1-58)代入式(1-57)可得

$$G(s)=\frac{y(s)}{u(s)}=d_0+\frac{x_1(s)}{u(s)} \tag{1-59}$$

展开式(1-59)可得频域中系统的输出方程

$$y(s)=x_1(s)+d_0u(s)$$

乘开式(1-58)中各项，得

$$\begin{aligned}
u(s)&=B_1x_1(s)+A_1sx_1(s)+x_2(s)\\
x_1(s)&=B_2x_2(s)+A_2sx_2(s)+x_3(s)\\
&\vdots\\
x_{i-1}(s)&=B_ix_i(s)+A_isx_i(s)+x_{i+1}(s)\\
&\vdots\\
x_{n-1}(s)&=B_nx_n(s)+A_nsx_n(s)
\end{aligned} \tag{1-60}$$

整理后得系统频域中的状态方程

$$s\boldsymbol{x}(s)=\begin{cases}
sx_1(s)=-\dfrac{B_1}{A_1}x_1(s)-\dfrac{1}{A_1}x_2(s)+\dfrac{1}{A_1}u(s)\\
sx_2(s)=\dfrac{1}{A_2}x_1(s)-\dfrac{B_2}{A_2}x_2(s)-\dfrac{1}{A_2}x_3(s)\\
\quad\vdots\\
sx_i(s)=\dfrac{1}{A_i}x_{i-1}(s)-\dfrac{B_i}{A_i}x_i(s)-\dfrac{1}{A_i}x_{i+1}(s)\\
\quad\vdots\\
sx_n(s)=\dfrac{1}{A_n}x_{n-1}(s)-\dfrac{B_n}{A_n}x_n(s)
\end{cases} \tag{1-61}$$

式中，$i=2,3,\cdots,n-1$。

零初始条件下对 $s\boldsymbol{x}(s)$ 和 $\boldsymbol{y}(s)$ 取拉氏逆变换，有

$$\begin{cases}
\dot{\boldsymbol{x}}=\begin{cases}
\dot{x}_1=-\dfrac{B_1}{A_1}x_1-\dfrac{1}{A_1}x_2+\dfrac{1}{A_1}u\\
\dot{x}_2=\dfrac{1}{A_2}x_1-\dfrac{B_2}{A_2}x_2-\dfrac{1}{A_2}x_3\\
\quad\vdots\\
\dot{x}_i=\dfrac{1}{A_i}x_{i-1}-\dfrac{B_i}{A_i}x_i-\dfrac{1}{A_i}x_{i+1}\\
\quad\vdots\\
\dot{x}_n=\dfrac{1}{A_n}x_{n-1}-\dfrac{B_n}{A_n}x_n
\end{cases}\\
\boldsymbol{y}=x_1+d_0u
\end{cases} \tag{1-62}$$

借用矩阵运算即可得到系统的状态空间模型

$$
\begin{cases}
\dot{\boldsymbol{x}}=\begin{bmatrix}\dot{x}_1\\ \dot{x}_2\\ \vdots\\ \dot{x}_n\end{bmatrix}=\begin{bmatrix}
-\dfrac{B_1}{A_1} & -\dfrac{1}{A_1} & 0 & 0 & 0 & & 0\\
\dfrac{1}{A_2} & -\dfrac{B_2}{A_2} & -\dfrac{1}{A_2} & 0 & 0 & & 0\\
0 & \dfrac{1}{A_3} & -\dfrac{B_3}{A_3} & -\dfrac{1}{A_3} & 0 & & 0\\
0 & 0 & \dfrac{1}{A_4} & -\dfrac{B_4}{A_4} & -\dfrac{1}{A_4} & \ddots & 0\\
0 & 0 & 0 & \dfrac{1}{A_5} & -\dfrac{B_5}{A_5} & \ddots & 0\\
 & & & & \ddots & \ddots & -\dfrac{1}{A_{n-1}}\\
0 & 0 & 0 & 0 & 0 & \dfrac{1}{A_n} & -\dfrac{B_n}{A_n}
\end{bmatrix}\begin{bmatrix}x_1\\ x_2\\ \vdots\\ x_n\end{bmatrix}+\begin{bmatrix}\dfrac{1}{A_1}\\ 0\\ \vdots\\ 0\end{bmatrix}[u] \\
\boldsymbol{y}=[y]=[1\quad 0\quad \cdots\quad 0]\boldsymbol{x}+d_0u
\end{cases}
\tag{1-63}
$$

可见系统矩阵 $\boldsymbol{A}$ 就是三重对角线型的方阵。

所以，三重对角线规范型是状态间的一种简单耦合形式，即状态分量的变化率 $\dot{x}_i$ 仅与 x_i 状态自身及前后两状态 x_{i-1} 和 x_{i+1} 有关。

【例 1.11】 将传递函数 $G(s)=\dfrac{y(s)}{u(s)}=\dfrac{s^3+3s^2+4s+1}{s^3+2s^2+s}$ 规范化为三重对角线规范型。

解 将 $G(s)$ 展开为

$$
\begin{aligned}
G(s)&=\frac{y(s)}{u(s)}=\frac{s^3+3s^2+4s+1}{s^3+2s^2+s}=\frac{\left(s^3+2s^2+s\right)+s^2+3s+1}{s^3+2s^2+s}\\
&=1+\frac{s^2+3s+1}{s^3+2s^2+s}=1+\cfrac{1}{-1+s+\cfrac{3s+1}{s^2+3s+1}}\\
&=1+\cfrac{1}{-1+s+\cfrac{1}{\cfrac{8}{9}+\cfrac{1}{3}s+\cfrac{1}{27s+9}}}
\end{aligned}
$$

选取频域中的状态变量 $\boldsymbol{x}(s)=\left[x_1(s)\quad x_2(s)\quad x_3(s)\right]^{\mathrm{T}}$，令

$$
\frac{x_1(s)}{u(s)}=\frac{1}{-1+s+x_2(s)/x_1(s)}=\frac{s^2+3s+1}{s^3+2s^2+s}
$$

$$
\frac{x_2(s)}{x_1(s)}=-\frac{3s+1}{s^2+3s+1}=\cfrac{1}{\cfrac{8}{9}+\cfrac{1}{3}s+\cfrac{x_3(s)}{x_2(s)}}
$$

$$
\frac{x_3(s)}{x_2(s)}=-\frac{1}{27s+9}=\frac{1}{-9-27s}
$$

将 $\dfrac{x_1(s)}{u(s)}$ 代入 $G(s)$ 得

$$G(s)=\frac{y(s)}{u(s)}=1+\frac{x_1(s)}{u(s)}$$

展开上式可得频域中系统的输出方程

$$y(s)=x_1(s)+u(s)$$

乘开前一式各项并作相应变换，可得系统频域状态方程

$$s\boldsymbol{x}(s)=\begin{cases}sx_1(s)=x_1(s)-x_2(s)+u(s)\\ sx_2(s)=-3x_1(s)-\dfrac{8}{3}x_2(s)+3x_3(s)\\ sx_3(s)=-\dfrac{1}{27}x_2(s)-\dfrac{1}{3}x_3(s)\end{cases}$$

对上两式进行拉氏逆变换，可得

$$\begin{cases}\dot{\boldsymbol{x}}=\begin{cases}\dot{x}_1=x_1-x_2+u\\ \dot{x}_2=-3x_1-\dfrac{8}{3}x_2+3x_3\\ \dot{x}_3=-\dfrac{1}{27}x_2-\dfrac{1}{3}x_3\end{cases}\\ \boldsymbol{y}=y=x_1+u\end{cases}$$

借用矩阵运算即可得到系统的状态空间模型

$$\begin{cases}\dot{\boldsymbol{x}}=\begin{bmatrix}\dot{x}_1\\ \dot{x}_2\\ \dot{x}_3\end{bmatrix}=\begin{bmatrix}1 & -1 & 0\\ -3 & -\dfrac{8}{3} & 3\\ 0 & -\dfrac{1}{27} & -\dfrac{1}{3}\end{bmatrix}\begin{bmatrix}x_1\\ x_2\\ x_3\end{bmatrix}+\begin{bmatrix}1\\ 0\\ 0\end{bmatrix}[u]\\ \boldsymbol{y}=[y]=[1\quad 0\quad 0]\boldsymbol{x}+u\end{cases}$$

1.3　状态变量图法

状态变量图(State Variable Diagram)是求取系统状态空间描述的另一种重要的方法。状态变量图能够表达出状态变量间的关系和物理意义，是系统实现物理仿真的基础，也可以看成是系统在时间域中结构图，或系统的物理模拟图。

如图 1-17 所示绘出了系统状态变量图的基本结构单元。系统的状态变量图主要由积分器、标量乘法器和加法器 3 个基本单元构成。

状态变量图可以根据时域中的微分方程或者频域中的传递函数绘制。一般多以系统经典频域模型——传递函数 $G(s)$ 来绘制状态变量图。具体的有直接程序法、并接程序法和串

接程序法。

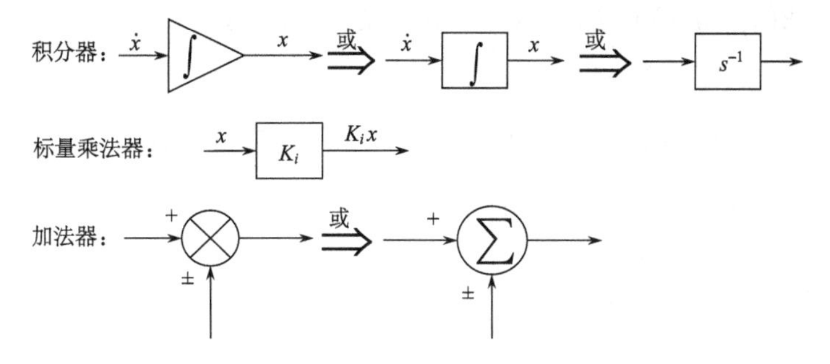

图 1-17　系统状态变量图的基本结构单元

一旦获得系统的状态变量图，则系统的状态空间描述就可以从图上极方便地求得。

1.3.1　直接程序法

设 n 阶系统的频域模型传递函数为

$$G(s)=\frac{y(s)}{u(s)}=\frac{b_0 s^n+b_1 s^{n-1}+\cdots+b_{n-1}s+b_n}{s^n+a_1 s^{n-1}+\cdots+a_{n-1}s+a_n} \tag{1-64}$$

式中，a_i、$b_j\left(i,j=1,2,\cdots,n\right)$ 均为常数。

(1) 将式(1-64)的分子分母同除以 s^n，可得

$$G(s)=\frac{y(s)}{u(s)}=\frac{b_0+b_1 s^{-1}+\cdots+b_{n-1}s^{-(n-1)}+b_n s^{-n}}{1+a_1 s^{-1}+\cdots+a_{n-1}s^{-(n-1)}+a_n s^{-n}}=\frac{M(s)}{D(s)} \tag{1-65}$$

则系统响应 $y(s)$ 可写为

$$y(s)=u(s)\cdot\frac{M(s)}{D(s)}=u(s)\cdot\frac{b_0+b_1 s^{-1}+\cdots+b_{n-1}s^{-(n-1)}+b_n s^{-n}}{1+a_1 s^{-1}+\cdots+a_{n-1}s^{-(n-1)}+a_n s^{-n}} \tag{1-66}$$

(2) 令系统频域误差变量 $E(s)$ 为

$$E(s)=u(s)\cdot\frac{1}{D(s)} \tag{1-67}$$

显然，代入 $D(s)$ 有

$$E(s)=u(s)\cdot\frac{1}{D(s)}=u(s)\cdot\frac{1}{1+a_1 s^{-1}+\cdots+a_{n-1}s^{-(n-1)}+a_n s^{-n}} \tag{1-68}$$

(3) 展开式(1-68)并整理，有

$$E(s)=u(s)-a_1 s^{-1}E(s)-a_2 s^{-2}E(s)-\cdots-a_{n-1}s^{-(n-1)}E(s)-a_n s^{-n}E(s) \tag{1-69}$$

(4) 又由式(1-66)和式(1-67)有

$$\begin{aligned}y(s)&=E(s)\cdot M(s)=E(s)\cdot\left(b_0+b_1 s^{-1}+\cdots+b_{n-1}s^{-(n-1)}+b_n s^{-n}\right)\\&=b_0E(s)+b_1 s^{-1}E(s)+\cdots+b_{n-1}s^{-(n-1)}E(s)+b_n s^{-n}E(s)\end{aligned} \tag{1-70}$$

(5) 变换式(1-69)和式(1-70)以突出积分器s^{-1}，可得

$$E(s)=u(s)+\left[E(s)\cdot s^{-1}\cdot(-a_1)+E(s)\cdot s^{-1}\cdot s^{-1}\cdot(-a_2)+\cdots\right] \tag{1-71}$$

及

$$y(s)=E(s)\cdot b_0+E(s)\cdot s^{-1}\cdot b_1+E(s)\cdot s^{-1}\cdot s^{-1}\cdot b_2+\cdots \tag{1-72}$$

于是根据式(1-71)和式(1-72)可得到如图 1-18 所示的方框图结构。

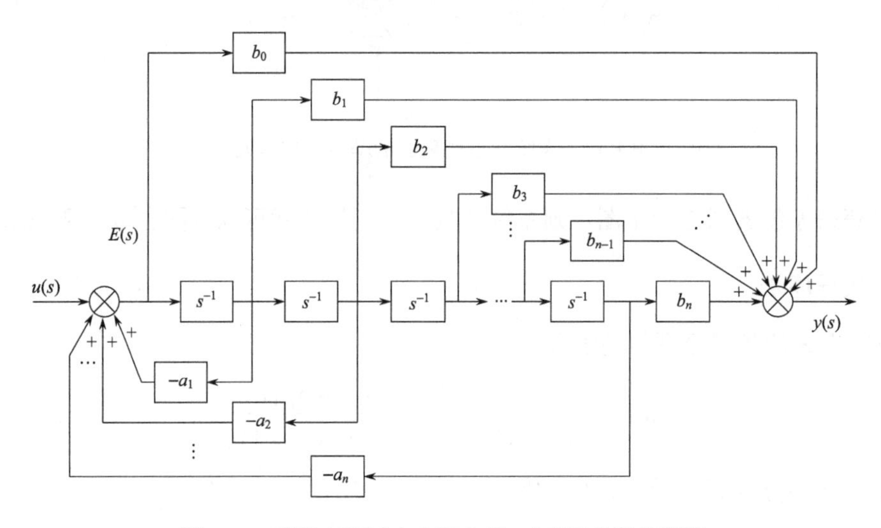

图 1-18　系统在频域中由积分器s^{-1}表示的结构框图

(6) 用积分器符号 替代积分器框图，同时考虑系统的初始状态$\boldsymbol{x}(0)$，则可得系统的状态变量图如图 1-19(a)所示。

(7) 在系统状态变量图上选取每一个积分器的输出作为状态变量$\boldsymbol{x}$，如图 1-19 所示。

(8) 最后根据状态变量图 1-19 可得到状态方程

$$\dot{\boldsymbol{x}}=\begin{cases}\dot{x}_1=x_2\\ \dot{x}_2=x_3\\ \quad\vdots\\ \dot{x}_{n-1}=x_n\\ \dot{x}_n=-a_nx_1-a_{n-1}x_2-\cdots-a_1x_n+u\end{cases} \tag{1-73}$$

输出方程为

$$\begin{aligned}y&=b_nx_1+b_{n-1}x_2+\cdots+b_1x_n+b_0\left(-a_nx_1-a_{n-1}x_2-\cdots-a_1x_n+u\right)\\&=b_0u+\sum_{i=1}^{n}(b_i-b_0a_i)x_{n-i+1}\end{aligned} \tag{1-74}$$

或写成矩阵形式，有

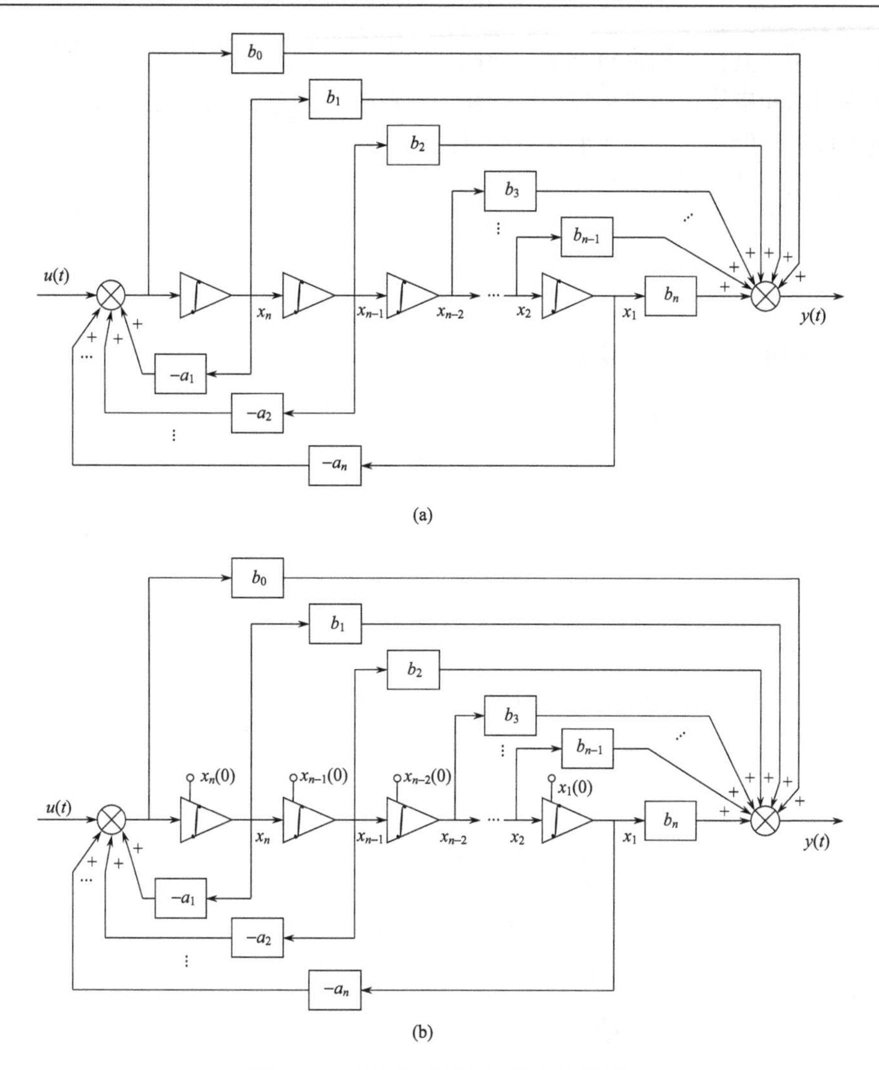

图 1-19　系统在时域中的状态变量图

$$
\begin{cases}
\dot{\boldsymbol{x}}=\begin{bmatrix}\dot{x}_1\\ \dot{x}_2\\ \vdots\\ \dot{x}_n\end{bmatrix}=\begin{bmatrix}0 & 1 & 0 & 0 & \cdots & 0\\ & 0 & 1 & 0 & & 0\\ & & \ddots & \ddots & \ddots & \vdots\\ & \boldsymbol{0} & & \ddots & \ddots & 0\\ & & & & 0 & 1\\ -a_n & -a_{n-1} & -a_{n-2} & -a_{n-3} & \cdots & -a_1\end{bmatrix}\begin{bmatrix}x_1\\ x_2\\ \vdots\\ x_n\end{bmatrix}+\begin{bmatrix}0\\ \vdots\\ 0\\ 1\end{bmatrix}[u]\\
\boldsymbol{y}=[y]=[(b_n-b_0a_0)\quad(b_{n-1}-b_0a_{n-1})\quad\cdots\quad(b_1-b_0a_1)][x_1\quad x_2\quad\cdots\quad x_n]^{\mathrm{T}}+b_0u
\end{cases}
\tag{1-75}
$$

注意： 若 $(n-m)=r>0$，即系统为严格常态时，则 $b_i\equiv0\ \left(i=0,1,\cdots,(r-1)\right)$。

应当指出，由经典频域模型绘出的系统状态变量图都是在系统初始状态为零，即 $\boldsymbol{x}(0)=0$ 的条件下绘出的。实际中，如若系统初态 $\boldsymbol{x}(0)\neq0$，则可以调整各相应积分器的偏置电压来设定相应的初始状态 $x_i(0)$，如图 1-19(b)所示。

下面通过两个具体实例来讲述如何绘制一阶和二阶经典系统的状态变量图。特别是，对于并接程序法和串接程序法来说，一阶和二阶系统的状态变量图是最基础的。

【例 1.12】　绘制一阶系统的状态变量图。

解　一阶系统数学模型

时域中：

$$T\dot{y}+y=ku$$

频域中：

$$G(s)=\frac{y(s)}{u(s)}=\frac{k}{1+Ts}$$

将传递函数的分子分母同除以 s，得

$$G(s)=\frac{y(s)}{u(s)}=\frac{k}{1+Ts}=\frac{k/T}{s+\dfrac{1}{T}}=\frac{k}{T}\cdot\frac{s^{-1}}{1+\dfrac{1}{T}s^{-1}}$$

则

$$y(s)=u(s)\cdot\frac{k}{T}\cdot\frac{s^{-1}}{1+\dfrac{1}{T}s^{-1}}$$

令

$$E(s)=\frac{k}{T}\cdot\frac{1}{1+\dfrac{1}{T}s^{-1}}\cdot u(s)$$

有

$$E(s)=\frac{k}{T}u(s)-\frac{1}{T}s^{-1}\cdot E(s)$$

且

$$y(s)=E(s)\cdot s^{-1}$$

根据上式绘制出含有 s^{-1} 的方框图，如图 1-20(a)所示。用积分器 $\int$ 替换框图中的 s^{-1}，并选取状态变量 $\boldsymbol{x}$，可得系统的状态变量图如图 1-20(b)所示。

于是状态空间模型为

$$\begin{cases}\dot{\boldsymbol{x}}=\dot{x}_1=-\dfrac{1}{T}x_1+\dfrac{k}{T}u\\ \boldsymbol{y}=y=x_1\end{cases}$$

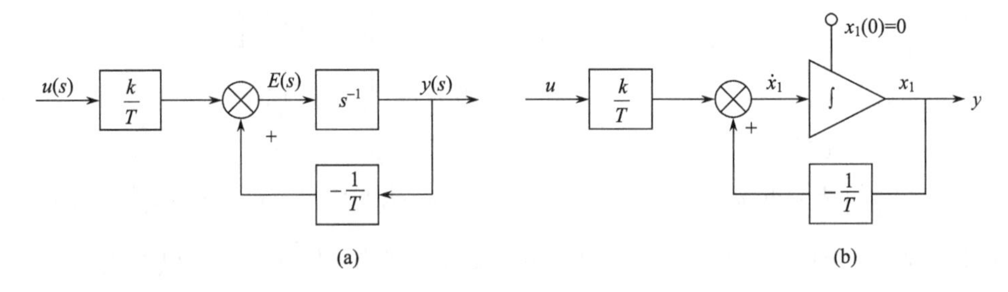

图 1-20　例 1.12 系统框图及模拟结构图

【例 1.13】　试绘制二阶系统的状态变量图。时域中，$T^2\ddot{y}+2\xi T\dot{y}+y=k\left(\tau\dot{u}+u\right)$；频

域中，$G(s)=\dfrac{y(s)}{u(s)}=\dfrac{k(\tau s+1)}{T^2s^2+2\xi Ts+1}$，且假定 $\boldsymbol{x}(0)=\boldsymbol{0}$。

解　将传递函数的分子分母同除以 s^2，得

$$\frac{y(s)}{u(s)}=\frac{k(\tau s+1)}{T^2s^2+2\xi Ts+1}=\frac{k(\tau s^{-1}+s^{-2})}{T^2+2\xi Ts^{-1}+s^{-2}}=\frac{\dfrac{k}{T^2}(\tau s^{-1}+s^{-2})}{1+\dfrac{2\xi}{T}s^{-1}+\dfrac{1}{T^2}s^{-2}}$$

令

$$E(s)=u(s)\cdot\frac{\dfrac{k}{T^2}}{1+\dfrac{2\xi}{T}s^{-1}+\dfrac{1}{T^2}s^{-2}}$$

则

$$E(s)=\frac{k}{T^2}u(s)-\frac{2\xi}{T}E(s)\cdot s^{-1}-\frac{1}{T^2}E(s)\cdot s^{-2}$$

且

$$y(s)=\tau E(s)\cdot s^{-1}+E(s)\cdot s^{-2}$$

可得系统的状态变量图如图 1-21 所示。

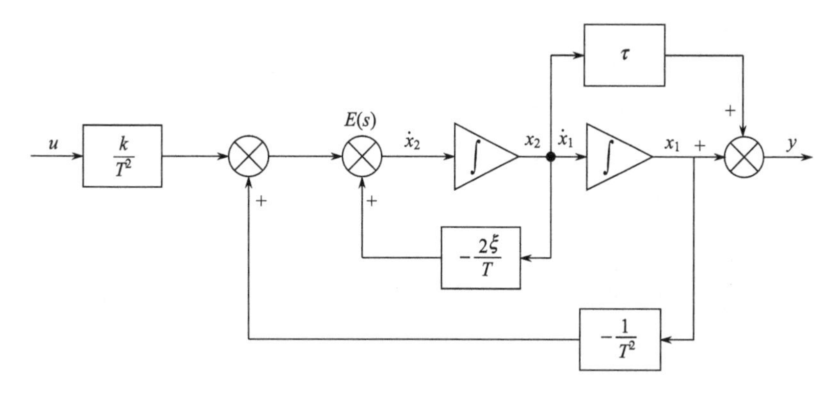

图 1-21　例 1.13 二阶系统的状态变量图

选取状态变量 $\boldsymbol{x}$，得状态空间模型为

$$\begin{cases}\dot{\boldsymbol{x}}=\begin{cases}\dot{x}_1=x_2\\ \dot{x}_2=-\dfrac{1}{T^2}x_1-\dfrac{2\xi}{T}x_2+\dfrac{k}{T^2}u\end{cases}\\ \boldsymbol{y}=y=x_1+\tau x_2\end{cases}$$

写成矩阵形式为

$$\begin{cases}\dot{\boldsymbol{x}}=\begin{bmatrix}\dot{x}_1\\ \dot{x}_2\end{bmatrix}=\begin{bmatrix}0 & 1\\ -\dfrac{1}{T^2} & -\dfrac{2\xi}{T}\end{bmatrix}\begin{bmatrix}x_1\\ x_2\end{bmatrix}+\begin{bmatrix}0\\ \dfrac{k}{T^2}\end{bmatrix}[u]\\ \boldsymbol{y}=[y]=[1\quad \tau]\boldsymbol{x}\end{cases}$$

1.3.2 并接程序法

并接程序法的基本思想是将一个 n 阶系统的传递函数利用部分分式法分解为若干个一阶子系统和二阶子系统的传递函数之和。即

$$\begin{aligned}G(s)=\frac{y(s)}{u(s)}&=\sum_{i=1}^{\lambda}\frac{k_i}{T_i s+1}+\sum_{j=1}^{\mu}\frac{k_j\left(\tau_j s+1\right)}{T_j s+1}+\sum_{l=1}^{\gamma}\frac{k_l}{T_l^2 s^2+2\xi_l T_l s+1}\\&\quad+\sum_{v=1}^{\alpha}\frac{k_v\left(\tau_v s+1\right)}{T_v^2 s^2+2\xi_v T_v s+1}+\sum_{h=1}^{\beta}\frac{k_h\left(\tau_h^2 s^2+2\xi_h\tau_h s+1\right)}{T_h^2 s^2+2\xi_h T_h s+1}\end{aligned}\tag{1-76}$$

若 $G(s)$ 为常态，式中 τ_j、τ_v、τ_h 是包括 0 在内的常数。

绘出若干一阶子系统和二阶子系统的子状态变量图。根据子状态变量图求和法则按并联连接的规则，将所有子状态变量图并接起来，如图 1-22 所示。最后，选定每个积分器的输出作为状态变量 x_i，可得到状态空间模型

$$\begin{cases}\dot{\boldsymbol{x}}=\boldsymbol{A}\boldsymbol{x}+\boldsymbol{B}u\\ y=\boldsymbol{C}\boldsymbol{x}+\boldsymbol{D}u\end{cases}$$

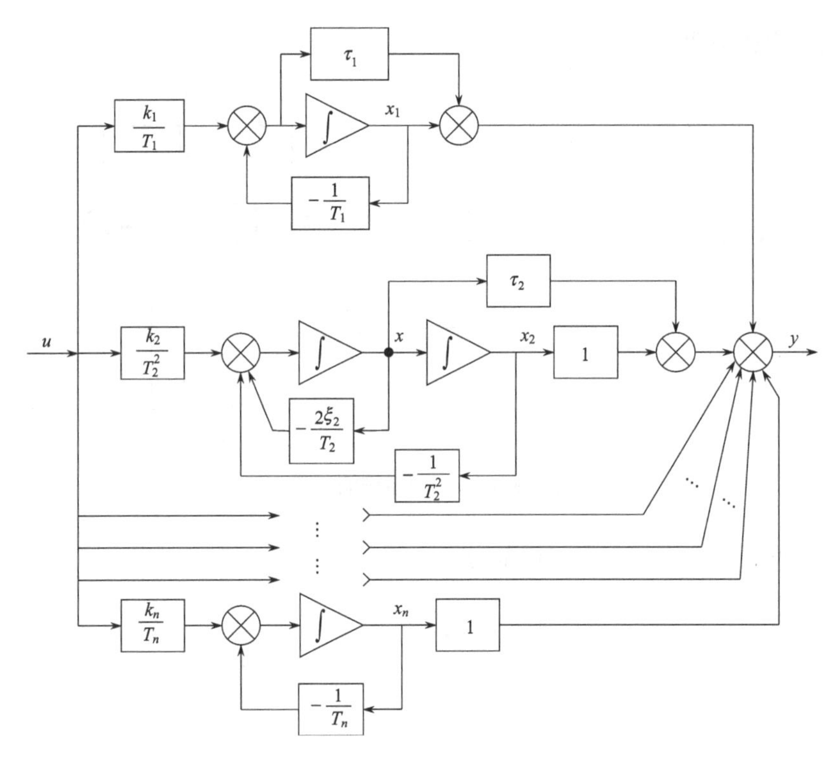

图 1-22 并接程序示意图

1.3.3 串接程序法

类似地，串接程序法的基本思想是把一个 n 阶传递函数利用因式分解法分解成若干个一阶子系统和二阶子系统传递函数的乘积。即

$$G(s)=\frac{y(s)}{u(s)}=\prod_{i=1}^{\lambda}\frac{k_i\left(\tau_i s+1\right)}{T_i s+1}\cdot\prod_{j=1}^{\mu}\frac{k_j\left(\tau_j^2 s^2+2\xi_j\tau_j s+1\right)}{T_j^2 s^2+2\xi_j T_j s+1} \tag{1-77}$$

式中，τ_i和τ_j是包括 0 在内的常数。

绘出一阶系统和二阶系统的子状态变量图，并将子传递函数相乘，按各子图串联的规则即可得到n阶系统状态变量图，如图 1-23 所示。最后选定每个积分器的输出为状态变量x_i，即可得到系统状态空间表达式。

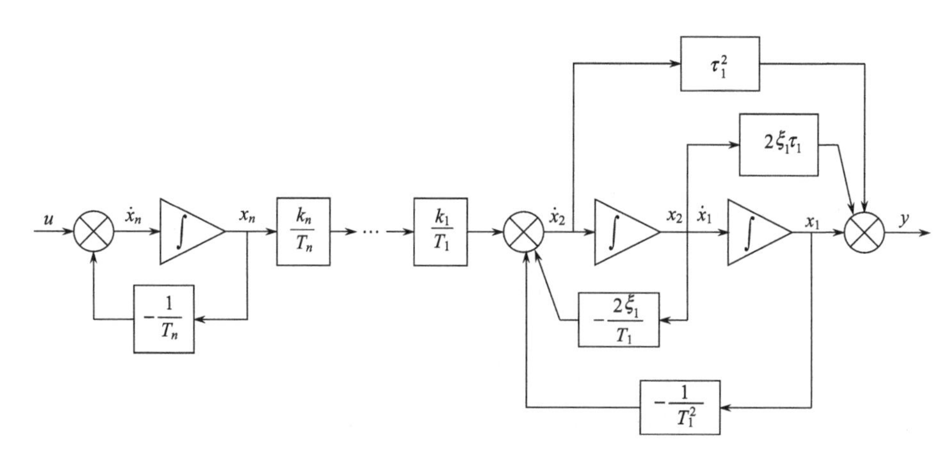

图 1-23　串接程序法示意图

1.3.4　方框图法——单一回路处理法

工程实际中，经典理论系统结构框图是大家熟知的，能否将其做一些微小变换而方便地绘制状态变量图，进而得到状态空间模型呢？回答是肯定的。这里介绍方框图法的第二种方式，即单一回路处理法。

这种方法关键步骤如下。

(1) 把给定的系统结构框图中各子环节传递函数分解为最简传递函数$\frac{1}{s+a}$（a为包括零在内的实常数）之间或与常数之间的线性组合。

(2) 根据(1)已求得的线性组合形式分解系统结构框图。

(3) 用积分器、标量乘法器和加法器构成单一反馈回路连接来表达最简传递函数$\frac{1}{s+a}$，这一步如图 1-24 所示。于是得到系统的状态变量图。

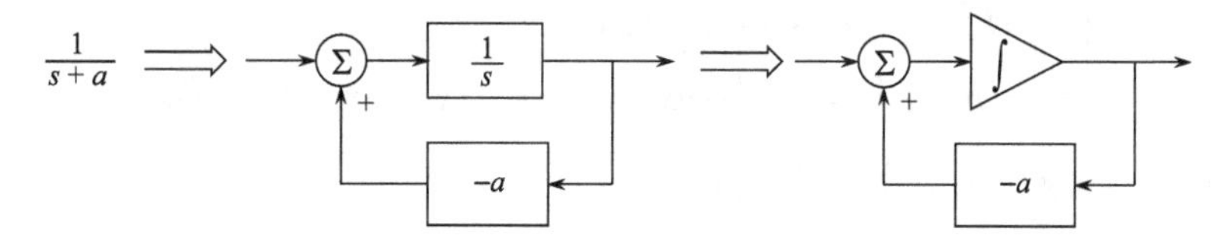

图 1-24　最简传递函数的单一反馈回路表示图

(4) 选择系统中每一个积分器的输出为系统状态变量 x_i。

(5) 利用框图运算而得到系统状态空间模型。

下面例 1.14 的求解将说明上述 5 个步骤的应用。

【例 1.14】　有系统结构框图如图 1-25 所示，试绘制系统状态变量图并求其状态空间模型。

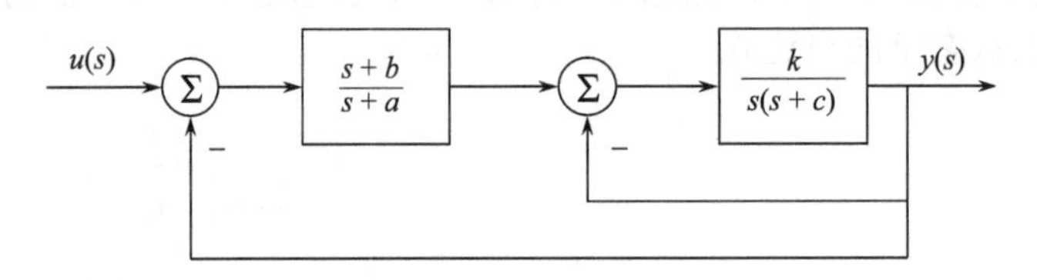

图 1-25　例 1.14 系统结构框图

解　(1) 分解系统中各子环节传递函数。

$$\frac{s+b}{s+a}=1+\frac{b-a}{s+a}$$

$$\frac{k}{s(s+c)}=\frac{k}{s}\cdot\frac{1}{s+c}$$

(2) 按上两式分解原系统结构框图，结果如图 1-26 所示。

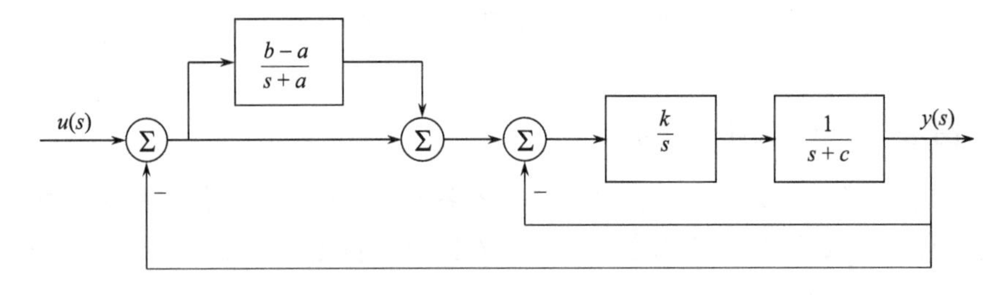

图 1-26　按最简传递函数分解后的框图

(3) 用积分器、标量乘法器和加法器组成的单一回路表达图 1-26 中的最简传递函数，如图 1-27 所示。

于是得到系统状态变量图，如图 1-28 所示。

(4) 选取状态变量 $\boldsymbol{x}=\left[x_1(t)\quad x_2(t)\quad x_3(t)\right]^{\mathrm{T}}$，如图 1-28 所示。

(5) 根据状态变量图运算规则列写系统状态空间模型，状态方程为

$$\begin{cases}\dot{x}_1=-cx_1+x_2\\ \dot{x}_2=k\left[-x_1+x_3+u-x_1\right]=k\left[-2x_1+x_3+u\right]\\ \dot{x}_3=(b-a)\left[-x_1+u\right]-ax_3=-(b-a)x_1-ax_3+(b-a)u\end{cases}$$

输出方程为 $y=x_1$，或写成矩阵向量形式

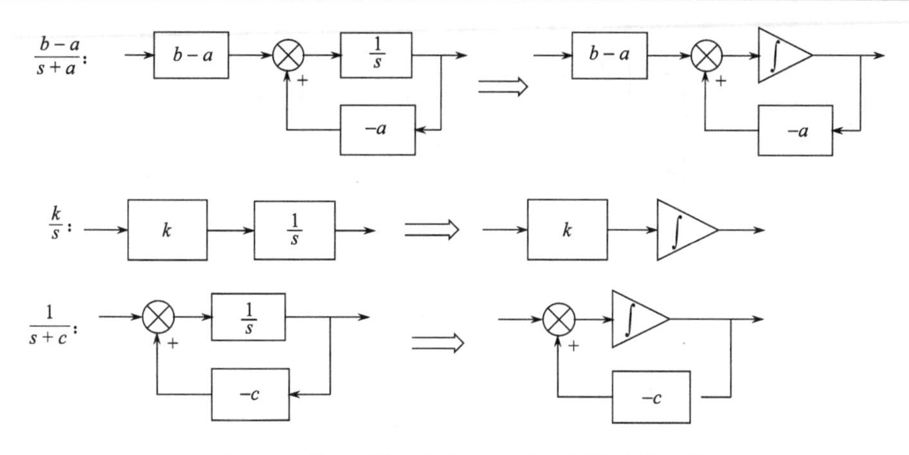

图 1-27　单一回路表达图 1-26 中的最简传递函数

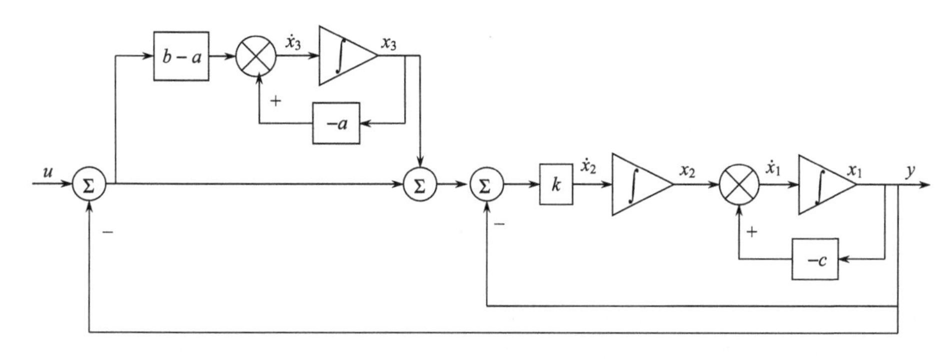

图 1-28　例 1.14 系统状态变量图

$$
\begin{cases}
\dot{\boldsymbol{x}}=\begin{bmatrix}\dot{x}_1\\ \dot{x}_2\\ \dot{x}_3\end{bmatrix}=\begin{bmatrix}-c & 1 & 0\\ -2k & 0 & k\\ (a-b) & 0 & -a\end{bmatrix}\begin{bmatrix}x_1\\ x_2\\ x_3\end{bmatrix}+\begin{bmatrix}0\\ k\\ b-a\end{bmatrix}[u]\\
\boldsymbol{y}=[y]=[1\quad 0\quad 0]\boldsymbol{x},\qquad \boldsymbol{D}=\boldsymbol{0}
\end{cases}
$$

【例 1.15】　有双输入和双输出系统(多变量系统)按如图 1-29(a)所示进行连接，其中 a，b，c 和 d 均为常数，试利用状态变量图法建立其状态空间模型。

解　系统中各环节的传递函数都给定，且均为经典的一阶环节模型。于是可应用单一回路处理法绘出 2 个方框图的子状态变量图如图 1-29(b)所示。选定每个积分器的输出为状态变量 x_i，则状态空间表达式为

$$
\begin{cases}
\dot{\boldsymbol{x}}=\begin{cases}\dot{x}_1=-ax_1-cx_2+cu_1\\ \dot{x}_2=-dx_1-bx_2+du_2\end{cases}\\
\boldsymbol{y}=\begin{cases}y_1=x_1\\ y_2=x_2\end{cases}
\end{cases}
$$

写成矩阵形式

$$\begin{cases}\dot{\boldsymbol{x}}=\begin{bmatrix}\dot{x}_1\\\dot{x}_2\end{bmatrix}=\begin{bmatrix}-a&-c\\-d&-b\end{bmatrix}\begin{bmatrix}x_1\\x_2\end{bmatrix}+\begin{bmatrix}c&0\\0&d\end{bmatrix}\begin{bmatrix}u_1\\u_2\end{bmatrix}\\\boldsymbol{y}=\begin{bmatrix}y_1\\y_2\end{bmatrix}=\begin{bmatrix}1&0\\0&1\end{bmatrix}\begin{bmatrix}x_1\\x_2\end{bmatrix}\end{cases}$$

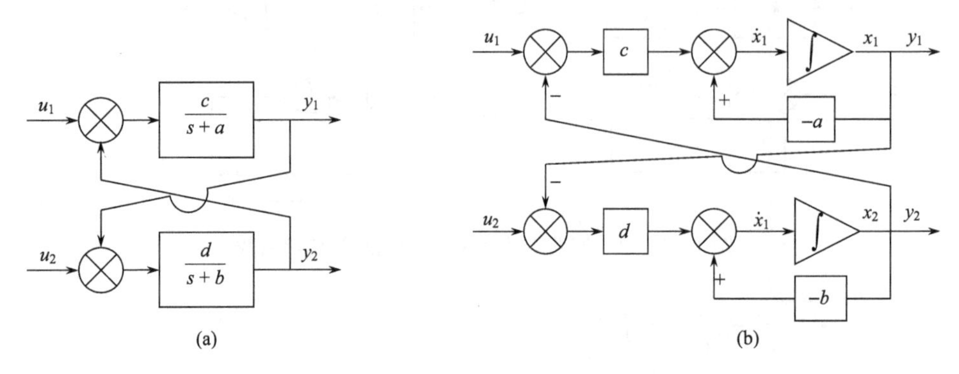

图 1-29　例 1.15 系统结构框图及状态变量图

1.4　系统的传递函数阵

频域模型中，系统的传递函数或者 z 传递函数是为大家所熟悉的，同时频域中的运算比时域简单。因此，有必要将经典理论中传递函数的概念引入状态空间描述中。在多输入/多输出的多变量系统中，传递函数需要用矩阵向量表示，故称为传递函数阵(Transfer Function Matrix)。

1.4.1　传递函数阵 $G(s)$ 的推证

设线性定常系统 $\Sigma(\boldsymbol{A},\boldsymbol{B},\boldsymbol{C})$ 为

$$\Sigma:\begin{cases}\dot{\boldsymbol{x}}=\boldsymbol{Ax}+\boldsymbol{Bu}\\\boldsymbol{y}=\boldsymbol{Cx}+\boldsymbol{Du}\end{cases}\tag{1-78}$$

式中，$\boldsymbol{u}$ 为 r 维输入，$\boldsymbol{y}$ 为 m 维输出，$m\leqslant n$，$r\leqslant n$，且假定系统初始状态为 $\boldsymbol{x}(t)\big|_{t=0}=\boldsymbol{x}(0)=\boldsymbol{0}$。

对式(1-78)在零初始条件下取拉氏变换，可得

$$\begin{cases}s\boldsymbol{x}(s)=\boldsymbol{Ax}(s)+\boldsymbol{Bu}(s)\\\boldsymbol{y}(s)=\boldsymbol{Cx}(s)+\boldsymbol{Du}(s)\end{cases}\tag{1-79}$$

由式(1-79)中状态方程解出状态的频域解 $\boldsymbol{x}(s)$，即

$$\boldsymbol{x}(s)=(s\boldsymbol{I}-\boldsymbol{A})^{-1}\boldsymbol{Bu}(s)\tag{1-80}$$

将式(1-80)代入输出方程 $\boldsymbol{y}(s)$，可得

$$\boldsymbol{y}(s)=\boldsymbol{C}(s\boldsymbol{I}-\boldsymbol{A})^{-1}\boldsymbol{Bu}(s)+\boldsymbol{Du}(s)$$

有

$$\boldsymbol{y}(s)=\left[\boldsymbol{C}(s\boldsymbol{I}-\boldsymbol{A})^{-1}\boldsymbol{B}+\boldsymbol{D}\right]\boldsymbol{u}(s) \tag{1-81}$$

用$\boldsymbol{u}^{-1}(s)$右乘式(1-81)两边，有

$$\boldsymbol{y}(s)\boldsymbol{u}^{-1}(s)=\boldsymbol{C}(s\boldsymbol{I}-\boldsymbol{A})^{-1}\boldsymbol{B}+\boldsymbol{D} \tag{1-82}$$

借用经典控制理论中传递函数的概念，定义系统传递函数阵$\boldsymbol{G}(s)$为

$$\boldsymbol{G}(s)\triangleq\boldsymbol{y}(s)\cdot\boldsymbol{u}^{-1}(s)=\boldsymbol{C}(s\boldsymbol{I}-\boldsymbol{A})^{-1}\boldsymbol{B}+\boldsymbol{D} \tag{1-83}$$

因此，$\boldsymbol{G}(s)\triangleq\boldsymbol{C}(s\boldsymbol{I}-\boldsymbol{A})^{-1}\boldsymbol{B}+\boldsymbol{D}$正是这个多变量$n$维线性系统$\Sigma(\boldsymbol{A},\boldsymbol{B},\boldsymbol{C})$的传递函数阵。

从上面的推证过程可以看出以下几点性质。

(1) 如同经典控制理论中标量系统的传递函数一样，多变量系统的传递函数阵$\boldsymbol{G}(s)$也可以描述$\Sigma(\boldsymbol{A},\boldsymbol{B},\boldsymbol{C})$系统的运动特征。但是，要指出的是，$\boldsymbol{G}(s)$的描述是不完整的。$\boldsymbol{G}(s)$只描述了系统结构中一个子系统(能控和能观子系统)部分。这点将在第 3 章进一步阐述。

(2) 因为$\boldsymbol{G}(s)=\boldsymbol{C}(s\boldsymbol{I}-\boldsymbol{A})^{-1}\boldsymbol{B}+\boldsymbol{D}$中$\boldsymbol{C}$为$m\times n$维矩阵，$(s\boldsymbol{I}-\boldsymbol{A})^{-1}$为$n\times n$维矩阵，$\boldsymbol{B}$为$n\times r$维矩阵，$\boldsymbol{D}$为$m\times r$维矩阵，所以，$\boldsymbol{G}(s)$阵是$m\times r$规模的，且

$$\boldsymbol{G}(s)=\begin{bmatrix} g_{11}(s) & g_{12}(s) & \cdots & g_{1r}(s) \\ \vdots & \vdots & g_{ij}(s) & \vdots \\ g_{m1}(s) & g_{m2}(s) & \cdots & g_{mr}(s) \end{bmatrix}_{m\times r} \tag{1-84}$$

式中，$G_{ij}(s)=y_{ij}(s)/u_j(s)$表示了第$j$个输入信号对第$i$个输出产生的第$j$个分量的影响，它们是标量函数。

(3) 若$m=r\neq 1$时，$\Sigma(\boldsymbol{A},\boldsymbol{B},\boldsymbol{C})$系统为多变量系统，传递函数阵$\boldsymbol{G}(s)$是方阵，形如

$$\boldsymbol{G}(s)=\begin{bmatrix} g_{11}(s) & \cdots & g_{1m}(s) \\ \vdots & g_{ii}(s) & \vdots \\ g_{m1}(s) & \cdots & g_{mm}(s) \end{bmatrix}_{m\times m} \tag{1-85}$$

应当指出，为了使多变量系统变成自治系统，应利用某种方法消除交叉耦合关系，这就是系统综合中所谓的“输出解耦问题”，也是在第 5 章系统综合中要讨论的问题。

从数学的观点来看，输出解耦是指将传递函数阵$\boldsymbol{G}(s)$变成对角线矩阵，即

$$\boldsymbol{G}(s)\Rightarrow\mathrm{diag}\left[g_{ii}(s)\right]\qquad(m=r\neq 1) \tag{1-86}$$

(4) 若$m=r=1$时，$\Sigma(\boldsymbol{A},\boldsymbol{B},\boldsymbol{C})$系统为单变量系统。也就是说，传递函数$\boldsymbol{G}(s)$是标量函数，即

$$\boldsymbol{G}(s)=\boldsymbol{y}(s)\boldsymbol{u}^{-1}(s)=y(s)\cdot u^{-1}(s)=\frac{y(s)}{u(s)}$$

这正是经典理论中的系统传递函数。

(5) 进一步，利用矩阵求逆的运算，可得到

$$\begin{aligned}G(s) &= C(sI-A)^{-1}B+D\\ &= \frac{1}{\det(sI-A)}\left[C\,\mathrm{adj}(sI-A)B+D\det(sI-A)\right]\end{aligned} \tag{1-87}$$

式中，$\mathrm{adj}(sI-A)$为$(sI-A)$的伴随矩阵，$\det(sI-A)$为系统的特征多项式。

(6) 传递函数阵$G(s)$的不变性原理。

假定$\Sigma(A,B,C)$经非奇异线性变换后，得到$\tilde{\Sigma}(\tilde{A},\tilde{B},\tilde{C})$，即

$$\begin{cases}\dot{x}=Ax+Bu\\ y=Cx+Du\end{cases} \xrightarrow{\tilde{x}=P^{-1}x} \begin{cases}\dot{\tilde{x}}=\tilde{A}\tilde{x}+\tilde{B}u\\ \tilde{y}=\tilde{C}\tilde{x}+\tilde{D}u\end{cases}$$

若$\tilde{x}=P^{-1}x$（P为$n\times n$规模矩阵），则$\tilde{A}=P^{-1}AP$，$\tilde{B}=P^{-1}B$，$\tilde{C}=CP$，$\tilde{D}=D$。因此，变换后系统$\tilde{\Sigma}(\tilde{A},\tilde{B},\tilde{C})$的传递函数阵$\tilde{G}(s)$可求得为

$$\begin{aligned}\tilde{G}(s) &= \tilde{C}\left(sI-\tilde{A}\right)^{-1}\tilde{B}+\tilde{D}=CP\left(sI-P^{-1}AP\right)^{-1}P^{-1}B+D\\ &= C\left[PsIP^{-1}-PP^{-1}APP^{-1}\right]^{-1}B+D=C\left[PsP^{-1}-A\right]^{-1}B+D\\ &= C[sI-A]^{-1}B+D=G(s)\end{aligned} \tag{1-88}$$

即有

$$\tilde{C}\left(sI-\tilde{A}\right)^{-1}\tilde{B}+\tilde{D}=C(sI-A)^{-1}B+D \tag{1-89}$$

由此可以得出结论：对线性时不变系统$\Sigma(A,B,C)$而言，系统作非奇异线性变换则系统的传递函数阵$G(s)$是不变的。这就是传递函数阵的不变性原理。

当然，推导$\Sigma(A,B,C)$系统的$G(s)$是比较简单的，只需要将A, B, C和I矩阵代入公式$G(s)=C(sI-A)^{-1}B+D$即可。但是，计算逆矩阵$(sI-A)^{-1}$的问题总是麻烦的。

【例 1.16】　设时不变系统$\Sigma(A,B,C)$描述为

$$\begin{cases}\dot{x}=\begin{bmatrix}\dot{x}_1\\ \dot{x}_2\\ \dot{x}_3\end{bmatrix}=\begin{bmatrix}0&1&0\\0&-1&-1\\0&0&-3\end{bmatrix}\begin{bmatrix}x_1\\x_2\\x_3\end{bmatrix}+\begin{bmatrix}0\\1\\1\end{bmatrix}[u]\\ y=[y]=[1\quad 0\quad 0]x\end{cases}$$

试求其传递函数阵$G(s)$。

解

$$(sI-A)^{-1}=\frac{1}{\det(sI-A)}\mathrm{adj}(sI-A)$$

式中

$$(sI-A)=\begin{bmatrix}s&-1&0\\0&s+1&1\\0&0&s+3\end{bmatrix}$$

则

$$\det(s\boldsymbol{I}-\boldsymbol{A})=\det\begin{bmatrix} s & -1 & 0 \\ 0 & s+1 & 1 \\ 0 & 0 & s+3 \end{bmatrix}=s(s+1)(s+3)$$

$$\operatorname{adj}(s\boldsymbol{I}-\boldsymbol{A})=\begin{bmatrix} (s+1)(s+3) & s+3 & -1 \\ 0 & s(s+3) & -s \\ 0 & 0 & s(s+1) \end{bmatrix}$$

将 $\det(s\boldsymbol{I}-\boldsymbol{A})$ 和 $\operatorname{adj}(s\boldsymbol{I}-\boldsymbol{A})$ 代入 $\boldsymbol{G}(s)=\boldsymbol{C}(s\boldsymbol{I}-\boldsymbol{A})^{-1}\boldsymbol{B}+\boldsymbol{D}$，有

$$\boldsymbol{G}(s)=\boldsymbol{C}(s\boldsymbol{I}-\boldsymbol{A})^{-1}\boldsymbol{B}+\boldsymbol{D}=\frac{1}{\det(s\boldsymbol{I}-\boldsymbol{A})}\left[\boldsymbol{C}\operatorname{adj}(s\boldsymbol{I}-\boldsymbol{A})\boldsymbol{B}\right]$$

$$=\frac{\begin{bmatrix} 1 & 0 & 0 \end{bmatrix}\begin{bmatrix} (s+1)(s+3) & s+3 & -1 \\ 0 & s(s+3) & -s \\ 0 & 0 & s(s+1) \end{bmatrix}\begin{bmatrix} 0 \\ 1 \\ 1 \end{bmatrix}}{s(s+1)(s+3)}=\frac{s+2}{s(s+1)(s+3)}$$

通过以上实例，可以看出，在计算 $\boldsymbol{G}(s)$ 的过程中，求取 $(s\boldsymbol{I}-\boldsymbol{A})^{-1}$ 是非常麻烦的。特别是，对于高维系统，行列式 $\det(s\boldsymbol{I}-\boldsymbol{A})$ 和它的伴随矩阵 $\operatorname{adj}(s\boldsymbol{I}-\boldsymbol{A})$ 的计算比较困难。为了解决计算上的问题，下面介绍一种计算 $(s\boldsymbol{I}-\boldsymbol{A})^{-1}$ 的 Leverner(莱佛勒)计算法。

1.4.2　Leverner 计算法

运用 Leverner 法计算逆矩阵 $(s\boldsymbol{I}-\boldsymbol{A})^{-1}$，本节只做结论性介绍。

设矩阵 $\boldsymbol{A}$ 为 $n\times n$ 维的，且 $\boldsymbol{A}$ 的特征多项式为

$$\det(s\boldsymbol{I}-\boldsymbol{A})=s^n+a_1s^{n-1}+\cdots+a_{n-1}s+a_n \tag{1-90}$$

式中，$a_i\ (i=1,2,\cdots,n)$ 均为要计算的未知系数。

则 Leverner 表达式为

$$(s\boldsymbol{I}-\boldsymbol{A})^{-1}=\frac{1}{\det(s\boldsymbol{I}-\boldsymbol{A})}\left[\boldsymbol{R}_{n-1}s^{n-1}+\boldsymbol{R}_{n-2}s^{n-2}+\cdots+\boldsymbol{R}_1s+\boldsymbol{R}_0\right] \tag{1-91}$$

式中，$\boldsymbol{R}_{n-i}$ 和 $a_i\ (i=1,2,\cdots,n)$ 均为要计算的待定系数矩阵，可以按如下顺序直接算得

$$\begin{cases} \boldsymbol{R}_{n-1}=\boldsymbol{I}_{n\times n} \\ \boldsymbol{R}_{n-2}=\boldsymbol{A}\boldsymbol{R}_{n-1}+a_1\boldsymbol{I}_{n\times n} \\ \boldsymbol{R}_{n-3}=\boldsymbol{A}\boldsymbol{R}_{n-2}+a_2\boldsymbol{I}_{n\times n} \\ \quad\vdots \\ \boldsymbol{R}_{n-i}=\boldsymbol{A}\boldsymbol{R}_{n-i+1}+a_{i-1}\boldsymbol{I}_{n\times n} \\ \quad\vdots \\ \boldsymbol{R}_0=\boldsymbol{A}\boldsymbol{R}_1+a_{n-1}\boldsymbol{I}_{n\times n} \\ \boldsymbol{0}=\boldsymbol{A}\boldsymbol{R}_0+a_n\boldsymbol{I}_{n\times n} \end{cases} \tag{1-92}$$

而待定系数从 a_1 计算到 a_n 为止，即

$$\begin{cases} a_1 = -\text{trace}(\boldsymbol{A}\boldsymbol{R}_{n-1}) = -\text{trace}(\boldsymbol{A}) \\ a_2 = -\dfrac{1}{2}\text{trace}(\boldsymbol{A}\boldsymbol{R}_{n-2}) = -\dfrac{1}{2}\text{trace}\left(\boldsymbol{A}^2 + a_1\boldsymbol{A}\right) \\ \quad\vdots \\ a_i = -\dfrac{1}{i}\text{trace}(\boldsymbol{A}\boldsymbol{R}_{n-i}) = -\dfrac{1}{i}\text{trace}\left(\boldsymbol{A}^i + a_1\boldsymbol{A}^{i-1} + \cdots + a_{i-1}\boldsymbol{A}\right) \\ \quad\vdots \\ a_n = -\dfrac{1}{n}\text{trace}(\boldsymbol{A}\boldsymbol{R}_0) = -\dfrac{1}{n}\text{trace}\left(\boldsymbol{A}^n + a_1\boldsymbol{A}^{n-1} + \cdots + a_{n-1}\boldsymbol{A}\right) \end{cases} \tag{1-93}$$

式中，$\text{trace}(\boldsymbol{A})$为矩阵$\boldsymbol{A}$的迹，由矩阵理论可知$\text{trace}(\boldsymbol{A}) = \sum_{i=1}^{n} a_{ii}$。

【例 1.17】 试计算$(s\boldsymbol{I} - \boldsymbol{A})^{-1}$，其中

$$\boldsymbol{A} = \begin{bmatrix} 0 & 1 & 0 \\ 0 & -1 & -1 \\ 0 & 0 & -3 \end{bmatrix}, \qquad n = 3$$

解 利用式(1-92)和式(1-93)，可交替进行，分别计算出$\boldsymbol{R}_i$和a_i $(i=1,2,3)$为

$$\boldsymbol{R}_{n-1} = \boldsymbol{R}_2 = \boldsymbol{I}$$

$$a_1 = -\text{trace}(\boldsymbol{A}\boldsymbol{R}_{n-1}) = -\text{trace}(\boldsymbol{A}) = 4$$

$$\boldsymbol{R}_{n-2} = \boldsymbol{R}_1 = \boldsymbol{A}\boldsymbol{R}_2 + a_1\boldsymbol{I}$$

$$= \begin{bmatrix} 0 & 1 & 0 \\ 0 & -1 & -1 \\ 0 & 0 & -3 \end{bmatrix}\begin{bmatrix} 1 & 0 & 0 \\ 0 & 1 & 0 \\ 0 & 0 & 1 \end{bmatrix} + \begin{bmatrix} 4 & 0 & 0 \\ 0 & 4 & 0 \\ 0 & 0 & 4 \end{bmatrix} = \begin{bmatrix} 4 & 1 & 0 \\ 0 & 3 & -1 \\ 0 & 0 & 1 \end{bmatrix}$$

$$a_2 = -\frac{1}{2}\text{trace}(\boldsymbol{A}\boldsymbol{R}_{n-2}) = -\frac{1}{2}\text{trace}(\boldsymbol{A}\boldsymbol{R}_1)$$

$$= -\frac{1}{2}\text{trace}\left\{\begin{bmatrix} 0 & 1 & 0 \\ 0 & -1 & -1 \\ 0 & 0 & -3 \end{bmatrix}\begin{bmatrix} 4 & 1 & 0 \\ 0 & 3 & -1 \\ 0 & 0 & 1 \end{bmatrix}\right\} = -\frac{1}{2}\text{trace}\begin{bmatrix} 0 & 3 & -1 \\ 0 & -3 & 0 \\ 0 & 0 & -3 \end{bmatrix} = -\frac{1}{2}\times(-6) = 3$$

$$\boldsymbol{R}_{n-3} = \boldsymbol{R}_0 = \boldsymbol{A}\boldsymbol{R}_1 + a_2\boldsymbol{I}$$

$$= \begin{bmatrix} 0 & 1 & 0 \\ 0 & -1 & -1 \\ 0 & 0 & -3 \end{bmatrix}\begin{bmatrix} 4 & 1 & 0 \\ 0 & 3 & -1 \\ 0 & 0 & 1 \end{bmatrix} + \begin{bmatrix} 3 & 0 & 0 \\ 0 & 3 & 0 \\ 0 & 0 & 3 \end{bmatrix} = \begin{bmatrix} 3 & 3 & -1 \\ 0 & 0 & 0 \\ 0 & 0 & 0 \end{bmatrix}$$

$$a_3 = -\frac{1}{3}\text{trace}(\boldsymbol{A}\boldsymbol{R}_0)$$

$$= -\frac{1}{3}\text{trace}\left\{\begin{bmatrix} 0 & 1 & 0 \\ 0 & -1 & -1 \\ 0 & 0 & -3 \end{bmatrix}\begin{bmatrix} 3 & 3 & -1 \\ 0 & 0 & 0 \\ 0 & 0 & 0 \end{bmatrix}\right\} = -\frac{1}{3}\text{trace}\begin{bmatrix} 0 & 0 & 0 \\ 0 & 0 & 0 \\ 0 & 0 & 0 \end{bmatrix} = 0$$

将a_i和$\boldsymbol{R}_i$代入式(1-91)可得$(s\boldsymbol{I} - \boldsymbol{A})^{-1}$为

$$
\begin{aligned}
(s\boldsymbol{I}-\boldsymbol{A})^{-1} &= \frac{1}{\det(s\boldsymbol{I}-\boldsymbol{A})}\left[\boldsymbol{R}_{n-1}s^{n-1}+\boldsymbol{R}_{n-2}s^{n-2}+\ldots+\boldsymbol{R}_1 s+\boldsymbol{R}_0\right] \\
&= \frac{1}{s^3+a_1s^2+a_2s+a_3}\left[\boldsymbol{R}_2s^2+\boldsymbol{R}_1s+\boldsymbol{R}_0\right] \\
&= \frac{1}{s^3+4s^2+3s}\left[\boldsymbol{I}_{3\times3}s^2+\begin{bmatrix}4&1&0\\0&3&-1\\0&0&1\end{bmatrix}s+\begin{bmatrix}3&3&-1\\0&0&0\\0&0&0\end{bmatrix}\right] \\
&= \frac{1}{s(s+1)(s+3)}\left\{\begin{bmatrix}(s^2+4s+3)&(s+3)&-1\\0&s(s+3)&-s\\0&0&s(s+1)\end{bmatrix}\right\} \\
&= \frac{1}{s(s+1)(s+3)}\begin{bmatrix}(s+1)(s+3)&(s+3)&-1\\0&s(s+3)&-s\\0&0&s(s+1)\end{bmatrix}
\end{aligned}
$$

应当指出，上例是一个低维系统的例子，Leverner 法的优势尚未充分体现出来，但是，如果一个系统是高维的，Leverner 法的优点就显而易见了。另外 Leverner 法对计算机运行程序来说是非常简便有效的，计算过程也是比较清晰的。

1.5　线性组合系统的状态空间描述

工程实际中一个系统大多数都是由许许多多子系统按某种方式相互连接而成的，通常称该系统为组合系统(Composite System)。为了说明组合系统，首先讨论子系统的问题。

1.5.1　子系统的属性

设子系统为S_i，记为Σ_i $(i=1,2,\cdots,n)$。且

$$
\Sigma_i:\begin{cases}\dot{\boldsymbol{x}}_i=\boldsymbol{A}_i\boldsymbol{x}_i+\boldsymbol{B}_i\boldsymbol{u}_i\\ \boldsymbol{y}_i=\boldsymbol{C}_i\boldsymbol{x}_i+\boldsymbol{D}_i\boldsymbol{u}_i\end{cases} \tag{1-94}
$$

子系统维数记为n_i，子系统输入维数记为r_i，输出维数记为m_i。

1. 时变系统

线性时变子系统的状态空间描述为

$$
\Sigma_i:\begin{cases}\dot{\boldsymbol{x}}_i=\boldsymbol{A}_i(t)\boldsymbol{x}_i+\boldsymbol{B}_i(t)\boldsymbol{u}_i\\ \boldsymbol{y}_i=\boldsymbol{C}_i(t)\boldsymbol{x}_i+\boldsymbol{D}_i(t)\boldsymbol{u}_i\end{cases}\qquad (i=1,2,\cdots,n) \tag{1-95}
$$

系统结构框图如图 1-30 所示。

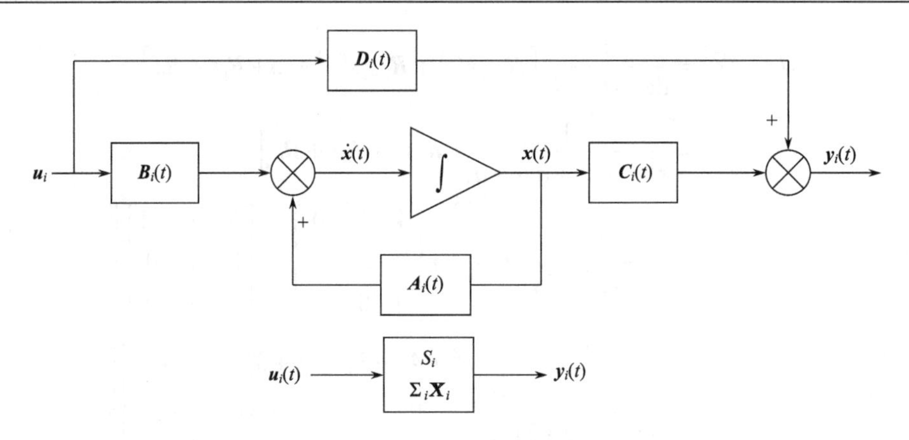

图 1-30　时变系统结构框图

2. 时不变系统

线性时不变子系统的状态空间描述为

$$\Sigma_i:\begin{cases}\dot{\boldsymbol{x}}_i=\boldsymbol{A}_i\boldsymbol{x}_i+\boldsymbol{B}_i\boldsymbol{u}_i\\ \boldsymbol{y}_i=\boldsymbol{C}_i\boldsymbol{x}_i+\boldsymbol{D}_i\boldsymbol{u}_i\end{cases}\tag{1-96}$$

显然，子系统的频域描述传递函数阵为

$$\boldsymbol{G}_i(s)=\boldsymbol{y}_i(s)\boldsymbol{u}_i^{-1}(s)=\boldsymbol{C}_i(s\boldsymbol{I}-\boldsymbol{A}_i)^{-1}\boldsymbol{B}_i+\boldsymbol{D}_i\tag{1-97}$$

1.5.2　组合系统的数学描述

这里仅讨论线性时不变系统。

在工程实际中，组合系统的基本组合形式主要有下面 3 种。

1. 串联连接组合系统

子系统$\Sigma_1\boldsymbol{x}_1$和子系统$\Sigma_2\boldsymbol{x}_2$串联连接如图 1-31 所示。串联连接的条件是$m_1=r_2$。由图可知

$$\boldsymbol{u}_1=\boldsymbol{u},\quad \boldsymbol{y}=\boldsymbol{y}_2,\quad \boldsymbol{u}_2=\boldsymbol{y}_1$$

则串联组合系统的状态空间表达式可推得

$$\begin{cases}\dot{\boldsymbol{x}}=\begin{bmatrix}\dot{\boldsymbol{x}}_1\\ \dot{\boldsymbol{x}}_2\end{bmatrix}=\begin{bmatrix}\boldsymbol{A}_1 & \boldsymbol{0}\\ \boldsymbol{B}_2\boldsymbol{C}_1 & \boldsymbol{A}_2\end{bmatrix}\begin{bmatrix}x_1\\ x_2\end{bmatrix}+\begin{bmatrix}\boldsymbol{B}_1\\ \boldsymbol{B}_2\boldsymbol{D}_1\end{bmatrix}\boldsymbol{u}\\ \boldsymbol{y}=\begin{bmatrix}\boldsymbol{y}_2\end{bmatrix}=\begin{bmatrix}\boldsymbol{D}_2\boldsymbol{C}_1 & \boldsymbol{C}_2\end{bmatrix}\begin{bmatrix}x_1\\ x_2\end{bmatrix}+\boldsymbol{D}_2\boldsymbol{D}_1\boldsymbol{u}\end{cases}\tag{1-98}$$

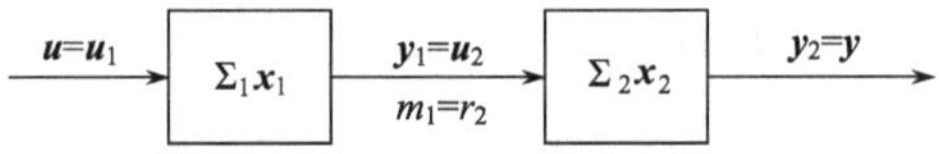

$u=u_1$　$\Sigma_1 x_1$　$y_1=u_2$　$m_1=r_2$　$\Sigma_2 x_2$　$y_2=y$

图 1-31　串联连接组合系统结构图

串联组合系统的传递函数阵$\boldsymbol{G}(s)$为

$$\boldsymbol{G}(s)\triangleq\boldsymbol{y}(s)\boldsymbol{u}^{-1}(s)=\left[\boldsymbol{G}_2(s)\cdot\boldsymbol{G}_1(s)\right]_{m_2\times r_1}\tag{1-99}$$

2. 并联连接组合系统

2 个子系统$\Sigma_1 \boldsymbol{x}_1$和$\Sigma_2 \boldsymbol{x}_2$并联，如图 1-32 所示，于是有

$$\boldsymbol{u}_1 = \boldsymbol{u}_2 = \boldsymbol{u}, \quad \boldsymbol{y} = \boldsymbol{y}_1 + \boldsymbol{y}_2$$

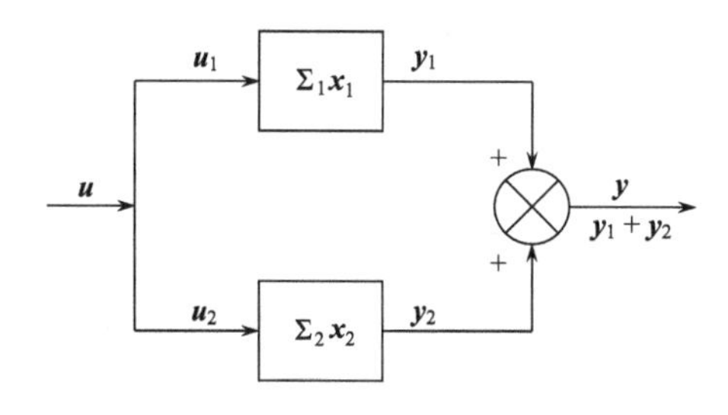

图 1-32　并联连接组合系统结构图

并联组合系统的状态空间表达式为

$$\begin{cases} \dot{\boldsymbol{x}} = \begin{bmatrix} \dot{\boldsymbol{x}}_1 \\ \dot{\boldsymbol{x}}_2 \end{bmatrix} = \begin{bmatrix} \boldsymbol{A}_1 & \boldsymbol{0} \\ \boldsymbol{0} & \boldsymbol{A}_2 \end{bmatrix} \begin{bmatrix} x_1 \\ x_2 \end{bmatrix} + \begin{bmatrix} \boldsymbol{B}_1 \\ \boldsymbol{B}_2 \end{bmatrix} \boldsymbol{u} \\ \boldsymbol{y} = \left[\boldsymbol{y}_1 + \boldsymbol{y}_2 \right] = \left[\boldsymbol{C}_1 \quad \boldsymbol{C}_2 \right] \begin{bmatrix} x_1 \\ x_2 \end{bmatrix} + \left[\boldsymbol{D}_1 + \boldsymbol{D}_2 \right] \boldsymbol{u} \end{cases} \tag{1-100}$$

并联组合系统的传递函数阵$\boldsymbol{G}(s)$为

$$\boldsymbol{G}(s) \triangleq \boldsymbol{y}(s) \boldsymbol{u}^{-1}(s) = \left[\boldsymbol{G}_1(s) + \boldsymbol{G}_2(s) \right]_{m_1 \times r_1} \tag{1-101}$$

3. 反馈连接组合系统

两子系统$\Sigma_1 \boldsymbol{x}_1$和$\Sigma_2 \boldsymbol{x}_2$按如图 1-33 所示作反馈闭合连接。

由图 1-33 可知，满足条件：$m_1 = r_2$，$m_2 = r_1$，且反馈律仍为负反馈：$\boldsymbol{u}_1 = \boldsymbol{u} - \boldsymbol{y}_2$，$\boldsymbol{y} = \boldsymbol{y}_1 = \boldsymbol{u}_2$。

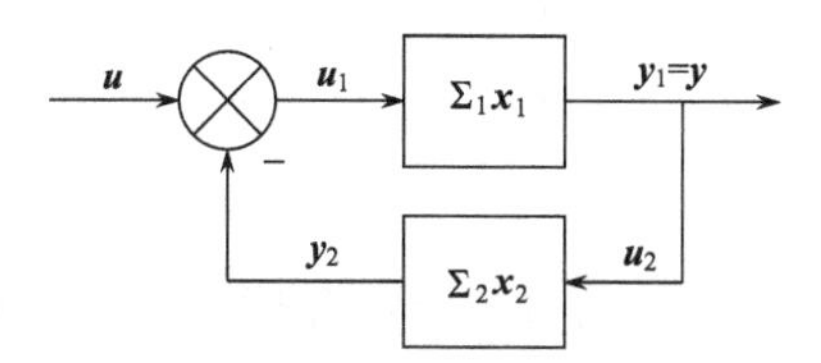

图 1-33　反馈连接组合系统结构图

于是，可以推得反馈连接组合系统的状态空间表达式为

$$\begin{cases} \dot{\boldsymbol{x}} = \begin{bmatrix} \dot{\boldsymbol{x}}_1 \\ \dot{\boldsymbol{x}}_2 \end{bmatrix} = \begin{bmatrix} \boldsymbol{A}_1 - \boldsymbol{B}_1 \boldsymbol{D}_2 \boldsymbol{K} \boldsymbol{C}_1 & -\boldsymbol{B}_1 (\boldsymbol{I} - \boldsymbol{D}_2 \boldsymbol{K} \boldsymbol{D}_1) \boldsymbol{C}_2 \\ \boldsymbol{B}_2 \boldsymbol{K} \boldsymbol{C}_1 & \boldsymbol{A}_2 - \boldsymbol{B}_2 \boldsymbol{K} \boldsymbol{D}_1 \boldsymbol{C}_2 \end{bmatrix} \begin{bmatrix} x_1 \\ x_2 \end{bmatrix} + \begin{bmatrix} \boldsymbol{B}_1 (\boldsymbol{I} - \boldsymbol{D}_2 \boldsymbol{K} \boldsymbol{D}_1) \\ \boldsymbol{B}_2 \boldsymbol{K} \boldsymbol{D}_1 \end{bmatrix} \boldsymbol{u} \\ \boldsymbol{y} = \left[\boldsymbol{y}_1 \right] = \left[\boldsymbol{K} \boldsymbol{C}_1 \quad -\boldsymbol{K} \boldsymbol{D}_1 \boldsymbol{C}_2 \right] \begin{bmatrix} x_1 \\ x_2 \end{bmatrix} + \boldsymbol{K} \boldsymbol{D}_1 \boldsymbol{u} \end{cases} \tag{1-102}$$

式中

$$\boldsymbol{K} = \left[\boldsymbol{I} + \boldsymbol{D}_1 \boldsymbol{D}_2 \right]^{-1} \tag{1-103}$$

若各子系统耦合矩阵为0时，即 $\boldsymbol{D}_1=\boldsymbol{D}_2\equiv\boldsymbol{0}$ 时，则 $\boldsymbol{K}=\left[\boldsymbol{I}+\boldsymbol{D}_1\boldsymbol{D}_2\right]^{-1}=\boldsymbol{I}$。于是反馈连接组合系统的状态空间表达式可简化为

$$\begin{cases}\dot{\boldsymbol{x}}=\begin{bmatrix}\dot{\boldsymbol{x}}_1\\ \dot{\boldsymbol{x}}_2\end{bmatrix}=\begin{bmatrix}\boldsymbol{A}_1 & -\boldsymbol{B}_1\boldsymbol{C}_2\\ \boldsymbol{B}_2\boldsymbol{C}_1 & \boldsymbol{A}_2\end{bmatrix}\begin{bmatrix}x_1\\ x_2\end{bmatrix}+\begin{bmatrix}\boldsymbol{B}_1\\ \boldsymbol{0}\end{bmatrix}\boldsymbol{u}\\ \boldsymbol{y}=\left[\boldsymbol{y}_1\right]=\left[\boldsymbol{C}_1\quad \boldsymbol{0}\right]\begin{bmatrix}x_1\\ x_2\end{bmatrix}\end{cases}\tag{1-104}$$

反馈连接组合系统的传递函数阵 $\boldsymbol{G}(s)$ 可推得如下：

$$\boldsymbol{u}_1(s)=\boldsymbol{u}(s)-\boldsymbol{y}_2(s),\qquad \boldsymbol{y}_1(s)=\boldsymbol{u}_2(s)=\boldsymbol{y}(s)$$

因为

$$\begin{aligned}\boldsymbol{y}(s)=\boldsymbol{y}_1(s)&=\boldsymbol{G}_1(s)\cdot\boldsymbol{u}_1(s)=\boldsymbol{G}_1(s)\cdot\left[\boldsymbol{u}(s)-\boldsymbol{y}_2(s)\right]\\ &=\boldsymbol{G}_1(s)\boldsymbol{u}(s)-\boldsymbol{G}_1(s)\boldsymbol{G}_2(s)\boldsymbol{y}(s)\end{aligned}$$

可得

$$\left[\boldsymbol{I}+\boldsymbol{G}_1(s)\boldsymbol{G}_2(s)\right]\boldsymbol{y}(s)=\boldsymbol{G}_1(s)\boldsymbol{u}(s)$$

所以

$$\boldsymbol{G}(s)\triangleq\boldsymbol{y}(s)\boldsymbol{u}^{-1}(s)=\left[\boldsymbol{I}_m+\boldsymbol{G}_1(s)\boldsymbol{G}_2(s)\right]^{-1}\boldsymbol{G}_1(s)\tag{1-105}$$

从式(1-105)可以看出，多变量单一反馈组合系统的传递函数阵与经典理论中标量单一闭环系统的传递函数相似。

特别地，当 $\det\left[\boldsymbol{I}_m+\boldsymbol{G}_1(s)\boldsymbol{G}_2(s)\right]\neq\boldsymbol{0}$ 时，可以证明反馈连接组合系统的传递函数阵也可表达为

$$\begin{aligned}\boldsymbol{G}(s)\triangleq\boldsymbol{y}(s)\boldsymbol{u}^{-1}(s)&=\left[\boldsymbol{I}_m+\boldsymbol{G}_1(s)\boldsymbol{G}_2(s)\right]^{-1}\cdot\boldsymbol{G}_1(s)\\ &=\boldsymbol{G}_1(s)\cdot\left[\boldsymbol{I}_r+\boldsymbol{G}_2(s)\boldsymbol{G}_1(s)\right]^{-1}\end{aligned}\tag{1-106}$$

特别要注意，条件 $\det\left[\boldsymbol{I}_m+\boldsymbol{G}_1(s)\boldsymbol{G}_2(s)\right]\neq\boldsymbol{0}$ 是非常重要的，否则反馈是没有任何意义的。

1.6　离散时间系统的状态空间描述

数学描述在时间变量上是不连续的系统称为离散时间系统，简称离散系统。与连续系统不同，离散系统中各部分的信号不再都是时间变量 t 的连续函数，在系统的一处或多处的信号是离散的，可以是呈现断续式的脉冲序列或数字序列。事实上，工程实际中大量的连续系统通常被采样为离散化系统，再对其进行分析和控制，离散系统已成为控制理论与控制工程中重要的一类系统模型。现代控制理论中，离散系统的系统描述、系统分析及系统综合设计方法等思路与连续系统基本相似，本小节主要讨论线性离散系统的状态空间描述及建立。

1. 由离散系统的经典模型求取

在连续时间系统中，描述输入和输出关系的数学模型是微分方程。对于离散时间系统，

由于变量是离散的，因此，必须采用另一种数学模型来描述，即差分方程来描述其输入和输出的关系。单输入/单输出线性时不变离散系统差分方程的一般形式为

$$
\begin{aligned}
&y(k+n)+g_1y(k+n-1)+\cdots+g_{n-1}y(k+1)+g_ny(k)\\
&=h_0u(k+n)+h_1u(k+n-1)+\cdots+h_{n-1}u(k+1)+h_nu(k)
\end{aligned}
\tag{1-107}
$$

式中，k 表示第 k 次采样的 kT 时刻，T 为采样周期；$y(k)$ 和 $u(k)$ 分别为 kT 时刻的输出量和输入量；g_i 和 h_i $(i=1,2,\cdots,n)$ 为表征系统特性的常系数。

离散系统还可以用脉冲传递函数来描述。对式(1-107)所示的差分方程模型两端取 z 变换并加以整理，即可得脉冲传递函数（z 域传递函数）为

$$
G(z)=\frac{y(z)}{u(z)}=\frac{h_0z^n+h_1z^{n-1}+\cdots+h_{n-1}z+h_n}{z^n+g_1z^{n-1}+\cdots+g_{n-1}z+g_n}
\tag{1-108}
$$

将差分方程化为状态空间描述的过程和将微分方程化为状态空间描述的过程类似。下面分 2 种情况介绍差分方程转换为状态空间表达式的方法，并给出典型步骤。

(1) 差分方程中不包含 $u(k+i)$ $(i=1,2,\cdots,n)$。

系统的差分方程中不包含输入函数的 i 阶差分，这是一种简单但比较常见的情况，这类方程具有如下形式：

$$
y(k+n)+a_1y(k+n-1)+\cdots+a_{n-1}y(k+1)+a_ny(k)=b_nu(k)
\tag{1-109}
$$

①选取状态变量

$$
\begin{cases}
x_1(k)=y(k)\\
x_2(k)=y(k+1)\\
x_3(k)=y(k+2)\\
\quad\vdots\\
x_n(k)=y(k+n-1)
\end{cases}
\tag{1-110}
$$

②化简式(1-110)得到 n 个一阶差分方程

$$
\begin{cases}
x_1(k+1)=y(k+1)=x_2(k)\\
x_2(k+1)=y(k+2)=x_3(k)\\
\quad\vdots\\
x_{n-1}(k+1)=y(k+n-1)=x_n(k)\\
x_n(k+1)=y(k+n)=-a_nx_1(k)-a_{n-1}x_2(k)-\cdots-a_1x_n(k)+b_nu(k)
\end{cases}
\tag{1-111}
$$

同时，输出方程可写成

$$
y(k)=x_1(k)
$$

③令 $\boldsymbol{x}(k)=\begin{bmatrix}x_1(k) & x_2(k) & \cdots & x_n(k)\end{bmatrix}^{\mathrm{T}}$，$\boldsymbol{y}(k)=\begin{bmatrix}y(k)\end{bmatrix}$，$\boldsymbol{u}(k)=\begin{bmatrix}u(k)\end{bmatrix}$，由矩阵理论，可得离散系统的状态空间模型为

$$\begin{cases}\boldsymbol{x}(k+1)=\begin{bmatrix}x_1(k+1)\\x_2(k+1)\\\vdots\\x_n(k+1)\end{bmatrix}=\begin{bmatrix}0&1&0&\cdots&0\\0&0&1&&0\\\vdots&&&\ddots&\vdots\\0&0&0&&1\\-a_n&-a_{n-1}&-a_{n-2}&\cdots&-a_1\end{bmatrix}\begin{bmatrix}x_1(k)\\x_2(k)\\\vdots\\x_n(k)\end{bmatrix}+\begin{bmatrix}0\\\vdots\\0\\1\end{bmatrix}[u(k)]\\\boldsymbol{y}(k)=[y(k)]=[1\quad 0\quad\cdots\quad 0]\boldsymbol{x}(k)\end{cases}\tag{1-112}$$

即

$$\begin{cases}\boldsymbol{x}(k+1)=\boldsymbol{Gx}(k)+\boldsymbol{Hu}(k)\\\boldsymbol{y}(k)=\boldsymbol{Cx}(k),\qquad \boldsymbol{D}=\boldsymbol{0}\end{cases}\tag{1-113}$$

式中，$\boldsymbol{G}$ 为$n\times n$维系统矩阵；$\boldsymbol{H}$ 为$n\times r$ 维输入矩阵；$\boldsymbol{C}$ 为$m\times n$ 维输出矩阵；$\boldsymbol{D}$为$m\times r$维耦合矩阵。

(2) 差分方程中包含$u(k+i)$ $(i=1,2,\cdots,n)$。

当系统的差分方程中包含输入函数的i阶差分时，差分方程为

$$\begin{aligned}&y(k+n)+a_1y(k+n-1)+\cdots+a_{n-1}y(k+1)+a_ny(k)\\&=b_0u(k+n)+b_1u(k+n-1)+\cdots+b_{n-1}u(k+1)+b_nu(k)\end{aligned}\tag{1-114}$$

对式(1-114)两边在零初始条件下取z变换，根据z变换的性质并考虑零初始条件，可得

$$\begin{aligned}&z^ny(z)+a_1z^{n-1}y(z)+\cdots+a_{n-1}zy(z)+a_ny(z)\\&=b_0z^nu(z)+b_1z^{n-1}u(z)+\cdots+b_{n-1}zu(z)+b_nu(z)\end{aligned}$$

由此得z传递函数为

$$\begin{aligned}G(z)&=\frac{y(z)}{u(z)}=\frac{b_0z^n+b_1z^{n-1}+\cdots+b_{n-1}z+b_n}{z^n+a_1z^{n-1}+\cdots+a_{n-1}z+a_n}\\&=b_0+\frac{\beta_1z^{n-1}+\beta_2z^{n-2}+\cdots+\beta_{n-1}z+\beta_n}{z^n+a_1z^{n-1}+\cdots+a_{n-1}z+a_n}\end{aligned}\tag{1-115}$$

令$Q(z)=\dfrac{1}{z^n+a_1z^{n-1}+\cdots+a_{n-1}z+a_n}U(z)$，对其进行$z$逆变换可得

$$Q(k+n)+a_1Q(k+n-1)+\cdots+a_{n-1}Q(k+1)+a_nQ(k)=u(k)\tag{1-116}$$

选取状态变量

$$\begin{cases}x_1(k)=Q(k)\\x_2(k)=Q(k+1)=x_1(k+1)\\x_3(k)=Q(k+2)=x_2(k+1)\\\quad\vdots\\x_n(k)=Q(k+n-1)=x_{n-1}(k+1)\\x_n(k+1)=Q(k+n)=-a_nx_1(k)-a_{n-1}x_2(k)-\cdots-a_1x_n(k)+u(k)\end{cases}\tag{1-117}$$

将式(1-117)代入式(1-115)进行z逆变换，有

$$y(k)=\beta_n x_1(k)+\beta_{n-1}x_2(k)+\cdots+\beta_1 x_n(k)+b_0u(k) \tag{1-118}$$

于是，可得离散系统状态空间描述为

$$\begin{cases}\boldsymbol{x}(k+1)=\begin{bmatrix}x_1(k+1)\\x_2(k+1)\\\vdots\\x_n(k+1)\end{bmatrix}=\begin{bmatrix}0&1&0&\cdots&0\\0&0&1&&0\\\vdots&&&\ddots&\vdots\\0&0&0&&1\\-a_n&-a_{n-1}&-a_{n-2}&\cdots&-a_1\end{bmatrix}\begin{bmatrix}x_1(k)\\x_2(k)\\\vdots\\x_n(k)\end{bmatrix}+\begin{bmatrix}0\\\vdots\\0\\1\end{bmatrix}\begin{bmatrix}u(k)\end{bmatrix}\\ \boldsymbol{y}(k)=\begin{bmatrix}y(k)\end{bmatrix}=\begin{bmatrix}\beta_n&\beta_{n-1}&\cdots&\beta_1\end{bmatrix}\boldsymbol{x}(k)+b_0u(k)\end{cases} \tag{1-119}$$

即

$$\begin{cases}\boldsymbol{x}(k+1)=\boldsymbol{Gx}(k)+\boldsymbol{Hu}(k)\\ \boldsymbol{y}(k)=\boldsymbol{Cx}(k)+\boldsymbol{Du}(k)\end{cases} \tag{1-120}$$

与连续系统类似，也可以将线性离散系统的状态空间描述表示为图 1-34 的结构图形式。

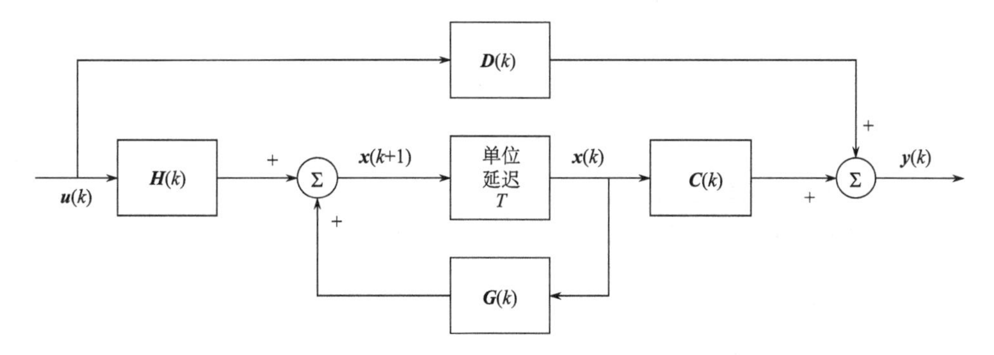

图 1-34　线性离散系统结构框图

在现代控制理论中，离散系统的数学模型与离散系统状态空间描述之间的变换，以及由离散系统状态空间描述求 z 传递函数阵等和连续系统分析相类似。下面举例说明。

【例 1.18】　设某线性离散系统的差分方程为

$$y(k+2)+y(k+1)+2y(k)=u(k+1)+3u(k)$$

试写出该系统的状态空间表达式。

解　对差分方程两边作 z 变换，可得

$$G(z)=\frac{Y(z)}{U(z)}=\frac{z+3}{z^2+z+2}$$

由此可得：$n=2$，$a_1=1$，$a_2=2$，$\beta_1=1$，$\beta_2=3$，利用式(1-119)，则该系统的状态空间描述为

$$\begin{cases}\begin{bmatrix}x_1(k+1)\\x_2(k+1)\end{bmatrix}=\begin{bmatrix}0&1\\-2&-1\end{bmatrix}\begin{bmatrix}x_1(k)\\x_2(k)\end{bmatrix}+\begin{bmatrix}0\\1\end{bmatrix}u(k)\\ \boldsymbol{y}(k)=\begin{bmatrix}3&1\end{bmatrix}\begin{bmatrix}x_1(k)\\x_2(k)\end{bmatrix}\end{cases}$$

2. 由连续时间系统离散化求取

工程实际的离散系统大多是由连续时间系统离散化(采样)而得来的。离散时间系统可以工作在连续和离散两种混合状态中，即其状态变量、输入变量和输出变量既有连续时间型的模拟量，又有离散时间型的离散量，所以其状态方程既有一阶微分方程组，又有一阶差分方程组。如果要对此种系统运用离散系统的分析方法和设计方法，则要求整个系统统一用离散状态方程来描述，由此，提出了连续系统的离散化问题。关于利用“连续时间系统离散化”方法求取离散系统状态空间描述的方法，请参阅 2.5 节。

习　　题

1.1　有线性电路如图 1-35 所示，设输入为 u_1，输出为 u_2，试自选状态变量并列写其状态空间描述。

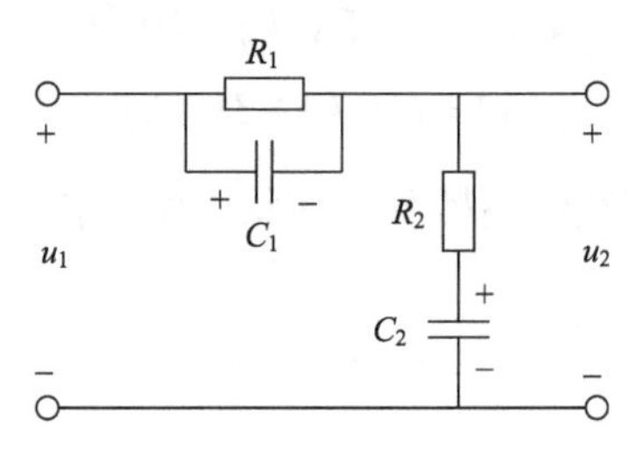

图 1-35　题 1.1 图

1.2　有封闭的机械运动系统如图 1-36 示，其中 m_1、m_2 为质量块的质量，k_1、k_2 为弹簧的弹性系数，f_1、f_2 为阻尼器的阻尼系数。在外力 F 的作用下，试求取系统的状态空间表达式。

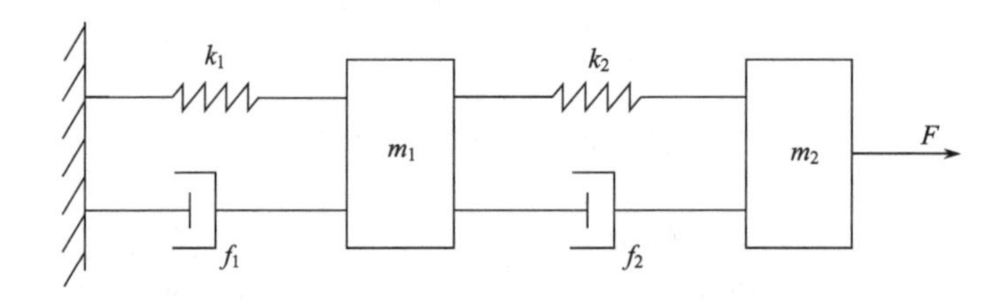

图 1-36　题 1.2 图

1.3　设线性时不变系统的时域微分方程为

$$3\frac{\mathrm{d}^3}{\mathrm{d}t^3}y(t)+15\frac{\mathrm{d}^2}{\mathrm{d}t^2}y(t)+18\frac{\mathrm{d}}{\mathrm{d}t}y(t)+36y(t)=3u(t)$$

试列写系统的状态空间描述。

1.4　已知系统的输入输出方程如下：

(1) $\dddot{y}+5\ddot{y}+8\dot{y}+6y=3u$　　(2) $\dddot{y}+\ddot{y}+4\dot{y}+5y=3u$

(3) $\dddot{y}+5\ddot{y}+7\dot{y}+3y=\dot{u}+2u$　　(4) $\dddot{y}+5\ddot{y}+7\dot{y}+3y=\ddot{u}+3\dot{u}+2u$

试列写它们的状态空间描述。

1.5　已知系统的传递函数如下：

(1) $G(s)=\dfrac{10(s+2)}{s(s+1)(s+3)}$　　(2) $G(s)=\dfrac{2s+1}{s^2+6s+5}$

(3) $G(s)=\dfrac{6(s+1)}{s(s+2)(s+3)^2}$　　(4) $G(s)=\dfrac{5s+1}{s^3+5s^2+8s+4}$

试建立它们的状态空间描述。

1.6　有随动系统的方框图如图 1-37 所示，试利用方框图法列写系统的状态空间描述。

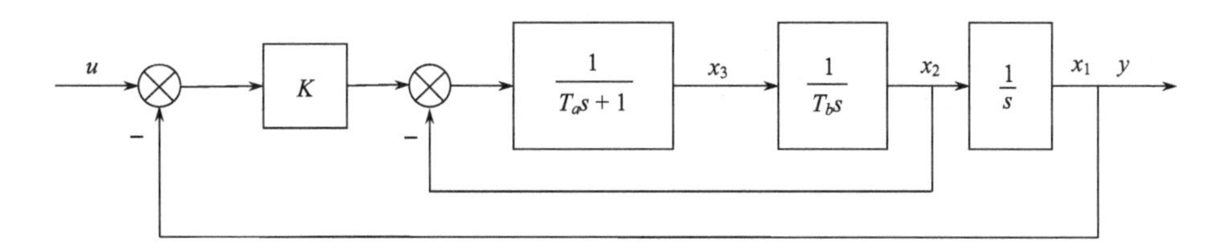

图 1-37　题 1.6 图

1.7　已知系统的方框图如图 1-38 所示，试利用任意一种方框图法推导出状态空间描述。

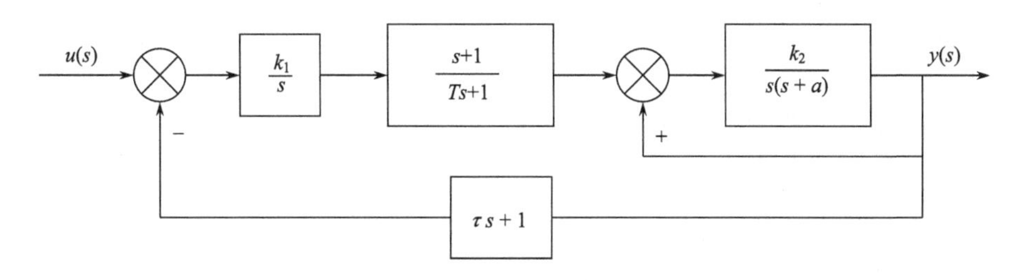

图 1-38　题 1.7 图

1.8　设系统的传递函数为

$$G(s)=\frac{y(s)}{u(s)}=\frac{s^3+5s^2+6s+1}{s^3+4s^2+3s}$$

试用三重对角线法建立其状态空间描述。

1.9　已知下列传递函数，试用直接程序法建立其状态空间描述，并绘出状态变量图。

(1) $G(s)=\dfrac{s^3+s+1}{s^3+6s^2+11s+6}$　　(2) $G(s)=\dfrac{s^2+2s+3}{s^3+2s^2+3s+1}$

1.10　假定系统的结构框图如图 1-39 所示，试分别运用串并联处理法和单一回路处理法建立两系统的状态空间描述。

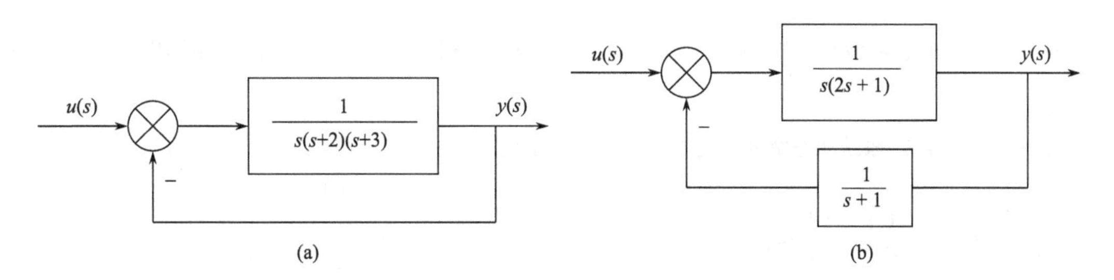

图 1-39　题 1.10 图

1.11　设两线性系统结构如图 1-40 所示。试用单一回路法分别建立两系统状态空间描述。

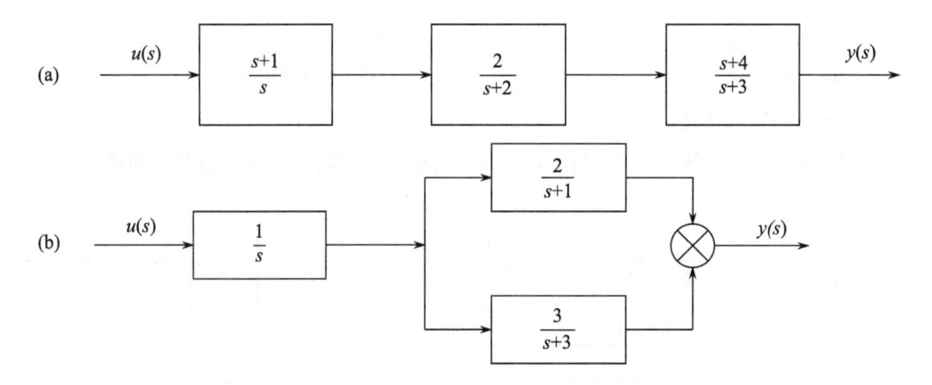

图 1-40 题 1.11 图

1.12 设线性系统结构如图 1-41 所示。试用单一回路法建立系统状态空间模型。

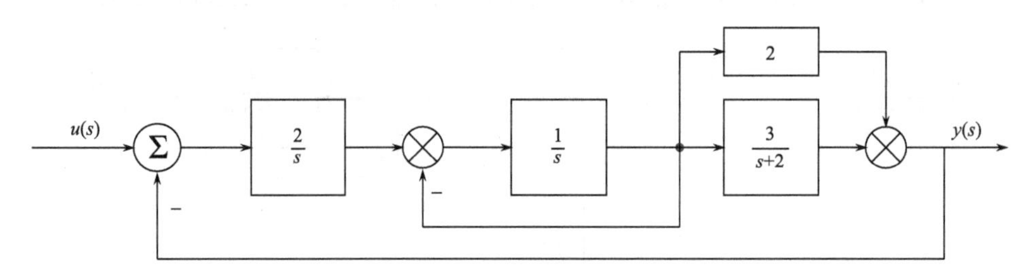

图 1-41 题 1.12 图

1.13 设有系统结构如图 1-42 所示，试分别用框图法中的串并联处理法和单一回路处理法建立系统的状态空间描述。

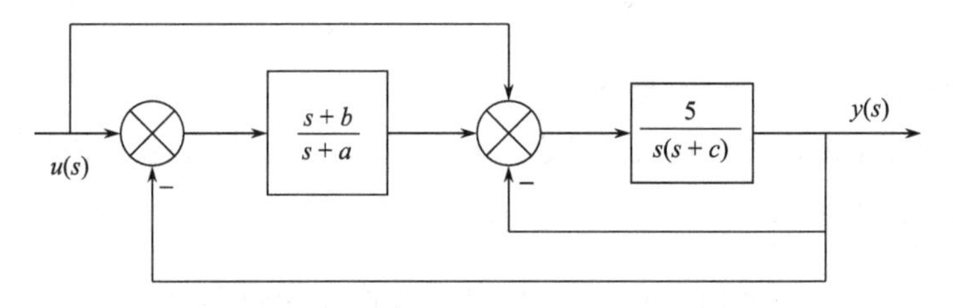

图 1-42 题 1.13 图

1.14 设系统传递函数为 $G(s)=\dfrac{2s^2+5s+1}{s^3-6s^2+12s-8}$，试运用状态变量图法求状态空间描述，并绘出状态变量图。

1.15 有 $\Sigma(\boldsymbol{A},\boldsymbol{B})$ 系统状态空间描述如下，试绘制系统的状态变量图(物理模拟结构图)。

(1) $\begin{cases}\dot{\boldsymbol{x}}=\begin{bmatrix}0 & 1\\ -1 & -2\end{bmatrix}\boldsymbol{x}+\begin{bmatrix}0\\ 1\end{bmatrix}[u]\\ \boldsymbol{y}=\begin{bmatrix}1 & 0\end{bmatrix}\boldsymbol{x}\end{cases}$

(2) $\begin{cases}\dot{\boldsymbol{x}}=\begin{bmatrix}-1 & & \boldsymbol{0}\\ & -2 & \\ \boldsymbol{0} & & -3\end{bmatrix}\boldsymbol{x}+\begin{bmatrix}0\\ 1\\ 1\end{bmatrix}[u]\\ \boldsymbol{y}=\begin{bmatrix}1 & 1 & 0\end{bmatrix}\boldsymbol{x}\end{cases}$

(3) $\begin{cases} \dot{\boldsymbol{x}} = \begin{bmatrix} -2 & 1 \\ 0 & -2 \end{bmatrix}\boldsymbol{x} + \begin{bmatrix} 0 \\ 1 \end{bmatrix}[u] \\ \boldsymbol{y} = \begin{bmatrix} 1 & 1 \end{bmatrix}\boldsymbol{x} \end{cases}$

1.16　设有系统 $\Sigma(\boldsymbol{A},\boldsymbol{B})$ 为

$$\begin{cases} \dot{\boldsymbol{x}} = \boldsymbol{A}\boldsymbol{x} + \boldsymbol{B}\boldsymbol{u} \\ \boldsymbol{y} = \boldsymbol{C}\boldsymbol{x} \end{cases}$$

若有 $\boldsymbol{P}\boldsymbol{P}^{-1} = \boldsymbol{P}^{-1}\boldsymbol{P} = \boldsymbol{I}$ 存在，且 $\Sigma(\boldsymbol{A},\boldsymbol{B}) \Rightarrow \tilde{\Sigma}(\tilde{\boldsymbol{A}},\tilde{\boldsymbol{B}})$。其中

$$\tilde{\boldsymbol{A}} = \boldsymbol{P}^{-1}\boldsymbol{A}\boldsymbol{P} = \begin{bmatrix} -1 & 0 & 0 \\ 0 & -2 & 0 \\ 0 & 0 & -3 \end{bmatrix}, \quad \tilde{\boldsymbol{B}} = \boldsymbol{P}^{-1}\boldsymbol{B} = \begin{bmatrix} 1 \\ 0 \\ 1 \end{bmatrix}, \quad \tilde{\boldsymbol{C}} = \boldsymbol{C}\boldsymbol{P} = \begin{bmatrix} 1 & 0 & 0 \end{bmatrix}, \quad \tilde{\boldsymbol{D}} = \boldsymbol{D} = \boldsymbol{0}$$

试求其传递函数阵。

1.17　已知系统的状态表达式为

$$\begin{aligned} \dot{x}_1 &= x_2 + u_1 \\ \dot{x}_2 &= x_3 + 2u_1 - u_2 \\ \dot{x}_3 &= -6x_1 - 11x_2 - 6x_3 + 2u_2 \\ y_1 &= x_1 - x_2 \\ y_2 &= 2x_1 + x_2 - x_3 \end{aligned}$$

试求该系统的传递函数。

1.18　试求下列系统的传递函数阵

(1) $\begin{cases} \dot{\boldsymbol{x}} = \begin{bmatrix} -1 & -1 \\ 3 & -2 \end{bmatrix}\boldsymbol{x} + \begin{bmatrix} 2 \\ 1 \end{bmatrix}\boldsymbol{u} \\ \boldsymbol{y} = \begin{bmatrix} 1 & 4 \end{bmatrix}\boldsymbol{x} \end{cases}$

(2) $\begin{cases} \dot{\boldsymbol{x}} = \begin{bmatrix} 0 & 1 & 0 \\ 0 & 0 & 1 \\ -5 & -3 & -2 \end{bmatrix}\boldsymbol{x} + \begin{bmatrix} 0 \\ 0 \\ 1 \end{bmatrix}\boldsymbol{u} \\ \boldsymbol{y} = \begin{bmatrix} 1.5 & 1 & 0.5 \end{bmatrix}\boldsymbol{x} + 2\boldsymbol{u} \end{cases}$

(3) $\begin{cases} \dot{\boldsymbol{x}} = \begin{bmatrix} 0 & 1 & 0 \\ 0 & -4 & 3 \\ -1 & -1 & -2 \end{bmatrix}\boldsymbol{x} + \begin{bmatrix} 0 & 0 \\ 1 & 0 \\ 0 & 2 \end{bmatrix}\boldsymbol{u} \\ \boldsymbol{y} = \begin{bmatrix} 1 & 0 & 0 \\ 0 & 0 & 1 \end{bmatrix}\boldsymbol{x} \end{cases}$

(4) $\begin{cases} \dot{\boldsymbol{x}} = \begin{bmatrix} 0 & 1 & 0 \\ 0 & 0 & 3 \\ -1 & -1 & -2 \end{bmatrix}\boldsymbol{x} + \begin{bmatrix} 0 & 0 \\ 1 & 0 \\ 0 & 1 \end{bmatrix}\boldsymbol{u} \\ \boldsymbol{y} = \begin{bmatrix} 1 & 0 & 0 \\ 0 & 0 & 1 \end{bmatrix}\boldsymbol{x} + \begin{bmatrix} 0 & 1 \\ 1 & 1 \end{bmatrix}\boldsymbol{u} \end{cases}$

1.19　有四维矩阵 $\boldsymbol{A}$ 为

$$\boldsymbol{A} = \begin{bmatrix} 0 & 1 & 0 & 0 \\ 0 & 1 & 0 & 1 \\ 0 & 0 & 2 & 0 \\ 0 & 0 & 0 & 3 \end{bmatrix}$$

试利用 Leverner 法计算出 $(s\boldsymbol{I} - \boldsymbol{A})^{-1}$。

1.20　已知两个子系统的传递函数阵为

$$G_1(s) = \begin{bmatrix} \dfrac{1}{s+1} & \dfrac{1}{s+2} \\ 0 & \dfrac{s+1}{s+2} \end{bmatrix}, \qquad G_2(s) = \begin{bmatrix} \dfrac{1}{s+3} & \dfrac{1}{s+4} \\ \dfrac{1}{s+1} & 0 \end{bmatrix}$$

分别求出如图 1-43 所示两子系统串联连接和并联连接的等效传递函数阵。

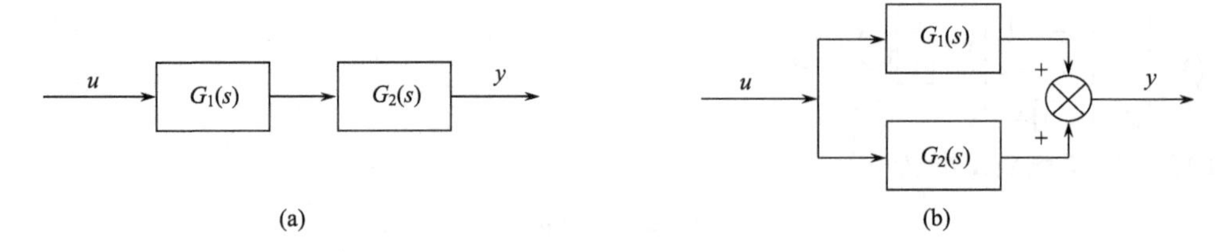

图 1-43　题 1.20 图

1.21　如图 1-44 所示，系统前向通路的传递函数阵和反馈通路传递函数阵分别为

$$G_1(s)=\begin{bmatrix}\dfrac{1}{s} & -\dfrac{1}{s+1}\\ \dfrac{1}{s+1} & \dfrac{1}{s+2}\end{bmatrix},\qquad H(s)=\begin{bmatrix}1 & 0\\ 0 & 1\end{bmatrix}$$

试求闭环传递函数阵。

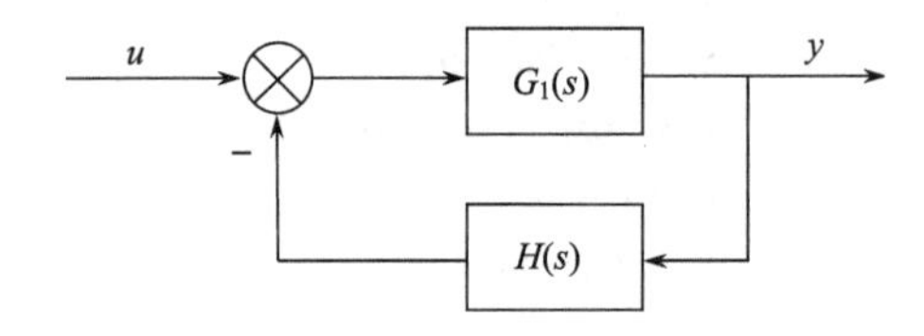

图 1-44　题 1.21 图

1.22　设离散系统的差分方程为

$$y(k+2)+5y(k+1)+3y(k)=u(k+1)+2u(k)$$

求离散系统的状态空间描述。

1.23　离散系统的差分方程为

$$\begin{aligned}&y(k+3)+2y(k+2)+5y(k+1)+6y(k)\\&=2u(k+3)+3u(k+2)+11u(k+1)+13u(k)\end{aligned}$$

试写出该离散系统的一个状态空间描述。

1.24　已知离散系统的状态空间表达式为

$$\begin{cases}\boldsymbol{x}(k+1)=\begin{bmatrix}0 & 1\\ 1 & 3\end{bmatrix}\boldsymbol{x}(k)+\begin{bmatrix}0\\ 1\end{bmatrix}\boldsymbol{u}(k)\\ \boldsymbol{y}(k)=\begin{bmatrix}1 & 1\end{bmatrix}\boldsymbol{x}(k)\end{cases}$$

试求出该系统的 z（脉冲）传递函数。

第 2 章　线性系统的运动分析

系统的运动分析，从数学角度讲，就是求解系统状态空间模型，即求解系统的向量状态方程和系统的向量输出方程。在这组方程中求解状态方程，即一阶向量微分方程是关键，而输出方程只是向量代数方程，求解简单容易。所以本章着重讨论求解状态方程的相关知识。

2.1　状态方程解的一般概念

时不变系统$\Sigma(\boldsymbol{A},\boldsymbol{B})$的状态空间描述为

$$\begin{cases}\dot{\boldsymbol{x}}=\boldsymbol{A}\boldsymbol{x}+\boldsymbol{B}\boldsymbol{u}\\ \boldsymbol{y}=\boldsymbol{C}\boldsymbol{x}+\boldsymbol{D}\boldsymbol{u}\end{cases}\qquad t\in[t_0,\infty) \tag{2-1}$$

式中，$\boldsymbol{A}_{n\times n}$为系统矩阵，反映系统的基本特性；$\boldsymbol{B}_{n\times r}$为输入矩阵，反映状态$\boldsymbol{x}$与输入$\boldsymbol{u}$的效应；$\boldsymbol{C}_{m\times n}$为输出矩阵，反映状态$\boldsymbol{x}$与输出$\boldsymbol{y}$的效应；$\boldsymbol{D}_{m\times r}$为耦合矩阵，反映输入$\boldsymbol{u}$与输出$\boldsymbol{y}$的耦合效应；且$\boldsymbol{x}\in\mathbf{R}^n$，$\boldsymbol{u}\in\mathbf{R}^r$，$\boldsymbol{y}\in\mathbf{R}^m$，$m<n$，$r<n$。一般地，$m<n$，$r<n$。

2.1.1　系统特征值

所谓系统的特征值(Eigenvalue)是指系统矩阵$\boldsymbol{A}$的特征值。由矩阵理论可知，系统矩阵$\boldsymbol{A}$的特征值定义为系统特征多项式的根，即

$$|s\boldsymbol{I}-\boldsymbol{A}|_{s=\lambda_i}=0$$

亦即

$$\det(s\boldsymbol{I}-\boldsymbol{A})\big|_{s=\lambda_i}=0$$

或记为

$$|\lambda\boldsymbol{I}-\boldsymbol{A}|_{\lambda_i}=0,\quad \det(\lambda\boldsymbol{I}-\boldsymbol{A})\big|_{\lambda_i}=0 \tag{2-2}$$

式中，$\lambda_i\ (i=1,2,\cdots,n)$就是系统的特征值。

特征值的性质如下。

(1) n维系统，$\boldsymbol{A}$为$n\times n$矩阵，有且仅有n个特征值，即$\lambda_i\ (i=1,2,\cdots,n)$。

(2) 对于时不变系统$\Sigma(\boldsymbol{A},\boldsymbol{B})$，若$\boldsymbol{A}$为实数矩阵，则$n$个特征值$\lambda_i$必定为实数或为共轭复数。

(3) 若$\boldsymbol{A}$为实对称矩阵，则n个特征值λ_i必定为实数。

(4) 当对系统矩阵$\boldsymbol{A}$作非奇异线性变换后，特征值λ_i保持不变，这也就是特征值的不变性原理。

(5) 若系统矩阵 $\boldsymbol{A}$ 为相伴矩阵 (Companion Matrix)，即

$$\boldsymbol{A}=\begin{bmatrix} 0 & 1 & 0 & \cdots & 0 \\ 0 & 0 & 1 & & 0 \\ \vdots & & & \ddots & \vdots \\ 0 & 0 & 0 & 0 & 1 \\ -a_n & -a_{n-1} & -a_{n-2} & \cdots & -a_1 \end{bmatrix}_{n\times n} \tag{2-3}$$

则系统的特征多项式为

$$\det(s\boldsymbol{I}-\boldsymbol{A})=\left|s\boldsymbol{I}-\boldsymbol{A}\right|=s^n+a_1s^{n-1}+\cdots+a_{n-1}s+a_n \tag{2-4}$$

因此，系统的特征方程为

$$\det(s\boldsymbol{I}-\boldsymbol{A})=0$$

即

$$s^n+a_1s^{n-1}+\cdots+a_{n-1}s+a_n=0 \tag{2-5}$$

特征方程为一元 n 次代数方程。

2.1.2　状态方程的规范型

第 1 章在建立系统数学描述时已经提及状态方程的规范形式 (Normative Form)，本小节将从特征值的角度给出状态方程规范型的定义。应当指出，按特征值的规范型是根据系统状态方程中系统矩阵 $\boldsymbol{A}$ 的形式给以定义的。

1. 特征值对角线规范型 (Diagonal Normative Form)

设系统 $\Sigma(\boldsymbol{A},\boldsymbol{B})$ 具有互不相等的特征值 $\lambda_1,\lambda_2,\cdots,\lambda_n$，当系统状态方程形如

$$\dot{\boldsymbol{x}}=\begin{pmatrix} \lambda_1 & & \boldsymbol{0} \\ & \ddots & \\ \boldsymbol{0} & & \lambda_n \end{pmatrix}\boldsymbol{x}+\boldsymbol{B}\boldsymbol{u} \tag{2-6}$$

则将式 (2-6) 所示的系统状态方程称为特征值对角线规范型或简称对角线规范型。

对于对角线规范型，系统具有以下特点。

(1) 系统状态间是无耦合的。

(2) 系统矩阵 $\boldsymbol{A}$ 是以特征值 λ_i 为对角线元素的对角线矩阵，即

$$\boldsymbol{A}=\begin{bmatrix} \lambda_1 & & & \boldsymbol{0} \\ & \lambda_2 & & \\ & & \ddots & \\ \boldsymbol{0} & & & \lambda_n \end{bmatrix}=\mathrm{diag}(\lambda_i)$$

(3) 若系统具有互不相等的特征值 λ_i，则总可以通过非奇异线性变换化为对角线规范型。

例如，假设系统矩阵 $\boldsymbol{A}$ 为非对角线矩阵，且系统具有互不相等的特征值 λ_i，则必存在非奇异矩阵 $\boldsymbol{P}$，且令 $\boldsymbol{x}=\boldsymbol{P}\tilde{\boldsymbol{x}}$，可使得

$$\tilde{A}=P^{-1}AP=\begin{bmatrix}\lambda_1 & 0 & \cdots & 0\\ 0 & \lambda_2 & & 0\\ \vdots & & \ddots & \vdots\\ 0 & 0 & \cdots & \lambda_n\end{bmatrix}=\operatorname{diag}(\lambda_i) \tag{2-7}$$

式中，$\boldsymbol{P}$ 可以由特征向量 $\boldsymbol{P}=[\lambda_1\boldsymbol{v}_1 \quad \lambda_2\boldsymbol{v}_2 \quad \cdots \quad \lambda_n\boldsymbol{v}_n]$ 或范德蒙德矩阵求得。

2. 特征值约当规范型(Jordan Normative Form)

设系统 $\Sigma(\boldsymbol{A},\boldsymbol{B})$ 有重特征值，为

$$\begin{matrix}\lambda_1 — m_1\text{重}\\ \lambda_2 — m_2\text{重}\\ \vdots\\ \lambda_i — m_i\text{重}\\ \vdots\\ \lambda_l — m_l\text{重}\end{matrix}; \qquad \text{当然有} \sum_{i=1}^{l} m_i = n\text{。}$$

系统状态方程为

$$\dot{\boldsymbol{x}}=\boldsymbol{A}\boldsymbol{x}+\boldsymbol{B}\boldsymbol{u}$$

式中，$\boldsymbol{A}=\begin{bmatrix}\boldsymbol{A}_1 & & \boldsymbol{0}\\ & \ddots & \\ \boldsymbol{0} & & \boldsymbol{A}_l\end{bmatrix}_{n\times n}$ 可表示为对角线块矩阵，每一子块阵应为

$$\boldsymbol{A}_i=\begin{bmatrix}\lambda_i & 1 & \cdots & 0\\ 0 & \lambda_i & \ddots & \vdots\\ \vdots & & \ddots & 1\\ 0 & 0 & \cdots & \lambda_i\end{bmatrix}_{m_i\times m_i} \tag{2-8}$$

约当矩阵，则将系统 $\Sigma(\boldsymbol{A},\boldsymbol{B})$ 称为特征值约当规范型。

2.1.3　状态方程规范化的方法

1. 特征值对角线型规范化方法

对于线性时不变系统

$$\begin{cases}\dot{\boldsymbol{x}}=\boldsymbol{A}\boldsymbol{x}+\boldsymbol{B}\boldsymbol{u}\\ \boldsymbol{y}=\boldsymbol{C}\boldsymbol{x}, \qquad \boldsymbol{D}=\boldsymbol{0}\end{cases} \tag{2-9}$$

若系统 $\Sigma(\boldsymbol{A},\boldsymbol{B},\boldsymbol{C})$ 仅具有两两相异的单特征值 λ_i，经过非奇异线性变换 $\boldsymbol{x}=\boldsymbol{P}\tilde{\boldsymbol{x}}$ 或 $\tilde{\boldsymbol{x}}=\boldsymbol{P}^{-1}\boldsymbol{x}$，则 $\Sigma\Rightarrow\tilde{\Sigma}$，即

$$\tilde{\Sigma}:\begin{cases}\dot{\tilde{\boldsymbol{x}}}=\tilde{\boldsymbol{A}}\tilde{\boldsymbol{x}}+\tilde{\boldsymbol{B}}\boldsymbol{u}\\ \boldsymbol{y}=\tilde{\boldsymbol{C}}\tilde{\boldsymbol{x}}\end{cases} \tag{2-10}$$

式中

$$\begin{cases}\tilde{\boldsymbol{A}}=\boldsymbol{P}^{-1}\boldsymbol{A}\boldsymbol{P}=\begin{bmatrix}\lambda_1 & 0 & \cdots & 0\\ 0 & \lambda_2 & & 0\\ \vdots & & \ddots & \vdots\\ 0 & 0 & \cdots & \lambda_n\end{bmatrix}=\mathrm{diag}(\lambda_i)\\ \tilde{\boldsymbol{B}}=\boldsymbol{P}^{-1}\boldsymbol{B}\\ \tilde{\boldsymbol{C}}=\boldsymbol{C}\boldsymbol{P}\end{cases} \tag{2-11}$$

非奇异变换矩阵 $\boldsymbol{P}$ 至少可以由下面三种方法得到。

方法一：特征向量法(Eigenvector Method)。

非奇异变换矩阵 $\boldsymbol{P}$ 由矩阵 $\boldsymbol{A}$ 的特征向量 $\boldsymbol{v}_i$ 组成，即

$$\begin{gathered}\boldsymbol{P}=\begin{bmatrix}\boldsymbol{v}_1 & \boldsymbol{v}_2 & \cdots & \boldsymbol{v}_n\end{bmatrix}\\ (\lambda_i\boldsymbol{I}-\boldsymbol{A})\boldsymbol{v}_i\equiv\boldsymbol{0}\end{gathered} \tag{2-12}$$

式中，$\boldsymbol{v}_i$ 为相应于特征值 λ_i 的特征向量。

【例 2.1】 设系统的状态空间表达式为

$$\begin{cases}\dot{\boldsymbol{x}}=\begin{bmatrix}0 & 1 & -1\\ -6 & -11 & 6\\ -6 & -11 & 5\end{bmatrix}\boldsymbol{x}+\begin{bmatrix}0\\0\\1\end{bmatrix}[u]\\ y=\begin{bmatrix}1 & 0 & 0\end{bmatrix}\boldsymbol{x}\end{cases}$$

试按特征值对角线化该系统 $\Sigma(\boldsymbol{A},\boldsymbol{B},\boldsymbol{C})$。

解 (1) 计算系统 $\Sigma(\boldsymbol{A},\boldsymbol{B})$ 的特征值 λ_i。

$$\det(\lambda\boldsymbol{I}-\boldsymbol{A})=\det\begin{bmatrix}\lambda & -1 & 1\\ 6 & \lambda+11 & -6\\ 6 & 11 & \lambda-5\end{bmatrix}=0$$

解得系统特征值为 $\lambda_1=-1$，$\lambda_2=-2$，$\lambda_3=-3$。

(2) 由特征向量公式(2-12)算出矩阵 $\boldsymbol{A}$ 的特征向量 $\boldsymbol{v}_i$，即

$$\boldsymbol{A}\boldsymbol{v}_i=(\lambda_i\boldsymbol{I})\boldsymbol{v}_i$$

相应于 $\lambda_1=-1$，令 $\boldsymbol{v}_1=\begin{bmatrix}v_{11} & v_{21} & v_{31}\end{bmatrix}^{\mathrm{T}}$，则

$$\begin{bmatrix}0 & 1 & -1\\ -6 & -11 & 6\\ -6 & -11 & 5\end{bmatrix}\begin{bmatrix}v_{11}\\ v_{21}\\ v_{31}\end{bmatrix}=(-1)\boldsymbol{I}\cdot\begin{bmatrix}v_{11}\\ v_{21}\\ v_{31}\end{bmatrix}$$

即有

$$\begin{bmatrix}0 & 1 & -1\\ -6 & -11 & 6\\ -6 & -11 & 5\end{bmatrix}\begin{bmatrix}v_{11}\\ v_{21}\\ v_{31}\end{bmatrix}+\begin{bmatrix}1 & 0 & 0\\ 0 & 1 & 0\\ 0 & 0 & 1\end{bmatrix}\begin{bmatrix}v_{11}\\ v_{21}\\ v_{31}\end{bmatrix}=0$$

$$\begin{bmatrix} 1 & 1 & -1 \\ -6 & -10 & 6 \\ -6 & -11 & 6 \end{bmatrix}\begin{bmatrix} v_{11} \\ v_{21} \\ v_{31} \end{bmatrix} = 0$$

故可得

$$\begin{cases} v_{11} + v_{21} - v_{31} = 0 \\ -6v_{11} - 10v_{21} + 6v_{31} = 0 \\ -6v_{11} - 11v_{21} + 6v_{31} = 0 \end{cases}$$

解得

$$v_{11} = 1, \quad v_{21} = 0, \quad v_{31} = 1$$

则

$$\boldsymbol{v}_1 = \begin{bmatrix} v_{11} \\ v_{21} \\ v_{31} \end{bmatrix} = \begin{bmatrix} 1 \\ 0 \\ 1 \end{bmatrix}$$

同样地，可解出相应于特征值 $\lambda_2 = -2$ 和 $\lambda_3 = -3$ 的特征向量为

$$\boldsymbol{v}_2 = \begin{bmatrix} 1 & 2 & 4 \end{bmatrix}^{\mathrm{T}}$$

$$\boldsymbol{v}_3 = \begin{bmatrix} 1 & 6 & 9 \end{bmatrix}^{\mathrm{T}}$$

(3) 求出非奇异变换阵 $\boldsymbol{P}$ 和 $\boldsymbol{P}^{-1}$ 为

$$\boldsymbol{P} = \begin{bmatrix} \boldsymbol{v}_1 & \boldsymbol{v}_2 & \boldsymbol{v}_3 \end{bmatrix} = \begin{bmatrix} 1 & 1 & 1 \\ 0 & 2 & 6 \\ 1 & 4 & 9 \end{bmatrix}$$

$$\boldsymbol{P}^{-1} = \frac{\mathrm{adj}\boldsymbol{P}}{\det \boldsymbol{P}} = \begin{bmatrix} 3 & 5/2 & -2 \\ -3 & -4 & 3 \\ 1 & 3/2 & -1 \end{bmatrix}$$

(4) 解得变换后规范化系统 $\tilde{\Sigma}$

$$\tilde{\boldsymbol{A}} = \boldsymbol{P}^{-1}\boldsymbol{A}\boldsymbol{P} = \begin{bmatrix} -1 & 0 & 0 \\ 0 & -2 & 0 \\ 0 & 0 & -3 \end{bmatrix}$$

$$\tilde{\boldsymbol{B}} = \boldsymbol{P}^{-1}\boldsymbol{B} = \begin{bmatrix} -2 & 3 & -1 \end{bmatrix}^{\mathrm{T}}$$

$$\tilde{\boldsymbol{C}} = \boldsymbol{C}\boldsymbol{P} = \begin{bmatrix} 1 & 1 & 1 \end{bmatrix}$$

即 $\tilde{\Sigma}\left(\tilde{\boldsymbol{A}}, \tilde{\boldsymbol{B}}\right)$ 为

$$\begin{cases} \dot{\tilde{\boldsymbol{x}}} = \begin{bmatrix} -1 & 0 & 0 \\ 0 & -2 & 0 \\ 0 & 0 & -3 \end{bmatrix}\begin{bmatrix} \tilde{x}_1 \\ \tilde{x}_2 \\ \tilde{x}_3 \end{bmatrix} + \begin{bmatrix} -2 \\ 3 \\ -1 \end{bmatrix}[u] \\ \boldsymbol{y} = \begin{bmatrix} 1 & 1 & 1 \end{bmatrix}\tilde{\boldsymbol{x}}, \qquad \tilde{\boldsymbol{D}} = \boldsymbol{0} \end{cases}$$

方法二：恒等变换法(Equivalent Transform)。

令非奇异变换阵 $\boldsymbol{P}$ 为

$$\boldsymbol{P}=\begin{bmatrix} P_{11} & P_{12} & \cdots & P_{1n} \\ P_{21} & P_{22} & & P_{2n} \\ \vdots & & \ddots & \vdots \\ P_{n1} & P_{n2} & \cdots & P_{nn} \end{bmatrix}$$

则

$$\tilde{\boldsymbol{A}}=\boldsymbol{P}^{-1}\boldsymbol{A}\boldsymbol{P}=\begin{bmatrix} \lambda_1 & 0 & \cdots & 0 \\ 0 & \lambda_2 & & 0 \\ \vdots & & \ddots & \vdots \\ 0 & 0 & \cdots & \lambda_n \end{bmatrix}$$

于是

$$\boldsymbol{A}\boldsymbol{P}=\boldsymbol{P}\tilde{\boldsymbol{A}}=\boldsymbol{P}\begin{bmatrix} \lambda_1 & 0 & \cdots & 0 \\ 0 & \lambda_2 & & 0 \\ \vdots & & \ddots & \vdots \\ 0 & 0 & \cdots & \lambda_n \end{bmatrix}$$

代入 $\boldsymbol{P}$，有

$$\begin{bmatrix} A_{11} & \cdots & A_{1n} \\ \vdots & \ddots & \vdots \\ A_{n1} & \cdots & A_{nn} \end{bmatrix}\begin{bmatrix} P_{11} & \cdots & P_{1n} \\ \vdots & \ddots & \vdots \\ P_{n1} & \cdots & P_{nn} \end{bmatrix}=\begin{bmatrix} P_{11} & \cdots & P_{1n} \\ \vdots & \ddots & \vdots \\ P_{n1} & \cdots & P_{nn} \end{bmatrix}\begin{bmatrix} \lambda_1 & & \boldsymbol{0} \\ & \ddots & \\ \boldsymbol{0} & & \lambda_n \end{bmatrix} \tag{2-13}$$

展开式(2-13)可解出 $\boldsymbol{P}$ 的各元 P_{ij}，从而得到 $\tilde{\boldsymbol{A}}$，$\tilde{\boldsymbol{B}}$，$\tilde{\boldsymbol{C}}$。

【例 2.2】 已知系统的状态空间表达式为

$$\begin{cases} \dot{\boldsymbol{x}}=\begin{bmatrix} 2 & -1 & -1 \\ 0 & -1 & 0 \\ 0 & 2 & 1 \end{bmatrix}\boldsymbol{x}+\begin{bmatrix} 7 \\ 2 \\ 1 \end{bmatrix}[u] \\ \boldsymbol{y}=\begin{bmatrix} 1 & 0 & 0 \end{bmatrix}\boldsymbol{x}, \qquad \boldsymbol{D}=\boldsymbol{0} \end{cases}$$

试按特征值规范化该系统。

解 由 $\det(\lambda\boldsymbol{I}-\boldsymbol{A})=\begin{vmatrix} \lambda-2 & 1 & 1 \\ 0 & \lambda+1 & 0 \\ 0 & -2 & \lambda-1 \end{vmatrix}=0$ 得

$$(\lambda-2)(\lambda+1)(\lambda-1)=0$$

解得

$$\lambda_1=2, \quad \lambda_2=-1, \quad \lambda_3=1$$

显然，λ_i 均为单特征值，所以系统按特征值可对角线化。

令 $\boldsymbol{P}^{-1}=\begin{bmatrix} P_{11} & P_{12} & P_{13} \\ P_{21} & P_{22} & P_{23} \\ P_{31} & P_{32} & P_{33} \end{bmatrix}$，则由式(2-13)有

$$\begin{bmatrix} P_{11} & P_{12} & P_{13} \\ P_{21} & P_{22} & P_{23} \\ P_{31} & P_{32} & P_{33} \end{bmatrix}\begin{bmatrix} 2 & -1 & -1 \\ 0 & -1 & 0 \\ 0 & 2 & 1 \end{bmatrix} = \begin{bmatrix} \lambda_1 & & \mathbf{0} \\ & \lambda_2 & \\ \mathbf{0} & & \lambda_3 \end{bmatrix}\begin{bmatrix} P_{11} & P_{12} & P_{13} \\ P_{21} & P_{22} & P_{23} \\ P_{31} & P_{32} & P_{33} \end{bmatrix}$$

即

$$\begin{bmatrix} 2P_{11} & 2P_{12} & 2P_{13} \\ -P_{21} & -P_{22} & -P_{23} \\ P_{31} & P_{32} & P_{33} \end{bmatrix} = \begin{bmatrix} 2P_{11} & (-P_{11}-P_{12}+2P_{13}) & (-P_{11}+P_{13}) \\ 2P_{21} & (-P_{21}-P_{22}+2P_{23}) & (-P_{21}+P_{23}) \\ 2P_{31} & (-P_{31}-P_{32}+2P_{33}) & (-P_{31}+P_{33}) \end{bmatrix}$$

解得

$$\boldsymbol{P}^{-1} = \begin{bmatrix} 1 & -1 & -1 \\ 0 & 1 & 0 \\ 0 & 1 & 1 \end{bmatrix}, \qquad \boldsymbol{P} = \left[\boldsymbol{P}^{-1}\right]^{-1} = \begin{bmatrix} 1 & 0 & 1 \\ 0 & 1 & 0 \\ 0 & -1 & 1 \end{bmatrix}$$

系统的特征值对角线规范型为

$$\tilde{\boldsymbol{A}} = \boldsymbol{P}^{-1}\boldsymbol{A}\boldsymbol{P} = \begin{bmatrix} \lambda_1 & & \mathbf{0} \\ & \lambda_2 & \\ \mathbf{0} & & \lambda_3 \end{bmatrix} = \begin{bmatrix} 2 & 0 & 0 \\ 0 & -1 & 0 \\ 0 & 0 & 1 \end{bmatrix}$$

$$\tilde{\boldsymbol{B}} = \boldsymbol{P}^{-1}\boldsymbol{B} = \begin{bmatrix} 1 & -1 & -1 \\ 0 & 1 & 0 \\ 0 & 1 & 1 \end{bmatrix}\begin{bmatrix} 7 \\ 2 \\ 1 \end{bmatrix} = \begin{bmatrix} 4 \\ 2 \\ 3 \end{bmatrix}$$

$$\tilde{\boldsymbol{C}} = \boldsymbol{C}\boldsymbol{P} = \begin{bmatrix} 1 & 0 & 0 \end{bmatrix}\begin{bmatrix} 1 & 0 & 1 \\ 0 & 1 & 0 \\ 0 & -1 & 1 \end{bmatrix} = \begin{bmatrix} 1 & 0 & 1 \end{bmatrix}$$

即

$$\tilde{\Sigma}: \begin{cases} \dot{\tilde{\boldsymbol{x}}} = \begin{bmatrix} 2 & 0 & 0 \\ 0 & -1 & 0 \\ 0 & 0 & 1 \end{bmatrix}\tilde{\boldsymbol{x}} + \begin{bmatrix} 4 \\ 2 \\ 3 \end{bmatrix}[u] \\ \boldsymbol{y} = \begin{bmatrix} 1 & 0 & 1 \end{bmatrix}\tilde{\boldsymbol{x}} \end{cases}$$

方法三：范德蒙德矩阵法(Vandermonde Matrix Method)。

当系统矩阵 $\boldsymbol{A}$ 为相伴形矩阵时，即

$$\boldsymbol{A} = \begin{bmatrix} 0 & 1 & 0 & \cdots & 0 \\ 0 & 0 & 1 & & 0 \\ \vdots & & & \ddots & \vdots \\ 0 & 0 & 0 & 0 & 1 \\ -a_n & -a_{n-1} & -a_{n-2} & \cdots & -a_1 \end{bmatrix}_{n\times n} = \left[\begin{array}{c|ccc} \mathbf{0} & & \boldsymbol{I}_{n-1} & \\ \hline -a_n & -a_{n-1} & \cdots & -a_1 \end{array}\right]_{n\times n} \tag{2-14}$$

且矩阵 $\boldsymbol{A}$ 的特征值 λ_i 为互不相等的，则非奇异变换阵 $\boldsymbol{P}$ 用范德蒙德矩阵，即

$$
\boldsymbol{P}=\begin{bmatrix} 1 & 1 & \cdots & 1 \\ \lambda_1 & \lambda_2 & & \lambda_n \\ \lambda_1^2 & \lambda_2^2 & & \lambda_n^2 \\ \vdots & & \ddots & \vdots \\ \lambda_1^{n-1} & \lambda_2^{n-1} & \cdots & \lambda_n^{n-1} \end{bmatrix}_{n\times n}=\boldsymbol{V} \tag{2-15}
$$

于是

$$
\begin{cases} \tilde{\boldsymbol{A}}=\boldsymbol{P}^{-1}\boldsymbol{AP}=[\boldsymbol{V}]^{-1}\left[\begin{array}{c|ccc} \boldsymbol{0} & & \boldsymbol{I}_{n-1} & \\ \hline -a_n & -a_{n-1} & \cdots & -a_1 \end{array}\right][\boldsymbol{V}]=\begin{bmatrix} \lambda_1 & 0 & \cdots & 0 \\ 0 & \lambda_2 & & 0 \\ \vdots & & \ddots & \vdots \\ 0 & 0 & \cdots & \lambda_n \end{bmatrix} \\ \tilde{\boldsymbol{B}}=\boldsymbol{P}^{-1}\boldsymbol{B}=[\boldsymbol{V}]^{-1}\boldsymbol{B} \\ \tilde{\boldsymbol{C}}=\boldsymbol{CP}=\boldsymbol{C}[\boldsymbol{V}] \end{cases} \tag{2-16}
$$

即

$$
\tilde{\Sigma}:\begin{cases} \dot{\tilde{\boldsymbol{x}}}=\tilde{\boldsymbol{A}}\tilde{\boldsymbol{x}}+\tilde{\boldsymbol{B}}\boldsymbol{u} \\ \boldsymbol{y}=\tilde{\boldsymbol{C}}\tilde{\boldsymbol{x}} \end{cases}
$$

2. 特征值约当型规范化方法

若系统$\Sigma(\boldsymbol{A},\boldsymbol{B},\boldsymbol{C})$具有重特征值$\lambda_1$，一般来说，可将系统化为特征值约当规范型。

设系统的状态方程为

$$
\begin{cases} \dot{\boldsymbol{x}}=\boldsymbol{Ax}+\boldsymbol{Bu} \\ \boldsymbol{y}=\boldsymbol{Cx} \end{cases} \tag{2-17}
$$

取非奇异线性变换

$$
\boldsymbol{x}=\boldsymbol{Q}\tilde{\boldsymbol{x}} \quad 或 \quad \tilde{\boldsymbol{x}}=\boldsymbol{Q}^{-1}\boldsymbol{x}
$$

系统可变换成约当规范型

$$
\begin{cases} \tilde{\boldsymbol{A}}=\boldsymbol{Q}^{-1}\boldsymbol{AQ}=\begin{bmatrix} \lambda_1 & 1 & & \boldsymbol{0} \\ & \lambda_1 & \ddots & \\ & & \ddots & 1 \\ \boldsymbol{0} & & & \lambda_1 \end{bmatrix}_{n\times n} \\ \tilde{\boldsymbol{B}}=\boldsymbol{Q}^{-1}\boldsymbol{B} \\ \tilde{\boldsymbol{C}}=\boldsymbol{CQ} \end{cases} \tag{2-18}
$$

同样地，非奇异矩阵$\boldsymbol{Q}$由前述3种方法得到。

方法一：特征向量法。

情况一(一般情况)：

系统矩阵$\boldsymbol{A}$有且仅有一个独立的特征向量$\boldsymbol{v}_1$，如$(\lambda_1\boldsymbol{I}-\boldsymbol{A})\boldsymbol{v}_i=\boldsymbol{0}$，或$\lambda_1\boldsymbol{v}_i=\boldsymbol{A}\boldsymbol{v}_i$，$\boldsymbol{v}_i$有唯一的解，即$\boldsymbol{v}_i=\boldsymbol{v}_1$。则系统可变换为典型的约当规范型，即

$$\tilde{\boldsymbol{A}}=\boldsymbol{Q}^{-1}\boldsymbol{A}\boldsymbol{Q}=\begin{bmatrix}\lambda_1 & 1 & & \boldsymbol{0}\\ & \lambda_1 & \ddots & \\ & & \ddots & 1\\ \boldsymbol{0} & & & \lambda_1\end{bmatrix} \tag{2-19}$$

情况二(特殊情况)：

在工程上，很少出现这种情况。

系统矩阵 $\boldsymbol{A}$ 有一个 n 阶重特征值 λ_1，且 $\boldsymbol{A}$ 同时有 n 个独立的特征向量(即 λ_1 的代数重数与几何重数相同)。如 $(\lambda_1\boldsymbol{I}-\boldsymbol{A})\boldsymbol{v}_i=0\ (i=1,2,\cdots,n)$，$\boldsymbol{v}_i$ 不唯一。换句话说，矩阵 $(\lambda_1\boldsymbol{I}-\boldsymbol{A})$ 的秩等于 1，于是 $\boldsymbol{v}_i$ 的解不唯一，则系统矩阵 $\tilde{\boldsymbol{A}}$ 将蜕变为如下对角线形的特殊约当型。

$$\tilde{\boldsymbol{A}}=\boldsymbol{Q}^{-1}\boldsymbol{A}\boldsymbol{Q}=\begin{bmatrix}\lambda_1 & 0 & \cdots & 0\\ 0 & \lambda_1 & & 0\\ \vdots & & \ddots & \vdots\\ 0 & 0 & \cdots & \lambda_1\end{bmatrix}=\mathrm{diag}(\lambda_1) \tag{2-20}$$

情况三(情况一和情况二的组合)：

系统有 n 阶重特征值，系统矩阵 $\boldsymbol{A}$ 有 $m+1$ 个独立的特征向量，且满足 $m+1<n$。

系统矩阵 $\boldsymbol{A}$ 可以规范化为如下块矩阵

$$\tilde{\boldsymbol{A}}=\boldsymbol{Q}^{-1}\boldsymbol{A}\boldsymbol{Q}=\begin{bmatrix}\tilde{\boldsymbol{A}}_D & \boldsymbol{0}\\ \boldsymbol{0} & \tilde{\boldsymbol{A}}_J\end{bmatrix} \tag{2-21}$$

式中

$$\tilde{\boldsymbol{A}}_D=\begin{bmatrix}\lambda_1 & & & \boldsymbol{0}\\ & \lambda_1 & & \\ & & \ddots & \\ \boldsymbol{0} & & & \lambda_1\end{bmatrix}_{m\times m}=\mathrm{diag}(\lambda_1)_{m\times m} \tag{2-22}$$

$$\tilde{\boldsymbol{A}}_J=\begin{bmatrix}\lambda_1 & 1 & & \boldsymbol{0}\\ & \lambda_1 & \ddots & \\ & & \ddots & 1\\ \boldsymbol{0} & & & \lambda_1\end{bmatrix}_{(n-m)\times(n-m)} \tag{2-23}$$

显然，对于具有重特征值 λ_i 的系统，根据系统独立特征向量的数量(几何重数)不同，系统矩阵 $\boldsymbol{A}$ 的规范型将有多种可能的表达形式(详见 3.2.2 小节)。

【例 2.3】　设系统矩阵 $\boldsymbol{A}$ 为

$$\boldsymbol{A}=\begin{bmatrix}1 & 0 & -1\\ 0 & 1 & 0\\ 0 & 0 & 2\end{bmatrix}$$

试按特征值规范化系统 Σ。

解　(1) 确定系统矩阵 $\boldsymbol{A}$ 的特征值 λ_i。由系统的特征方程

$$\det(\lambda \boldsymbol{I} - \boldsymbol{A}) = \det\begin{bmatrix} \lambda-1 & 0 & 1 \\ 0 & \lambda-1 & 0 \\ 0 & 0 & \lambda-2 \end{bmatrix} = 0$$

有

$$(\lambda-1)(\lambda-1)(\lambda-2)=0$$

可得系统的特征值为

$$\lambda_1 = 1, \quad \lambda_2 = 1, \quad \lambda_3 = 2$$

其中，$\lambda_1 = 1$ 为 $k = 2$ 阶重特征值。

(2) 求取特征向量。对于 $\lambda_1 = \lambda_2 = 1$，根据 $(\lambda_1 \boldsymbol{I} - \boldsymbol{A})\boldsymbol{v}_i = \boldsymbol{0}$ 得

$$\begin{bmatrix} 0 & 0 & 1 \\ 0 & 0 & 0 \\ 0 & 0 & -1 \end{bmatrix}\begin{bmatrix} v_{11} \\ v_{21} \\ v_{31} \end{bmatrix} = \boldsymbol{0}$$

因矩阵 $(\lambda_1 \boldsymbol{I} - \boldsymbol{A})$ 的秩为 $\operatorname{rank}(\lambda_1 \boldsymbol{I} - \boldsymbol{A}) = 1 < 2 = k$，显然，存在 2 个独立的特征向量，即 $v_1 \neq v_2$。

根据上式可解得 v_{11}，v_{21} 可任意，而 $\begin{cases} v_{31} = 0 \\ -v_{31} = 0 \end{cases}$，则 $v_{31} \equiv 0$。于是，可任选 v_{11}=1，v_{21}=0，则

$$\boldsymbol{v}_1 = \begin{bmatrix} v_{11} \\ v_{21} \\ v_{31} \end{bmatrix} = \begin{bmatrix} 1 \\ 0 \\ 0 \end{bmatrix}$$

另可任选 v_{12}=0，v_{21}=1，以使 $\boldsymbol{v}_2$ 与 $\boldsymbol{v}_1$ 线性无关，则有

$$\boldsymbol{v}_2 = \begin{bmatrix} v_{12} \\ v_{22} \\ v_{32} \end{bmatrix} = \begin{bmatrix} 0 \\ 1 \\ 0 \end{bmatrix}$$

再根据 $(\lambda_3 \boldsymbol{I} - \boldsymbol{A})\boldsymbol{v}_3 = \boldsymbol{0}$，有

$$\left\{\begin{bmatrix} 2 & & \boldsymbol{0} \\ & 2 & \\ \boldsymbol{0} & & 2 \end{bmatrix} - \begin{bmatrix} 1 & 0 & -1 \\ 0 & 1 & 0 \\ 0 & 0 & 2 \end{bmatrix}\right\}\begin{bmatrix} v_{13} \\ v_{23} \\ v_{33} \end{bmatrix} = \boldsymbol{0}$$

解得

$$\boldsymbol{v}_3 = \begin{bmatrix} v_{13} \\ v_{23} \\ v_{33} \end{bmatrix} = \begin{bmatrix} -1 \\ 0 \\ 1 \end{bmatrix}$$

(3) 得到非奇异矩阵 $\boldsymbol{Q}$ 为

$$\boldsymbol{Q} = \begin{bmatrix} \boldsymbol{v}_1 & \boldsymbol{v}_2 & \boldsymbol{v}_3 \end{bmatrix} = \begin{bmatrix} 1 & 0 & -1 \\ 0 & 1 & 0 \\ 0 & 0 & 1 \end{bmatrix}$$

显然容易解出，$Q^{-1}=\dfrac{\mathrm{adj}\,Q}{\det Q}=\begin{bmatrix}1&0&1\\0&1&0\\0&0&1\end{bmatrix}$。

(4)解得系统特征值规范型，即规范化后系统矩阵为

$$\tilde{A}=Q^{-1}AQ=\begin{bmatrix}1&0&1\\0&1&0\\0&0&1\end{bmatrix}\begin{bmatrix}1&0&-1\\0&1&0\\0&0&2\end{bmatrix}\begin{bmatrix}1&0&-1\\0&1&0\\0&0&1\end{bmatrix}=\begin{bmatrix}1&0&0\\0&1&0\\0&0&2\end{bmatrix}$$

由上可见，这是一个广义对角线阵。因为矩阵 A 有 3 个独立的特征向量。

【例 2.4】　设系统的状态空间表达式为

$$\begin{cases}\dot{x}=\begin{bmatrix}0&1&0\\0&0&1\\2&3&0\end{bmatrix}x+\begin{bmatrix}0\\0\\1\end{bmatrix}[u]\\ y=\begin{bmatrix}1&0&0\end{bmatrix}x\end{cases}$$

试按特征值对该系统规范化。

解　(1)求系统矩阵 A 的特征值 λ_i。由特征方程

$$\det(\lambda I-A)=\lambda^3-3\lambda-2=(\lambda+1)^2(\lambda-2)=0$$

得系统特征值 $\lambda_1=\lambda_2=-1$，$\lambda_3=2$。

(2)求非奇异变换矩阵 Q，令

$$Q=\begin{bmatrix}v_1&v_2&v_3\end{bmatrix}$$

对于 $k=2$ 阶重特征值 $\lambda_1=\lambda_2=1$，根据 $(\lambda_1 I-A)v_i=\mathbf{0}$ 可知

$$\begin{bmatrix}-1&-1&0\\0&-1&-1\\-2&-3&-1\end{bmatrix}\begin{bmatrix}v_{11}\\v_{21}\\v_{31}\end{bmatrix}=\mathbf{0}$$

因矩阵 $(\lambda_1 I-A)$ 的秩 $\mathrm{rank}(\lambda_1 I-A)=2$，正好等于重特征值 λ_1 的重数，因此系统仅有一个独立的特征向量 v_1。

于是由上式解得

$$v_1=\begin{bmatrix}1\\-1\\1\end{bmatrix}$$

因为重特征值 $\lambda_1=\lambda_2=1$ 有一个独立的特征向量，则系统可规范化为约当型的子阵块，因此，借助于矩阵理论，要得到非奇异线性变换阵 Q，需要推导出 λ_1 的广义特征向量 v_2。

令 $(\lambda_1 I-A)v_2=-v_1$，有

$$\begin{bmatrix}-1&-1&0\\0&-1&-1\\-2&-3&-1\end{bmatrix}\begin{bmatrix}v_{12}\\v_{22}\\v_{32}\end{bmatrix}=-\begin{bmatrix}v_{11}\\v_{21}\\v_{31}\end{bmatrix}=\begin{bmatrix}-1\\1\\-1\end{bmatrix}$$

解出

$$\boldsymbol{v}_2 = \begin{bmatrix} 1 \\ 0 \\ -1 \end{bmatrix}$$

再根据$(\lambda_3 \boldsymbol{I} - \boldsymbol{A})\boldsymbol{v}_3 = \boldsymbol{0}$，有

$$\begin{bmatrix} 2 & -1 & 0 \\ 0 & 2 & -1 \\ -2 & -3 & 2 \end{bmatrix}\begin{bmatrix} v_{13} \\ v_{23} \\ v_{33} \end{bmatrix} = \boldsymbol{0}$$

解得

$$\boldsymbol{v}_3 = \begin{bmatrix} v_{13} \\ v_{23} \\ v_{33} \end{bmatrix} = \begin{bmatrix} 1 \\ 2 \\ 4 \end{bmatrix}$$

(3) 于是非奇异矩阵$\boldsymbol{Q}$和$\boldsymbol{Q}^{-1}$为

$$\boldsymbol{Q} = [\boldsymbol{v}_1 \quad \boldsymbol{v}_2 \quad \boldsymbol{v}_3] = \begin{bmatrix} 1 & 1 & 1 \\ -1 & 0 & 2 \\ 1 & 1 & 4 \end{bmatrix}$$

$$\boldsymbol{Q}^{-1} = \frac{\operatorname{adj}\boldsymbol{Q}}{\det \boldsymbol{Q}} = \frac{1}{9}\begin{bmatrix} 2 & -5 & 2 \\ 6 & 3 & -3 \\ 1 & 2 & 1 \end{bmatrix}$$

(4) 得到特征值规范化系统$\tilde{\Sigma}$。

$$\tilde{\boldsymbol{A}} = \boldsymbol{Q}^{-1}\boldsymbol{A}\boldsymbol{Q} = \frac{1}{9}\begin{bmatrix} 2 & -5 & 2 \\ 6 & 3 & -3 \\ 1 & 2 & 1 \end{bmatrix}\begin{bmatrix} 0 & 1 & 0 \\ 0 & 0 & 1 \\ 2 & 3 & 0 \end{bmatrix}\begin{bmatrix} 1 & 1 & 1 \\ -1 & 0 & 2 \\ 1 & 1 & 4 \end{bmatrix} = \begin{bmatrix} -1 & 1 & 0 \\ 0 & -1 & 0 \\ 0 & 0 & 2 \end{bmatrix}$$

$$\tilde{\boldsymbol{B}} = \boldsymbol{Q}^{-1}\boldsymbol{B} = \begin{bmatrix} \frac{2}{9} & -\frac{1}{3} & \frac{1}{9} \end{bmatrix}^{\mathrm{T}}$$

$$\tilde{\boldsymbol{C}} = \boldsymbol{C}\boldsymbol{Q} = [1 \quad 1 \quad 1]$$

方法二：恒等变换法。

令$\boldsymbol{Q} = \begin{bmatrix} Q_{11} & \cdots & Q_{1n} \\ \vdots & \ddots & \vdots \\ Q_{n1} & \cdots & Q_{nn} \end{bmatrix}$或$\boldsymbol{Q}^{-1} = \begin{bmatrix} * & \cdots & * \\ \vdots & * & \vdots \\ * & \cdots & * \end{bmatrix}$，可知

$$\boldsymbol{Q}^{-1}\boldsymbol{A}\boldsymbol{Q} = \begin{bmatrix} \lambda & 1 & & \boldsymbol{0} \\ & \lambda & \ddots & \\ & & \ddots & 1 \\ \boldsymbol{0} & & & \lambda \end{bmatrix} = \boldsymbol{J}_\lambda \qquad 或 \qquad \boldsymbol{Q}^{-1}\boldsymbol{A}\boldsymbol{Q} = \begin{bmatrix} \lambda_1 & & & \boldsymbol{0} \\ & \lambda_1 & & \\ & & \ddots & \\ \boldsymbol{0} & & & \lambda_1 \end{bmatrix}$$

因此

$$AQ = QJ_\lambda \qquad 或 \qquad AQ = Q\begin{bmatrix} \lambda_1 & & & \mathbf{0} \\ & \lambda_1 & & \\ & & \ddots & \\ \mathbf{0} & & & \lambda_1 \end{bmatrix}$$

即

$$\begin{bmatrix} a_{11} & \cdots & a_{1n} \\ \vdots & \ddots & \vdots \\ a_{n1} & \cdots & a_{nn} \end{bmatrix}\begin{bmatrix} Q_{11} & \cdots & Q_{1n} \\ \vdots & \ddots & \vdots \\ Q_{n1} & \cdots & Q_{nn} \end{bmatrix} = \begin{bmatrix} Q_{11} & \cdots & Q_{1n} \\ \vdots & \ddots & \vdots \\ Q_{n1} & \cdots & Q_{nn} \end{bmatrix}\begin{bmatrix} \lambda & 1 & & \mathbf{0} \\ & \lambda & \ddots & \\ & & \ddots & 1 \\ \mathbf{0} & & & \lambda \end{bmatrix} \tag{2-24}$$

由此，得到联立代数方程组，可解得 $Q_{ij}\ (i,j=1,2,\cdots,n)$。

方法三：广义 Vandermonde 矩阵法。

当 $A = \begin{bmatrix} 0 & 1 & 0 & 0 & \dots & 0 \\ 0 & 0 & 1 & 0 & & 0 \\ 0 & 0 & 0 & 1 & & 0 \\ \vdots & & & & \ddots & \vdots \\ 0 & 0 & 0 & 0 & & 1 \\ -a_n & -a_{n-1} & -a_{n-2} & -a_{n-3} & \dots & -a_1 \end{bmatrix}$，$\det(\lambda_1 I - A) = 0$ 时，则非奇异变换阵 Q

可选为

$$Q = \begin{bmatrix} 1 & 0 & \cdots & 0 & 1 & \cdots & 1 \\ \lambda_1 & 1 & \cdots & 0 & \lambda_2 & \cdots & \lambda_\ell \\ \lambda_1^2 & 2\lambda_1 & \cdots & 0 & \lambda_2^2 & \cdots & \lambda_\ell^2 \\ \lambda_1^3 & 3\lambda_1^2 & \cdots & \vdots & \lambda_2^3 & \cdots & \lambda_\ell^3 \\ \vdots & \vdots & & 1 & \vdots & & \vdots \\ \lambda_1^{n-1} & (n-1)\lambda_1^{n-2} & \cdots & \dfrac{(n-1)(n-2)\cdots(n-m+1)}{(m-1)!}\lambda_1^{n-m} & \lambda_2^{n-1} & \cdots & \lambda_\ell^{n-1} \end{bmatrix}$$

所以，规范化系统矩阵 $\tilde{A}$ 可得

$$\tilde{A} = Q^{-1}AQ = \begin{bmatrix} \lambda_1 & 1 & & & \mathbf{0} \\ & \lambda_1 & 1 & & \\ & & \ddots & \ddots & \\ & & & \ddots & 1 \\ \mathbf{0} & & & & \lambda_1 \end{bmatrix} \tag{2-25}$$

2.1.4 时不变系统的矩阵指数 e^{At}

矩阵指数 e^{At} 对于分析时不变系统 $\Sigma(A,B)$ 的运动特性是非常重要的。

1. 矩阵指数 e^{At} 的定义

当 A 为 $n\times n$ 维常数阵时，将矩阵指数 e^{At} 定义为下列无穷幂级数矩阵，即

$$e^{\boldsymbol{A}t}=\boldsymbol{I}+\boldsymbol{A}t+\frac{1}{2!}\boldsymbol{A}^2t^2+\frac{1}{3!}\boldsymbol{A}^3t^3+\cdots=\sum_{i=0}^{\infty}\frac{1}{i!}\boldsymbol{A}^it^i \tag{2-26}$$

该阵也是一个$n\times n$维方阵。可以证明$e^{\boldsymbol{A}t}$级数对任意有限时间t均完全一致收敛。

2. 矩阵指数$e^{\boldsymbol{A}t}$的相关性质

下面给出矩阵指数$e^{\boldsymbol{A}t}$的几个重要性质。

(1) 若t和τ均为独立自变量，则

$$e^{\boldsymbol{A}(t+\tau)}=e^{\boldsymbol{A}t}\cdot e^{\boldsymbol{A}\tau}=e^{\boldsymbol{A}\tau}\cdot e^{\boldsymbol{A}t} \tag{2-27}$$

该性质表明$e^{\boldsymbol{A}t}$和$e^{\boldsymbol{A}\tau}$是可相乘和可交换的。

(2) 矩阵指数初始值

$$e^{\boldsymbol{A}t}\big|_{t=0}=\boldsymbol{I} \tag{2-28}$$

(3) 因为$e^{\boldsymbol{A}t}$总是非奇异的，所以必存在逆$\left[e^{\boldsymbol{A}t}\right]^{-1}=e^{-\boldsymbol{A}t}$，使得

$$e^{\boldsymbol{A}t}\cdot e^{-\boldsymbol{A}t}=e^{-\boldsymbol{A}t}\cdot e^{\boldsymbol{A}t}\equiv\boldsymbol{I} \tag{2-29}$$

(4) 有$\boldsymbol{A}$、$\boldsymbol{B}$两常数矩阵，当$\boldsymbol{AB}=\boldsymbol{BA}$时，则

$$e^{(\boldsymbol{A}+\boldsymbol{B})t}=e^{\boldsymbol{A}t}\cdot e^{\boldsymbol{B}t}=e^{\boldsymbol{B}t}\cdot e^{\boldsymbol{A}t} \tag{2-30}$$

注意，如果$\boldsymbol{AB}\neq\boldsymbol{BA}$，则$e^{(\boldsymbol{A}+\boldsymbol{B})t}\neq e^{\boldsymbol{A}t}\cdot e^{\boldsymbol{B}t}$。

(5) 如果$\det(s_i\boldsymbol{I}-\boldsymbol{A})\equiv 0\,(i=1,2,\cdots,n)$，则

$$\det\left[e^{\boldsymbol{A}}\right]=e^{\sum_{i=1}^{n}s_i}=e^{\mathrm{trace}\boldsymbol{A}} \tag{2-31}$$

(6) $\dfrac{d}{dt}e^{\boldsymbol{A}t}=\boldsymbol{A}e^{\boldsymbol{A}t}=e^{\boldsymbol{A}t}\boldsymbol{A}$，所以

$$\boldsymbol{A}=\frac{d}{dt}e^{\boldsymbol{A}t}\big|_{t=0} \tag{2-32}$$

3. 矩阵指数$e^{\boldsymbol{A}t}$的计算方法

给出计算$e^{\boldsymbol{A}t}$的几种方法。

(1) 按$e^{\boldsymbol{A}t}$的定义计算。根据矩阵指数的定义直接计算

$$e^{\boldsymbol{A}t}=\boldsymbol{I}+\boldsymbol{A}t+\frac{1}{2!}\boldsymbol{A}^2t^2+\frac{1}{3!}\boldsymbol{A}^3t^3+\cdots=\sum_{i=0}^{\infty}\frac{1}{i!}\boldsymbol{A}^it^i \tag{2-33}$$

在工程应用中，可根据期望的准确度仅计算级数前有限项即可。此方法适用于计算机求解，易于编程，步骤简单。

(2) 利用矩阵$(s\boldsymbol{I}-\boldsymbol{A})^{-1}$的拉氏逆变换计算。

$$e^{\boldsymbol{A}t}=L^{-1}\left[(s\boldsymbol{I}-\boldsymbol{A})^{-1}\right] \tag{2-34}$$

这是因为

$$L\left[e^{\boldsymbol{A}t}\right]=L\left[\boldsymbol{I}+\boldsymbol{A}t+\frac{1}{2!}\boldsymbol{A}^2t^2+\cdots+\frac{1}{i!}\boldsymbol{A}^it^i+\cdots\right]=\frac{\boldsymbol{I}}{s}+\frac{\boldsymbol{A}}{s^2}+\frac{\boldsymbol{A}^2}{s^3}+\frac{\boldsymbol{A}^3}{s^4}+\cdots$$

两端左乘$(s\boldsymbol{I}-\boldsymbol{A})$，有

$$(s\boldsymbol{I}-\boldsymbol{A})L\left[\mathrm{e}^{\boldsymbol{A}t}\right]=(s\boldsymbol{I}-\boldsymbol{A})\left(\frac{\boldsymbol{I}}{s}+\frac{\boldsymbol{A}}{s^2}+\frac{\boldsymbol{A}^2}{s^3}+\frac{\boldsymbol{A}^3}{s^4}+\cdots\right)$$

$$=\boldsymbol{I}-\frac{\boldsymbol{A}}{s}+\frac{\boldsymbol{A}}{s}-\frac{\boldsymbol{A}^2}{s^2}+\frac{\boldsymbol{A}^2}{s^2}-\frac{\boldsymbol{A}^3}{s^3}+\frac{\boldsymbol{A}^3}{s^3}-\frac{\boldsymbol{A}^4}{s^4}+\frac{\boldsymbol{A}^4}{s^4}+\cdots=\boldsymbol{I}$$

即

$$(s\boldsymbol{I}-\boldsymbol{A})\cdot L\left[\mathrm{e}^{\boldsymbol{A}t}\right]=\boldsymbol{I}$$

于是

$$L\left[\mathrm{e}^{\boldsymbol{A}t}\right]=(s\boldsymbol{I}-\boldsymbol{A})^{-1}$$

显然可得

$$\mathrm{e}^{\boldsymbol{A}t}=L^{-1}\left[(s\boldsymbol{I}-\boldsymbol{A})^{-1}\right]$$

【例 2.5】　设有系统 $\Sigma(\boldsymbol{A},\boldsymbol{B})$，其系统矩阵 $\boldsymbol{A}$ 为

$$\boldsymbol{A}=\begin{bmatrix}0 & 1\\-2 & -3\end{bmatrix}$$

试求其矩阵指数 $\mathrm{e}^{\boldsymbol{A}t}$。

解　求矩阵 $(s\boldsymbol{I}-\boldsymbol{A})$

$$(s\boldsymbol{I}-\boldsymbol{A})=\begin{bmatrix}s & 0\\0 & s\end{bmatrix}-\begin{bmatrix}0 & 1\\-2 & -3\end{bmatrix}=\begin{bmatrix}s & -1\\2 & s+3\end{bmatrix}$$

求矩阵 $(s\boldsymbol{I}-\boldsymbol{A})$ 的逆矩阵 $(s\boldsymbol{I}-\boldsymbol{A})^{-1}$

$$(s\boldsymbol{I}-\boldsymbol{A})^{-1}=\frac{1}{\begin{vmatrix}s & -1\\2 & s+3\end{vmatrix}}\begin{bmatrix}s+3 & 1\\-2 & s\end{bmatrix}=\frac{1}{(s+1)(s+2)}\begin{bmatrix}s+3 & 1\\-2 & s\end{bmatrix}$$

$$=\begin{bmatrix}\dfrac{s+3}{(s+1)(s+2)} & \dfrac{1}{(s+1)(s+2)}\\[2ex]\dfrac{-2}{(s+1)(s+2)} & \dfrac{s}{(s+1)(s+2)}\end{bmatrix}=\begin{bmatrix}\dfrac{2}{s+1}-\dfrac{1}{s+2} & \dfrac{1}{s+1}-\dfrac{1}{s+2}\\[2ex]\dfrac{-2}{s+1}+\dfrac{2}{s+2} & \dfrac{-1}{s+1}+\dfrac{2}{s+2}\end{bmatrix}$$

求得 $(s\boldsymbol{I}-\boldsymbol{A})^{-1}$ 拉式逆变换为

$$L^{-1}\left[(s\boldsymbol{I}-\boldsymbol{A})^{-1}\right]=L^{-1}\left\{\begin{bmatrix}\dfrac{2}{s+1}-\dfrac{1}{s+2} & \dfrac{1}{s+1}-\dfrac{1}{s+2}\\[2ex]\dfrac{-2}{s+1}+\dfrac{2}{s+2} & \dfrac{-1}{s+1}+\dfrac{2}{s+2}\end{bmatrix}\right\}$$

$$=\begin{bmatrix}2\mathrm{e}^{-t}-\mathrm{e}^{-2t} & \mathrm{e}^{-t}-\mathrm{e}^{-2t}\\-2\mathrm{e}^{-t}+2\mathrm{e}^{-2t} & -\mathrm{e}^{-t}+2\mathrm{e}^{-2t}\end{bmatrix}$$

得到矩阵指数 $\mathrm{e}^{\boldsymbol{A}t}$ 为

$$\mathrm{e}^{\boldsymbol{A}t}=L^{-1}\left[(s\boldsymbol{I}-\boldsymbol{A})^{-1}\right]=\begin{bmatrix}2\mathrm{e}^{-t}-\mathrm{e}^{-2t} & \mathrm{e}^{-t}-\mathrm{e}^{-2t}\\-2\mathrm{e}^{-t}+2\mathrm{e}^{-2t} & -\mathrm{e}^{-t}+2\mathrm{e}^{-2t}\end{bmatrix}$$

(3) 利用凯莱-哈密顿(Cayley-Hamilton)定理计算。

$$e^{At}=\alpha_0(t)I+\alpha_1(t)A+\cdots+\alpha_{n-1}(t)A^{n-1} \tag{2-35}$$

式中，$\alpha_i(t)(i=0,1,\cdots,n-1)$ 由系统矩阵 A 的特征值 λ_i 来确定。且 $\alpha_i(t)$ 为标量函数。

①当特征值 λ_i 互不相等时

$$\begin{bmatrix}\alpha_0(t)\\ \alpha_1(t)\\ \vdots\\ \alpha_{n-1}(t)\end{bmatrix}=\begin{bmatrix}1 & \lambda_1 & \lambda_1^2 & \cdots & \lambda_1^{n-1}\\ 1 & \lambda_2 & \lambda_2^2 & \cdots & \lambda_2^{n-1}\\ \vdots & \vdots & \vdots & & \vdots\\ 1 & \lambda_n & \lambda_n^2 & \cdots & \lambda_n^{n-1}\end{bmatrix}^{-1}\begin{bmatrix}e^{\lambda_1 t}\\ e^{\lambda_2 t}\\ \vdots\\ e^{\lambda_n t}\end{bmatrix}=\left[V^{T}\right]^{-1}e^{\lambda_i t} \tag{2-36}$$

②特征值 λ_i 为 n 重特征值 λ_0 时

$$\begin{bmatrix}\alpha_0(t)\\ \alpha_1(t)\\ \vdots\\ \alpha_{n-1}(t)\end{bmatrix}=\begin{bmatrix}0 & \cdots & \cdots & 0 & 1\\ \vdots & & & \iddots & (n-1)\lambda_0\\ \vdots & & \iddots & \iddots & \vdots\\ \vdots & \iddots & \iddots & & \dfrac{(n-1)(n-2)}{2!}\lambda_0^{n-3}\\ 0 & 1 & 2\lambda_0 & \cdots & \dfrac{n-1}{1!}\lambda_0^{n-2}\\ 1 & \lambda_0 & \lambda_0^2 & \cdots & \lambda_0^{n-1}\end{bmatrix}^{-1}\begin{bmatrix}\dfrac{1}{(n-1)!}e^{\lambda_0 t}\\ \dfrac{1}{(n-2)!}e^{\lambda_0 t}\\ \vdots\\ \dfrac{1}{1!}e^{\lambda_0 t}\end{bmatrix} \tag{2-37}$$

(4)用非奇异线性变换计算。

这里只考虑一种比较简单的情况。

①矩阵的特征值 λ_i 互不相等时

$$e^{At}=P\begin{bmatrix}e^{\lambda_1 t} & & & \mathbf{0}\\ & e^{\lambda_2 t} & & \\ & & \ddots & \\ \mathbf{0} & & & e^{\lambda_n t}\end{bmatrix}P^{-1} \tag{2-38}$$

式中，P 为 $n\times n$ 维非奇异矩阵，可使系统矩阵 A 对角线规范化。即 $P^{-1}AP=\mathrm{diag}(\lambda_i)$。

②特征值 λ_i 为 n 重特征值 λ_0 时

$$e^{At}=Q\begin{bmatrix}1 & t & \dfrac{1}{2!}t^2 & \cdots & \dfrac{1}{(n-2)!}t^{n-2} & \dfrac{1}{(n-1)!}t^{n-1}\\ & 1 & t & \cdots & \dfrac{1}{(n-3)!}t^{n-3} & \dfrac{1}{(n-2)!}t^{n-2}\\ & & \ddots & & \vdots & \vdots\\ & & & \ddots & & \vdots\\ & & & & \ddots & t\\ \mathbf{0} & & & & & 1\end{bmatrix}e^{\lambda_0 t}Q^{-1} \tag{2-39}$$

其中，Q 为 $n\times n$ 维非奇异矩阵，可使系统矩阵 A 约当规范化。即

$$Q^{-1}AQ = J = \begin{bmatrix} \lambda_0 & 1 & & \mathbf{0} \\ & \lambda_0 & \ddots & \\ & & \ddots & 1 \\ \mathbf{0} & & & \lambda_0 \end{bmatrix}$$

于是，可以得出以下推论。

推论 2-1　当系统矩阵 A 为对角线规范型时，显然有非奇异变换阵 $P = P^{-1} = I$，此时

$$e^{At} = \operatorname{diag}(e^{\lambda_i t}) = \begin{bmatrix} e^{\lambda_1 t} & & \mathbf{0} \\ & \ddots & \\ \mathbf{0} & & e^{\lambda_n t} \end{bmatrix} \tag{2-40}$$

推论 2-2　当矩阵 A 为 Jordan 规范形时，显然有 $Q = Q^{-1} = I$，此时

$$e^{At} = \begin{bmatrix} 1 & t & \frac{1}{2!}t^2 & \cdots & \cdots & \frac{1}{(n-1)!}t^{n-1} \\ & 1 & t & & & \frac{1}{(n-2)!}t^{n-2} \\ & & \ddots & \ddots & & \\ & & & & \ddots & \vdots \\ & & & & \ddots & t \\ \mathbf{0} & & & & & 1 \end{bmatrix} e^{\lambda_0 t} \tag{2-41}$$

(5) 利用 Sylvester 方法计算。

此方法仅适用于互不相等的特征值情况。

$$e^{At} = \sum_{i=1}^{n} \left\{ e^{\lambda_i t} \cdot \left(\prod_{\substack{j \neq i \\ j=1}}^{n} \frac{A - \lambda_j I}{\lambda_i - \lambda_j} \right) \right\} \tag{2-42}$$

对于例 2.5 中，由 $A = \begin{bmatrix} 0 & 1 \\ -2 & -3 \end{bmatrix}$ 可知，$\lambda_1 = -1$，$\lambda_2 = -2$。

对 $i = 1, (j = 2,\ j \neq i)$，由式(2-42)有

$$e^{\lambda_1 t} \cdot \frac{A - \lambda_2 I}{\lambda_1 - \lambda_2} = e^{-t} \cdot \frac{\begin{bmatrix} 0 & 1 \\ -2 & -3 \end{bmatrix} - \begin{bmatrix} -2 & 0 \\ 0 & -2 \end{bmatrix}}{-1-(-2)} = \begin{bmatrix} 2 & 1 \\ -2 & -1 \end{bmatrix} e^{-t} = \begin{bmatrix} 2e^{-t} & e^{-t} \\ -2e^{-t} & -e^{-t} \end{bmatrix}$$

对 $i = 2, (j = 1,\ j \neq i)$ 有

$$e^{\lambda_1 t} \cdot \frac{A - \lambda_1 I}{\lambda_2 - \lambda_1} = e^{-2t} \cdot \frac{\begin{bmatrix} 0 & 1 \\ -2 & -3 \end{bmatrix} - \begin{bmatrix} -1 & 0 \\ 0 & -1 \end{bmatrix}}{-2-(-1)} = -\begin{bmatrix} 1 & 1 \\ -2 & -2 \end{bmatrix} e^{-2t} = \begin{bmatrix} -e^{-2t} & -e^{-2t} \\ 2e^{-2t} & 2e^{-2t} \end{bmatrix}$$

故可得

$$e^{At}=\sum_{i=1}^{2}\left\{e^{\lambda_i t}\cdot\left(\prod_{\substack{j\neq i\\ j=1}}^{2}\frac{\boldsymbol{A}-\lambda_j\boldsymbol{I}}{\lambda_i-\lambda_j}\right)\right\}=\begin{bmatrix}2e^{-t}-e^{-2t} & e^{-t}-e^{-2t}\\ -2e^{-t}+2e^{-2t} & -e^{-t}+2e^{-2t}\end{bmatrix}$$

比较后可见，结果是相同的。

2.2　时不变系统的解

采用级数法或拉普拉斯变换法，可以得到时不变系统$\Sigma(\boldsymbol{A},\boldsymbol{B})$的解。

2.2.1　自由系统运动分析

对于自由系统$\dot{\boldsymbol{x}}=\boldsymbol{A}\boldsymbol{x}$，即

$$\begin{cases}\dot{\boldsymbol{x}}=\boldsymbol{A}\boldsymbol{x}\\ \boldsymbol{y}=\boldsymbol{C}\boldsymbol{x}\end{cases}\quad t\in[0,\infty) \tag{2-43}$$

其中，$\dot{\boldsymbol{x}}$为微分方程，$\boldsymbol{y}$为代数方程。这里主要讨论状态方程$\dot{\boldsymbol{x}}=\boldsymbol{A}\boldsymbol{x}$的解。

1. 解的表达式

$$\boldsymbol{x}(t)=e^{\boldsymbol{A}t}\boldsymbol{x}(0)=L^{-1}\left[(s\boldsymbol{I}-\boldsymbol{A})^{-1}\right]\boldsymbol{x}(0)=\boldsymbol{\Phi}(t)\boldsymbol{x}(0) \tag{2-44}$$

式中，$t\in[0,\infty)$，$\boldsymbol{x}(0)$为初始状态，$\boldsymbol{\Phi}(t)$为系统$\Sigma(\boldsymbol{A},\boldsymbol{B})$的状态转移矩阵，它是向量方程$\dot{\boldsymbol{\Phi}}(t)=\boldsymbol{A}\boldsymbol{\Phi}(t)$，$\boldsymbol{\Phi}(0)=\boldsymbol{I}$的基本解阵。

显然，该系统的状态转移阵$\boldsymbol{\Phi}(t)$可表示为

$$\boldsymbol{\Phi}(t)=e^{\boldsymbol{A}t}=L^{-1}\left[(s\boldsymbol{I}-\boldsymbol{A})^{-1}\right] \tag{2-45}$$

因此，式(2-44)表明自由运动系统$\Sigma(\boldsymbol{A},\boldsymbol{B})$的解是初始状态$\boldsymbol{x}(0)$的转移。

数学意义上，$\boldsymbol{\Phi}(t)$是系统$\Sigma(\boldsymbol{A},\boldsymbol{B})$的一个基本解阵；物理意义上，$\boldsymbol{\Phi}(t)$包含了系统$\Sigma(\boldsymbol{A},\boldsymbol{B})$自由运动的全部信息。

2. $\boldsymbol{\Phi}(t)$的性质

(1) 初始性。

$$\boldsymbol{\Phi}(0)=e^{\boldsymbol{A}0}=\boldsymbol{I} \tag{2-46}$$

(2) 可逆性。

因为$\boldsymbol{\Phi}(t)$为非奇异阵，所以存在$\boldsymbol{\Phi}(t)$的逆。即

$$[\boldsymbol{\Phi}(t)]^{-1}=\boldsymbol{\Phi}^{-1}(t)=e^{-\boldsymbol{A}t}=\boldsymbol{\Phi}(-t) \tag{2-47}$$

或

$$\boldsymbol{\Phi}(t)=[\boldsymbol{\Phi}(-t)]^{-1}=\boldsymbol{\Phi}^{-1}(-t) \tag{2-48}$$

(3) 分解性。

$$\begin{aligned}[\boldsymbol{\Phi}(t_1+t_2)]&=e^{\boldsymbol{A}(t_1+t_2)}=e^{\boldsymbol{A}t_1}\cdot e^{\boldsymbol{A}t_2}=e^{\boldsymbol{A}t_2}\cdot e^{\boldsymbol{A}t_1}\\ &=\boldsymbol{\Phi}(t_1)\cdot\boldsymbol{\Phi}(t_2)=\boldsymbol{\Phi}(t_2)\cdot\boldsymbol{\Phi}(t_1)\end{aligned} \tag{2-49}$$

故，可导出

$$\left[\boldsymbol{\Phi}(t)\right]^n \equiv \boldsymbol{\Phi}(nt) \tag{2-50}$$

(4) 传递性。

$$\boldsymbol{\Phi}(t_2-t_1)\cdot\boldsymbol{\Phi}(t_1-t_0)=\boldsymbol{\Phi}(t_2-t_0) \tag{2-51}$$

(5) 微分性。

$$\frac{\mathrm{d}}{\mathrm{d}t}\boldsymbol{\Phi}(t)=\boldsymbol{A}\boldsymbol{\Phi}(t)\equiv\boldsymbol{\Phi}(t)\boldsymbol{A} \tag{2-52}$$

于是有

$$\frac{\mathrm{d}}{\mathrm{d}t}\boldsymbol{\Phi}(t)\big|_{t=0}=\boldsymbol{A}\boldsymbol{\Phi}(t)\big|_{t=0}=\boldsymbol{\Phi}(t)\boldsymbol{A}\big|_{t=0}=\boldsymbol{A} \tag{2-53}$$

注意： 当初始时刻为 t_0，即 $t\in[t_0,\infty)$ 时，状态转移矩阵为

$$\boldsymbol{\Phi}(t-t_0)=\mathrm{e}^{\boldsymbol{A}(t-t_0)} \tag{2-54}$$

且上述性质都是可用的，如

$$\boldsymbol{\Phi}^{-1}(t-t_0)=\boldsymbol{\Phi}(t_0-t) \tag{2-55}$$

(6) $\boldsymbol{\Phi}(t)$ 的一般函数结构为

$$\boldsymbol{\Phi}(t)=\begin{bmatrix}\varphi_{11}(t) & \cdots & \varphi_{1j}(t) & \cdots & \varphi_{1n}(t)\\ \vdots & & \vdots & & \vdots\\ \varphi_{i1}(t) & \cdots & \varphi_{ij}(t) & \cdots & \varphi_{in}(t)\\ \vdots & & \vdots & & \vdots\\ \varphi_{n1}(t) & \cdots & \varphi_{nj}(t) & \cdots & \varphi_{nn}(t)\end{bmatrix}_{n\times n} \tag{2-56}$$

下面分 3 种情况具体分析。

①当系统 $\Sigma(\boldsymbol{A},\boldsymbol{B})$ 的特征值 λ_i 互不相等时，$\varphi_{ij}(t)$ 为 $\mathrm{e}^{\lambda_i t}$ 的线性组合，即

$$\varphi_{ij}(t)=\alpha_{ij1}\mathrm{e}^{\lambda_1 t}+\alpha_{ij2}\mathrm{e}^{\lambda_2 t}+\cdots=\sum_{k=1}^{n}\alpha_{ijk}\mathrm{e}^{\lambda_k t} \tag{2-57}$$

式中，α_{ijk} 为包括零在内的常数。

②当 λ_1 为 m_1 阶重根，λ_2 为 m_2 阶重根，λ_μ 为 m_μ 阶重根，当然 $\sum_{k=1}^{\mu}m_k=n$，则

$$\varphi_{ij}(t)=\sum_{k=1}^{\mu}\left(\alpha_{ijk,1}+\alpha_{ijk,2}t+\cdots+\alpha_{ijk,m_k}t^{(m_k-1)}\right)\mathrm{e}^{\lambda_k t} \tag{2-58}$$

③当 $\boldsymbol{A}$ 为对角阵且 λ_i 为互不相等的单特征值时，则

$$\boldsymbol{\Phi}(t)=\mathrm{e}^{\boldsymbol{A}t}=\begin{bmatrix}\mathrm{e}^{\lambda_1 t} & & & \boldsymbol{0}\\ & \mathrm{e}^{\lambda_2 t} & & \\ & & \ddots & \\ \boldsymbol{0} & & & \mathrm{e}^{\lambda_n t}\end{bmatrix}=\mathrm{diag}\left(\mathrm{e}^{\lambda_i t}\right) \tag{2-59}$$

【例 2.6】　设线性时不变系统的自由运动方程为

$$\dot{\boldsymbol{x}}=\begin{bmatrix}0&1\\0&0\end{bmatrix}\boldsymbol{x}$$

试求自由运动方程的解。

解　由于矩阵指数为

$$\mathrm{e}^{At}=\boldsymbol{I}+\boldsymbol{A}t+\frac{1}{2}\boldsymbol{A}^2t^2+\cdots+\frac{1}{k!}\boldsymbol{A}^kt^k+\cdots$$

而本题中

$$\boldsymbol{A}=\begin{bmatrix}0&1\\0&0\end{bmatrix},\qquad \boldsymbol{A}^2=\boldsymbol{A}^3=\cdots=\boldsymbol{A}^n=\begin{bmatrix}0&0\\0&0\end{bmatrix}$$

故有

$$\mathrm{e}^{At}=\begin{bmatrix}1&0\\0&1\end{bmatrix}+\begin{bmatrix}0&t\\0&0\end{bmatrix}=\begin{bmatrix}1&t\\0&1\end{bmatrix}$$

则自由运动方程的解为

$$\boldsymbol{x}(t)=\boldsymbol{\Phi}(t)\boldsymbol{x}(0)=\mathrm{e}^{At}\boldsymbol{x}(0)=\begin{bmatrix}1&t\\0&1\end{bmatrix}\boldsymbol{x}(0)$$

【例 2.7】　设线性时不变系统齐次状态方程为

$$\dot{\boldsymbol{x}}=\boldsymbol{A}\boldsymbol{x}$$

式中

$$\boldsymbol{A}=\begin{bmatrix}0&1\\-3&-4\end{bmatrix}$$

试应用矩阵指数法求解齐次状态方程。

解

$$\begin{aligned}\mathrm{e}^{At}&=\begin{bmatrix}1&0\\0&1\end{bmatrix}+\begin{bmatrix}0&1\\-3&-4\end{bmatrix}t+\begin{bmatrix}0&1\\-3&-4\end{bmatrix}^2\frac{t^2}{2!}+\begin{bmatrix}0&1\\-3&-4\end{bmatrix}^3\frac{t^3}{3!}+\cdots\\&=\begin{bmatrix}1-\frac{3}{2}t^2+2t^3+\cdots & t-2t^2+\frac{13}{6}t^3+\cdots\\-3t+6t^2-\frac{13}{2}t^3+\cdots & 1-4t+\frac{13}{2}t^2+\frac{20}{3}t^3+\cdots\end{bmatrix}\end{aligned}$$

所以，齐次状态方程的解为

$$\boldsymbol{x}(t)=\begin{bmatrix}1-\frac{3}{2}t^2+2t^3+\cdots & t-2t^2+\frac{13}{6}t^3+\cdots\\-3t+6t^2-\frac{13}{2}t^3+\cdots & 1-4t+\frac{13}{2}t^2+\frac{20}{3}t^3+\cdots\end{bmatrix}\boldsymbol{x}(0)$$

可见，对一般系统若采用矩阵指数定义式来求解状态方程，则难以获得收敛和式的结果。

【例 2.8】　有线性系统的系统矩阵 $\boldsymbol{A}=\begin{bmatrix}0&1\\-3&-4\end{bmatrix}$，试应用拉氏变换法求状态的自由解。

解　求矩阵$(s\boldsymbol{I}-\boldsymbol{A})$

$$(s\boldsymbol{I}-\boldsymbol{A})=\begin{bmatrix} s & 0 \\ 0 & s \end{bmatrix}-\begin{bmatrix} 0 & 1 \\ -3 & -4 \end{bmatrix}=\begin{bmatrix} s & -1 \\ 3 & s+4 \end{bmatrix}$$

求矩阵$(s\boldsymbol{I}-\boldsymbol{A})$的逆矩阵

$$(s\boldsymbol{I}-\boldsymbol{A})^{-1}=\frac{1}{\begin{vmatrix} s & -1 \\ 3 & s+4 \end{vmatrix}}\begin{bmatrix} s+4 & 1 \\ -3 & s \end{bmatrix}=\frac{1}{(s+1)(s+3)}\begin{bmatrix} s+4 & 1 \\ -3 & s \end{bmatrix}$$

$$=\begin{bmatrix} \dfrac{s+4}{(s+1)(s+3)} & \dfrac{1}{(s+1)(s+3)} \\ \dfrac{-3}{(s+1)(s+3)} & \dfrac{s}{(s+1)(s+3)} \end{bmatrix}=\begin{bmatrix} \dfrac{\frac{3}{2}}{s+1}-\dfrac{\frac{1}{2}}{s+3} & \dfrac{\frac{1}{2}}{s+1}-\dfrac{\frac{1}{2}}{s+3} \\ \dfrac{-\frac{3}{2}}{s+1}+\dfrac{\frac{3}{2}}{s+3} & \dfrac{-\frac{1}{2}}{s+1}+\dfrac{\frac{3}{2}}{s+3} \end{bmatrix}$$

求$(s\boldsymbol{I}-\boldsymbol{A})^{-1}$的拉氏逆变换

$$L^{-1}\left[(s\boldsymbol{I}-\boldsymbol{A})^{-1}\right]=L^{-1}\left\{\begin{bmatrix} \dfrac{\frac{3}{2}}{s+1}-\dfrac{\frac{1}{2}}{s+3} & \dfrac{\frac{1}{2}}{s+1}-\dfrac{\frac{1}{2}}{s+3} \\ \dfrac{-\frac{3}{2}}{s+1}+\dfrac{\frac{3}{2}}{s+3} & \dfrac{-\frac{1}{2}}{s+1}+\dfrac{\frac{3}{2}}{s+3} \end{bmatrix}\right\}$$

$$=\begin{bmatrix} \frac{3}{2}\mathrm{e}^{-t}-\frac{1}{2}\mathrm{e}^{-3t} & \frac{1}{2}\mathrm{e}^{-t}-\frac{1}{2}\mathrm{e}^{-3t} \\ -\frac{3}{2}\mathrm{e}^{-t}+\frac{3}{2}\mathrm{e}^{-3t} & -\frac{1}{2}\mathrm{e}^{-t}+\frac{3}{2}\mathrm{e}^{-3t} \end{bmatrix}$$

最后得该齐次状态方程的解为

$$\boldsymbol{x}(t)=\begin{bmatrix} \frac{3}{2}\mathrm{e}^{-t}-\frac{1}{2}\mathrm{e}^{-3t} & \frac{1}{2}\mathrm{e}^{-t}-\frac{1}{2}\mathrm{e}^{-3t} \\ -\frac{3}{2}\mathrm{e}^{-t}+\frac{3}{2}\mathrm{e}^{-3t} & -\frac{1}{2}\mathrm{e}^{-t}+\frac{3}{2}\mathrm{e}^{-3t} \end{bmatrix}\boldsymbol{x}(0)$$

【例 2.9】　设线性时不变系统的齐次状态方程为

$$\dot{\boldsymbol{x}}=\boldsymbol{A}\boldsymbol{x}$$

其中

$$\boldsymbol{A}=\begin{bmatrix} 0 & 1 & 0 \\ 0 & 0 & 1 \\ 0 & -2 & -3 \end{bmatrix}$$

试采用拉氏变换法求解。

解　为了利用拉氏变换法求出该系统齐次状态方程的解，先求$(s\boldsymbol{I}-\boldsymbol{A})$矩阵，即

$$(sI-A)=\begin{bmatrix} s & 0 & 0 \\ 0 & s & 0 \\ 0 & 0 & s \end{bmatrix}-\begin{bmatrix} 0 & 1 & 0 \\ 0 & 0 & 1 \\ 0 & -2 & -3 \end{bmatrix}=\begin{bmatrix} s & -1 & 0 \\ 0 & s & -1 \\ 0 & 2 & s+3 \end{bmatrix}$$

求 $(sI-A)$ 的逆矩阵，即

$$(sI-A)^{-1}=\frac{1}{s^2(s+3)+2s}\begin{bmatrix} \begin{vmatrix} s & -1 \\ 2 & s+3 \end{vmatrix} & -\begin{vmatrix} -1 & 0 \\ 2 & s+3 \end{vmatrix} & \begin{vmatrix} -1 & 0 \\ s & -1 \end{vmatrix} \\ -\begin{vmatrix} 0 & -1 \\ 0 & s+3 \end{vmatrix} & \begin{vmatrix} s & 0 \\ 0 & s+3 \end{vmatrix} & -\begin{vmatrix} s & 0 \\ 0 & -1 \end{vmatrix} \\ \begin{vmatrix} 0 & s \\ 0 & 2 \end{vmatrix} & -\begin{vmatrix} s & -1 \\ 0 & 2 \end{vmatrix} & \begin{vmatrix} s & -1 \\ 0 & s \end{vmatrix} \end{bmatrix}$$

$$=\frac{1}{s(s+1)(s+2)}\begin{bmatrix} (s+1)(s+2) & s+3 & 1 \\ 0 & s(s+3) & s \\ 0 & -2s & s^2 \end{bmatrix}$$

$$=\begin{bmatrix} \frac{1}{s} & \frac{s+3}{s(s+1)(s+2)} & \frac{1}{s(s+1)(s+2)} \\ 0 & \frac{s+3}{(s+1)(s+2)} & \frac{1}{(s+1)(s+2)} \\ 0 & \frac{-2}{(s+1)(s+2)} & \frac{s}{(s+1)(s+2)} \end{bmatrix}$$

然后，求逆矩阵 $(sI-A)^{-1}$ 的拉氏逆变换，即

$$L^{-1}\left[(sI-A)^{-1}\right]=L^{-1}\left\{\begin{bmatrix} \frac{1}{s} & \frac{s+3}{s(s+1)(s+2)} & \frac{1}{s(s+1)(s+2)} \\ 0 & \frac{s+3}{(s+1)(s+2)} & \frac{1}{(s+1)(s+2)} \\ 0 & \frac{-2}{(s+1)(s+2)} & \frac{s}{(s+1)(s+2)} \end{bmatrix}\right\}$$

$$=\begin{bmatrix} 1 & \frac{3}{2}-2e^{-t}+\frac{1}{2}e^{-2t} & \frac{1}{2}-e^{-t}+\frac{1}{2}e^{-2t} \\ 0 & 2e^{-t}-e^{-2t} & e^{-t}-e^{-2t} \\ 0 & -2e^{-t}+2e^{-2t} & -e^{-t}+2e^{-2t} \end{bmatrix}$$

最后，求得该系统齐次状态方程的解

$$\boldsymbol{x}(t)=\begin{bmatrix} 1 & \frac{3}{2}-2\mathrm{e}^{-t}+\frac{1}{2}\mathrm{e}^{-2t} & \frac{1}{2}-\mathrm{e}^{-t}+\frac{1}{2}\mathrm{e}^{-2t} \\ 0 & 2\mathrm{e}^{-t}-\mathrm{e}^{-2t} & \mathrm{e}^{-t}-\mathrm{e}^{-2t} \\ 0 & -2\mathrm{e}^{-t}+2\mathrm{e}^{-2t} & -\mathrm{e}^{-t}+2\mathrm{e}^{-2t} \end{bmatrix}\boldsymbol{x}(0)$$

采用拉氏变换法人工求解线性时不变系统齐次方程的解，一般均能获得解的收敛和式。

【例 2.10】 设有系统函数矩阵

$$\boldsymbol{\Phi}(t)=\begin{bmatrix} 2\mathrm{e}^{-t}-\mathrm{e}^{-2t} & \mathrm{e}^{-t}-\mathrm{e}^{-2t} \\ -5\mathrm{e}^{-t}+5\mathrm{e}^{-2t} & -\mathrm{e}^{-t}+2\mathrm{e}^{-2t} \end{bmatrix}$$

试求逆矩阵 $\boldsymbol{\Phi}^{-1}(t)$ 和系统矩阵 $\boldsymbol{A}$。

解 为利用系统状态转移矩阵的性质，首先要运用初始性验证所给函数矩阵 $\boldsymbol{\Phi}(t)$ 是不是系统状态转移矩阵。即，$\boldsymbol{\Phi}(t)\big|_{t=0}=\boldsymbol{\Phi}(0)$ 是否等于单位阵 $\boldsymbol{I}$？于是

$$\boldsymbol{\Phi}(t)\big|_{t=0}=\boldsymbol{\Phi}(0)=\begin{bmatrix} 2\mathrm{e}^{-t}-\mathrm{e}^{-2t} & \mathrm{e}^{-t}-\mathrm{e}^{-2t} \\ -5\mathrm{e}^{-t}+5\mathrm{e}^{-2t} & -\mathrm{e}^{-t}+2\mathrm{e}^{-2t} \end{bmatrix}_{t=0}\equiv\boldsymbol{I}$$

显然，所给函数矩阵满足初始性，所以 $\boldsymbol{\Phi}(t)$ 就是系统的状态转移矩阵，可利用相关性质。

然后，由状态转移矩阵 $\boldsymbol{\Phi}(t)$ 的可逆性

$$\boldsymbol{\Phi}^{-1}(t)=\boldsymbol{\Phi}(-t)$$

则有

$$\boldsymbol{\Phi}^{-1}(t)=\boldsymbol{\Phi}(-t)=\boldsymbol{\Phi}(t)\big|_{t=-t}=\begin{bmatrix} 2\mathrm{e}^{t}-\mathrm{e}^{2t} & \mathrm{e}^{t}-\mathrm{e}^{2t} \\ -5\mathrm{e}^{t}+5\mathrm{e}^{2t} & -\mathrm{e}^{t}+2\mathrm{e}^{2t} \end{bmatrix}$$

由状态转移矩阵 $\boldsymbol{\Phi}(t)$ 的可微性，得

$$\boldsymbol{A}=\frac{\mathrm{d}}{\mathrm{d}t}\boldsymbol{\Phi}(t)\big|_{t=0}=\begin{bmatrix} -2\mathrm{e}^{-t}+2\mathrm{e}^{-2t} & -\mathrm{e}^{-t}+2\mathrm{e}^{-2t} \\ 5\mathrm{e}^{-t}-10\mathrm{e}^{-2t} & \mathrm{e}^{-t}-4\mathrm{e}^{-2t} \end{bmatrix}_{t=0}=\begin{bmatrix} 0 & 1 \\ -5 & -3 \end{bmatrix}$$

当然，求解状态转移矩阵的逆矩阵时，也可以采用一般的矩阵求逆方法，但其计算量要大为增加。

2.2.2 强迫系统运动分析

强迫系统是指系统状态方程中存在有输入信号，即状态方程为非齐次方程。

$$\Sigma(\boldsymbol{A},\boldsymbol{B}):\begin{cases} \dot{\boldsymbol{x}}=\boldsymbol{A}\boldsymbol{x}+\boldsymbol{B}\boldsymbol{u} \\ \boldsymbol{y}=\boldsymbol{C}\boldsymbol{x}+\boldsymbol{D}\boldsymbol{u} \end{cases}\qquad t\in[0,\infty) \tag{2-60}$$

即状态方程为非齐次向量微分方程。

强迫系统状态方程解可以采用矩阵指数方法推导出来，即

$$\dot{\boldsymbol{x}}=\boldsymbol{A}\boldsymbol{x}+\boldsymbol{B}\boldsymbol{u} \tag{2-61}$$

方程两边左乘e^{-At}

$$\mathrm{e}^{-At}\dot{\boldsymbol{x}}=\mathrm{e}^{-At}\boldsymbol{A}\boldsymbol{x}+\mathrm{e}^{-At}\boldsymbol{B}\boldsymbol{u}$$

整理为

$$\mathrm{e}^{-At}\dot{\boldsymbol{x}}-\mathrm{e}^{-At}\boldsymbol{A}\boldsymbol{x}=\mathrm{e}^{-At}\boldsymbol{B}\boldsymbol{u} \tag{2-62}$$

根据复合函数求导性质，可得

$$\frac{\mathrm{d}}{\mathrm{d}t}\left[\mathrm{e}^{-At}\boldsymbol{x}\right]=\mathrm{e}^{-At}\boldsymbol{B}\boldsymbol{u} \tag{2-63}$$

对式(2-63)两边由t_0积分到t，有

$$\int_{t_0}^{t}\frac{\mathrm{d}}{\mathrm{d}\tau}\left[\mathrm{e}^{-A\tau}\boldsymbol{x}(\tau)\right]\mathrm{d}\tau=\int_{t_0}^{t}\mathrm{e}^{-A\tau}\boldsymbol{B}\boldsymbol{u}(\tau)\mathrm{d}\tau \tag{2-64}$$

于是

$$\left[\mathrm{e}^{-A\tau}\boldsymbol{x}(\tau)\right]_{t_0}^{t}=\int_{t_0}^{t}\mathrm{e}^{-A\tau}\boldsymbol{B}\boldsymbol{u}(\tau)\mathrm{d}\tau \tag{2-65}$$

即

$$\mathrm{e}^{-At}\boldsymbol{x}(t)=\mathrm{e}^{-At_0}\boldsymbol{x}(t_0)+\int_{t_0}^{t}\mathrm{e}^{-A\tau}\boldsymbol{B}\boldsymbol{u}(\tau)\mathrm{d}\tau \tag{2-66}$$

方程式(2-66)两边同时左乘e^{At}，可解得

$$\boldsymbol{x}(t)=\mathrm{e}^{At}\cdot\mathrm{e}^{-At_0}\boldsymbol{x}(t_0)+\mathrm{e}^{At}\int_{t_0}^{t}\mathrm{e}^{-A\tau}\boldsymbol{B}\boldsymbol{u}(\tau)\mathrm{d}\tau$$

整理后，状态解$\boldsymbol{x}(t)$可表示为

$$\begin{aligned}\boldsymbol{x}(t)&=\mathrm{e}^{A(t-t_0)}\boldsymbol{x}(t_0)+\int_{t_0}^{t}\mathrm{e}^{A(t-\tau)}\boldsymbol{B}\boldsymbol{u}(\tau)\mathrm{d}\tau\\&=\boldsymbol{\Phi}(t-t_0)\boldsymbol{x}(t_0)+\int_{t_0}^{t}\boldsymbol{\Phi}(t-\tau)\boldsymbol{B}\boldsymbol{u}(\tau)\mathrm{d}\tau=\boldsymbol{x}_f(t)+\boldsymbol{x}_c(t)\end{aligned} \tag{2-67}$$

从解的表达式(2-67)看出，强迫运动的解$\boldsymbol{x}(t)$由两部分组成。

第一部分为系统初始状态$\boldsymbol{x}(t_0)$的转移，它是齐次状态方程的解，即

$$\boldsymbol{x}_f(t)=\boldsymbol{\Phi}(t-t_0)\boldsymbol{x}(t_0) \tag{2-68}$$

第二部分为输入控制信号作用下的受控项，即

$$\boldsymbol{x}_c(t)=\int_{t_0}^{t}\boldsymbol{\Phi}(t-\tau)\boldsymbol{B}\boldsymbol{u}(\tau)\mathrm{d}\tau \tag{2-69}$$

从控制理论的角度来看，$\boldsymbol{x}_c(t)$揭示了状态$\boldsymbol{x}(t)$对输入$\boldsymbol{u}(t)$的效应。这意味着适当选取某个控制向量$\boldsymbol{u}(t)$可使状态$\boldsymbol{x}(t)$在状态空间中获得满足要求的轨线，可使系统状态达到目标状态。

进一步有以下结论。

(1) 若初始状态$\boldsymbol{x}(t_0)\equiv 0$，且$\boldsymbol{u}(t)=\boldsymbol{\delta}(t-t_0)$，有

$$
\begin{aligned}
\boldsymbol{x}(t)=\boldsymbol{H}(t) &= \int_{t_0}^{t}\boldsymbol{\Phi}(t-\tau)\boldsymbol{B}\boldsymbol{\delta}(\tau-t_0)\mathrm{d}\tau \\
&= \int_{t_0-}^{t_0+}\boldsymbol{\Phi}(t-\tau)\boldsymbol{B}\boldsymbol{\delta}(\tau-t_0)\mathrm{d}\tau=\int_{-\infty}^{\infty}\boldsymbol{\Phi}(t-\tau)\boldsymbol{B}\boldsymbol{\delta}(\tau-t_0)\mathrm{d}\tau \\
&= \boldsymbol{\Phi}(t-t_0)\int_{t_0-}^{t_0+}\boldsymbol{B}\boldsymbol{\delta}(\tau-t_0)\mathrm{d}\tau=\boldsymbol{\Phi}(t-t_0)\boldsymbol{B}
\end{aligned}
\tag{2-70}
$$

则 $\boldsymbol{H}(t)=\boldsymbol{\Phi}(t-t_0)\boldsymbol{B}$ 称为状态的单位脉冲响应矩阵。

(2) 若已知 $\boldsymbol{H}(t)$，则对于任意的输入向量 $\boldsymbol{u}(t)$，可以由 $\boldsymbol{H}(t)$ 与 $\boldsymbol{u}(t)$ 的卷积分求出状态的受控解。即

$$
\boldsymbol{x}_c(t)=\boldsymbol{H}(t)*\boldsymbol{u}(t)=\int_{t_0}^{t}\boldsymbol{H}(t-\tau)\boldsymbol{u}(\tau)\mathrm{d}\tau=\int_{t_0}^{t}\boldsymbol{H}(\tau)\boldsymbol{u}(t-\tau)\mathrm{d}\tau \tag{2-71}
$$

(3) 若 $\boldsymbol{x}(t_0)\neq\boldsymbol{0}$，上述结论也是可用的。即

$$
\boldsymbol{x}(t)=\boldsymbol{\Phi}(t-t_0)\boldsymbol{x}(t_0)+\int_{t_0}^{t}\boldsymbol{H}(t-\tau)\boldsymbol{u}(\tau)\mathrm{d}\tau=\boldsymbol{x}_f(t)+\boldsymbol{x}_c(t) \tag{2-72}
$$

(4) 若输入 $\boldsymbol{u}(t)$ 是具有强度为 k_i 的脉冲序列，有

$$
\boldsymbol{u}(t)=\begin{bmatrix}k_1\boldsymbol{\delta}(t-t_0) & k_2\boldsymbol{\delta}(t-t_0) & \cdots & k_r\boldsymbol{\delta}(t-t_0)\end{bmatrix}^{\mathrm{T}}
$$

则

$$
\boldsymbol{H}(t-t_0)=\boldsymbol{\Phi}(t-t_0)\boldsymbol{B}\cdot\boldsymbol{K} \tag{2-73}
$$

(5) 系统 $\Sigma(\boldsymbol{A},\boldsymbol{B})$ 的响应 $\boldsymbol{y}(t)$ 为

$$
\begin{aligned}
\boldsymbol{y}(t) &= \boldsymbol{C}\boldsymbol{x}(t)+\boldsymbol{D}\boldsymbol{u} \\
&= \boldsymbol{C}\boldsymbol{\Phi}(t-t_0)\boldsymbol{x}(t_0)+\boldsymbol{C}\int_{t_0}^{t}\boldsymbol{\Phi}(t-\tau)\boldsymbol{B}\boldsymbol{u}(\tau)\mathrm{d}\tau+\boldsymbol{D}\boldsymbol{u}(t)
\end{aligned}
\tag{2-74}
$$

(6) 当 $\boldsymbol{x}(t_0)=\boldsymbol{0}$ 时，输出脉冲响应函数矩阵为

$$
\boldsymbol{y}(t)_\delta=\boldsymbol{G}(t-t_0)=\boldsymbol{C}\boldsymbol{\Phi}(t-t_0)\boldsymbol{B}\boldsymbol{K}+\boldsymbol{D}\delta(t-t_0)\boldsymbol{K} \tag{2-75}
$$

【例 2.11】　设时不变强迫系统由下式描述

$$
\dot{\boldsymbol{x}}=\begin{bmatrix}0 & 1\\ -2 & -3\end{bmatrix}\boldsymbol{x}+\begin{bmatrix}0\\1\end{bmatrix}[u] \qquad t\in[0,\infty)
$$

且初态 $\boldsymbol{x}(0)=\boldsymbol{0}$，试求在单位阶跃作用下的状态解 $\boldsymbol{x}(t)$。

解　由解式 (2-67) 可知，应先求出状态转移阵 $\boldsymbol{\Phi}(t)$。

利用拉氏逆变换有

$$
\boldsymbol{\Phi}(t)=\mathrm{e}^{\boldsymbol{A}t}=L^{-1}\left[(s\boldsymbol{I}-\boldsymbol{A})^{-1}\right]
$$

其中

$$
s\boldsymbol{I}-\boldsymbol{A}=\begin{bmatrix}s & -1\\ 2 & s+3\end{bmatrix}
$$

$$\left(s\boldsymbol{I}-\boldsymbol{A}\right)^{-1}=\frac{1}{\left|s\boldsymbol{I}-\boldsymbol{A}\right|}\operatorname{adj}\left(s\boldsymbol{I}-\boldsymbol{A}\right)=\frac{1}{(s+1)(s+2)}\begin{bmatrix}s+3 & 1\\ -2 & s\end{bmatrix}$$

$$=\begin{bmatrix}\dfrac{s+3}{(s+1)(s+2)} & \dfrac{1}{(s+1)(s+2)}\\ \dfrac{-2}{(s+1)(s+2)} & \dfrac{s}{(s+1)(s+2)}\end{bmatrix}=\begin{bmatrix}\dfrac{2}{s+1}-\dfrac{1}{s+2} & \dfrac{1}{s+1}-\dfrac{1}{s+2}\\ \dfrac{-2}{s+1}+\dfrac{2}{s+2} & \dfrac{-1}{s+1}+\dfrac{2}{s+2}\end{bmatrix}$$

所以

$$\boldsymbol{\Phi}(t)=L^{-1}\left[\left(s\boldsymbol{I}-\boldsymbol{A}\right)^{-1}\right]=L^{-1}\left\{\begin{bmatrix}\dfrac{2}{s+1}-\dfrac{1}{s+2} & \dfrac{1}{s+1}-\dfrac{1}{s+2}\\ \dfrac{-2}{s+1}+\dfrac{2}{s+2} & \dfrac{-1}{s+1}+\dfrac{2}{s+2}\end{bmatrix}\right\}$$

$$=\begin{bmatrix}2\mathrm{e}^{-t}-\mathrm{e}^{-2t} & \mathrm{e}^{-t}-\mathrm{e}^{-2t}\\ -2\mathrm{e}^{-t}+2\mathrm{e}^{-2t} & -\mathrm{e}^{-t}+2\mathrm{e}^{-2t}\end{bmatrix}$$

把给定参数$u(t)=1(t)$，$\boldsymbol{x}(0)=\boldsymbol{0}$，$\boldsymbol{B}=\begin{bmatrix}0\\1\end{bmatrix}$和求得的$\boldsymbol{\Phi}(t)$代入解式(2-67)中，即可求得状态的解$\boldsymbol{x}(t)$如下：

$$\boldsymbol{x}(t)=\boldsymbol{\Phi}(t)\boldsymbol{x}(0)+\int_0^t\boldsymbol{\Phi}(t-\tau)\boldsymbol{B}\boldsymbol{u}(\tau)\mathrm{d}\tau=\int_0^t\boldsymbol{\Phi}(t-\tau)\boldsymbol{B}\cdot 1\cdot\mathrm{d}\tau$$

$$=\int_0^t\begin{bmatrix}2\mathrm{e}^{-(t-\tau)}-\mathrm{e}^{-2(t-\tau)} & \mathrm{e}^{-(t-\tau)}-\mathrm{e}^{-2(t-\tau)}\\ -2\mathrm{e}^{-(t-\tau)}+2\mathrm{e}^{-2(t-\tau)} & -\mathrm{e}^{-(t-\tau)}+2\mathrm{e}^{-2(t-\tau)}\end{bmatrix}\begin{bmatrix}0\\1\end{bmatrix}\mathrm{d}\tau$$

$$=\int_0^t\begin{bmatrix}\mathrm{e}^{-(t-\tau)}-\mathrm{e}^{-2(t-\tau)}\\ -\mathrm{e}^{-(t-\tau)}+2\mathrm{e}^{-2(t-\tau)}\end{bmatrix}\mathrm{d}\tau=\int_0^t\begin{bmatrix}\mathrm{e}^{-t}\cdot\mathrm{e}^{\tau}-\mathrm{e}^{-2t}\cdot\mathrm{e}^{2\tau}\\ -\mathrm{e}^{-t}\cdot\mathrm{e}^{\tau}+2\mathrm{e}^{-2t}\cdot\mathrm{e}^{2\tau}\end{bmatrix}\mathrm{d}\tau$$

$$=\begin{bmatrix}\mathrm{e}^{-t}\cdot\mathrm{e}^{\tau}\Big|_0^t-\dfrac{1}{2}\mathrm{e}^{-2t}\cdot\mathrm{e}^{2\tau}\Big|_0^t\\ -\mathrm{e}^{-t}\cdot\mathrm{e}^{\tau}\Big|_0^t+\mathrm{e}^{-2t}\cdot\mathrm{e}^{2\tau}\Big|_0^t\end{bmatrix}=\begin{bmatrix}\dfrac{1}{2}-\mathrm{e}^{-t}+\dfrac{1}{2}\mathrm{e}^{-2t}\\ \mathrm{e}^{-t}-\mathrm{e}^{-2t}\end{bmatrix}$$

2.3　时变系统的解

2.3.1　自由系统运动分析

自由系统为

$$\begin{cases}\dot{\boldsymbol{x}}=\boldsymbol{A}(t)\boldsymbol{x}\\ \boldsymbol{y}=\boldsymbol{C}(t)\boldsymbol{x}\end{cases}\qquad t\in\left[t_0,\infty\right)\tag{2-76}$$

1. 解的表达式

参照时不变系统$\Sigma(\boldsymbol{A},\boldsymbol{B})$，可类似地求出其解式

$$\boldsymbol{x}(t)=\boldsymbol{\Phi}(t,t_0)\boldsymbol{x}(t_0)\tag{2-77}$$

其中，$\boldsymbol{\Phi}(t,t_0)$是$\Sigma\left[\boldsymbol{A}(t),\boldsymbol{B}(t)\right]$的状态转移矩阵。

显然，其解$\boldsymbol{x}(t)$也是初始状态$\boldsymbol{x}(t_0)$的转移。当然，$\boldsymbol{\Phi}(t,t_0)$为下面偏微分方程的唯一解，即

$$\frac{\partial}{\partial t}\boldsymbol{\Phi}(t,t_0)=\boldsymbol{A}(t)\boldsymbol{\Phi}(t,t_0) \tag{2-78}$$

且

$$\boldsymbol{\Phi}(t_0,t_0)=\boldsymbol{I} \tag{2-79}$$

2. $\boldsymbol{\Phi}(t,t_0)$的性质

(1) 初始性：$$\boldsymbol{\Phi}(t_0,t_0)=\boldsymbol{I} \tag{2-80}$$

(2) 可逆性：$$\boldsymbol{\Phi}^{-1}(t,t_0)=\boldsymbol{\Phi}(t_0,t) \tag{2-81}$$

(3) 传递性：$$\boldsymbol{\Phi}(t_2,t_1)\cdot\boldsymbol{\Phi}(t_1,t_0)=\boldsymbol{\Phi}(t_2,t_0) \tag{2-82}$$

(4) 微分性：$$\frac{\mathrm{d}}{\mathrm{d}t}\boldsymbol{\Phi}(t,t_0)=\boldsymbol{A}(t)\boldsymbol{\Phi}(t,t_0) \tag{2-83}$$

2.3.2　强迫系统分析

时变系统状态空间模型为

$$\begin{cases}\dot{\boldsymbol{x}}=\boldsymbol{A}(t)\boldsymbol{x}+\boldsymbol{B}(t)\boldsymbol{u}\\ \boldsymbol{y}=\boldsymbol{C}(t)\boldsymbol{x}+\boldsymbol{D}(t)\boldsymbol{u}\end{cases}\qquad t\in\left[t_0,\infty\right) \tag{2-84}$$

其状态方程解为

$$\boldsymbol{x}(t)=\boldsymbol{\Phi}(t,t_0)\boldsymbol{x}(t_0)+\int_{t_0}^{t}\boldsymbol{\Phi}(t,\tau)\boldsymbol{B}(\tau)\boldsymbol{u}(\tau)\mathrm{d}\tau \tag{2-85}$$

其中，时变系统状态转移阵定义为

$$\boldsymbol{\Phi}(t,t_0)\triangleq\boldsymbol{I}+\int_{t_0}^{t}\boldsymbol{A}(\tau)\mathrm{d}\tau+\int_{t_0}^{t}\boldsymbol{A}(\tau_1)\left[\int_{t_0}^{\tau_1}\boldsymbol{A}(\tau_2)\mathrm{d}\tau_2\right]\mathrm{d}\tau_1+\cdots \tag{2-86}$$

应当指出，$\boldsymbol{\Phi}(t,t_0)\neq\exp\left[\boldsymbol{A}(t)\cdot(t-t_0)\right]$。

特别地，当系统矩阵$\boldsymbol{A}(t)$满足

$$\boldsymbol{A}(t_1)\boldsymbol{A}(t_2)=\boldsymbol{A}(t_2)\boldsymbol{A}(t_1) \tag{2-87}$$

则有

$$\boldsymbol{\Phi}(t,t_0)=\exp\left\{\int_{t_0}^{t}\boldsymbol{A}(\tau)\mathrm{d}\tau\right\}=\mathrm{e}^{\int_{t_0}^{t}\boldsymbol{A}(\tau)\mathrm{d}\tau} \tag{2-88}$$

【例 2.12】　假定$\dot{\boldsymbol{x}}=\begin{bmatrix}0&(t+1)^{-2}\\0&0\end{bmatrix}\boldsymbol{x}$，试求该时变系统的状态转移阵$\boldsymbol{\Phi}(t,t_0)$。

解　因为

$$A(t_1)A(t_2)=\begin{bmatrix}0 & (t_1+1)^{-2}\\ 0 & 0\end{bmatrix}\begin{bmatrix}0 & (t_2+1)^{-2}\\ 0 & 0\end{bmatrix}\equiv \mathbf{0}$$

$$A(t_2)A(t_1)=\begin{bmatrix}0 & (t_2+1)^{-2}\\ 0 & 0\end{bmatrix}\begin{bmatrix}0 & (t_1+1)^{-2}\\ 0 & 0\end{bmatrix}\equiv \mathbf{0}$$

即满足式(2-87)。

所以

$$\begin{aligned}\boldsymbol{\Phi}(t,t_0)&=\exp\left\{\int_{t_0}^{t}A(\tau)\mathrm{d}\tau\right\}=\mathrm{e}^{\int_{t_0}^{t}A(\tau)\mathrm{d}\tau}\\ &=I+\int_{t_0}^{t}\begin{bmatrix}0 & (\tau+1)^{-2}\\ 0 & 0\end{bmatrix}\mathrm{d}\tau+\cdots+\frac{1}{k!}\left\{\int_{t_0}^{t}A(\tau)\mathrm{d}\tau\right\}^{k}+\cdots\end{aligned}$$

而式中

$$\left\{\int_{t_0}^{t}\begin{bmatrix}0 & (\tau+1)^{-2}\\ 0 & 0\end{bmatrix}\mathrm{d}\tau\right\}^{k}\equiv 0\qquad (k=2,3,\cdots)$$

因此

$$\begin{aligned}\boldsymbol{\Phi}(t,t_0)&=I+\int_{t_0}^{t}A(\tau)\mathrm{d}\tau=I+\int_{t_0}^{t}\begin{bmatrix}0 & (\tau+1)^{-2}\\ 0 & 0\end{bmatrix}\mathrm{d}\tau\\ &=I+\begin{bmatrix}0 & \dfrac{t-t_0}{(t+1)(t_0+1)}\\ 0 & 0\end{bmatrix}=\begin{bmatrix}1 & \dfrac{t-t_0}{(t+1)(t_0+1)}\\ 0 & 1\end{bmatrix}\end{aligned}$$

【例 2.13】　设时变系统非齐次状态方程为

$$\dot{x}=\begin{bmatrix}\dot{x}_1\\ \dot{x}_2\end{bmatrix}=\begin{bmatrix}0 & \sin\omega t\\ 0 & 0\end{bmatrix}\begin{bmatrix}x_1\\ x_2\end{bmatrix}+\begin{bmatrix}1\\ 1\end{bmatrix}\left[u(t-t_0)\right]$$

式中，$u(t-t_0)=1(t-t_0)$为单位阶跃函数，试求状态方程的解。

解　对任意时间t_1和t_2，有

$$A(t_1)A(t_2)=\begin{bmatrix}0 & \sin\omega t_1\\ 0 & 0\end{bmatrix}\begin{bmatrix}0 & \sin\omega t_2\\ 0 & 0\end{bmatrix}\equiv \mathbf{0}$$

$$A(t_2)A(t_1)=\begin{bmatrix}0 & \sin\omega t_2\\ 0 & 0\end{bmatrix}\begin{bmatrix}0 & \sin\omega t_1\\ 0 & 0\end{bmatrix}\equiv \mathbf{0}$$

因为$A(t_1)A(t_2)=A(t_2)A(t_1)$，所以时变系统的状态转移矩阵为

$$\boldsymbol{\Phi}(t,t_0)=I+\int_{t_0}^{t}\begin{bmatrix}0 & \sin\omega\tau\\ 0 & 0\end{bmatrix}\mathrm{d}\tau+\frac{1}{2!}\left\{\int_{t_0}^{t}\begin{bmatrix}0 & \sin\omega\tau\\ 0 & 0\end{bmatrix}\mathrm{d}\tau\right\}^{2}+\frac{1}{3!}\left\{\int_{t_0}^{t}\begin{bmatrix}0 & \sin\omega\tau\\ 0 & 0\end{bmatrix}\mathrm{d}\tau\right\}^{3}+\cdots$$

其中

$$\int_{t_0}^{t}\begin{bmatrix}0 & \sin\omega\tau\\ 0 & 0\end{bmatrix}\mathrm{d}\tau=\begin{bmatrix}0 & \dfrac{1}{\omega}(\cos\omega t_0-\cos\omega t)\\ 0 & 0\end{bmatrix}$$

$$\left[\int_{t_0}^{t}\begin{bmatrix}0 & \sin\omega\tau\\ 0 & 0\end{bmatrix}\mathrm{d}\tau\right]^i=\begin{bmatrix}0 & \dfrac{1}{\omega}(\cos\omega t_0-\cos\omega t)\\ 0 & 0\end{bmatrix}^i\equiv\mathbf{0}\qquad(i=2,3,\cdots,n)$$

故

$$\boldsymbol{\Phi}(t,t_0)=\boldsymbol{I}+\begin{bmatrix}0 & \dfrac{1}{\omega}(\cos\omega t_0-\cos\omega t)\\ 0 & 0\end{bmatrix}=\begin{bmatrix}1 & \dfrac{1}{\omega}(\cos\omega t_0-\cos\omega t)\\ 0 & 1\end{bmatrix}$$

时变系统的状态方程的解为

$$\begin{aligned}\boldsymbol{x}(t)&=\boldsymbol{\Phi}(t,t_0)\boldsymbol{x}(t_0)+\int_{t_0}^{t}\boldsymbol{\Phi}(t,\tau)\boldsymbol{B}(\tau)\boldsymbol{u}(\tau)\mathrm{d}\tau\\&=\begin{bmatrix}1 & \dfrac{1}{\omega}(\cos\omega t_0-\cos\omega t)\\ 0 & 1\end{bmatrix}\begin{bmatrix}x_1(t_0)\\ x_2(t_0)\end{bmatrix}+\int_{t_0}^{t}\begin{bmatrix}1 & \dfrac{1}{\omega}(\cos\omega\tau-\cos\omega t)\\ 0 & 1\end{bmatrix}\cdot\begin{bmatrix}1\\ 1\end{bmatrix}\cdot 1\cdot\mathrm{d}\tau\\&=\begin{bmatrix}x_1(t_0)+\dfrac{1}{\omega}(\cos\omega t_0-\cos\omega t)\cdot x_2(t_0)\\ x_2(t_0)\end{bmatrix}+\begin{bmatrix}(t-t_0)+\dfrac{1}{\omega^2}(\sin\omega t_0-\sin\omega t)+\dfrac{1}{\omega}(t\cos\omega t_0-t_0\cos\omega t)\\ t-t_0\end{bmatrix}\end{aligned}$$

2.4　系统响应

2.4.1　系统响应的概念

设线性系统 $\Sigma[\boldsymbol{A}(t),\boldsymbol{B}(t)]$ 的描述为

$$\begin{cases}\dot{\boldsymbol{x}}=\boldsymbol{A}(t)\boldsymbol{x}+\boldsymbol{B}(t)\boldsymbol{u}\\ \boldsymbol{y}=\boldsymbol{C}(t)\boldsymbol{x}+\boldsymbol{D}(t)\boldsymbol{u}\end{cases}\qquad t\in[t_0,\infty)\tag{2-89}$$

且初始状态为 $\boldsymbol{x}(t)|_{t=t_0}=\boldsymbol{x}(t_0)=\boldsymbol{x}_0$。可得到系统的状态解如下：

$$\begin{aligned}\boldsymbol{x}(t)&=\boldsymbol{\varphi}(t,t_0,\boldsymbol{x}_0,\boldsymbol{u})\\&=\boldsymbol{\Phi}(t,t_0)\boldsymbol{x}_0+\int_{t_0}^{t}\boldsymbol{\Phi}(t,\tau)\boldsymbol{B}(\tau)\boldsymbol{u}(\tau)\mathrm{d}\tau\overset{\text{or}}{=}\boldsymbol{\Phi}(t,t_0)\left[\boldsymbol{x}_0+\int_{t_0}^{t}\boldsymbol{\Phi}(t_0,\tau)\boldsymbol{B}(\tau)\boldsymbol{u}(\tau)\mathrm{d}\tau\right]\\&=\boldsymbol{\varphi}(t,t_0,\boldsymbol{x}_0,\mathbf{0})+\boldsymbol{\varphi}(t,t_0,\mathbf{0},\boldsymbol{u})=\boldsymbol{x}_f(t)+\boldsymbol{x}_c(t)\end{aligned}\tag{2-90}$$

其中

$$\boldsymbol{x}_f(t)=\boldsymbol{\varphi}(t,t_0,\boldsymbol{x}_0,\mathbf{0})=\boldsymbol{\Phi}(t,t_0)\boldsymbol{x}_0\tag{2-91}$$

称为状态的零输入解或称自由解；

$$\boldsymbol{x}_c(t)=\boldsymbol{\varphi}(t,t_0,\mathbf{0},\boldsymbol{u})=\int_{t_0}^{t}\boldsymbol{\Phi}(t,\tau)\boldsymbol{B}(\tau)\boldsymbol{u}(\tau)\mathrm{d}\tau\tag{2-92}$$

称为状态的零状态解或称强迫解。

显然，$\boldsymbol{\Phi}(t,t_0)$为线性系统$\Sigma[\boldsymbol{A}(t),\boldsymbol{B}(t)]$的状态转移矩阵。

将系统的状态解代入系统的输出方程$\boldsymbol{y}=\boldsymbol{C}(t)\boldsymbol{x}+\boldsymbol{D}(t)\boldsymbol{u}$，可求得系统的输出响应为

$$\begin{aligned}\boldsymbol{y}&=\boldsymbol{C}(t)\boldsymbol{x}+\boldsymbol{D}(t)\boldsymbol{u}=\boldsymbol{C}(t)\boldsymbol{\Phi}(t,t_0)\boldsymbol{x}_0+\boldsymbol{C}(t)\int_{t_0}^{t}\boldsymbol{\Phi}(t,\tau)\boldsymbol{B}(\tau)\boldsymbol{u}(\tau)\mathrm{d}\tau+\boldsymbol{D}(t)\boldsymbol{u}\\&\overset{\text{or}}{=}\boldsymbol{C}(t)\boldsymbol{\varphi}(t,t_0,\boldsymbol{x}_0,0)+[\boldsymbol{C}(t)\boldsymbol{\varphi}(t,t_0,0,\boldsymbol{u})+\boldsymbol{D}(t)\boldsymbol{u}]=\boldsymbol{y}_{\boldsymbol{x}_0}+\boldsymbol{y}_{\boldsymbol{u}}\end{aligned}\tag{2-93}$$

类似地，将

$$\boldsymbol{y}_{\boldsymbol{x}_0}=\boldsymbol{C}(t)\boldsymbol{\varphi}(t,t_0,\boldsymbol{x}_0,0)=\boldsymbol{C}(t)\boldsymbol{\Phi}(t,t_0)\boldsymbol{x}_0\tag{2-94}$$

称为系统的零输入响应。而

$$\begin{aligned}\boldsymbol{y}_{\boldsymbol{u}}&=\boldsymbol{C}(t)\boldsymbol{\varphi}(t,t_0,0,\boldsymbol{u})+\boldsymbol{D}(t)\boldsymbol{u}=\boldsymbol{C}(t)\int_{t_0}^{t}\boldsymbol{\Phi}(t,\tau)\boldsymbol{B}(\tau)\boldsymbol{u}(\tau)\mathrm{d}\tau+\boldsymbol{D}(t)\boldsymbol{u}\\&=\int_{t_0}^{t}\left[\boldsymbol{C}(t)\boldsymbol{\Phi}(t,\tau)\boldsymbol{B}(\tau)+\boldsymbol{D}(t)\delta(t-\tau)\right]\boldsymbol{u}(\tau)\mathrm{d}\tau\end{aligned}\tag{2-95}$$

称为系统的零状态响应。

2.4.2　线性系统的脉冲响应函数矩阵

通过上一小节的讨论，可知系统响应为

$$\boldsymbol{y}=\boldsymbol{y}_{\boldsymbol{x}_0}+\boldsymbol{y}_{\boldsymbol{u}}=\boldsymbol{C}(t)\boldsymbol{\Phi}(t,t_0)\boldsymbol{x}_0+\int_{t_0}^{t}\left[\boldsymbol{C}(t)\boldsymbol{\Phi}(t,\tau)\boldsymbol{B}(\tau)+\boldsymbol{D}(t)\delta(t-\tau)\right]\boldsymbol{u}(\tau)\mathrm{d}\tau\tag{2-96}$$

对于零状态响应$\boldsymbol{y}_{\boldsymbol{u}}$，有

$$\boldsymbol{y}_{\boldsymbol{u}}=\int_{t_0}^{t}\left[\boldsymbol{C}(t)\boldsymbol{\Phi}(t,\tau)\boldsymbol{B}(\tau)+\boldsymbol{D}(t)\delta(t-\tau)\right]\boldsymbol{u}(\tau)\mathrm{d}\tau=\int_{t_0}^{t}\boldsymbol{G}(t,\tau)\boldsymbol{u}(\tau)\mathrm{d}\tau\tag{2-97}$$

则将

$$\boldsymbol{G}(t,\tau)=\boldsymbol{C}(t)\boldsymbol{\Phi}(t,\tau)\boldsymbol{B}(\tau)+\boldsymbol{D}(t)\delta(t-\tau)\tag{2-98}$$

定义为系统的脉冲响应函数矩阵。

显然，$\boldsymbol{G}(t,\tau)$是非常重要的矩阵。$\boldsymbol{G}(t,\tau)$反映出当初始状态$\boldsymbol{x}(t_0)=\boldsymbol{0}$时，输入$\boldsymbol{u}(t)$和输出$\boldsymbol{y}$之间的一种函数关系，$\boldsymbol{G}(t,\tau)$为$m\times r$维矩阵。

对时不变系统$\Sigma(\boldsymbol{A},\boldsymbol{B})$而言，其完全响应$\boldsymbol{y}$为

$$\begin{aligned}\boldsymbol{y}&=\boldsymbol{y}_{\boldsymbol{x}_0}+\boldsymbol{y}_{\boldsymbol{u}}=\boldsymbol{C}\boldsymbol{\varphi}(t,t_0,\boldsymbol{x}_0,0)+\boldsymbol{C}\boldsymbol{\varphi}(t,t_0,0,\boldsymbol{u})+\boldsymbol{D}\boldsymbol{u}\\&=\boldsymbol{C}\boldsymbol{\Phi}(t-t_0)\boldsymbol{x}_0+\boldsymbol{C}\int_{t_0}^{t}\boldsymbol{\Phi}(t-\tau)\boldsymbol{B}\boldsymbol{u}(\tau)\mathrm{d}\tau+\boldsymbol{D}\boldsymbol{u}\\&=\boldsymbol{C}\mathrm{e}^{\boldsymbol{A}(t-t_0)}\boldsymbol{x}_0+\boldsymbol{C}\int_{t_0}^{t}\mathrm{e}^{\boldsymbol{A}(t-\tau)}\boldsymbol{B}\boldsymbol{u}(\tau)\mathrm{d}\tau+\boldsymbol{D}\boldsymbol{u}\end{aligned}\tag{2-99}$$

相应地，脉冲响应函数阵如下：

$$\boldsymbol{G}(t-t_0)=\boldsymbol{C}\boldsymbol{\Phi}(t-t_0)\cdot\boldsymbol{B}+\boldsymbol{D}\cdot\delta(t-t_0)\tag{2-100}$$

一般情况下，若$t_0=0$，则有

$$\boldsymbol{G}(t-t_0)\big|_{t_0=0}=\boldsymbol{G}(t)=\boldsymbol{C}\boldsymbol{\Phi}(t)\cdot\boldsymbol{B}+\boldsymbol{D}\cdot\delta(t)=\boldsymbol{C}\mathrm{e}^{\boldsymbol{A}t}\cdot\boldsymbol{B}+\boldsymbol{D}\cdot\delta(t)\tag{2-101}$$

进一步对 $\boldsymbol{G}(t)$ 在零初始条件下进行拉氏变换，有

$$\begin{aligned}\boldsymbol{G}(s) &= L[\boldsymbol{G}(t)] = L[\boldsymbol{C}\mathrm{e}^{\boldsymbol{A}t}\cdot\boldsymbol{B}+\boldsymbol{D}\cdot\ \delta(t)]\\ &= \boldsymbol{C}(s\boldsymbol{I}-\boldsymbol{A})^{-1}\boldsymbol{B}+\boldsymbol{D}\cdot L[\delta(t)]\\ &= \boldsymbol{C}(s\boldsymbol{I}-\boldsymbol{A})^{-1}\boldsymbol{B}+\boldsymbol{D} = \boldsymbol{y}(s)\cdot\boldsymbol{u}^{-1}(s)\end{aligned} \tag{2-102}$$

从方程式(2-102)可以看出，系统 $\Sigma(\boldsymbol{A},\boldsymbol{B})$ 的传递函数阵 $\boldsymbol{G}(s)$ 的拉普拉斯原函数 $\boldsymbol{G}(t)$ 恰好是系统的脉冲响应函数矩阵 $\boldsymbol{G}(t)$ 。这个概念和经典理论是完全相同的。

2.5　离散时间系统状态方程的解

离散时间系统的状态方程有迭代法(Iterative Method，也称为递推法)和 z 变换法两种解法。迭代法既适用于时不变系统，也适用于时变系统，而 z 变换法只能用于时不变系统。

2.5.1　迭代法

1. 线性时不变离散系统状态方程的求解

线性时不变离散系统的状态空间描述为

$$\begin{cases}\boldsymbol{x}(k+1)=\boldsymbol{G}\boldsymbol{x}(k)+\boldsymbol{H}\boldsymbol{u}(k)\\ \boldsymbol{y}(k)=\boldsymbol{C}\boldsymbol{x}(k)+\boldsymbol{D}\boldsymbol{u}(k)\end{cases}\qquad k\in[0,\infty) \tag{2-103}$$

若给定系统的初始状态为 $\boldsymbol{x}(k)\big|_{k=0}=\boldsymbol{x}(0)$ ，输入向量为 $\boldsymbol{u}(k)\ (k=0,1,2,\cdots)$ ，而 $\boldsymbol{G}$ 和 $\boldsymbol{H}$ 都是常数矩阵，采用迭代运算可求得各个采样时刻的数值解，即

$$\begin{aligned}&k=0,\ \boldsymbol{x}(1)=\boldsymbol{G}\boldsymbol{x}(0)+\boldsymbol{H}\boldsymbol{u}(0)\\ &k=1,\ \boldsymbol{x}(2)=\boldsymbol{G}\boldsymbol{x}(1)+\boldsymbol{H}\boldsymbol{u}(1)=\boldsymbol{G}^2\boldsymbol{x}(0)+\boldsymbol{G}\boldsymbol{H}\boldsymbol{u}(0)+\boldsymbol{H}\boldsymbol{u}(1)\\ &k=2,\ \boldsymbol{x}(3)=\boldsymbol{G}\boldsymbol{x}(2)+\boldsymbol{H}\boldsymbol{u}(2)=\boldsymbol{G}^3\boldsymbol{x}(0)+\boldsymbol{G}^2\boldsymbol{H}\boldsymbol{u}(0)+\boldsymbol{G}\boldsymbol{H}\boldsymbol{u}(1)+\boldsymbol{H}\boldsymbol{u}(2)\\ &\quad\vdots\\ &k=k,\ \ \boldsymbol{x}(k)=\boldsymbol{G}\boldsymbol{x}(k-1)+\boldsymbol{H}\boldsymbol{u}(k-1)=\boldsymbol{G}^k\boldsymbol{x}(0)+\sum_{i=0}^{k-1}\boldsymbol{G}^{k-i-1}\boldsymbol{H}\boldsymbol{u}(i)\end{aligned} \tag{2-104}$$

式(2-104)为线性时不变离散时间系统状态方程的解。可以看出：

(1)离散时间系统状态方程的解与连续系统状态方程的解形式上十分类似，也由两部分组成：第一部分 $\boldsymbol{G}^k\boldsymbol{x}(0)$ 是由系统初始状态 $\boldsymbol{x}(0)$ 所引起的零输入解(即自由分量)，或者说，是由初始状态 $\boldsymbol{x}(0)$ 转移而来的；第二部分是由输入控制作用所引起的零状态解(即强迫分量)即由控制作用激励的状态转移。

(2) 第 k 个采样时刻的状态值只取决于此时刻之前的 $k-1$ 个输入采样值 $\boldsymbol{u}(0)$ ，$\boldsymbol{u}(1)$，…，$\boldsymbol{u}(k-1)$，与第 k 个输入采样值及以后的采样值无关。

(3)式(2-103)是在起始时刻为零 $k_0=0$ 的条件下得出的，若起始时刻为 k_0 ，则状态解为

$$\boldsymbol{x}(k)=\boldsymbol{G}^{k-k_0}\boldsymbol{x}(k_0)+\sum_{i=k_0}^{k-1}\boldsymbol{G}^{k-i-1}\boldsymbol{H}\boldsymbol{u}(i) \tag{2-105}$$

(4) $\boldsymbol{G}^k$ 或 $\boldsymbol{G}^{k-k_0}$ 可定义为线性时不变离散系统的状态转移矩阵，分别记为

当 $k\in[0,\infty)$ 时，
$$\boldsymbol{\Phi}(k)=\boldsymbol{G}^{k} \tag{2-106}$$
当 $k\in[k_0,\infty)$ 时，
$$\boldsymbol{\Phi}(k-k_0)=\boldsymbol{G}^{k-k_0} \tag{2-107}$$
与连续系统状态转移矩阵类似，线性时不变离散系统的状态转移矩阵也具有如下性质。

①初始性：
$$\boldsymbol{\Phi}(0)=\boldsymbol{I} \tag{2-108}$$
②传递性：
$$\boldsymbol{\Phi}(k_2-k_1)\boldsymbol{\Phi}(k_1-k_0)=\boldsymbol{\Phi}(k_2-k_0) \tag{2-109}$$
③可逆性：
$$\boldsymbol{\Phi}^{-1}(k)=\boldsymbol{\Phi}(-k) \tag{2-110}$$
利用状态转移矩阵 $\boldsymbol{\Phi}(k)$，可将离散状态解的表达式(2-104)或式(2-105)写为
$$\boldsymbol{x}(k)=\boldsymbol{\Phi}(k)\boldsymbol{x}(0)+\sum_{i=0}^{k-1}\boldsymbol{\Phi}(k-i-1)\boldsymbol{Hu}(i) \tag{2-111}$$
$$\boldsymbol{x}(k)=\boldsymbol{\Phi}(k-k_0)\boldsymbol{x}(k_0)+\sum_{i=k_0}^{k-1}\boldsymbol{\Phi}(k-i-1)\boldsymbol{Hu}(i) \tag{2-112}$$

迭代法是一种递推算法，非常适合在计算机上解算，但是，由于后一步的计算依赖于前一步的计算结果，因此前几步计算过程中引入的差错和误差都会导致结果累积误差，这是迭代法的一个缺点。

2. 线性时变离散系统状态方程的求解

线性时变离散系统的状态空间描述为
$$\begin{cases}\boldsymbol{x}(k+1)=\boldsymbol{G}(k)\boldsymbol{x}(k)+\boldsymbol{H}(k)\boldsymbol{u}(k)\\ \boldsymbol{y}(k)=\boldsymbol{C}(k)\boldsymbol{x}(k)+\boldsymbol{D}(k)\boldsymbol{u}(k)\end{cases}\qquad k\in[k_0,\infty) \tag{2-113}$$
当给定初始状态为 $\boldsymbol{x}(k)|_{k=0}=\boldsymbol{x}(0)$，输入向量为 $\boldsymbol{u}(k)\,(k=0,1,2,\cdots)$ 时，有
$$\begin{aligned}&k=0,\ \boldsymbol{x}(1)=\boldsymbol{G}(0)\boldsymbol{x}(0)+\boldsymbol{H}(0)\boldsymbol{u}(0)\\&k=1,\ \boldsymbol{x}(2)=\boldsymbol{G}(1)\boldsymbol{x}(1)+\boldsymbol{H}(1)\boldsymbol{u}(1)\\&k=2,\ \boldsymbol{x}(3)=\boldsymbol{G}(2)\boldsymbol{x}(2)+\boldsymbol{H}(2)\boldsymbol{u}(2)\\&\quad\vdots\\&k=k,\ \boldsymbol{x}(k)=\boldsymbol{G}(k-1)\boldsymbol{x}(k-1)+\boldsymbol{H}(k-1)\boldsymbol{u}(k-1)\end{aligned} \tag{2-114}$$

显然，时变离散系统状态方程的解与时不变离散系统相似，不同的是系统矩阵 $\boldsymbol{G}$ 和输入矩阵 $\boldsymbol{H}$ 不是常数矩阵。所以如果需要求得时变离散系统 k 时刻的状态值 $\boldsymbol{x}(k)$，须知道系统矩阵 $\boldsymbol{G}(k)\,(k=0,1,2,\cdots)$ 和输入矩阵 $\boldsymbol{H}(k)\,(k=0,1,2,\cdots)$ 在各个采样时刻的值。

若定义线性时变离散系统的状态转移矩阵 $\boldsymbol{\Phi}(k,k_0)\,(k>k_0)$ 为
$$\boldsymbol{\Phi}(k,k_0)=\boldsymbol{G}(k-1)\boldsymbol{G}(k-2)\cdots\boldsymbol{G}[k-(k_0-1)]\boldsymbol{G}(k_0) \tag{2-115}$$
则状态解为
$$\boldsymbol{x}(k)=\boldsymbol{\Phi}(k,k_0)\boldsymbol{x}(k_0)+\sum_{i=k_0}^{k-1}\boldsymbol{\Phi}(k,i+1)\boldsymbol{H}(i)\boldsymbol{u}(i) \tag{2-116}$$

当起始时刻为零 $k_0=0$ 时，状态解可表示为

$$\boldsymbol{x}(k)=\boldsymbol{\Phi}(k,0)\boldsymbol{x}(0)+\sum_{i=0}^{k-1}\boldsymbol{\Phi}(k,i+1)\boldsymbol{H}(i)\boldsymbol{u}(i) \tag{2-117}$$

同样地，线性时变离散系统的状态转移矩阵 $\boldsymbol{\Phi}(k,k_0)$ 也具有与线性时变连续系统的状态转移矩阵相类似的性质。这里不再列举。

2.5.2　z 变换法求解

线性时不变离散系统状态方程为

$$\boldsymbol{x}(k+1)=\boldsymbol{G}\boldsymbol{x}(k)+\boldsymbol{H}\boldsymbol{u}(k) \tag{2-118}$$

当给定初始状态为 $\boldsymbol{x}(0)$，输入向量为 $\boldsymbol{u}(k)\ (k=0,1,2,\cdots)$ 时，对上式两边取 z 变换，得

$$z\boldsymbol{x}(z)-z\boldsymbol{x}(0)=\boldsymbol{G}\boldsymbol{x}(z)+\boldsymbol{H}\boldsymbol{u}(z) \tag{2-119}$$

整理后可得

$$\boldsymbol{x}(z)=(z\boldsymbol{I}-\boldsymbol{G})^{-1}z\boldsymbol{x}(0)+(z\boldsymbol{I}-\boldsymbol{G})^{-1}\boldsymbol{H}\boldsymbol{u}(z)=(z\boldsymbol{I}-\boldsymbol{G})^{-1}\left[z\boldsymbol{x}(0)+\boldsymbol{H}\boldsymbol{u}(z)\right] \tag{2-120}$$

再对式(2-120)两边取 z 逆变换，得

$$\boldsymbol{x}(k)=Z^{-1}\left[(z\boldsymbol{I}-\boldsymbol{G})^{-1}z\right]\boldsymbol{x}(0)+Z^{-1}\left[(z\boldsymbol{I}-\boldsymbol{G})^{-1}\boldsymbol{H}\boldsymbol{u}(z)\right] \tag{2-121}$$

比较式(2-121)和式(2-104)，由解的唯一性可得

$$Z^{-1}\left[(z\boldsymbol{I}-\boldsymbol{G})^{-1}z\right]=\boldsymbol{G}^k=\boldsymbol{\Phi}(k) \tag{2-122}$$

$$Z^{-1}\left[(z\boldsymbol{I}-\boldsymbol{G})^{-1}\boldsymbol{H}\boldsymbol{u}(z)\right]=\sum_{i=0}^{k-1}\boldsymbol{G}^{k-i-1}\boldsymbol{H}\boldsymbol{u}(i)=\sum_{i=0}^{k-1}\boldsymbol{\Phi}(k-i-1)\boldsymbol{H}\boldsymbol{u}(i) \tag{2-123}$$

综上可知，线性离散时间系统状态方程的解的求取关键也在于求出其状态转移矩阵 $\boldsymbol{\Phi}(k)$。

【例 2.14】　若线性时不变离散系统的状态方程为

$$\boldsymbol{x}(k+1)=\begin{bmatrix}0 & 1\\ -0.16 & -1\end{bmatrix}\boldsymbol{x}(k)+\begin{bmatrix}1\\ 1\end{bmatrix}\boldsymbol{u}(k)$$

试求当初始状态 $\boldsymbol{x}(0)=\begin{bmatrix}1 & -1\end{bmatrix}^{\mathrm{T}}$ 和输入 $u(k)=1\ (k=0,1,2,\cdots)$ 时状态方程的解。

解　(1) 用迭代法求解。

$$\boldsymbol{x}(1)=\boldsymbol{G}\boldsymbol{x}(0)+\boldsymbol{H}\boldsymbol{u}(0)=\begin{bmatrix}0 & 1\\ -0.16 & -1\end{bmatrix}\begin{bmatrix}1\\ -1\end{bmatrix}+\begin{bmatrix}1\\ 1\end{bmatrix}=\begin{bmatrix}0\\ 1.84\end{bmatrix}$$

$$\boldsymbol{x}(2)=\boldsymbol{G}\boldsymbol{x}(1)+\boldsymbol{H}\boldsymbol{u}(1)=\begin{bmatrix}0 & 1\\ -0.16 & -1\end{bmatrix}\begin{bmatrix}0\\ 1.84\end{bmatrix}+\begin{bmatrix}1\\ 1\end{bmatrix}=\begin{bmatrix}2.84\\ -0.84\end{bmatrix}$$

$$\boldsymbol{x}(3)=\boldsymbol{G}\boldsymbol{x}(2)+\boldsymbol{H}\boldsymbol{u}(2)=\begin{bmatrix}0 & 1\\ -0.16 & -1\end{bmatrix}\begin{bmatrix}2.84\\ -0.84\end{bmatrix}+\begin{bmatrix}1\\ 1\end{bmatrix}=\begin{bmatrix}0.16\\ 1.386\end{bmatrix}$$

$$\vdots$$

可继续迭代下去，直到所要求计算的时刻为止。如果一直计算下去，最终可得到状态的离散序列(收敛和)表达式为

$$\boldsymbol{x}(k)=\boldsymbol{G}\boldsymbol{x}(k-1)+\boldsymbol{H}\boldsymbol{u}(k-1)=\begin{bmatrix}-\dfrac{17}{6}(-0.2)^k+\dfrac{22}{9}(-0.8)^k+\dfrac{25}{18}\\ \dfrac{3.4}{6}(-0.2)^k-\dfrac{17.6}{9}(-0.8)^k+\dfrac{7}{18}\end{bmatrix}$$

(2) 用 z 变换法求解。

①计算 $(z\boldsymbol{I}-\boldsymbol{G})^{-1}$，有

$$(z\boldsymbol{I}-\boldsymbol{G})^{-1}=\begin{bmatrix}z & -1\\ 0.16 & z+1\end{bmatrix}^{-1}=\frac{1}{(z+0.2)(z+0.8)}\begin{bmatrix}z+1 & 1\\ -0.16 & z\end{bmatrix}$$

②计算 $\boldsymbol{x}(z)$。因为 $u(k)=1\,(k=0,1,2,\cdots)$，所以 $\boldsymbol{u}(z)=\dfrac{z}{z-1}$，于是

$$\begin{aligned}\boldsymbol{x}(z)&=(z\boldsymbol{I}-\boldsymbol{G})^{-1}\left[z\boldsymbol{x}(0)+\boldsymbol{H}\boldsymbol{u}(z)\right]\\
&=\frac{1}{(z+0.2)(z+0.8)}\begin{bmatrix}z+1 & 1\\ -0.16 & z\end{bmatrix}\left\{z\begin{bmatrix}1\\ -1\end{bmatrix}+\begin{bmatrix}1\\ 1\end{bmatrix}\frac{z}{z-1}\right\}\\
&=\frac{1}{(z+0.2)(z+0.8)}\begin{bmatrix}z+1 & 1\\ -0.16 & z\end{bmatrix}\begin{bmatrix}\dfrac{z^2}{z-1}\\ \dfrac{-z^2+2z}{z-1}\end{bmatrix}\\
&=\begin{bmatrix}\dfrac{(z^2+2)z}{(z+0.2)(z+0.8)(z-1)}\\ \dfrac{(-z^2+1.84z)z}{(z+0.2)(z+0.8)(z-1)}\end{bmatrix}=\begin{bmatrix}\dfrac{-\frac{17}{6}z}{z+0.2}+\dfrac{\frac{22}{9}z}{z+0.8}+\dfrac{\frac{25}{18}z}{z-1}\\ \dfrac{\frac{3.4}{6}z}{z+0.2}+\dfrac{-\frac{17.6}{9}z}{z+0.8}+\dfrac{\frac{7}{18}z}{z-1}\end{bmatrix}\end{aligned}$$

③计算 $\boldsymbol{x}(k)$。对上式 $\boldsymbol{x}(z)$ 取 z 逆变换，可得

$$\boldsymbol{x}(k)=\begin{bmatrix}-\dfrac{17}{6}(-0.2)^k+\dfrac{22}{9}(-0.8)^k+\dfrac{25}{18}\\ \dfrac{3.4}{6}(-0.2)^k-\dfrac{17.6}{9}(-0.8)^k+\dfrac{7}{18}\end{bmatrix}$$

显然，以上 2 种方法的计算结果完全一致，只是迭代法得到的解是数值解，而 z 变换法可直接得到解析表达式。

2.5.3　由连续时间系统离散化求取系统状态空间模型

在计算机仿真、计算机辅助设计中利用数字计算机分析求解连续时间系统的状态方程，或者利用计算机等离散控制装置来控制连续时间受控系统时，都会遇到把连续时间系统化为等价的离散时间系统的问题即离散化问题。

线性连续系统的时间离散化问题的数学实质，就是在一定的采样方式和保持方式下，由系统的连续时间状态空间描述导出其对应的离散时间状态空间描述，并建立起两者的各系数矩阵之间的关系式。

1. 线性时不变系统的离散化模型

为使连续系统的离散化过程是一个等价变换过程，假设在离散化后，连续系统在各采样时刻 $kT\left(k=0,1,2,\cdots\right)$ 的状态变量、输入变量和输出变量的值均保持不变，输入量 $\boldsymbol{u}(t)$ 通过零阶保持器在采样周期内保持不变，且等于前一采样时刻的瞬时值。而采样周期 T 的选择必须满足香农(Shannon)采样定理。

对于线性时不变连续系统的状态空间描述

$$\begin{cases}\dot{\boldsymbol{x}}=\boldsymbol{A}\boldsymbol{x}+\boldsymbol{B}\boldsymbol{u}\\ \boldsymbol{y}=\boldsymbol{C}\boldsymbol{x}+\boldsymbol{D}\boldsymbol{u}\end{cases}\qquad t\in[0,\infty) \tag{2-124}$$

在满足香农采样定理条件下，其离散化模型为

$$\begin{cases}\boldsymbol{x}(k+1)=\boldsymbol{G}\boldsymbol{x}(k)+\boldsymbol{H}\boldsymbol{u}(k)\\ \boldsymbol{y}(k)=\boldsymbol{C}\boldsymbol{x}(k)+\boldsymbol{D}\boldsymbol{u}(k)\end{cases}\qquad k\in[0,\infty) \tag{2-125}$$

式中，两模型系数矩阵对应关系式可以推得

$$\begin{cases}\boldsymbol{G}=\mathrm{e}^{\boldsymbol{A}T}\\ \boldsymbol{H}=\displaystyle\int_0^T \mathrm{e}^{\boldsymbol{A}t}\mathrm{d}t\cdot\boldsymbol{B}\end{cases} \tag{2-126}$$

而离散输出矩阵 $\boldsymbol{C}$ 和耦合矩阵 $\boldsymbol{D}$ 均与连续时间系统 $\boldsymbol{C}$ 阵、 $\boldsymbol{D}$ 阵相等。

2. 线性时不变系统近似离散化模型

在采样周期 T 较小，一般为系统最小时间常数的 1/10 左右时，且对离散化的精度要求不高的情况下，可以用状态变量的差商代替微商求得近似的差分方程，即由于

$$\boldsymbol{x}'(kT)=\lim_{T\to 0}\frac{\boldsymbol{x}\left((k+1)T\right)-\boldsymbol{x}(kT)}{T} \tag{2-127}$$

当采样周期较小时，有

$$\boldsymbol{x}'(kT)\approx\frac{\boldsymbol{x}\left((k+1)T\right)-\boldsymbol{x}(kT)}{T} \tag{2-128}$$

将式(2-128)代入连续系统的状态方程式(2-124)，有

$$\frac{\boldsymbol{x}\left((k+1)T\right)-\boldsymbol{x}(kT)}{T}=\boldsymbol{A}\boldsymbol{x}(kT)+\boldsymbol{B}\boldsymbol{x}(kT)$$

即

$$\boldsymbol{x}\left((k+1)T\right)=\left(T\boldsymbol{A}+\boldsymbol{I}\right)\boldsymbol{x}(k)+T\boldsymbol{B}\boldsymbol{u}(k) \tag{2-129}$$

故离散化的状态空间模型可近似表示为

$$\begin{cases}\boldsymbol{x}(k+1)=\left(T\boldsymbol{A}+\boldsymbol{I}\right)\boldsymbol{x}(k)+T\boldsymbol{B}\boldsymbol{u}(k)\\ \boldsymbol{y}(k)=\boldsymbol{C}\boldsymbol{x}(k)+\boldsymbol{D}\boldsymbol{u}(k)\end{cases} \tag{2-130}$$

与线性时不变离散系统的状态空间模型比较，可得

$$\begin{cases}\boldsymbol{G}\approx T\boldsymbol{A}+\boldsymbol{I}\\ \boldsymbol{H}\approx T\boldsymbol{B}\end{cases} \tag{2-131}$$

3. 线性时变系统的离散化模型

线性时变系统的状态空间模型为

$$\begin{cases}\dot{\boldsymbol{x}}=\boldsymbol{A}(t)\boldsymbol{x}+\boldsymbol{B}(t)\boldsymbol{u}\\ \boldsymbol{y}=\boldsymbol{C}(t)\boldsymbol{x}+\boldsymbol{D}(t)\boldsymbol{u}\end{cases} \tag{2-132}$$

设采样周期为T，将其离散化之后，得离散状态空间模型为

$$\begin{cases}\boldsymbol{x}(k+1)=\boldsymbol{G}(k)\boldsymbol{x}(k)+\boldsymbol{H}(k)\boldsymbol{u}(k)\\ \boldsymbol{y}(k)=\boldsymbol{C}(k)\boldsymbol{x}(k)+\boldsymbol{D}(k)\boldsymbol{u}(k)\end{cases} \tag{2-133}$$

其系数矩阵间也有相对应的转换公式，但相对于时不变系统则要复杂得多。有兴趣的读者可以查阅相关文献资料。

【例 2.15】 设线性时不变连续系统为

$$\begin{cases}\dot{\boldsymbol{x}}=\begin{bmatrix}0 & 1\\ 0 & -2\end{bmatrix}\boldsymbol{x}+\begin{bmatrix}0\\ 1\end{bmatrix}\boldsymbol{u}\\ \boldsymbol{y}=\begin{bmatrix}1 & 0\\ 2 & 1\end{bmatrix}\boldsymbol{x}+\begin{bmatrix}1\\ 1\end{bmatrix}\boldsymbol{u}\end{cases}$$

试建立其离散化状态空间模型。

解 方法一，由式(2-126)计算。

(1)算出矩阵指数函数$\mathrm{e}^{\boldsymbol{A}t}$。

$$\mathrm{e}^{\boldsymbol{A}t}=L^{-1}\left[(s\boldsymbol{I}-\boldsymbol{A})^{-1}\right]=L^{-1}\left\{\begin{bmatrix}s & -1\\ 0 & s+2\end{bmatrix}^{-1}\right\}=\begin{bmatrix}1 & 0.5\left(1-\mathrm{e}^{-2t}\right)\\ 0 & \mathrm{e}^{-2t}\end{bmatrix}$$

(2)求出系统矩阵$\boldsymbol{G}$和控制矩阵$\boldsymbol{H}$。

$$\boldsymbol{G}=\mathrm{e}^{\boldsymbol{A}T}=\begin{bmatrix}1 & 0.5\left(1-\mathrm{e}^{-2T}\right)\\ 0 & \mathrm{e}^{-2T}\end{bmatrix}$$

$$\begin{aligned}\boldsymbol{H}&=\int_0^T \mathrm{e}^{\boldsymbol{A}t}\mathrm{d}t\cdot\boldsymbol{B}=\int_0^T\begin{bmatrix}1 & 0.5\left(1-\mathrm{e}^{-2t}\right)\\ 0 & \mathrm{e}^{-2t}\end{bmatrix}\mathrm{d}t\cdot\begin{bmatrix}0\\ 1\end{bmatrix}\\ &=\begin{bmatrix}T & 0.5T+0.25\mathrm{e}^{-2T}-0.25\\ 0 & -0.5\mathrm{e}^{-2T}+0.5\end{bmatrix}\begin{bmatrix}0\\ 1\end{bmatrix}=\begin{bmatrix}0.5T+0.25\mathrm{e}^{-2T}-0.25\\ -0.5\mathrm{e}^{-2T}+0.5\end{bmatrix}\end{aligned}$$

(3)根据式(2-125)得出该系统的离散化模型。

$$\begin{cases}\boldsymbol{x}(k+1)=\begin{bmatrix}1 & 0.5\left(1-\mathrm{e}^{-2T}\right)\\ 0 & \mathrm{e}^{-2T}\end{bmatrix}\boldsymbol{x}(k)+\begin{bmatrix}0.5T+0.25\mathrm{e}^{-2T}-0.25\\ -0.5\mathrm{e}^{-2T}+0.5\end{bmatrix}\boldsymbol{u}(k)\\ \boldsymbol{y}(k)=\begin{bmatrix}1 & 0\\ 2 & 1\end{bmatrix}\boldsymbol{x}(k)+\begin{bmatrix}1\\ 1\end{bmatrix}\boldsymbol{u}(k)\end{cases}$$

方法二，由式(2-131)近似计算。

(1)由式(2-131)求出系统矩阵$\boldsymbol{G}$和输入矩阵$\boldsymbol{H}$。

$$G \approx TA + I = \begin{bmatrix} 0 & T \\ 0 & -2T \end{bmatrix} + \begin{bmatrix} 1 & 0 \\ 0 & 1 \end{bmatrix} = \begin{bmatrix} 1 & T \\ 0 & 1-2T \end{bmatrix}$$

$$H \approx TB = \begin{bmatrix} 0 \\ T \end{bmatrix}$$

(2)根据式(2-133)得出该系统的离散化模型。

$$\begin{cases} \boldsymbol{x}(k+1) = \begin{bmatrix} 1 & T \\ 0 & 1-2T \end{bmatrix} \boldsymbol{x}(k) + \begin{bmatrix} 0 \\ T \end{bmatrix} \boldsymbol{u}(k) \\ \boldsymbol{y}(k) = \begin{bmatrix} 1 & 0 \\ 2 & 1 \end{bmatrix} \boldsymbol{x}(k) + \begin{bmatrix} 1 \\ 1 \end{bmatrix} \boldsymbol{u}(k) \end{cases}$$

将以上两种计算方法在不同采样周期 T 时的计算结果列表，如表 2-1 所示，显然当 $T = 0.05\text{s}$ 时，计算结果已极为接近。

表 2-1　采样周期对离散化的影响

	$\boldsymbol{G}(T)$		$\boldsymbol{H}(T)$	
$T = T$	$\begin{bmatrix} 1 & 0.5(1-e^{-2T}) \\ 0 & e^{-2T} \end{bmatrix}$	$\begin{bmatrix} 1 & T \\ 0 & 1-2T \end{bmatrix}$	$\begin{bmatrix} 0.5T + 0.25e^{-2T} - 0.25 \\ -0.5e^{-2T} + 0.5 \end{bmatrix}$	$\begin{bmatrix} 0 \\ T \end{bmatrix}$
$T = 1\text{s}$	$\begin{bmatrix} 1 & 0.432 \\ 0 & 0.135 \end{bmatrix}$	$\begin{bmatrix} 1 & 1 \\ 0 & -1 \end{bmatrix}$	$\begin{bmatrix} 0.284 \\ 0.432 \end{bmatrix}$	$\begin{bmatrix} 0 \\ 1 \end{bmatrix}$
$T = 0.5\text{s}$	$\begin{bmatrix} 1 & 0.316 \\ 0 & 0.368 \end{bmatrix}$	$\begin{bmatrix} 1 & 0.5 \\ 0 & 0 \end{bmatrix}$	$\begin{bmatrix} 0.092 \\ 0.316 \end{bmatrix}$	$\begin{bmatrix} 0 \\ 0.5 \end{bmatrix}$
$T = 0.05\text{s}$	$\begin{bmatrix} 1 & 0.048 \\ 0 & 0.905 \end{bmatrix}$	$\begin{bmatrix} 1 & 0.05 \\ 0 & 0.90 \end{bmatrix}$	$\begin{bmatrix} 0.0012 \\ 0.0475 \end{bmatrix}$	$\begin{bmatrix} 0 \\ 0.05 \end{bmatrix}$

习　题

2.1　已知系统的状态空间描述为

$$\begin{cases} \dot{\boldsymbol{x}} = \begin{bmatrix} \dot{x}_1 \\ \dot{x}_2 \\ \dot{x}_3 \end{bmatrix} = \begin{bmatrix} 0 & 1 & 0 \\ 0 & 2 & 1 \\ 0 & 0 & -3 \end{bmatrix} \begin{bmatrix} x_1 \\ x_2 \\ x_3 \end{bmatrix} + \begin{bmatrix} 0 \\ 0 \\ 1 \end{bmatrix} u \\ y = \begin{bmatrix} 1 & 0 & 0 \end{bmatrix} \boldsymbol{x} \end{cases}$$

试对该系统进行对角线化。

2.2　将下列状态空间描述化为约当规范型。

(1) $\begin{cases} \dot{\boldsymbol{x}} = \begin{bmatrix} \dot{x}_1 \\ \dot{x}_2 \end{bmatrix} = \begin{bmatrix} -2 & 1 \\ 1 & -2 \end{bmatrix} \begin{bmatrix} x_1 \\ x_2 \end{bmatrix} + \begin{bmatrix} 0 \\ 1 \end{bmatrix} u \\ y = \begin{bmatrix} 1 & 0 \end{bmatrix} \boldsymbol{x} \end{cases}$

(2) $\begin{cases} \dot{\boldsymbol{x}} = \begin{bmatrix} \dot{x}_1 \\ \dot{x}_2 \\ \dot{x}_3 \end{bmatrix} = \begin{bmatrix} 4 & 1 & -2 \\ 1 & 0 & 2 \\ 1 & -1 & 3 \end{bmatrix} \begin{bmatrix} x_1 \\ x_2 \\ x_3 \end{bmatrix} + \begin{bmatrix} 3 & 1 \\ 2 & 7 \\ 5 & 3 \end{bmatrix} \boldsymbol{u} \\ \boldsymbol{y} = \begin{bmatrix} y_1 \\ y_2 \end{bmatrix} = \begin{bmatrix} 1 & 2 & 0 \\ 0 & 1 & 1 \end{bmatrix} \begin{bmatrix} x_1 \\ x_2 \\ x_3 \end{bmatrix} \end{cases}$

2.3　设有$\Sigma(\boldsymbol{A},\boldsymbol{B})$系统，$n=5$（5维系统），其特征值分别为：$\lambda_1=-1$，$\lambda_2=-2$，$\lambda_3=-3$，$\lambda_4=-4$，$\lambda_5=0$。若对该系统做非奇异线性变换$\boldsymbol{x}=\boldsymbol{P}\tilde{\boldsymbol{x}}$，使其变换为特征值规范型$\tilde{\Sigma}(\tilde{\boldsymbol{A}},\tilde{\boldsymbol{B}})$，求变换后的系统矩阵$\tilde{\boldsymbol{A}}=\boldsymbol{P}^{-1}\boldsymbol{A}\boldsymbol{P}$。

2.4　已知系统$\Sigma(\boldsymbol{A},\boldsymbol{B})$，其系数矩阵为

(1) $\boldsymbol{A}=\begin{bmatrix}0 & -1\\4 & 0\end{bmatrix}$　　(2) $\boldsymbol{A}=\begin{bmatrix}0 & 1\\-1 & -2\end{bmatrix}$

(3) $\boldsymbol{A}=\begin{bmatrix}0 & 1 & 0\\0 & 0 & 1\\2 & -5 & 4\end{bmatrix}$　　(4) $\boldsymbol{A}=\begin{bmatrix}0 & 6 & -5\\1 & 0 & 2\\3 & 2 & 4\end{bmatrix}$

试求各系统的矩阵指数$\mathrm{e}^{\boldsymbol{A}t}$。

2.5　有线性系统状态转移阵为

(1) $\boldsymbol{\Phi}(t)=\begin{bmatrix}\mathrm{e}^{-t}\left(2-\mathrm{e}^{-2t}\right) & 2\mathrm{e}^{-t}\left(1-\mathrm{e}^{-2t}\right)\\-\mathrm{e}^{-2t}\left(\mathrm{e}^{-t}-\mathrm{e}^{2t}\right) & \dfrac{1}{2}\mathrm{e}^{-2t}\left(1+\mathrm{e}^{-t}\right)\end{bmatrix}$　　(2) $\boldsymbol{\Phi}(t,0)=\begin{bmatrix}\mathrm{e}^{-t}(1-\sin t) & \mathrm{e}^{-2t}(1-\cos t)\\-\mathrm{e}^{-t}\sin t & \mathrm{e}^{-3t}\end{bmatrix}$

试求：①时不变系统的系统矩阵$\boldsymbol{A}$；②时不变系统$\left[\boldsymbol{\Phi}^5(t)\right]^{-1}$；③时变系统$\left[\boldsymbol{\Phi}(t,0)\right]^{-2}$。

2.6　设$\Sigma(\boldsymbol{A},\boldsymbol{B})$系统有函数阵分别为

(1) $\boldsymbol{\Phi}_1(t)=\begin{bmatrix}2\mathrm{e}^{-t}-1 & 2\mathrm{e}^{-2t}-2\\-\mathrm{e}^{-t}+\mathrm{e}^{-2t} & \mathrm{e}^{-2t}\end{bmatrix}$　　(2) $\boldsymbol{\Phi}_2(t)=\begin{bmatrix}\mathrm{e}^{-t} & \mathrm{e}^{-t}-1\\0 & 2\mathrm{e}^{-2t}\end{bmatrix}$

试求该系统的①$\boldsymbol{\Phi}_i^{-3}(t)$；②$\boldsymbol{A}$。

2.7　已知线性时不变系统$\Sigma(\boldsymbol{A},\boldsymbol{B})$的系统矩阵为$\boldsymbol{A}$，状态转移阵为$\boldsymbol{\Phi}(t)$。试证明$\boldsymbol{A}=\dot{\boldsymbol{\Phi}}(t)\cdot\boldsymbol{\Phi}(-t)$。

2.8　下列矩阵是否满足状态转移矩阵的条件，如果满足，试求与之对应的系数矩阵$\boldsymbol{A}$。

(1) $\boldsymbol{\Phi}(t)=\begin{bmatrix}1 & \dfrac{1}{2}\left(1-\mathrm{e}^{-2t}\right)\\0 & \mathrm{e}^{-2t}\end{bmatrix}$　　(2) $\boldsymbol{\Phi}(t)=\begin{bmatrix}2\mathrm{e}^{-t}-\mathrm{e}^{-2t} & 2\mathrm{e}^{-t}-2\mathrm{e}^{-2t}\\\mathrm{e}^{-t}-\mathrm{e}^{-2t} & 2\mathrm{e}^{-t}-\mathrm{e}^{-2t}\end{bmatrix}$

(3) $\boldsymbol{\Phi}(t)=\begin{bmatrix}\dfrac{1}{2}\left(\mathrm{e}^{-t}-\mathrm{e}^{3t}\right) & -\dfrac{1}{4}\left(\mathrm{e}^{-t}+\mathrm{e}^{3t}\right)\\(-\mathrm{e}^{-t}+\mathrm{e}^{3t}) & \dfrac{1}{2}\left(\mathrm{e}^{-t}+\mathrm{e}^{3t}\right)\end{bmatrix}$　　(4) $\boldsymbol{\Phi}(t)=\begin{bmatrix}1 & 0 & 0\\0 & \sin t & \cos t\\0 & -\cos t & \sin t\end{bmatrix}$

2.9　已知线性时变系统$\dot{\boldsymbol{x}}(t)=\boldsymbol{A}(t)\boldsymbol{x}(t)$的系统矩阵如下，试求与之对应的状态转移阵$\boldsymbol{\Phi}(t,t_0)$。

(1) $\boldsymbol{A}(t)=\begin{bmatrix}0 & 1\\0 & t\end{bmatrix}$　　(2) $\boldsymbol{A}(t)=\begin{bmatrix}0 & 0\\t & 0\end{bmatrix}$

2.10　已知线性时不变系统的自由运动方程为

$$\dot{\boldsymbol{x}}(t)=\begin{bmatrix}0 & 1 & 0\\0 & 0 & 1\\0 & 0 & 0\end{bmatrix}\boldsymbol{x}(t)$$

试求系统始于初始状态$\boldsymbol{x}(0)=\begin{bmatrix}1 & 1 & 2\end{bmatrix}^{\mathrm{T}}$的状态解。

2.11　已知线性时不变系统的齐次方程和初始条件分别为

$$\dot{\boldsymbol{x}}(t)=\begin{bmatrix}1 & 0 & 0\\0 & 1 & 0\\0 & 1 & 2\end{bmatrix}\boldsymbol{x}(t),\qquad \boldsymbol{x}(0)=\begin{bmatrix}1\\0\\1\end{bmatrix}$$

(1) 试用矩阵指数法求其状态转移矩阵；

(2) 试用拉式变换法求其状态转移矩阵；

(3) 试用对角线规范型法求其状态转移矩阵；

(4) 根据所给初始条件，求齐次状态方程的解。

2.12　求下列时不变强迫系统的单位阶跃响应。

(1) $\boldsymbol{A}=\begin{bmatrix}0 & 1 & 0\\0 & 0 & 1\\0 & -2 & -3\end{bmatrix}$，　$\boldsymbol{B}=\begin{bmatrix}0\\0\\1\end{bmatrix}$，　$\boldsymbol{C}=\begin{bmatrix}1 & 0 & 0\end{bmatrix}$，　$\boldsymbol{x}(0)=\begin{bmatrix}0\\0\\0\end{bmatrix}$；

(2) $\boldsymbol{A}=\begin{bmatrix}-1 & 0\\0 & -2\end{bmatrix}$，　$\boldsymbol{B}=\begin{bmatrix}1\\1\end{bmatrix}$，　$\boldsymbol{C}=\begin{bmatrix}0 & 1\end{bmatrix}$，　$\boldsymbol{x}(0)=\begin{bmatrix}-1\\-1\end{bmatrix}$。

2.13　已知 $\Sigma(\boldsymbol{A},\boldsymbol{B})$ 系统数学描述为

$$\begin{cases}\dot{\boldsymbol{x}}=\begin{bmatrix}-1 & & \boldsymbol{0}\\ & -2 & \\ \boldsymbol{0} & & -3\end{bmatrix}\boldsymbol{x}+\begin{bmatrix}0\\1\\0\end{bmatrix}[u]\\ \boldsymbol{y}=\begin{bmatrix}1 & 0 & 1\end{bmatrix}\boldsymbol{x}\end{cases}$$

初始条件 $\boldsymbol{x}(0)=\begin{bmatrix}0 & 1 & 1\end{bmatrix}^{\mathrm{T}}$，试求该系统阶跃响应 $\boldsymbol{y}(t)=y(t)$。

2.14　已知离散时间系统如下：

$$\boldsymbol{x}(k+1)=\begin{bmatrix}\frac{1}{2} & 0\\0 & \frac{1}{2}\end{bmatrix}\boldsymbol{x}(k)+\begin{bmatrix}1\\1\end{bmatrix}u(k)$$

且 $\boldsymbol{x}(0)=\begin{bmatrix}-1 & 3\end{bmatrix}^{\mathrm{T}}$，输入 $u(k)$ 是从斜坡函数 t 采样而来。求 $\boldsymbol{x}(k)$。

2.15　试将线性时不变连续时间系统 $\Sigma(\boldsymbol{A},\boldsymbol{B})$

$$\dot{\boldsymbol{x}}=\begin{bmatrix}0 & 1\\-3 & -4\end{bmatrix}\begin{bmatrix}x_1\\x_2\end{bmatrix}+\begin{bmatrix}0\\1\end{bmatrix}[u]$$

离散化为 $\Sigma(\boldsymbol{G},\boldsymbol{H})$。

2.16　试求如下连续时间状态方程的离散化状态方程，其中采样周期取 $T=2\mathrm{s}$。

$$\dot{\boldsymbol{x}}=\begin{bmatrix}0 & 1\\-2 & -3\end{bmatrix}\boldsymbol{x}+\begin{bmatrix}1\\1\end{bmatrix}u$$

2.17　某离散时间系统的结构框图如图 2-1 所示。试求：

(1) 系统的离散化状态方程；

(2) 采样周期 $T=0.1\mathrm{s}$ 的状态转移矩阵；

(3) 输入为单位阶跃函数，初始条件为零的离散输出 $y(k)$；

(4) t=0.25s 时系统的输出值。

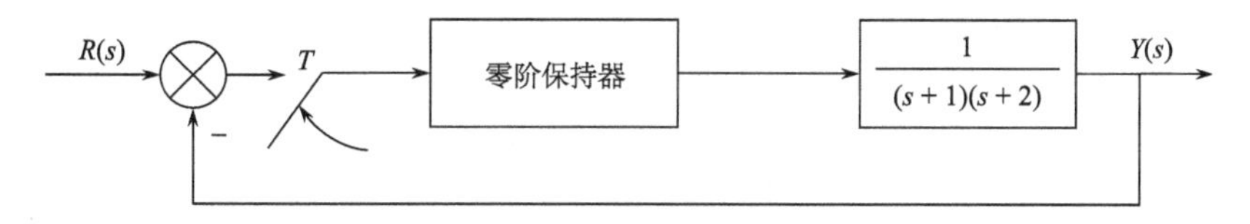

图 2-1　题 2.17 图

2.18　设有连续时间系统为

$$\begin{cases} \dot{\boldsymbol{x}} = \begin{bmatrix} 0 & 1 \\ -2 & -3 \end{bmatrix} \boldsymbol{x} + \begin{bmatrix} 0 \\ 1 \end{bmatrix} \boldsymbol{u} \\ \boldsymbol{y} = \begin{bmatrix} 1 & 1 \end{bmatrix} \boldsymbol{x} \end{cases}$$

若采样周期 T=0.2s，试求其离散化状态空间模型。

第3章　线性系统的能控性和能观性

能控性和能观性由卡尔曼(Kalman)于20世纪60年代初提出，这是现代控制理论中两个重要的基本概念。

前已指出，现代控制理论揭示了系统运动的实质是系统状态的运动，即状态的变化。因此，在现代控制理论中，所谓“控制”指的是控制状态而不是控制输出。换句话说，控制的核心就是状态。状态方程描述了输入$\boldsymbol{u}(t)$引起状态$\boldsymbol{x}(t)$的变化过程；输出方程则描述了状态的变化传递到输出端而由输出$\boldsymbol{y}(t)$表达的变化。能控性和能观性正是分别体现了输入$\boldsymbol{u}(t)$对状态$\boldsymbol{x}(t)$的控制能力和输出$\boldsymbol{y}(t)$对状态$\boldsymbol{x}(t)$变化的量测能力。经典控制理论仅考虑了输入对输出的控制，而掩盖了系统内部状态变化的实质。

简短地说，能控性表示由输入去控制系统状态的可能性，能观性表示通过对输出的观测来确定系统状态的可能性。

3.1　线性系统的能控性定义

3.1.1　定义

设线性系统，$\Sigma\left[\boldsymbol{A}(t),\boldsymbol{B}(t)\right]$，由下述状态方程描述

$$\dot{\boldsymbol{x}}=\boldsymbol{A}(t)\boldsymbol{x}+\boldsymbol{B}(t)\boldsymbol{u} \qquad t\in[t_0,\infty)$$

若存在一个适当的输入控制量$\boldsymbol{u}(t)$,在有限时间t_α，且 $t_0<t_\alpha<\infty$，使一个非零初态$\boldsymbol{x}(t_0)\neq\boldsymbol{0}$达到目标状态为零，即$\boldsymbol{x}(t_\alpha)\equiv\boldsymbol{0}$，则称该系统状态是完全能控的，或简称系统是能控的。

3.1.2　对定义进一步的解释

1. 能控性概念

(1) 能控性(Controllability)。能控性是指存在一个控制量$\boldsymbol{u}(t)$在有限时间t_α ($t_0<t_\alpha<\infty$)内，使得状态$\boldsymbol{x}(t)$从非零初始状态$\boldsymbol{x}(t_0)\neq\boldsymbol{0}$转移到零目标状态$\boldsymbol{x}(t_\alpha)\equiv\boldsymbol{0}$，则是完全能控的。要注意的是，当目标状态$\boldsymbol{x}(t_\alpha)\neq\boldsymbol{0}$时，在线性状态空间中，可以利用坐标变换使得$\boldsymbol{x}(t_\alpha)=\boldsymbol{0}$。

(2) 能达性(Reachabiliy)。若存在控制输入量$\boldsymbol{u}(t)$，在有限时间$t_0<t_\alpha<\infty$内，能将状态$\boldsymbol{x}(t)$由零初始状态$\boldsymbol{x}(t_0)=\boldsymbol{0}$转移到非零目标状态$\boldsymbol{x}(t_\alpha)\neq\boldsymbol{0}$，则准确地说，将该系统称为状态是完全能达的。

(3) 能控性与能达性的等价。从控制工程的角度来看，对于恒值系统，能控性展示的是系统调节性能能否实现的问题，而对于随动系统，能达性展示的是系统跟踪性能能否实现的问题。但是，利用线性空间中的坐标变换，可以证明，在线性连续时间系统中，能控性

和能达性是等价的，即能控系统一定是能达系统，反过来，能达系统也一定是能控系统。从这个意义上讲，一般就研究能控性。

2. “适当的输入控制量$\boldsymbol{u}(t)$”的含义

一方面，指的是在时间定义域中，输入控制量$\boldsymbol{u}(t)$的每个分量具有绝对平方可积性。这里，绝对平方可积性的含义是积分存在且积分值是有界的，记为

$$\int_{t_0}^{t}\left|\boldsymbol{u}(t)\right|^2\mathrm{d}t<\infty \tag{3-1}$$

另一方面，指的是输入控制量$\boldsymbol{u}(t)$的每个分量的大小可以是任意值，但是必须是有限值，即为有界函数$u_i(t)$ $(i=1,2,\cdots,n)$。

3. 状态完全能控的一种重要判别式

由第2章知，线性系统状态方程的解的表达式为

$$\boldsymbol{x}(t)=\boldsymbol{\Phi}(t,t_0)\boldsymbol{x}(t_0)+\int_{t_0}^{t}\boldsymbol{\Phi}(t,\tau)\boldsymbol{B}(\tau)\boldsymbol{u}(\tau)\mathrm{d}\tau$$

其中，$\boldsymbol{\Phi}(t,t_0)$是系统的状态转移矩阵。

根据能控性定义可知，在有限时间$t_0<t_\alpha<\infty$内，目标状态$\boldsymbol{x}(t_\alpha)$为

$$\boldsymbol{x}(t_\alpha)=\boldsymbol{\Phi}(t_\alpha,t_0)\boldsymbol{x}(t_0)+\int_{t_0}^{t_\alpha}\boldsymbol{\Phi}(t_\alpha,\tau)\boldsymbol{B}(\tau)\boldsymbol{u}(\tau)\mathrm{d}\tau\equiv\boldsymbol{0}$$

因此有

$$\boldsymbol{\Phi}(t_\alpha,t_0)\boldsymbol{x}(t_0)\equiv-\int_{t_0}^{t_\alpha}\boldsymbol{\Phi}(t_\alpha,\tau)\boldsymbol{B}(\tau)\boldsymbol{u}(\tau)\mathrm{d}\tau$$

故

$$\boldsymbol{x}(t_0)=-\boldsymbol{\Phi}^{-1}(t_\alpha,t_0)\int_{t_0}^{t_\alpha}\boldsymbol{\Phi}(t_\alpha,\tau)\boldsymbol{B}(\tau)\boldsymbol{u}(\tau)\mathrm{d}\tau$$

利用$\boldsymbol{\Phi}(t,t_0)$的性质可以得到

$$\boldsymbol{x}(t_0)=-\int_{t_0}^{t_\alpha}\boldsymbol{\Phi}(t_0,\tau)\boldsymbol{B}(\tau)\boldsymbol{u}(\tau)\mathrm{d}\tau \tag{3-2}$$

由上式可以看出，若存在一个输入控制量$\boldsymbol{u}(t)$使得式(3-2)成立，则状态空间中的状态点$\boldsymbol{x}(t_0)$是系统的能控状态。因此，式(3-2)可以作为判别线性系统状态能控性的一种方法，并经常在数学证明中被应用。

4. “完全能控”的三种含义

(1) 假设在时间区间$[t_0,t_\alpha]$内，系统是状态能控的。若在$[t_0,t_\beta]$内，系统也是状态能控的，其中$t_\beta>t_\alpha$，则称该系统在整个时间定义域$t\in[t_0,\infty)$中是状态完全能控的。

(2) 如果状态$\boldsymbol{x}(t)$的每个分量$x_i(t)$都是能控的，则称状态向量$\boldsymbol{x}(t)$是完全能控的。

(3) 由系统各能控分量$x_i(t)$为坐标轴，可以构成系统的能控子空间记$\boldsymbol{X}_k^+[t_0,t_\alpha]$，若能控子空间$\boldsymbol{X}_k^+[t_0,t_\alpha]$完全充满整个状态空间$\boldsymbol{X}$，则该系统称为在整个状态空间内是状态完全能控的。

应当强调，本书要讨论的只是状态分量是否完全能控的问题，或状态空间是否完全能

控的问题，而不讨论时间域上的完全能控问题。关于时间定义域上能控性问题，请参阅相关文献。

5. 能控性与外界扰动无关

线性系统的能控性与外部确定性扰动 $\boldsymbol{f}(t)$ 无关。换句话说，当外部确定性扰动 $\boldsymbol{f}(t)$ 满足绝对平方可积性时，则不会破坏原系统的能控性。

6. 能控性的不变性原理

线性系统中，所有非奇异线性变换或非奇异线性运算都不会破坏原系统的能控性。这就是所谓的能控性的不变性原理。

也就是说，如果系统 $\Sigma\left[\boldsymbol{A}(t),\boldsymbol{B}(t)\right]$ 的状态 $\boldsymbol{x}(t)$ 是完全能控的，则非奇异变换后状态 $\tilde{\boldsymbol{x}}=\boldsymbol{P}^{-1}\boldsymbol{x}$ 也是完全能控的。其中 $\boldsymbol{P}^{-1}$ 为非奇异变换矩阵。

能控性的不变性原理是非常重要的。比如，$\boldsymbol{x}_0$ 是完全能控的，则 $a\boldsymbol{x}_0$ 也是完全能控的。又比如，当 $\boldsymbol{x}_{01}$ 和 $\boldsymbol{x}_{02}$ 均为完全能控的，则 $a\boldsymbol{x}_{01}+b\boldsymbol{x}_{02}$ 也是完全能控的。其中，a 和 b 为非零实数。

7. 系统能控子空间性质

在状态空间中，系统全部的能控状态分量 $x_i(t)$ 可以构成一个子空间，称其为状态空间中的能控子空间，记作 $\boldsymbol{X}_k^+[t_0,t_\alpha]$。

$\boldsymbol{X}_k^+[t_0,t_\alpha]$ 具有以下性质。

(1) $\boldsymbol{X}_k^+[t_0,t_\alpha]\subset\boldsymbol{X}$，即能控子空间从属于状态空间，$\boldsymbol{X}$ 为整个状态空间。

(2) 若 $\boldsymbol{X}_k^+[t_0,t_\alpha]\equiv\boldsymbol{X}$，即能控子空间充满整个状态空间，则系统 Σ 是状态完全能控的。

(3) 能控性的不变性原理适用于能控子空间。

8. 不能控子空间性质

若 $\boldsymbol{X}_k^+[t_0,t_\alpha]$ 不能充满整个状态空间 $\boldsymbol{X}$，则与能控子空间 $\boldsymbol{X}_k^+[t_0,t_\alpha]$ 正交的子空间称为状态空间中的不能控子空间，记作 $\boldsymbol{X}_k^-[t_0,t_\alpha]$。

$\boldsymbol{X}_k^-[t_0,t_\alpha]$ 具有以下性质。

(1) $\boldsymbol{X}_k^-[t_0,t_\alpha]\subset\boldsymbol{X}$，不能控子空间从属于状态空间。

(2) 对 $\boldsymbol{X}_k^-[t_0,t_\alpha]$，能控性的不变性原理也适用于不能控子空间。

(3) 根据正交概念，有 $\boldsymbol{X}_k^-[t_0,t_\alpha]\perp\boldsymbol{X}_k^+[t_0,t_\alpha]$。

当 $\boldsymbol{x}_+\in\boldsymbol{X}_k^+$，$\boldsymbol{x}_-\in\boldsymbol{X}_k^-$，且 $\boldsymbol{X}_k^+\perp\boldsymbol{X}_k^-$，则 $\boldsymbol{x}_+^{\mathrm{T}}\cdot\boldsymbol{x}_-=\boldsymbol{x}_-^{\mathrm{T}}\cdot\boldsymbol{x}_+=0$。

(4) 若 $\boldsymbol{X}_k^-[t_0,t_\alpha]\equiv\boldsymbol{X}$，即不能控子空间充满整个状态空间，则系统状态是完全不能控的，简称状态不能控。

9. 能控性的着重点

最后强调，讨论能控性着重要考虑的是，哪些状态分量是能控的，哪些状态分量是不能控的。或者说，状态空间中哪些子空间是能控子空间，能控子空间是否能填充整个状态空间。

3.1.3 关于不能控的定理

由上一小节可知，如果线性系统Σ是状态不完全能控的，那么必定存在两个正交(垂直)的子系统：能控子系统$\Sigma_1 \in \boldsymbol{X}_k^+$和不能控子系统$\Sigma_2 \in \boldsymbol{X}_k^-$，且$\boldsymbol{X}_k^+ \perp \boldsymbol{X}_k^-$。

现设定，有线性系统$\Sigma\left[\boldsymbol{A}(t),\boldsymbol{B}(t)\right]$

$$\Sigma:\begin{cases}\dot{\boldsymbol{x}}=\boldsymbol{A}(t)\boldsymbol{x}+\boldsymbol{B}(t)\boldsymbol{u}\\ \boldsymbol{y}=\boldsymbol{C}(t)\boldsymbol{x}, \qquad \boldsymbol{D}(t)=\boldsymbol{0}\end{cases} \qquad t\in\left[t_0,\infty\right) \tag{3-3}$$

状态转移阵记为$\boldsymbol{\Phi}\left(t_0,t\right)$。

下面给出几个不能控的定理，它们都是状态完全不能控的充要条件。

定理 3-1　当且仅当下式成立，即

$$\boldsymbol{x}^{\mathrm{T}}\boldsymbol{\Phi}\left(t_0,\tau\right)\boldsymbol{B}\left(\tau\right)\equiv\boldsymbol{0} \qquad \tau\in\left[t_0,t_\alpha\right] \tag{3-4}$$

则系统是状态完全不能控的。

证明　必要性，即证明如果$\boldsymbol{x}_-^{\mathrm{T}}\perp\boldsymbol{x}_+$，那么必有$\boldsymbol{x}^{\mathrm{T}}\boldsymbol{\Phi}\left(t_0,\tau\right)\boldsymbol{B}\left(\tau\right)\equiv\boldsymbol{0}$。

如果$\boldsymbol{x}\in\boldsymbol{X}_k^-$且假定初始状态$\boldsymbol{x}_0\in\boldsymbol{X}_k^+$，则有

$$\boldsymbol{x}^{\mathrm{T}}\boldsymbol{x}_0\equiv 0$$

选取一个适当的控制量$\boldsymbol{u}(t)$，显然，对于$\boldsymbol{x}_0\in\boldsymbol{X}_k^+$，有

$$\boldsymbol{x}_0=-\int_{t_0}^{t_\alpha}\boldsymbol{\Phi}(t_0,\tau)\boldsymbol{B}(\tau)\boldsymbol{u}(\tau)\mathrm{d}\tau$$

则

$$\boldsymbol{x}^{\mathrm{T}}\boldsymbol{x}_0=-\boldsymbol{x}^{\mathrm{T}}\int_{t_0}^{t_\alpha}\boldsymbol{\Phi}(t_0,\tau)\boldsymbol{B}(\tau)\boldsymbol{u}(\tau)\mathrm{d}\tau=-\int_{t_0}^{t_\alpha}\boldsymbol{x}^{\mathrm{T}}\boldsymbol{\Phi}(t_0,\tau)\boldsymbol{B}(\tau)\boldsymbol{u}(\tau)\mathrm{d}\tau\equiv 0 \tag{3-5}$$

因为$\boldsymbol{u}(t)$具有随机性，所以通常$\boldsymbol{u}(t)\neq\boldsymbol{0}$。为了使式(3-5)成立，则必须满足

$$\boldsymbol{x}^{\mathrm{T}}\boldsymbol{\Phi}(t_0,\tau)\boldsymbol{B}(\tau)\equiv\boldsymbol{0} \qquad \tau\in\left[t_0,t_\alpha\right] \tag{3-6}$$

充分性，即证明如果有$\boldsymbol{x}^{\mathrm{T}}\boldsymbol{\Phi}\left(t_0,\tau\right)\boldsymbol{B}\left(\tau\right)\equiv\boldsymbol{0}$，则$\boldsymbol{x}_-^{\mathrm{T}}$与$\boldsymbol{x}_+$正交。

假设

$$\boldsymbol{x}^{\mathrm{T}}\boldsymbol{\Phi}\left(t_0,\tau\right)\boldsymbol{B}\left(\tau\right)\equiv\boldsymbol{0} \qquad \tau\in\left[t_0,t_\alpha\right]$$

则有

$$\int_{t_0}^{t_\alpha}\boldsymbol{x}^{\mathrm{T}}\boldsymbol{\Phi}(t_0,\tau)\boldsymbol{B}(\tau)\boldsymbol{u}(\tau)\mathrm{d}\tau\equiv 0 \tag{3-7}$$

如果选取控制输入$\boldsymbol{u}(t)$使得$\boldsymbol{x}_0$为能控的，即

$$\boldsymbol{x}_0=-\int_{t_0}^{t_\alpha}\boldsymbol{\Phi}(t_0,\tau)\boldsymbol{B}(\tau)\boldsymbol{u}(\tau)\mathrm{d}\tau$$

则有

$$\int_{t_0}^{t_\alpha}\boldsymbol{x}^{\mathrm{T}}\boldsymbol{\Phi}(t_0,\tau)\boldsymbol{B}(\tau)\boldsymbol{u}(\tau)\mathrm{d}\tau=-\boldsymbol{x}^{\mathrm{T}}\boldsymbol{x}_0=0$$

因此

$$\boldsymbol{x}^{\mathrm{T}} \perp \boldsymbol{x}_0$$

进一步，对于系统$\Sigma(\boldsymbol{A},\boldsymbol{B})$

$$\boldsymbol{\Phi}(t_0,\tau)=\boldsymbol{\Phi}(t_0-\tau)=\mathrm{e}^{\boldsymbol{A}(t_0-\tau)} \qquad \tau\in[t_0,t_\alpha] \tag{3-8}$$

则

$$\boldsymbol{x}^{\mathrm{T}}\boldsymbol{\Phi}(t_0,\tau)\boldsymbol{B}(\tau)\equiv\boldsymbol{0} \tag{3-9}$$

即

$$\boldsymbol{x}^{\mathrm{T}}\mathrm{e}^{\boldsymbol{A}(t_0-\tau)}\boldsymbol{B}\equiv\boldsymbol{0} \tag{3-10}$$

或

$$\boldsymbol{x}^{\mathrm{T}}\mathrm{e}^{\boldsymbol{A}t}\boldsymbol{B}\equiv\boldsymbol{0} \qquad t\in[0,\infty) \tag{3-11}$$

其中，$t=t_0-\tau$，即$\tau\in[t_0,t_\alpha]$或$t\in[0,t=t_0-t_\alpha]$。定理证毕。

定理 3-2　线性时变系统$\Sigma[\boldsymbol{A}(t),\boldsymbol{B}(t)]$状态完全不能控，即$\boldsymbol{x}\in\boldsymbol{X}_k^-$的充分必要条件是

$$\left[\int_{t_0}^{t_\alpha}\boldsymbol{\Phi}(t_0,\tau)\boldsymbol{B}(\tau)\boldsymbol{B}^{\mathrm{T}}(\tau)\boldsymbol{\Phi}^{\mathrm{T}}(t_0,\tau)\mathrm{d}\tau\right]\cdot\boldsymbol{x}\equiv\boldsymbol{0} \tag{3-12}$$

证明从略。

定理 3-3　线性时不变系统$\Sigma(\boldsymbol{A},\boldsymbol{B})$状态完全不能控$\boldsymbol{x}\in\boldsymbol{X}_k^-$的充分必要条件是状态$\boldsymbol{x}$正交于矩阵$\boldsymbol{Q}_k$的列子块，即

$$\boldsymbol{x}^{\mathrm{T}}\boldsymbol{Q}_k=\boldsymbol{0} \tag{3-13}$$

式中，$\boldsymbol{Q}_k=\begin{bmatrix}\boldsymbol{B} & \boldsymbol{AB} & \boldsymbol{A}^2\boldsymbol{B} & \cdots & \boldsymbol{A}^{n-1}\boldsymbol{B}\end{bmatrix}$。

证明　必要性，设$\boldsymbol{x}$是不能控状态，即$\boldsymbol{x}\in\boldsymbol{X}_k^-$，则由定理 3-1 可知

$$\boldsymbol{x}^{\mathrm{T}}\mathrm{e}^{\boldsymbol{A}(t_0-\tau)}\boldsymbol{B}\equiv\boldsymbol{0}$$

对上式变量τ进行按阶次递进求导，可得

$$\begin{cases}\boldsymbol{x}^{\mathrm{T}}\mathrm{e}^{\boldsymbol{A}(t_0-\tau)}\boldsymbol{B}\equiv\boldsymbol{0}\\ -\boldsymbol{x}^{\mathrm{T}}\boldsymbol{A}\mathrm{e}^{\boldsymbol{A}(t_0-\tau)}\boldsymbol{B}\equiv\boldsymbol{0}\\ \boldsymbol{x}^{\mathrm{T}}\boldsymbol{A}^2\mathrm{e}^{\boldsymbol{A}(t_0-\tau)}\boldsymbol{B}\equiv\boldsymbol{0}\\ \qquad\vdots\\ \boldsymbol{x}^{\mathrm{T}}\boldsymbol{A}^{n-1}\mathrm{e}^{\boldsymbol{A}(t_0-\tau)}\boldsymbol{B}\equiv\boldsymbol{0}\end{cases} \tag{3-14}$$

令$t_0-\tau=0$，则有

$$\begin{cases}\boldsymbol{x}^{\mathrm{T}}\boldsymbol{B}\equiv\boldsymbol{0}\\ \boldsymbol{x}^{\mathrm{T}}\boldsymbol{AB}\equiv\boldsymbol{0}\\ \boldsymbol{x}^{\mathrm{T}}\boldsymbol{A}^2\boldsymbol{B}\equiv\boldsymbol{0}\\ \qquad\vdots\\ \boldsymbol{x}^{\mathrm{T}}\boldsymbol{A}^{n-1}\boldsymbol{B}\equiv\boldsymbol{0}\end{cases} \tag{3-15}$$

根据矩阵等式，可得

$$\boldsymbol{x}^{\mathrm{T}}\begin{bmatrix}\boldsymbol{B} & \boldsymbol{AB} & \boldsymbol{A}^2\boldsymbol{B} & \cdots & \boldsymbol{A}^{n-1}\boldsymbol{B}\end{bmatrix}\equiv\boldsymbol{0} \tag{3-16}$$

即

$$\boldsymbol{x}^{\mathrm{T}}\boldsymbol{Q}_k=\boldsymbol{0} \tag{3-17}$$

或

$$\boldsymbol{x}\perp\boldsymbol{Q}_k \tag{3-18}$$

充分性，设 $\boldsymbol{x}\perp\boldsymbol{Q}_k=\begin{bmatrix}\boldsymbol{B} & \boldsymbol{AB} & \boldsymbol{A}^2\boldsymbol{B} & \cdots & \boldsymbol{A}^{n-1}\boldsymbol{B}\end{bmatrix}$，$\boldsymbol{x}\in\boldsymbol{X}_k^-$，则

$$\boldsymbol{x}^{\mathrm{T}}\begin{bmatrix}\boldsymbol{B} & \boldsymbol{AB} & \boldsymbol{A}^2\boldsymbol{B} & \cdots & \boldsymbol{A}^{n-1}\boldsymbol{B}\end{bmatrix}\equiv\boldsymbol{0} \tag{3-19}$$

即

$$\begin{bmatrix}\boldsymbol{x}^{\mathrm{T}}\boldsymbol{B} & \boldsymbol{x}^{\mathrm{T}}\boldsymbol{AB} & \boldsymbol{x}^{\mathrm{T}}\boldsymbol{A}^2\boldsymbol{B} & \cdots & \boldsymbol{x}^{\mathrm{T}}\boldsymbol{A}^{n-1}\boldsymbol{B}\end{bmatrix}\equiv\boldsymbol{0} \tag{3-20}$$

由矩阵等式可得

$$\boldsymbol{x}^{\mathrm{T}}\boldsymbol{B}\equiv\boldsymbol{0},\quad \boldsymbol{x}^{\mathrm{T}}\boldsymbol{AB}\equiv\boldsymbol{0},\quad \cdots,\quad \boldsymbol{x}^{\mathrm{T}}\boldsymbol{A}^{n-1}\boldsymbol{B}\equiv\boldsymbol{0} \tag{3-21}$$

显然

$$\boldsymbol{x}^{\mathrm{T}}\boldsymbol{B}+\boldsymbol{x}^{\mathrm{T}}\boldsymbol{AB}+\boldsymbol{x}^{\mathrm{T}}\boldsymbol{A}^2\boldsymbol{B}+\cdots+\boldsymbol{x}^{\mathrm{T}}\boldsymbol{A}^{n-1}\boldsymbol{B}\equiv\boldsymbol{0} \tag{3-22}$$

式(3-22)左边各项乘以相应的标量函数 $\frac{1}{i!}(t_0-\tau)^i$，可得

$$\boldsymbol{x}^{\mathrm{T}}\boldsymbol{B}+\boldsymbol{x}^{\mathrm{T}}\boldsymbol{A}(t_0-\tau)\boldsymbol{B}+\frac{1}{2!}\boldsymbol{x}^{\mathrm{T}}\boldsymbol{A}^2(t_0-\tau)^2\boldsymbol{B}+\cdots+\frac{1}{(n-1)!}\boldsymbol{x}^{\mathrm{T}}\boldsymbol{A}^{n-1}(t_0-\tau)^{n-1}\boldsymbol{B}\equiv\boldsymbol{0} \tag{3-23}$$

即

$$\boldsymbol{x}^{\mathrm{T}}\left[\boldsymbol{I}+\boldsymbol{A}(t_0-\tau)+\frac{1}{2!}\boldsymbol{A}^2(t_0-\tau)^2+\cdots+\frac{1}{(n-1)!}\boldsymbol{A}^{n-1}(t_0-\tau)^{n-1}\right]\boldsymbol{B}\equiv\boldsymbol{0} \tag{3-24}$$

利用凯莱-哈密顿定理，可得

$$\boldsymbol{x}^{\mathrm{T}}\mathrm{e}^{\boldsymbol{A}(t_0-\tau)}\boldsymbol{B}\equiv\boldsymbol{0} \tag{3-25}$$

定理证毕。

3.2 线性连续系统的能控性判据

本节首先讨论线性连续时变系统 $\Sigma\left[\boldsymbol{A}(t),\boldsymbol{B}(t)\right]$ 的能控性判据，然后再讨论线性时不变系统 $\Sigma(\boldsymbol{A},\boldsymbol{B})$ 的能控性判据。

3.2.1 线性时变系统的能控性判据

定理 3-4 线性时变系统 $\Sigma\left[\boldsymbol{A}(t),\boldsymbol{B}(t)\right]$ 的解唯一时，系统状态完全能控的充分必要条件是格拉姆(Gram)矩阵

$$\boldsymbol{W}(t_0,t_\alpha)=\int_{t_0}^{t_\alpha}\boldsymbol{\Phi}(t_0,t)\boldsymbol{B}(t)\boldsymbol{B}^{\mathrm{T}}(t)\boldsymbol{\Phi}^{\mathrm{T}}(t_0,t)\mathrm{d}t \tag{3-26}$$

为非奇异阵，或者说是满秩的，即

$$\mathrm{rank}[\boldsymbol{W}(t_0,t_\alpha)]=n \tag{3-27}$$

证明　充分性，即由$\boldsymbol{W}(t_0,t_\alpha)$是非奇异阵推证系统$\Sigma\left[\boldsymbol{A}(t),\boldsymbol{B}(t)\right]$是状态完全能控的。

假设$\boldsymbol{W}(t_0,t_\alpha)$是非奇异的，则其逆阵$\boldsymbol{W}^{-1}(t_0,t_\alpha)$一定存在。选择输入控制向量$\boldsymbol{u}(t)$为

$$\boldsymbol{u}(t)=-\boldsymbol{B}^{\mathrm{T}}(t)\boldsymbol{\Phi}^{\mathrm{T}}(t_0,t)\boldsymbol{W}^{-1}(t_0,t_\alpha)\boldsymbol{x}_0 \tag{3-28}$$

在有限时间$\left[t_0,t_\alpha\right]$之内，系统的状态$\boldsymbol{x}(t)$为

$$\boldsymbol{x}(t_\alpha)=\boldsymbol{\Phi}(t_\alpha,t_0)\boldsymbol{x}_0+\int_{t_0}^{t_\alpha}\boldsymbol{\Phi}(t_\alpha,t)\boldsymbol{B}(t)\boldsymbol{u}(t)\mathrm{d}t \tag{3-29}$$

将式(3-28)代入式(3-29)，得

$$\begin{aligned}\boldsymbol{x}(t_\alpha)&=\boldsymbol{\Phi}(t_\alpha,t_0)\boldsymbol{x}_0-\int_{t_0}^{t_\alpha}\boldsymbol{\Phi}(t_\alpha,t)\boldsymbol{B}(t)\boldsymbol{B}^{\mathrm{T}}(t)\boldsymbol{\Phi}^{\mathrm{T}}(t_0,t)\boldsymbol{W}^{-1}(t_0,t_\alpha)\boldsymbol{x}_0\mathrm{d}t\\&=\boldsymbol{\Phi}(t_\alpha,t_0)\boldsymbol{x}_0-\boldsymbol{\Phi}(t_\alpha,t_0)\int_{t_0}^{t_\alpha}\boldsymbol{\Phi}(t_0,t)\boldsymbol{B}(t)\boldsymbol{B}^{\mathrm{T}}(t)\boldsymbol{\Phi}^{\mathrm{T}}(t_0,t)\mathrm{d}t\boldsymbol{W}^{-1}(t_0,t_\alpha)\boldsymbol{x}_0\\&=\boldsymbol{\Phi}(t_\alpha,t_0)\boldsymbol{x}_0-\boldsymbol{\Phi}(t_\alpha,t_0)\boldsymbol{W}(t_0,t_\alpha)\cdot\boldsymbol{W}^{-1}(t_0,t_\alpha)\boldsymbol{x}_0\\&=\boldsymbol{\Phi}(t_\alpha,t_0)\boldsymbol{x}_0-\boldsymbol{\Phi}(t_\alpha,t_0)\boldsymbol{x}_0\\&\equiv\boldsymbol{0}\end{aligned} \tag{3-30}$$

由能控性定义可知，系统是状态完全能控的。充分性得证。

必要性，即证明若系统完全能控，则格拉姆矩阵$\boldsymbol{W}(t_0,t_\alpha)$必定是非奇异的。

采用反证法，假设系统完全能控，而$\boldsymbol{W}(t_0,t_\alpha)$为奇异的，则存在适当的非零初始状态$\boldsymbol{x}_0\in\boldsymbol{X}_k^{+}$，且满足

$$\boldsymbol{x}_0^{\mathrm{T}}\boldsymbol{W}(t_0,t_\alpha)\boldsymbol{x}_0=0 \tag{3-31}$$

根据

$$\begin{aligned}\boldsymbol{x}_0^{\mathrm{T}}\boldsymbol{W}(t_0,t_\alpha)\boldsymbol{x}_0&=\int_{t_0}^{t_\alpha}\boldsymbol{x}_0^{\mathrm{T}}\boldsymbol{\Phi}(t_0,t)\boldsymbol{B}(t)\boldsymbol{B}^{\mathrm{T}}(t)\boldsymbol{\Phi}^{\mathrm{T}}(t_0,t)\boldsymbol{x}_0\mathrm{d}t\\&=\int_{t_0}^{t_\alpha}\left[\boldsymbol{B}^{\mathrm{T}}(t)\boldsymbol{\Phi}^{\mathrm{T}}(t_0,t)\boldsymbol{x}_0\right]^{\mathrm{T}}\cdot\left[\boldsymbol{B}^{\mathrm{T}}(t)\boldsymbol{\Phi}^{\mathrm{T}}(t_0,t)\boldsymbol{x}_0\right]\mathrm{d}t\\&=\int_{t_0}^{t_\alpha}\left\|\boldsymbol{B}^{\mathrm{T}}(t)\boldsymbol{\Phi}^{\mathrm{T}}(t_0,t)\boldsymbol{x}_0\right\|^2\mathrm{d}t\equiv 0\end{aligned} \tag{3-32}$$

可知，当且仅当满足

$$\boldsymbol{B}^{\mathrm{T}}(t)\boldsymbol{\Phi}^{\mathrm{T}}(t_0,t)\boldsymbol{x}_0=\boldsymbol{0}\qquad t\in\left[t_0,t_\alpha\right] \tag{3-33}$$

时，式(3-32)恒等于0。

因为已假设系统是状态完全能控的，所以非零状态$\boldsymbol{x}_0$必定是能控的，则

$$\boldsymbol{x}(t_0)=\boldsymbol{x}_0=-\int_{t_0}^{t_\alpha}\boldsymbol{\Phi}(t_0,t)\boldsymbol{B}(t)\boldsymbol{u}(t)\mathrm{d}t \tag{3-34}$$

故

$$\begin{aligned}\|\boldsymbol{x}_0\|^2 = \boldsymbol{x}_0^{\mathrm{T}}\boldsymbol{x}_0 &= \left[-\int_{t_0}^{t_\alpha}\boldsymbol{\Phi}(t_0,t)\boldsymbol{B}(t)\boldsymbol{u}(t)\mathrm{d}t\right]^{\mathrm{T}}\boldsymbol{x}_0 \\ &= -\int_{t_0}^{t_\alpha}\boldsymbol{u}^{\mathrm{T}}(t)\boldsymbol{B}^{\mathrm{T}}(t)\boldsymbol{\Phi}^{\mathrm{T}}(t_0,t)\boldsymbol{x}_0\mathrm{d}t = 0\end{aligned} \tag{3-35}$$

结果表明，状态 $\boldsymbol{x}_0 \equiv \boldsymbol{0}$。

但这与假设 $\boldsymbol{x}_0$ 为非零向量相矛盾，因此，$\boldsymbol{W}(t_0,t_\alpha)$ 为奇异的假设不成立，$\boldsymbol{W}(t_0,t_\alpha)$ 是非奇异阵，必要性得证。

推论 3-1　线性时变系统 $\Sigma[\boldsymbol{A}(t),\boldsymbol{B}(t)]$ 状态完全能控的充要条件是格拉姆(Gram)矩阵的另一种描述形式

$$\boldsymbol{W}^*[t_0,t_\alpha] = \int_{t_0}^{t_\alpha}\boldsymbol{\Phi}(t_\alpha,t)\boldsymbol{B}(t)\boldsymbol{B}^{\mathrm{T}}(t)\boldsymbol{\Phi}^{\mathrm{T}}(t_\alpha,t)\mathrm{d}t \tag{3-36}$$

为非奇异阵，或者说是满秩的。即

$$\mathrm{rank}[\boldsymbol{W}^*(t_0,t_\alpha)] = n \tag{3-37}$$

证明　因为状态转移矩阵 $\boldsymbol{\Phi}(t_\alpha,t_0)$ 为非奇异阵，所以若格拉姆矩阵 $\boldsymbol{W}(t_0,t_\alpha)$ 是非奇异的，则 $\boldsymbol{\Phi}(t_\alpha,t_0)\cdot\boldsymbol{W}(t_0,t_\alpha)\cdot\boldsymbol{\Phi}^{\mathrm{T}}(t_\alpha,t_0)$ 也是非奇异的。故

$$\begin{aligned}\boldsymbol{\Phi}(t_\alpha,t_0)\cdot\boldsymbol{W}(t_0,t_\alpha)\cdot\boldsymbol{\Phi}^{\mathrm{T}}(t_\alpha,t_0) &= \int_{t_0}^{t_\alpha}\boldsymbol{\Phi}(t_\alpha,t_0)\boldsymbol{\Phi}(t_0,t)\boldsymbol{B}(t)\boldsymbol{B}^{\mathrm{T}}(t)\boldsymbol{\Phi}^{\mathrm{T}}(t_0,t)\boldsymbol{\Phi}^{\mathrm{T}}(t_\alpha,t_0)\mathrm{d}t \\ &= \int_{t_0}^{t_\alpha}\boldsymbol{\Phi}(t_\alpha,t)\boldsymbol{B}(t)\boldsymbol{B}^{\mathrm{T}}(t)\boldsymbol{\Phi}^{\mathrm{T}}(t_\alpha,t)\mathrm{d}t \\ &= \boldsymbol{W}^*(t_0,t_\alpha)\end{aligned}$$

因此，$\boldsymbol{W}(t_0,t_\alpha)$ 非奇异等价于 $\boldsymbol{W}^*(t_0,t_\alpha)$ 是非奇异的，证毕。

推论 3-2　线性时变系统 $\Sigma[\boldsymbol{A}(t),\boldsymbol{B}(t)]$ 状态完全能控的充分必要条件，是格拉姆矩阵 $\boldsymbol{W}(t_0,t_\alpha)$ 为正定矩阵，即

$$\boldsymbol{W}(t_0,t_\alpha) > 0 \tag{3-38}$$

定理 3-5　线性时变系统 $\Sigma[\boldsymbol{A}(t),\boldsymbol{B}(t)]$ 在有限时间 $t\in[t_0,t_\alpha]$ 内，状态完全能控的充分必要条件为矩阵 $\boldsymbol{\Phi}(t_0,\tau)\boldsymbol{B}(\tau)$ 是行线性独立的。

推论 3-3　线性时变系统 $\Sigma[\boldsymbol{A}(t),\boldsymbol{B}(t)]$ 状态完全能控的充分必要条件是 $\boldsymbol{\Phi}(t_0,\tau)\boldsymbol{B}(\tau)$ 的行线性独立等价于 $\boldsymbol{\Phi}(t_\alpha,\tau)\boldsymbol{B}(\tau)$ 的行线性独立。

定理 3-6　若线性时变系统 $\Sigma[\boldsymbol{A}(t),\boldsymbol{B}(t)]$ 中 $\boldsymbol{A}(t)$，$\boldsymbol{B}(t)$ 的各元对时间 t 分别是 $n-2$ 和 $n-1$ 阶连续可微的，记为

$$\begin{cases}\boldsymbol{B}_1 = \dfrac{\mathrm{d}^0}{\mathrm{d}t^0}\boldsymbol{B}(t) = \boldsymbol{B}(t) \\ \boldsymbol{B}_2 = -\boldsymbol{A}\boldsymbol{B}_1 + \dot{\boldsymbol{B}}_1 \\ \quad\vdots \\ \boldsymbol{B}_n = -\boldsymbol{A}\boldsymbol{B}_{n-1} + \dot{\boldsymbol{B}}_{n-1}\end{cases}$$

当在 $t=t_\alpha$ 时 $\boldsymbol{Q}(t) = [\boldsymbol{B}_1 \quad \boldsymbol{B}_2 \quad \cdots \quad \boldsymbol{B}_n]$ 满秩，即

$$\operatorname{rank}\boldsymbol{Q}(t)=n \tag{3-39}$$

则该系统在$[t_0,t_\alpha]$内是状态完全能控的。

需要指出，这只是一个充分条件，而非必要条件。

证明　采用反证法，假设系统$\Sigma[\boldsymbol{A}(t),\boldsymbol{B}(t)]$在$[t_0,t_\alpha]$内不能控，但是$\operatorname{rank}\boldsymbol{Q}(t)$满秩。

因为$\Sigma[\boldsymbol{A}(t),\boldsymbol{B}(t)]$是不能控的，则存在非零向量$\boldsymbol{x}_1\in\boldsymbol{X}_k^-$，且

$$\boldsymbol{x}_1^{\mathrm{T}}\boldsymbol{\Phi}(t_\alpha,\tau)\boldsymbol{B}(\tau)\equiv\boldsymbol{0}\qquad t\in[t_0,t_\alpha] \tag{3-40}$$

根据状态转移矩阵的性质，有

$$\frac{\mathrm{d}}{\mathrm{d}t}\boldsymbol{\Phi}(t_\alpha,\tau)=-\boldsymbol{\Phi}(t_\alpha,\tau)\boldsymbol{A}(t)$$

对式(3-40)求导，有

$$\begin{aligned}\boldsymbol{x}_1^{\mathrm{T}}\frac{\mathrm{d}}{\mathrm{d}t}\boldsymbol{\Phi}(t_\alpha,t)\boldsymbol{B}(t)&=\boldsymbol{x}_1^{\mathrm{T}}\left[-\boldsymbol{\Phi}(t_\alpha,t)\boldsymbol{A}(t)\boldsymbol{B}(t)+\boldsymbol{\Phi}(t_\alpha,t)\dot{\boldsymbol{B}}(t)\right]\\&=\boldsymbol{x}_1^{\mathrm{T}}\boldsymbol{\Phi}(t_\alpha,t)\left[-\boldsymbol{A}(t)\boldsymbol{B}(t)+\dot{\boldsymbol{B}}(t)\right]\\&=\boldsymbol{x}_1^{\mathrm{T}}\boldsymbol{\Phi}(t_\alpha,t)\left[-\boldsymbol{A}\cdot\boldsymbol{B}_1(t)+\dot{\boldsymbol{B}}_1(t)\right]\\&=\boldsymbol{x}_1^{\mathrm{T}}\boldsymbol{\Phi}(t_\alpha,t)\boldsymbol{B}_2(t)\equiv\boldsymbol{0}\end{aligned}$$

对式(3-40)连续求导，可得

$$\begin{cases}\boldsymbol{x}_1^{\mathrm{T}}\boldsymbol{\Phi}(t_\alpha,t)\boldsymbol{B}_3(t)\equiv\boldsymbol{0}\\\boldsymbol{x}_1^{\mathrm{T}}\boldsymbol{\Phi}(t_\alpha,t)\boldsymbol{B}_4(t)\equiv\boldsymbol{0}\\\qquad\vdots\\\boldsymbol{x}_1^{\mathrm{T}}\boldsymbol{\Phi}(t_\alpha,t)\boldsymbol{B}_i(t)\equiv\boldsymbol{0}\qquad(i=1,2,\cdots,n)\end{cases}$$

若选取$t=t_\alpha$，即$\boldsymbol{\Phi}(t_\alpha,t)\big|_{t=t_\alpha}=\boldsymbol{I}$则

$$\boldsymbol{x}_1^{\mathrm{T}}\boldsymbol{B}_i(t)\equiv\boldsymbol{0}\qquad(i=1,2,\cdots,n)$$

故

$$\boldsymbol{x}_1^{\mathrm{T}}\begin{bmatrix}\boldsymbol{B}_1 & \boldsymbol{B}_2 & \cdots & \boldsymbol{B}_n\end{bmatrix}\equiv\boldsymbol{0}$$

即

$$\boldsymbol{x}_1^{\mathrm{T}}\boldsymbol{Q}(t_\alpha)\equiv\boldsymbol{0} \tag{3-41}$$

式中，$\boldsymbol{x}_1$为非零向量。

由式(3-41)可知$\boldsymbol{Q}(t_\alpha)$是行线性相关的，即$\boldsymbol{Q}(t_\alpha)$不满秩，$\operatorname{rank}\boldsymbol{Q}(t)<n$。

由此可见，结果与假设相矛盾，不存在$\boldsymbol{x}_1\in\boldsymbol{X}_k^-$，因此$\boldsymbol{Q}(t)=\begin{bmatrix}\boldsymbol{B}_1 & \boldsymbol{B}_2 & \cdots & \boldsymbol{B}_n\end{bmatrix}$必定是行线性独立的，即

$$\operatorname{rank}\boldsymbol{Q}(t)=\operatorname{rank}\begin{bmatrix}\boldsymbol{B}_1 & \boldsymbol{B}_2 & \cdots & \boldsymbol{B}_n\end{bmatrix}=n$$

3.2.2　线性时不变系统的能控性判据

设线性时不变系统的状态方程为

$$\begin{cases}\dot{\boldsymbol{x}}=\boldsymbol{A}\boldsymbol{x}+\boldsymbol{B}\boldsymbol{u}\\ \boldsymbol{y}=\boldsymbol{C}\boldsymbol{x}+\boldsymbol{D}\boldsymbol{u}\end{cases}\quad t\in[t_0,\infty) \tag{3-42}$$

其中，所有系数矩阵均为常数阵。

可以指出，线性时不变系统$\Sigma(\boldsymbol{A},\boldsymbol{B})$能控性判据较之时变系统要简洁得多。下面给出两种描述方法。

1. 第一判据（亦称秩判据）

定理 3-7　线性时不变系统是状态完全能控的充分必要条件是

$$\operatorname{rank}\boldsymbol{Q}_k=\operatorname{rank}\begin{bmatrix}\boldsymbol{B} & \boldsymbol{A}\boldsymbol{B} & \boldsymbol{A}^2\boldsymbol{B} & \cdots & \boldsymbol{A}^{n-1}\boldsymbol{B}\end{bmatrix}=n \tag{3-43}$$

其中，$\boldsymbol{Q}_k=\begin{bmatrix}\boldsymbol{B} \mid \boldsymbol{A}\boldsymbol{B} \mid \boldsymbol{A}^2\boldsymbol{B} \mid \cdots \mid \boldsymbol{A}^{n-1}\boldsymbol{B}\end{bmatrix}$称为系统的能控性矩阵。

对判据的几点说明。

(1) 因为$\boldsymbol{Q}_k=\begin{bmatrix}\boldsymbol{B} \mid \boldsymbol{A}\boldsymbol{B} \mid \boldsymbol{A}^2\boldsymbol{B} \mid \cdots \mid \boldsymbol{A}^{n-1}\boldsymbol{B}\end{bmatrix}$，且$\boldsymbol{A}$为$n\times n$矩阵，$\boldsymbol{B}$为$n\times r$矩阵，$r\leqslant n$，则$\begin{bmatrix}\boldsymbol{B} \mid \boldsymbol{A}\boldsymbol{B} \mid \boldsymbol{A}^2\boldsymbol{B} \mid \cdots \mid \boldsymbol{A}^{n-1}\boldsymbol{B}\end{bmatrix}$为$n\times nr$矩阵，因此，$\boldsymbol{Q}_k$的满秩是$n$，正好是系统的维数。

(2) 由定理 3-7 可知，系统能控性取决于系统矩阵$\boldsymbol{A}$和输入矩阵$\boldsymbol{B}$的结构。即取决于系统自身的结构参数。显然，改变系统的结构参数可以改变系统的能控性。

(3) 不足之处：第一判据仅指出了系统状态是否完全能控，而当系统不完全能控时，判据没有指出哪些状态能控，哪些状态不能控。

(4) 第一判据不仅适用于单输入/单输出系统，而且适用于多输入/多输出系统，即具有通用性。

下面举例说明。

【例 3.1】　试判别下述系统的能控性。

$$\dot{\boldsymbol{x}}=\begin{bmatrix}\dot{x}_1\\ \dot{x}_2\\ \dot{x}_3\end{bmatrix}=\begin{bmatrix}-1 & -2 & -2\\ 0 & -1 & 1\\ 1 & 0 & -1\end{bmatrix}\begin{bmatrix}x_1\\ x_2\\ x_3\end{bmatrix}+\begin{bmatrix}2\\ 0\\ 1\end{bmatrix}[u]$$

解　显然，这是一个 3 维系统，$n=3$。

计算能控性矩阵$\boldsymbol{Q}_k$，即$\boldsymbol{Q}_k=\begin{bmatrix}\boldsymbol{B} & \boldsymbol{A}\boldsymbol{B} & \boldsymbol{A}^2\boldsymbol{B}\end{bmatrix}$，则

$$\boldsymbol{B}=\begin{bmatrix}2\\ 0\\ 1\end{bmatrix},\quad \boldsymbol{A}\boldsymbol{B}=\begin{bmatrix}-1 & -2 & -2\\ 0 & -1 & 1\\ 1 & 0 & -1\end{bmatrix}\begin{bmatrix}2\\ 0\\ 1\end{bmatrix}=\begin{bmatrix}-4\\ 1\\ 1\end{bmatrix},\quad \boldsymbol{A}^2\boldsymbol{B}=\begin{bmatrix}-1 & -2 & -2\\ 0 & -1 & 1\\ 1 & 0 & -1\end{bmatrix}\begin{bmatrix}-4\\ 1\\ 1\end{bmatrix}=\begin{bmatrix}0\\ 0\\ -5\end{bmatrix}$$

得到$\boldsymbol{Q}_k$为

$$\boldsymbol{Q}_k=\begin{bmatrix}2 & -4 & 0\\ 0 & 1 & 0\\ 1 & 1 & -5\end{bmatrix}_{n\times nr=3\times3\times1=3\times3}$$

由

$$\det\boldsymbol{Q}_k=\begin{vmatrix}2 & -4 & 0\\ 0 & 1 & 0\\ 1 & 1 & -5\end{vmatrix}=-10\neq0$$

可知 $\boldsymbol{Q}_k$ 是非奇异矩阵。

其秩

$$\mathrm{rank}\boldsymbol{Q}_k = 3 = n$$

$\boldsymbol{Q}_k$ 满秩，所以该系统状态完全能控。

【例 3.2】　若系统为

$$\dot{\boldsymbol{x}} = \begin{bmatrix} \dot{x}_1 \\ \dot{x}_2 \end{bmatrix} = \begin{bmatrix} 1 & 1 \\ 0 & -1 \end{bmatrix} \begin{bmatrix} x_1 \\ x_2 \end{bmatrix} + \begin{bmatrix} 1 \\ 0 \end{bmatrix} [u]$$

试判断系统的状态能控性。

解　因为 $n = 2$，且

$$\boldsymbol{B} = \begin{bmatrix} 1 \\ 0 \end{bmatrix}，\quad \boldsymbol{AB} = \begin{bmatrix} 1 & 1 \\ 0 & -1 \end{bmatrix} \begin{bmatrix} 1 \\ 0 \end{bmatrix} = \begin{bmatrix} 1 \\ 0 \end{bmatrix}$$

所以

$$\boldsymbol{Q}_k = [\boldsymbol{B} \quad \boldsymbol{AB}] = \begin{bmatrix} 1 & 1 \\ 0 & 0 \end{bmatrix}$$

显然，$\boldsymbol{Q}_k$ 是列线性相关的奇异矩阵，即 $\det \boldsymbol{Q}_k = 0$。

其秩

$$\mathrm{rank}\boldsymbol{Q}_k = 1 \neq n = 2$$

故该系统不是完全能控的。

2. 第二判据(基于规范型判据)

第二判据是基于系统的特征值规范型给出的，其基本思路如下。

(1) 系统能控性的不变性原理——对系统作非奇异线性变换，系统的能控性不变。

(2) 系统状态方程的特征值规范型——按系统特征值的情况利用非奇异线性变换，将系统化为对角线规范型或约当规范型。

鉴于系统特征值的不同情况，第二判据有不同的具体描述。

设系统 $\Sigma(\boldsymbol{A}, \boldsymbol{B})$ 状态方程为

$$\dot{\boldsymbol{x}} = \boldsymbol{Ax} + \boldsymbol{Bu} \tag{3-44}$$

情况一： 系统 $\Sigma(\boldsymbol{A}, \boldsymbol{B})$ 具有互不相等的特征值 λ_i。

由第 2 章知，可利用非奇异线性变换 $\boldsymbol{x} = \boldsymbol{P}\tilde{\boldsymbol{x}}$ 将式(3-44)化为对角线规范型

$$\begin{cases} \dot{\tilde{\boldsymbol{x}}} = \tilde{\boldsymbol{A}}\tilde{\boldsymbol{x}} + \tilde{\boldsymbol{B}}\boldsymbol{u} = \begin{bmatrix} \lambda_1 & & & \boldsymbol{0} \\ & \lambda_2 & & \\ & & \ddots & \\ \boldsymbol{0} & & & \lambda_n \end{bmatrix} \cdot \tilde{\boldsymbol{x}} + \tilde{\boldsymbol{B}}\boldsymbol{u} \\ \tilde{\boldsymbol{A}} = \boldsymbol{P}^{-1}\boldsymbol{AP}, \qquad \tilde{\boldsymbol{B}} = \boldsymbol{P}^{-1}\boldsymbol{B} \end{cases} \tag{3-45}$$

式中，非奇异矩阵 $\boldsymbol{P}^{-1}$ (或 $\boldsymbol{P}$) 可使系统 $\Sigma(\boldsymbol{A}, \boldsymbol{B})$ 对角化。

第二判据表述如下。

定理 3-8　当系统 $\Sigma(\boldsymbol{A}, \boldsymbol{B})$ 的特征根 λ_i 互不相等时，时不变系统 $\Sigma(\boldsymbol{A}, \boldsymbol{B})$ 是状态完全能

控的充分必要条件是：在变换后的输入矩阵 $\tilde{\boldsymbol{B}}=\boldsymbol{P}^{-1}\boldsymbol{B}$ 中不存在任何全零行。

下面阐述定理的基本内涵。

(1) 利用非奇异线性变换可将原始状态方程式(3-44)对角线化，而不会影响系统 $\Sigma(\boldsymbol{A},\boldsymbol{B})$ 的能控性。

(2) 在对输入矩阵 $\boldsymbol{B}$ 进行非奇异线性变换后，即 $\tilde{\boldsymbol{B}}=\boldsymbol{P}^{-1}\boldsymbol{B}$，当且仅当 $\tilde{\boldsymbol{B}}$ 中不存在任何全零行时，则系统 $\Sigma(\boldsymbol{A},\boldsymbol{B})$ 是状态完全能控的。

(3) 若 $\tilde{\boldsymbol{B}}$ 中存在某些全零行，则系统 $\Sigma(\boldsymbol{A},\boldsymbol{B})$ 是状态不完全能控的，且与全零行相对应的状态分量 $\tilde{x}_i$ 是不能控的。

【例 3.3】 若系统为

$$\dot{\boldsymbol{x}}=\begin{bmatrix}\dot{x}_1\\ \dot{x}_2\\ \dot{x}_3\end{bmatrix}=\begin{bmatrix}-3 & & \boldsymbol{0}\\ & -5 & \\ \boldsymbol{0} & & -2\end{bmatrix}\begin{bmatrix}x_1\\ x_2\\ x_3\end{bmatrix}+\begin{bmatrix}0 & 1\\ 3 & 2\\ 1 & 0\end{bmatrix}\begin{bmatrix}u_1\\ u_2\end{bmatrix}$$

试判断系统的状态能控性。

解 因为系统已是对角化规范型，即

$$\tilde{\boldsymbol{A}}=\boldsymbol{P}^{-1}\boldsymbol{A}\boldsymbol{P}=\boldsymbol{A} \qquad \text{或} \qquad \boldsymbol{P}=\boldsymbol{I}$$

所以

$$\tilde{\boldsymbol{B}}=\boldsymbol{P}^{-1}\boldsymbol{B}=\boldsymbol{B}=\begin{bmatrix}0 & 1\\ 3 & 2\\ 1 & 0\end{bmatrix}$$

且在 $\tilde{\boldsymbol{B}}=\boldsymbol{P}^{-1}\boldsymbol{B}$ 中，不存在全零行，则系统 $\Sigma(\boldsymbol{A},\boldsymbol{B})$ 是状态完全能控的，即 $(x_1 \quad x_2 \quad x_3)^{\mathrm{T}}\in\boldsymbol{X}_k^+$。

【例 3.4】 设系统为

$$\dot{\boldsymbol{x}}=\begin{bmatrix}\dot{x}_1\\ \dot{x}_2\\ \dot{x}_3\end{bmatrix}=\begin{bmatrix}0 & & \boldsymbol{0}\\ & -2 & \\ \boldsymbol{0} & & -1\end{bmatrix}\begin{bmatrix}x_1\\ x_2\\ x_3\end{bmatrix}+\begin{bmatrix}2\\ 0\\ 1\end{bmatrix}[u]$$

试判别系统的能控性。

解 系统已是对角化规范型，则

$$\tilde{\boldsymbol{B}}=\boldsymbol{P}^{-1}\boldsymbol{B}=\boldsymbol{B}=\begin{bmatrix}2\\ 0\\ 1\end{bmatrix}$$

在 $\tilde{\boldsymbol{B}}=\boldsymbol{P}^{-1}\boldsymbol{B}$ 中，存在全零行，故系统 $\Sigma(\boldsymbol{A},\boldsymbol{B})$ 是状态不完全能控的，且与全零行相对应的状态分量是 x_2，则状态 x_2 是不能控的，即 $(x_1 \quad x_3)^{\mathrm{T}}\in\boldsymbol{X}_k^+$ 和 $(x_2)\in\boldsymbol{X}_k^-$。

应当强调：

(1) 状态不完全能控是指某些状态分量 x_i 是不能控的，而其他的状态分量是能控的。

(2) 状态完全不能控是指所有状态分量 $x_i(i=1,2,\cdots,n)$ 都是不能控的，即 $\boldsymbol{x}\subset\boldsymbol{X}_k^-(t_0,t_\alpha)$。

【例 3.5】　设系统$\Sigma(\boldsymbol{A},\boldsymbol{B})$的状态方程为

$$\dot{\boldsymbol{x}}=\begin{bmatrix}-1 & & \boldsymbol{0}\\ & -2 & \\ \boldsymbol{0} & & a\end{bmatrix}\begin{bmatrix}x_1\\ x_2\\ x_3\end{bmatrix}+\begin{bmatrix}1\\ a+3\\ 1\end{bmatrix}[u]=\boldsymbol{A}\boldsymbol{x}+\boldsymbol{B}\boldsymbol{u}$$

式中，$\boldsymbol{A}$为非奇异矩阵且系统有单特征值。试确定使得系统状态完全能控的参数a的值域。

解　因为系统矩阵$\boldsymbol{A}$为非奇异的条件，则$a\neq 0$。

又，$\boldsymbol{A}$已为对角化规范形式，则由第二判据可得

$$a+3\neq 0 \text{ 即 } a\neq -3$$

再由系统$\Sigma(\boldsymbol{A},\boldsymbol{B})$具有单特征值的假设，则

$$a\neq -1，\quad a\neq -2$$

综上，参数a的值域为$a\neq 0$，-1，-2，-3。

情况二：系统$\Sigma(\boldsymbol{A},\boldsymbol{B})$具有唯一一个$n$重特征值$\lambda_0$。

设$\lambda_i=\lambda_0\ (i=1,2,\cdots,n)$，且$\lambda_0$仅具有一个独立的特征向量，经$\boldsymbol{x}=\boldsymbol{P}\tilde{\boldsymbol{x}}$非奇异变换后，系统状态方程可由式(3-44)化为如下规范型

$$\dot{\tilde{\boldsymbol{x}}}=\tilde{\boldsymbol{A}}\tilde{\boldsymbol{x}}+\tilde{\boldsymbol{B}}\boldsymbol{u}$$

$$\begin{cases}\tilde{\boldsymbol{A}}=\boldsymbol{P}^{-1}\boldsymbol{A}\boldsymbol{P}=\begin{bmatrix}\lambda_0 & 1 & & & \\ & \lambda_0 & 1 & \boldsymbol{0} & \\ & & \lambda_0 & \ddots & \\ & \boldsymbol{0} & & \ddots & 1\\ & & & & \lambda_0\end{bmatrix}\\ \tilde{\boldsymbol{B}}=\boldsymbol{P}^{-1}\boldsymbol{B}\end{cases}\tag{3-46}$$

第二判据表述如下。

定理 3-9　对于具有一个n重特征值λ_0，且仅有一个独立特征向量的$\Sigma(\boldsymbol{A},\boldsymbol{B})$系统，经非奇异变换化为形如式(3-46)的典型约当规范型后，当且仅当变换后的约当矩阵$\tilde{\boldsymbol{A}}$的最后一行所对应的$\tilde{\boldsymbol{B}}=\boldsymbol{P}^{-1}\boldsymbol{B}$中最后一行为非全零行，则该$\Sigma(\boldsymbol{A},\boldsymbol{B})$系统是状态完全能控的。

阐述定理 3-9 的内涵如下。

(1) 若变换后$\tilde{\boldsymbol{B}}=\boldsymbol{P}^{-1}\boldsymbol{B}$中最后一行为全零行，则该系统$\Sigma(\boldsymbol{A},\boldsymbol{B})$是状态不完全能控的，且与全零行对应的状态分量不能控。

(2) 若变换后$\tilde{\boldsymbol{B}}=\boldsymbol{P}^{-1}\boldsymbol{B}$最后一行为全零行，而相毗邻的上一行也为全零行，则系统$\Sigma(\boldsymbol{A},\boldsymbol{B})$也是状态不完全能控的，且与全零行相对应的状态分量都不能控。余类推。

【例 3.6】　设有按特征规范化后的系统状态方程为

$$\dot{\boldsymbol{x}}=\begin{bmatrix}-1 & 1 & 0\\ & -1 & 1\\ \boldsymbol{0} & & -1\end{bmatrix}\begin{bmatrix}x_1\\ x_2\\ x_3\end{bmatrix}+\begin{bmatrix}2 & 1\\ 1 & 0\\ 0 & 0\end{bmatrix}\begin{bmatrix}u_1\\ u_2\end{bmatrix}$$

试判断其状态能控性，若不完全能控，指出哪些状态能控，哪些状态不能控。

解　因为系统已是约当规范型，即

$$\boldsymbol{P}=\boldsymbol{P}^{-1}=\boldsymbol{I}\,,\quad \lambda_i=\lambda_1=\lambda_2=\lambda_3=-1$$

又

$$\tilde{\boldsymbol{B}}=\boldsymbol{P}^{-1}\boldsymbol{B}=\boldsymbol{B}=\begin{bmatrix}2&1\\1&0\\0&0\end{bmatrix}$$

中，第三行为全零行，它相应于约当矩阵的最后一行，故系统$\Sigma(\boldsymbol{A},\boldsymbol{B})$是状态不完全能控的。显然，$\Sigma(\boldsymbol{A},\boldsymbol{B})$中，状态分量$x_3$是不能控的，$(x_3)\in\boldsymbol{X}_k^-$；状态分量$x_1$和$x_2$是能控的，$(x_1\quad x_2)^{\mathrm{T}}\in\boldsymbol{X}_k^+$。

【例 3.7】 有规范化后的系统的状态空间描述为

$$\dot{\boldsymbol{x}}=\begin{bmatrix}-1&1&&\boldsymbol{0}\\&-1&1&\\&&-1&1\\\boldsymbol{0}&&&-1\end{bmatrix}\begin{bmatrix}x_1\\x_2\\x_3\\x_4\end{bmatrix}+\begin{bmatrix}0&0\\0&1\\0&0\\0&0\end{bmatrix}\begin{bmatrix}u_1\\u_2\end{bmatrix}$$

试确定系统中哪些状态分量是能控的，哪些是不能控的。

解 因为系统已按特征值规范化了，即非奇异变换阵可视为

$$\boldsymbol{P}=\boldsymbol{P}^{-1}=\boldsymbol{I}$$

其特征值$\lambda_i=\lambda_0=-1\ (i=1,2,3,4)$为四重特征值，且仅有一个独立特征向量。

由第二判据知，$\tilde{\boldsymbol{B}}=\boldsymbol{P}^{-1}\boldsymbol{B}$最后一行为全零行，故系统是状态不完全能控的。同时可知，与最后一行相毗邻的第三行也是全零行，所以x_3和x_4是不能控的，$(x_3\quad x_4)^{\mathrm{T}}\in\boldsymbol{X}_k^-$。而$x_1$和$x_2$是能控的，$(x_1\quad x_2)^{\mathrm{T}}\in\boldsymbol{X}_k^+$。

情况三：系统$\Sigma(\boldsymbol{A},\boldsymbol{B})$具有多个重特征值$\lambda_i$。

设λ_1，λ_2，…，λ_i，…，λ_l，且

λ_1为m_1重特征值，且具有一个独立特征向量；

λ_2为m_2重特征值，且具有一个独立特征向量；

⋮

λ_i为m_i重特征值，且具有一个独立特征向量；

⋮

λ_l为m_l重特征值，且具有一个独立特征向量。

当然，$m_1+m_2+\cdots+m_i+\cdots+m_l=\sum_{i=1}^{l}m_i\equiv n$。

则经过非奇异线性变换$\boldsymbol{x}=\boldsymbol{P}\tilde{\boldsymbol{x}}$后，其系数矩阵为

$$\tilde{\boldsymbol{A}}=\boldsymbol{P}^{-1}\boldsymbol{A}\boldsymbol{P}=\begin{bmatrix}\boldsymbol{J}_1&\boldsymbol{0}&\cdots&\boldsymbol{0}\\\boldsymbol{0}&\boldsymbol{J}_2&&\boldsymbol{0}\\\vdots&&\ddots&\vdots\\\boldsymbol{0}&\boldsymbol{0}&\cdots&\boldsymbol{J}_l\end{bmatrix}\tag{3-47}$$

其中，$\boldsymbol{J}_i=\begin{bmatrix}\lambda_i & 1 & 0 & \cdots & 0\\ 0 & \lambda_i & 1 & & 0\\ \vdots & & \ddots & \ddots & \vdots\\ \vdots & & & \lambda_i & 1\\ 0 & 0 & \cdots & 0 & \lambda_i\end{bmatrix}_{m_i\times m_i}$ 是特征值为 λ_i（m_i 重）的约当子块矩阵。

同时

$$\tilde{\boldsymbol{B}}=\boldsymbol{P}^{-1}\boldsymbol{B}=\begin{bmatrix}\tilde{\boldsymbol{B}}_1\\ \tilde{\boldsymbol{B}}_2\\ \vdots\\ \tilde{\boldsymbol{B}}_l\end{bmatrix} \tag{3-48}$$

因此，对于多个重特征值系统第二判据如下表述。

定理 3-10　当系统 $\Sigma(\boldsymbol{A},\boldsymbol{B})$ 具有重特征值，且每一重特征值仅具有一个独立特征向量时，则约当规范化后的系统 $\tilde{\Sigma}(\tilde{\boldsymbol{A}},\tilde{\boldsymbol{B}})$ 是状态完全能控的充分必要条件是：变换后的输入矩阵 $\tilde{\boldsymbol{B}}=\boldsymbol{P}^{-1}\boldsymbol{B}$ 中相应于每一个特征值 $\lambda_i(i=1,2,\cdots,l)$ 的约当子块的最后一行所对应的行均为非全零行。

若变换后 $\tilde{\boldsymbol{B}}=\boldsymbol{P}^{-1}\boldsymbol{B}$ 中某一约当子块的最后一行所对应的行为全零行，则系统是状态不完全能控的。

定理 3-10 的内涵阐述与定理 3-9 相同，只不过是将其延伸到每一个约当子块中而已。

【例 3.8】　若时不变系统描述为

$$\dot{\tilde{\boldsymbol{x}}}=\begin{bmatrix}\dot{\tilde{x}}_1\\ \dot{\tilde{x}}_2\\ \dot{\tilde{x}}_3\\ \dot{\tilde{x}}_4\end{bmatrix}=\begin{bmatrix}-4 & 1 & & \boldsymbol{0}\\ 0 & -4 & & \\ & & -1 & 1\\ \boldsymbol{0} & & 0 & -1\end{bmatrix}\begin{bmatrix}\tilde{x}_1\\ \tilde{x}_2\\ \tilde{x}_3\\ \tilde{x}_4\end{bmatrix}+\begin{bmatrix}0 & 0 & 0\\ 0 & 0 & 2\\ 1 & 0 & 0\\ 0 & 0 & 0\end{bmatrix}\begin{bmatrix}u_1\\ u_2\\ u_3\end{bmatrix}$$

试判断系统的状态能控性。

解　因为 $\tilde{\boldsymbol{A}}=\boldsymbol{P}^{-1}\boldsymbol{A}\boldsymbol{P}$ 已为约当规范型，与每个约当子块矩阵最后一行相对应的行是 $\tilde{x}_2$，$\tilde{x}_4$；由定理 3-10，因为存在全零行，所以系统 $\tilde{\Sigma}(\tilde{\boldsymbol{A}},\tilde{\boldsymbol{B}})$ 是状态不完全能控的，且与全零行相对应的状态分量 $\tilde{x}_4$ 是不能控的，即 $\tilde{x}_4\in\boldsymbol{X}_k^-$ 而其余分量是能控的，即 $(\tilde{x}_1\quad\tilde{x}_2\quad\tilde{x}_3)^{\mathrm{T}}\in\boldsymbol{X}_k^+$。

情况四： 系统 $\Sigma(\boldsymbol{A},\boldsymbol{B})$ 同时具有单特征值和多重特征值，即包含情况一到情况三，经过非奇异线性变换 $\boldsymbol{x}=\boldsymbol{P}\tilde{\boldsymbol{x}}$ 后，其系数矩阵为

$$\begin{cases}\tilde{\boldsymbol{A}}=\boldsymbol{P}^{-1}\boldsymbol{A}\boldsymbol{P}=\begin{bmatrix}\boldsymbol{D} & \boldsymbol{0} & \cdots & \boldsymbol{0}\\ \boldsymbol{0} & \boldsymbol{J}_1 & & \boldsymbol{0}\\ \vdots & & \ddots & \vdots\\ \boldsymbol{0} & \boldsymbol{0} & \cdots & \boldsymbol{J}_l\end{bmatrix}_{n\times n}\\ \tilde{\boldsymbol{B}}=\boldsymbol{P}^{-1}\boldsymbol{B}=\begin{bmatrix}\tilde{\boldsymbol{B}}_D\\ \tilde{\boldsymbol{B}}_1\\ \vdots\\ \tilde{\boldsymbol{B}}_l\end{bmatrix}\end{cases} \tag{3-49}$$

其中，$\boldsymbol{D}$ 为对角线子块阵(对应于互不相等特征值部分)；$\boldsymbol{J}_i$ 为 Jordan 子块(对应于重特征值部分)。

显然，非奇异变换矩阵 $\boldsymbol{P}$ 必定为块矩阵，且

$$\boldsymbol{P}=\begin{bmatrix} \boldsymbol{P}_D & \boldsymbol{0} & \cdots & \boldsymbol{0} \\ \boldsymbol{0} & \boldsymbol{P}_{J_1} & & \boldsymbol{0} \\ \vdots & & \ddots & \vdots \\ \boldsymbol{0} & \boldsymbol{0} & \cdots & \boldsymbol{P}_{J_l} \end{bmatrix}_{n\times n}$$

式中，$\boldsymbol{P}_D$ 为使得单特征值对角线化的变换子块矩阵；$\boldsymbol{P}_{J_1}$ 为使得重特征值约当标准化的变换子块矩阵。

因此，可同时运用定理 3-8、定理 3-9 和定理 3-10 来确定系统的能控性。

【例 3.9】　若系统按特征值已规范化为

$$\dot{\tilde{\boldsymbol{x}}}=\begin{bmatrix} \dot{\tilde{x}}_1 \\ \dot{\tilde{x}}_2 \\ \dot{\tilde{x}}_3 \\ \dot{\tilde{x}}_4 \\ \dot{\tilde{x}}_5 \\ \dot{\tilde{x}}_6 \\ \dot{\tilde{x}}_7 \end{bmatrix}=\begin{bmatrix} -1 & 0 & & & & & \boldsymbol{0} \\ 0 & -2 & & & & & \\ & & -3 & 1 & 0 & & \\ & & 0 & -3 & 1 & & \\ & & 0 & 0 & -3 & & \\ & & & & & -5 & 1 \\ \boldsymbol{0} & & & & & 0 & -5 \end{bmatrix}\begin{bmatrix} \tilde{x}_1 \\ \tilde{x}_2 \\ \tilde{x}_3 \\ \tilde{x}_4 \\ \tilde{x}_5 \\ \tilde{x}_6 \\ \tilde{x}_7 \end{bmatrix}+\begin{bmatrix} 0 & 0 \\ 1 & 0 \\ 2 & 3 \\ 3 & 0 \\ 0 & 0 \\ 0 & 0 \\ 0 & 1 \end{bmatrix}\begin{bmatrix} u_1 \\ u_2 \end{bmatrix}$$

试判断系统状态的能控性。

解　因为 $\tilde{\boldsymbol{A}}$ 已是规范型，可直接应用第二判据。

对于第一个对角线子块，由定理 3-8 可知 $\tilde{x}_1$ 为不能控的，而 $\tilde{x}_2$ 是能控的；

对于第二个和第三个约当子块，由定理 3-9 可以判知 $\tilde{x}_5$ 是不能控的，而 $\tilde{x}_3$、$\tilde{x}_4$ 和 $\tilde{x}_6$、$\tilde{x}_7$ 都是能控的。

综上，该系统 $\Sigma\left(\tilde{\boldsymbol{A}},\tilde{\boldsymbol{B}}\right)$ 是状态不完全能控的，且 $\tilde{x}_1$ 和 $\tilde{x}_5$ 是不能控的，即 $\left(\tilde{x}_1 \quad \tilde{x}_5\right)^{\mathrm{T}}\in \boldsymbol{X}_k^-$，而 $\left(\tilde{x}_2 \quad \tilde{x}_3 \quad \tilde{x}_4 \quad \tilde{x}_6 \quad \tilde{x}_7\right)^{\mathrm{T}}\in \boldsymbol{X}_k^+$ 是能控的。

情况五：能控性第二判据在特殊约当规范型中的表述。

这里所谓“特殊约当规范型”是指区别于情况二的约当规范型，即指 n 维时不变系统仅有一个 n 重特征值 λ_0，但 λ_0 不具有唯一的独立特征向量，而是有 2 个或多个独立的特征向量的情况。出现这种情况，则 n 重特征值的系统规范型就不再是情况二那样的典型约当矩阵，由矩阵理论可知，则是由 2 个或多个约当子块构成的广义对角线约当子块阵，见式(3-50)。

$$\begin{cases} \tilde{\boldsymbol{A}} = \boldsymbol{P}^{-1}\boldsymbol{A}\boldsymbol{P} = \begin{bmatrix} \boldsymbol{J}_1 & & & & & \\ & \boldsymbol{J}_2 & & & \boldsymbol{0} & \\ & & \ddots & & & \\ & & & \boldsymbol{J}_k & & \\ & \boldsymbol{0} & & & \ddots & \\ & & & & & \boldsymbol{J}_\sigma \end{bmatrix} \\ \tilde{\boldsymbol{B}} = \boldsymbol{P}^{-1}\boldsymbol{B} = \begin{bmatrix} \tilde{\boldsymbol{B}}_1 \\ \tilde{\boldsymbol{B}}_2 \\ \vdots \\ \tilde{\boldsymbol{B}}_k \\ \vdots \\ \tilde{\boldsymbol{B}}_r \end{bmatrix} \end{cases} \tag{3-50}$$

其中，$\boldsymbol{J}_k\left(k=1,2,\cdots,\sigma\right)$ 均为维数不一定相同的约当子块阵；各约当子块 $\boldsymbol{J}_k\left(k=1,2,\cdots,\sigma\right)$ 都具有相同特征值 λ_0。

下面以例说明。

设有一个五维时不变系统 $\Sigma\left(\boldsymbol{A},\boldsymbol{B}\right)$：

$$\dot{\boldsymbol{x}} = \boldsymbol{A}\boldsymbol{x} + \boldsymbol{B}\boldsymbol{u}$$

假定其特征值为：$\lambda_1 = \lambda_2 = \lambda_3 = \lambda_4 = \lambda_5 \equiv \lambda_0$，即代数重数为 $\alpha = 5$；那么它的广义约当规范型将随着特征值 λ_0 的独立特征向量个数，即随 λ_0 的几何重数 β 的不同而有以下几种表达形式。

设定代数重数记为 α，几何重数记为 β，有

(1) 若 $\alpha = 5$，$\beta = 1$（具有唯一的独立特征向量）。

则

$$\tilde{\boldsymbol{A}} = \boldsymbol{P}^{-1}\boldsymbol{A}\boldsymbol{P} = \begin{bmatrix} \lambda_0 & 1 & & & \\ & \lambda_0 & 1 & \boldsymbol{0} & \\ & & \lambda_0 & 1 & \\ & \boldsymbol{0} & & \lambda_0 & 1 \\ & & & & \lambda_0 \end{bmatrix}$$

即 $\tilde{\boldsymbol{A}}$ 就是一个典型的约当矩阵。

(2) 若 $\alpha = 5$，$\beta = 2$（有两个独立特征向量）。

则

$$\tilde{\boldsymbol{A}} = \left[\begin{array}{c|cccc} \lambda_0 & & & & \boldsymbol{0} \\ \hline & \lambda_0 & 1 & & \\ & & \lambda_0 & 1 & \\ \boldsymbol{0} & & & \lambda_0 & 1 \\ & \boldsymbol{0} & & & \lambda_0 \end{array}\right] \quad 或 \quad \tilde{\boldsymbol{A}} = \left[\begin{array}{cc|ccc} \lambda_0 & 1 & & & \\ 0 & \lambda_0 & & \boldsymbol{0} & \\ \hline & & \lambda_0 & 1 & 0 \\ & \boldsymbol{0} & & \lambda_0 & 1 \\ & & \boldsymbol{0} & & \lambda_0 \end{array}\right]$$

即 $\tilde{\boldsymbol{A}}$ 中包含有 2 个约当子块阵。

(3) 若 $\alpha = 5$，$\beta = 3$（有三个独立特征向量）。

则 $\tilde{\boldsymbol{A}}=\begin{bmatrix} \lambda_0 & & & & \\ & \lambda_0 & & & \\ & & \lambda_0 & 1 & 0 \\ & & & \lambda_0 & 1 \\ & & & & \lambda_0 \end{bmatrix}$ 或 $\tilde{\boldsymbol{A}}=\begin{bmatrix} \lambda_0 & & & & \\ & \lambda_0 & 1 & & \\ & & \lambda_0 & & \\ & & & \lambda_0 & 1 \\ & & & & \lambda_0 \end{bmatrix}$

即 $\tilde{\boldsymbol{A}}$ 中包含有 3 个约当子块阵。

(4) 若 $\alpha=5$，$\beta=4$ (有四个独立特征向量)。

则 $$\tilde{\boldsymbol{A}}=\begin{bmatrix} \lambda_0 & & & & \\ & \lambda_0 & & & \\ & & \lambda_0 & & \\ & & & \lambda_0 & 1 \\ & & & & \lambda_0 \end{bmatrix}$$

即 $\tilde{\boldsymbol{A}}$ 中包含有 4 个约当子块阵。

(5) 若 $\alpha=5$，$\beta=5$ (有五个独立特征向量)。

则 $$\tilde{\boldsymbol{A}}=\begin{bmatrix} \lambda_0 & & & & \\ & \lambda_0 & & \boldsymbol{0} & \\ & & \lambda_0 & & \\ & \boldsymbol{0} & & \lambda_0 & \\ & & & & \lambda_0 \end{bmatrix}$$

可见，当代数重数 α 与几何重数 β 相等时，则系统由约当型完全蜕化为对角线型了，$\tilde{\boldsymbol{A}}$ 包含了 5 个约当子块阵。

下面将针对式(3-50)给出能控性第二判据的表述。

定理 3-11　对于时不变标量系统(单输入/单输出系统)，若经非奇异变换后对应于每一个约当子块 $\boldsymbol{J}_k\left(k=1,2,\cdots,\sigma\right)$ 最后一行的 $\tilde{\boldsymbol{B}}=\boldsymbol{P}^{-1}\boldsymbol{B}$ 中的那些行均为非全零行，由于非全零行各元均为常数必然线性相关，则标量系统 $\Sigma\left(\boldsymbol{A},\boldsymbol{B}\right)$ 是状态不完全能控的。

定理 3-12　对于时不变多变量系统(多输入/多输出系统)，若经非奇异变换后对应于每一个约当子块 $\boldsymbol{J}_k\left(k=1,2,\cdots,\sigma\right)$ 最后一行的 $\tilde{\boldsymbol{B}}=\boldsymbol{P}^{-1}\boldsymbol{B}$ 中的那些行均为非全零行，且这些非全零行又不具有线性相关性，则多变量系统 $\tilde{\Sigma}\left(\tilde{\boldsymbol{A}},\tilde{\boldsymbol{B}}\right)$ 是状态完全能控的。

定理 3-13　对于时不变多变量系统，若经非奇异变换后对应于每一个约当子块 $\boldsymbol{J}_k\left(k=1,2,\cdots,\sigma\right)$ 最后一行的 $\tilde{\boldsymbol{B}}=\boldsymbol{P}^{-1}\boldsymbol{B}$ 中的那些行为非全零行，但如果这些非全零行中存在有线性相关性的行，则多变量系统 $\tilde{\Sigma}\left(\tilde{\boldsymbol{A}},\tilde{\boldsymbol{B}}\right)$ 是状态不完全能控的。

定理 3-14　无论是标量系统或多变量系统，若经非奇异变换后对应于每一个约当子块 $\boldsymbol{J}_k\left(k=1,2,\cdots,\sigma\right)$ 的最后一行的 $\tilde{\boldsymbol{B}}=\boldsymbol{P}^{-1}\boldsymbol{B}$ 中的那些行出现有全零行，则该系统 $\tilde{\Sigma}\left(\tilde{\boldsymbol{A}},\tilde{\boldsymbol{B}}\right)$ 是状态不完全能控的，且全零行所对应的状态分量是不能控的。进一步的推论同于定理 3-9 中的内涵阐述。

【例 3.10】　有标量系统 $\Sigma\left(\boldsymbol{A},\boldsymbol{B}\right)$ 的状态方程为

$$\dot{\boldsymbol{x}} = \left[\begin{array}{cc:c} -2 & 1 & 0 \\ 0 & -2 & 0 \\ \hdashline 0 & 0 & -2 \end{array}\right]\begin{bmatrix} x_1 \\ x_2 \\ x_3 \end{bmatrix} + \begin{bmatrix} 0 \\ 1 \\ 1 \end{bmatrix}[u]$$

试判断系统能控性。

解 系统已是广义的约当规范型，且为标量系统。系统具有三重特征值(−2)，且有 2 个独立特征向量。由第二判据定理 3-11，系统$\Sigma(\boldsymbol{A},\boldsymbol{B})$的 2 个约当子块最后一行相应的$\tilde{\boldsymbol{B}} = \boldsymbol{P}^{-1}\boldsymbol{B}$中的行为$[1]$和$[1]$，均为非全零行，但线性相关，故系统$\Sigma(\boldsymbol{A},\boldsymbol{B})$为状态不完全能控的。

【例 3.11】 有三维系统状态方程为

$$\dot{\boldsymbol{x}} = \left[\begin{array}{cc:c} -1 & 1 & 0 \\ 0 & -1 & 0 \\ \hdashline 0 & 0 & -1 \end{array}\right]\begin{bmatrix} x_1 \\ x_2 \\ x_3 \end{bmatrix} + \begin{bmatrix} 1 & 0 \\ 1 & 1 \\ 1 & 1 \end{bmatrix}\begin{bmatrix} u_1 \\ u_2 \end{bmatrix}$$

试利用第二判据确定系统的能控性。

解 系统已为广义约当规范型，且为多变量系统。系统特征值(−1)为三重特征值。系统具有 2 个独立特征向量。即有 2 个约当子块阵，属于特殊约当规范型。由第二判据定理 3-13，与该系统两约当子块最后一行相对应的$\boldsymbol{B}$阵中的行为$[1 \quad 1]$和$[1 \quad 1]$，是非全零行，但满足线性相关性，则该系统是状态不完全能控的。

事实上，利用能控性第一判据可以验证。

因为

$$\boldsymbol{Q}_k = \left[\boldsymbol{B} \mid \boldsymbol{AB} \mid \boldsymbol{A}^2\boldsymbol{B}\right] = \left[\begin{array}{cc:cc:cc} 1 & 0 & 0 & 1 & -1 & -2 \\ 1 & 1 & -1 & -1 & 1 & 1 \\ 1 & 1 & -1 & -1 & 1 & 1 \end{array}\right]$$

有

$$\operatorname{rank} \boldsymbol{Q}_k = \operatorname{rank}\left[\begin{array}{cc:cc:cc} 1 & 0 & 0 & 1 & -1 & -2 \\ 1 & 1 & -1 & -1 & 1 & 1 \\ 1 & 1 & -1 & -1 & 1 & 1 \end{array}\right] = 2 < n = 3$$

所以，$\Sigma(\boldsymbol{A},\boldsymbol{B}) \in \boldsymbol{X}_k^+ \cup \boldsymbol{X}_k^-$，结论是一致的。

【例 3.12】 系统$\Sigma(\boldsymbol{A},\boldsymbol{B})$为

$$\dot{\boldsymbol{x}} = \left[\begin{array}{c:cc} -1 & 0 & 0 \\ \hdashline 0 & -1 & 1 \\ 0 & 0 & -1 \end{array}\right]\begin{bmatrix} x_1 \\ x_2 \\ x_3 \end{bmatrix} + \begin{bmatrix} 0 & 1 \\ 1 & 0 \\ 1 & 1 \end{bmatrix}\begin{bmatrix} u_1 \\ u_2 \end{bmatrix}$$

试判定系统能控性。

解 系统仍为特殊约定规范型。(−1)为三重特征值，且有 2 个独立特征向量。由第二判据定理 3-12，与该系统两约当子块最后一行相对应的$\boldsymbol{B}$阵中的行为$[0 \quad 1]$和$[1 \quad 1]$，是非全零行，且是线性无关的，所以该$\Sigma(\boldsymbol{A},\boldsymbol{B})$系统是状态完全能控的。

同样可用能控阵$\boldsymbol{Q}_k$加以验证结论的正确性。

【例 3.13】 有多变量时不变系统$\Sigma(\boldsymbol{A},\boldsymbol{B})$为

$$\dot{\boldsymbol{x}}=\begin{bmatrix}-3 & & & \boldsymbol{0}\\ & -3 & & \\ & & -3 & \\ \boldsymbol{0} & & & -3\end{bmatrix}\begin{bmatrix}x_1\\x_2\\x_3\\x_4\end{bmatrix}+\begin{bmatrix}0&1&0\\1&0&1\\0&0&0\\1&0&0\end{bmatrix}\boldsymbol{u}$$

试确定系统哪些状态是能控的。

解 此系统是一个四维系统，已经过非奇异变换为规范型。系统具有四重特征值(−3)。由于相应于第三个约当子块最后一行的$\boldsymbol{B}$阵中的行为全零行，所以该$\Sigma(\boldsymbol{A},\boldsymbol{B})$系统是状态不完全能控的，且对应的状态分量$x_3$不能控，而$x_1$、$x_2$和$x_4$是能控的，即$(x_3)\in \boldsymbol{X}_k^-$，而$(x_1\quad x_2\quad x_4)^{\mathrm{T}}\in \boldsymbol{X}_k^+$。

【例 3.14】 设有时不变系统$\Sigma(\boldsymbol{A},\boldsymbol{B})$状态方程为

$$\dot{\boldsymbol{x}}=\left[\begin{array}{cc|c|c|ccc}\lambda_1 & 1 & & & & & \\ & \lambda_1 & & & & \boldsymbol{0} & \\ \hline & & \lambda_1 & & & & \\ \hline & & & \lambda_1 & & & \\ \hline & & & & \lambda_2 & 1 & \\ & \boldsymbol{0} & & & & \lambda_2 & 1\\ & & & & & & \lambda_2\end{array}\right]\begin{bmatrix}x_1\\x_2\\x_3\\x_4\\x_5\\x_6\\x_7\end{bmatrix}+\begin{bmatrix}0&0&0\\1&0&0\\0&1&0\\0&0&1\\0&0&0\\0&1&0\\1&0&0\end{bmatrix}\begin{bmatrix}u_1\\u_2\\u_3\end{bmatrix}$$

试讨论时不变系统$\Sigma(\boldsymbol{A},\boldsymbol{B})$的能控性。

解 系统状态方程已经是按特征值规范化形式。系统$\Sigma(\boldsymbol{A},\boldsymbol{B})$是一个 7 维三输入的多变量系统。具有 2 个不同的特征值λ_1和λ_2，同时

λ_1为四重特征值，且有 3 个独立特征向量($\alpha=4$，$\beta=3$)；

λ_2为三重特征值，且仅有 1 个独立特征向量($\alpha=3$，$\beta=1$)。

对于特征值λ_1而言，与每一个约当子块最后一行相对应的$\boldsymbol{B}$阵中的行均是非全零行，且相互间线性无关，所以x_1、x_2、x_3和x_4都是状态完全能控的，即$(x_1\quad x_2\quad x_3\quad x_4)^{\mathrm{T}}\in \boldsymbol{X}_k^+$。

对于特征值λ_2而言，仅有一个约当子块，其最后一行所对应的$\boldsymbol{B}$阵的行是非全零行，所以x_5、x_6和x_7也是状态完全能控的，$(x_5\quad x_6\quad x_7)^{\mathrm{T}}\in \boldsymbol{X}_k^+$。

结论：该系统$\Sigma(\boldsymbol{A},\boldsymbol{B})$是状态完全能控的，$\boldsymbol{x}\in \boldsymbol{X}_k^+$。

最后需要强调的是，线性时不变系统$\Sigma(\boldsymbol{A},\boldsymbol{B})$的能控性判据仅适用于时不变系统，而不能用于时变系统$\Sigma[\boldsymbol{A}(t),\boldsymbol{B}(t)]$能控性的判断。工程系统中，有一类特殊的时变系统，即其系统矩阵$\boldsymbol{A}$是常阵，而输入矩阵$\boldsymbol{B}(t)$为时变的，记为$\Sigma[\boldsymbol{A},\boldsymbol{B}(t)]$系统。显然，这类系统有许多特性，如特征值$\lambda_i$，状态转移阵$\boldsymbol{\Phi}(t_0,t)$等都可以方便地类似时不变系统求得。但是系统的能控性则只能按时变系统进行判断。

比如，有时变系统$\Sigma[\boldsymbol{A},\boldsymbol{B}(t)]$

$$\dot{\boldsymbol{x}}=\begin{bmatrix}-1 & 0\\ 0 & -2\end{bmatrix}\boldsymbol{x}+\begin{bmatrix}\mathrm{e}^{-t}\\ \mathrm{e}^{-2t}\end{bmatrix}[u]$$

$\boldsymbol{A}(t)=\boldsymbol{A}=\begin{bmatrix}-1 & 0\\ 0 & -2\end{bmatrix}$，故特征值 $\lambda_1=-1$，$\lambda_2=-2$。

$$\boldsymbol{\Phi}(t,t_0)=\boldsymbol{\Phi}(t-t_0)=\begin{bmatrix}\mathrm{e}^{-(t-t_0)} & 0\\ 0 & \mathrm{e}^{-2(t-t_0)}\end{bmatrix}$$

考查能控性则不能按时不变系统的第二判据推证。不能因为 $\boldsymbol{B}(t)=\begin{bmatrix}\mathrm{e}^{-t}\\ \mathrm{e}^{-2t}\end{bmatrix}$ 无全零行，而给出系统状态完全能控的判断。而只能按时变系统判据推证，例如考查是否 $\boldsymbol{\Phi}(t_0,t)\boldsymbol{B}(t)$ 为行线性相关。即

$$\boldsymbol{\Phi}(t_0,t)=\boldsymbol{\Phi}(t_0-t)=\begin{bmatrix}\mathrm{e}^{-(t_0-t)} & 0\\ 0 & \mathrm{e}^{-2(t_0-t)}\end{bmatrix}$$

所以

$$\boldsymbol{\Phi}(t_0,t)\boldsymbol{B}(t)=\begin{bmatrix}\mathrm{e}^{-(t_0-t)} & 0\\ 0 & \mathrm{e}^{-2(t_0-t)}\end{bmatrix}\begin{bmatrix}\mathrm{e}^{-t}\\ \mathrm{e}^{-2t}\end{bmatrix}=\begin{bmatrix}\mathrm{e}^{-t_0}\\ \mathrm{e}^{-2t_0}\end{bmatrix}$$

显然，$\boldsymbol{\Phi}(t_0,t)\boldsymbol{B}(t)$ 是行线性相关的，故时变系统 $\Sigma\left[\boldsymbol{A},\boldsymbol{B}(t)\right]$ 是状态不完全能控的。

3.3　线性定常系统输出能控性

能控性一般是指系统状态的能控性。但是在一些特殊情况下，也会讨论系统输出的能控性。必须注意的是输出能控性不等价于状态能控性，即状态能控性不能说明输出能控性，反过来也是一样。这一点很容易从系统输出方程 $\boldsymbol{y}=\boldsymbol{C}\boldsymbol{x}+\boldsymbol{D}\boldsymbol{u}$ 加以说明。一方面状态 $\boldsymbol{x}$ 影响了输出 $\boldsymbol{y}$，另一方面系统的结构也会影响输出 $\boldsymbol{y}$。

3.3.1　输出能控性定义

输出能控性的定义类似于状态能控性的定义。

设 n 维系统 $\Sigma(\boldsymbol{A},\boldsymbol{B})$ 为

$$\begin{cases}\dot{\boldsymbol{x}}=\boldsymbol{A}\boldsymbol{x}+\boldsymbol{B}\boldsymbol{u}\\ \boldsymbol{y}=\boldsymbol{C}\boldsymbol{x}+\boldsymbol{D}\boldsymbol{u}\end{cases}\qquad t\in[t_0,\infty)$$

如果对于 $t_0<t_\alpha<\infty$（即在有限时间 t_α 内），存在适当的输入控制函数 $\boldsymbol{u}(t)$ 使得非零初始输出 $\boldsymbol{y}(t_0)$ 能够转移到目标输出 $\boldsymbol{y}(t_\alpha)=\boldsymbol{0}$，则系统 $\Sigma(\boldsymbol{A},\boldsymbol{B})$ 称为输出是完全能控的。

3.3.2　输出能控性判据

定理 3-15　输出完全能控的充分必要条件是输出能控性矩阵 $\boldsymbol{Q}_{ky}$ 满秩，即

$$\text{rank}\boldsymbol{Q}_{ky} = m = \text{满秩} \tag{3-51}$$

其中

$$\boldsymbol{Q}_{ky} = \left[\boldsymbol{CB} \mid \boldsymbol{CAB} \mid \boldsymbol{CA}^2\boldsymbol{B} \mid \cdots \mid \boldsymbol{CA}^{n-1}\boldsymbol{B} \mid \boldsymbol{D}\right]_{m\times(n+1)r} \tag{3-52}$$

注意到 $\boldsymbol{A}$ 为 $n\times n$ 矩阵，$\boldsymbol{B}$ 为 $n\times r$ 矩阵，$\boldsymbol{C}$ 为 $m\times n$ 矩阵，$\boldsymbol{D}$ 为 $m\times r$ 矩阵，且 $r\leqslant n$，$m\leqslant n$，所以 $\boldsymbol{Q}_{ky}$ 满秩是 m。

【例 3.15】 设系统为

$$\begin{cases} \dot{\boldsymbol{x}} = \begin{bmatrix} \dot{x}_1 \\ \dot{x}_2 \end{bmatrix} = \begin{bmatrix} -4 & 1 \\ 2 & -3 \end{bmatrix}\begin{bmatrix} x_1 \\ x_2 \end{bmatrix} + \begin{bmatrix} 1 \\ 2 \end{bmatrix}[u] \\ \boldsymbol{y} = [y] = [1 \quad 0]\boldsymbol{x}, \qquad \boldsymbol{D} = \boldsymbol{0} \end{cases}$$

试判断系统的输出能控性。

解 这是一个 2 维标量系统，$m=1$，$r=1$，$n=2$，故

$$\boldsymbol{Q}_{ky} = [\boldsymbol{CB} \mid \boldsymbol{CAB} \mid \boldsymbol{D}], \qquad \boldsymbol{D} = \boldsymbol{0}$$

则

$$\boldsymbol{CB} = [1 \quad 0]\begin{bmatrix} 1 \\ 2 \end{bmatrix} = 1$$

$$\boldsymbol{CAB} = [1 \quad 0]\begin{bmatrix} -4 & 1 \\ 2 & -3 \end{bmatrix}\begin{bmatrix} 1 \\ 2 \end{bmatrix} = -2$$

$$\boldsymbol{Q}_{ky} = [1 \quad -2 \quad 0]$$

即

$$\text{rank}\boldsymbol{Q}_{ky} = 1 = m$$

因此系统是输出完全能控的。

进一步考查状态能控性，有

$$\boldsymbol{Q}_k = [\boldsymbol{B} \mid \boldsymbol{AB}]$$

$$\boldsymbol{AB} = \begin{bmatrix} -4 & 1 \\ 2 & -3 \end{bmatrix}\begin{bmatrix} 1 \\ 2 \end{bmatrix} = \begin{bmatrix} -2 \\ -4 \end{bmatrix}$$

所以

$$\boldsymbol{Q}_k = \begin{bmatrix} 1 & -2 \\ 2 & -4 \end{bmatrix}$$

显然

$$\det \boldsymbol{Q}_k = 0$$

即

$$\text{rank}\boldsymbol{Q}_{ky} = 1 \neq 2 = n$$

故系统是状态不完全能控的。

综上，该系统是状态不完全能控的，而输出却是完全能控的。

此例也说明了系统的状态能控性和输出能控性是不等价的。

3.4　线性系统能观性定义

在本章引言中已提到系统状态的能观性是现代控制理论中的另一个重要的基本概念。能观性是指通过对系统输出 $\boldsymbol{y}$ 的量测，来确定系统状态 $\boldsymbol{x}$ 的可能性。下面，给出线性连续时间系统能观性的定义。

3.4.1　定义

假设存在一个线性连续系统 $\Sigma\left[\boldsymbol{A}(t),\boldsymbol{B}(t),\boldsymbol{C}(t)\right]$，或 $\Sigma(\boldsymbol{A},\boldsymbol{C})$，且 $t\in[t_0,\infty)$。如果在有限时间内，即 $t_0<t<t_\alpha<\infty$，能够通过量测系统的输出值 $\boldsymbol{y}(t)$ 完全确定系统的任意初始状态 $\boldsymbol{x}(t_0)$，则称该系统状态是完全能观测的。

3.4.2　对定义的解释

1. 能观性(Observability)

“能观性”是指在有限时间 $\left[t_0,t_\alpha\right]$ 内，通过量测系统输出 $\boldsymbol{y}(t)$ 能够确定初始状态 $\boldsymbol{x}(t_0)$。反过来，如果在有限时间 $\left[t_0,t_\alpha\right]$ 内，通过量测系统输出 $\boldsymbol{y}(t)$ 可以确定(预测)终端状态 $\boldsymbol{x}(t_\alpha)$，则称该系统为状态完全能重构的，即为重构性(Reconstructability)。

2. 能观性和重构性的实际意义

对于恒值系统来说，利用“能观性”可以判断系统初始状态的设置是否合理。对于随动伺服系统而言，利用“重构性”可以预测系统的终端状态 $\boldsymbol{x}(t_\alpha)$ 是否能达到期望的目标状态。

要指出的是，利用“重构性”除了预测系统的终端状态外，工程系统中更多的是利用“重构性”去合理重构系统状态，使实际系统的状态反馈得以实现。

对于线性系统，状态能观性等价于状态能重构性。

3. “完全能观”和“完全能控”的概念类似，也具有 3 种含义

(1) 在整个时间定义域上都是状态能观的。

(2) 所有状态分量 $x_i(t)\left(i=1,2,\cdots,n\right)$ 都是能观的。

(3) 在整个状态空间中都是能观的。

同样地，可以证明，对于一个线性系统，在时域 $\left[t_0,t_\alpha\right]$ 内，系统是状态完全能观的。因此，本书讨论的状态完全能观，是指系统状态 $\boldsymbol{x}(t)$ 的每一个分量 x_i 都是完全能观的或在整个状态空间是能观的。

4. 外部确定性扰动 $\boldsymbol{f}(t)$ 作用于系统，不会破坏系统的能观性

即系统

$$\begin{cases}\dot{\boldsymbol{x}}=\boldsymbol{A}(t)\boldsymbol{x}+\boldsymbol{B}(t)\boldsymbol{u}\\ \boldsymbol{y}=\boldsymbol{C}(t)\boldsymbol{x}+\boldsymbol{D}(t)\boldsymbol{u}\end{cases}\tag{3-53}$$

与系统

$$\begin{cases}\dot{\boldsymbol{x}}=\boldsymbol{A}(t)\boldsymbol{x}+\boldsymbol{B}(t)\boldsymbol{u}+\boldsymbol{f}(t)\\ \boldsymbol{y}=\boldsymbol{C}(t)\boldsymbol{x}+\boldsymbol{D}(t)\boldsymbol{u}\end{cases} \tag{3-54}$$

具有相同的能观性。

式(3-54)中的 $\boldsymbol{f}(t)$ 为具有绝对平方可积的外部确定性扰动。

5. 能观性的不变性原理

对线性系统而言，任何非奇异线性变换和线性运算都不会破坏原系统的能观性。

比如，如果 $\boldsymbol{x}(t_0)$ 是完全能观的，则 $\tilde{\boldsymbol{x}}(t_0)=\boldsymbol{P}^{-1}\boldsymbol{x}(t_0)$ 也是完全能观的。其中 $\boldsymbol{P}^{-1}$ 为非奇异矩阵。

又如 $\boldsymbol{x}_1(t_0)$ 和 $\boldsymbol{x}_2(t_0)$ 均为完全能观的，则 $a\boldsymbol{x}_1(t_0)$ 和 $\left[a\boldsymbol{x}_1(t_0)+b\boldsymbol{x}_2(t_0)\right]$ 都是完全能观的，其中，a、b 为常数。

6. 在状态空间中，系统所有的能观状态分量 $x_i(t)$ 构成的子空间称为能观子空间，标记为 $\boldsymbol{X}_g^+(t_0,t_\alpha)$

$\boldsymbol{X}_g^+(t_0,t_\alpha)$ 的性质如下。

(1) $\boldsymbol{X}_g^+(t_0,t_\alpha)\subset\boldsymbol{X}$，$\boldsymbol{X}$ 为整个状态空间。

(2) 若 $\boldsymbol{X}_g^+(t_0,t_\alpha)\equiv\boldsymbol{X}$，即能观子空间充满整个状态空间，则系统是状态完全能观的。

(3) 能观性的不变性原理适用于能观子空间。

7. 若 $\boldsymbol{X}_g^+(t_0,t_\alpha)$ 不能充满整个状态空间 $\boldsymbol{X}$，则与能观子空间 $\boldsymbol{X}_g^+(t_0,t_\alpha)$ 正交的子空间称为不能观子空间，记为 $\boldsymbol{X}_g^-(t_0,t_\alpha)$

$\boldsymbol{X}_g^-(t_0,t_\alpha)$ 的性质如下。

(1) $\boldsymbol{X}_g^-(t_0,t_\alpha)\subset\boldsymbol{X}$。

(2) 由正交性的数学定义可知，$\boldsymbol{X}_g^+(t_0,t_\alpha)\perp\boldsymbol{X}_g^-(t_0,t_\alpha)$。

(3) 若 $\boldsymbol{X}_g^-(t_0,t_\alpha)\equiv\boldsymbol{X}$，即不能观子空间充满整个状态空间，则系统是完全不能观的。

(4) 观测性的不变性原理适用于不能观子空间。

8. “状态完全不能观”意味着零输入响应 $\boldsymbol{y}_x$ 为 $\boldsymbol{0}$

$$\begin{aligned}\boldsymbol{y}(t)&=\boldsymbol{C}(t)\boldsymbol{x}+\boldsymbol{D}(t)\boldsymbol{u}\\ &=\boldsymbol{C}(t)\boldsymbol{\Phi}(t,t_0)\boldsymbol{x}(t_0)+\int_{t_0}^{t}\boldsymbol{C}(t)\boldsymbol{\Phi}(t,\tau)\boldsymbol{B}(\tau)\boldsymbol{u}(\tau)\mathrm{d}\tau+\boldsymbol{D}(t)\boldsymbol{u}\\ &=\boldsymbol{y}_{x_0}(t)+\boldsymbol{y}_{\boldsymbol{u}}(t)\end{aligned}$$

故

$$\boldsymbol{C}(t)\boldsymbol{\Phi}(t,t_0)\boldsymbol{x}(t_0)=\boldsymbol{0} \tag{3-55}$$

一般

$$\boldsymbol{x}(t_0)\neq\boldsymbol{0}$$

则

$$\boldsymbol{C}(t)\boldsymbol{\Phi}(t,t_0)\equiv\boldsymbol{0} \tag{3-56}$$

因此，状态 $\boldsymbol{x}$ 是完全不能观的。

由式(3-56)可以看出，能观性仅取决于系统的结构。

最后，应当指出，如同能控性一样，值得关注的是：

(1)对于整个状态空间，哪些子空间是状态完全能观的，哪些是不能观的。

(2)对于状态变量 $\boldsymbol{x}(t)$，每一个状态分量是否均为能观的，如果不是，那么哪些状态分量是不能观的，哪些是能观的。

3.5　线性系统能观性判据

3.5.1　线性时变系统能观性判据

假设系统 $\Sigma\left[\boldsymbol{A}(t),\boldsymbol{C}(t)\right]$ 为

$$\begin{cases}\dot{\boldsymbol{x}}=\boldsymbol{A}(t)\boldsymbol{x}+\boldsymbol{B}(t)\boldsymbol{u}\\ \boldsymbol{y}=\boldsymbol{C}(t)\boldsymbol{x}\end{cases}\qquad t\in[t_0,\infty) \tag{3-57}$$

定理 3-16　线性时变系统 $\Sigma\left[\boldsymbol{A}(t),\boldsymbol{C}(t)\right]$ 在时间定义域 $\left[t_0,t_\alpha\right]$ 内状态完全能观的充分必要条件是能观性格拉姆矩阵 $\boldsymbol{M}(t_0,t_\alpha)$ 满秩。

即

$$\operatorname{rank}\boldsymbol{M}(t_0,t_\alpha)=n=\text{满秩} \tag{3-58}$$

其中

$$\boldsymbol{M}(t_0,t_\alpha)=\int_{t_0}^{t_\alpha}\boldsymbol{\Phi}^{\mathrm{T}}(t,t_0)\boldsymbol{C}^{\mathrm{T}}(t)\boldsymbol{C}(t)\boldsymbol{\Phi}(t,t_0)\mathrm{d}t \tag{3-59}$$

要注意的是，一个 n 维系统，状态转移矩阵 $\boldsymbol{\Phi}(t,t_0)$ 为 $n\times n$ 矩阵，输出矩阵 $\boldsymbol{C}(t)$ 为 $m\times n$ 矩阵，故 $\operatorname{rank}\boldsymbol{M}(t_0,t_\alpha)=n$。

由矩阵理论知，$\boldsymbol{M}(t_0,t_\alpha)$ 满秩与 $\boldsymbol{M}(t_0,t_\alpha)$ 非奇异，与 $\boldsymbol{M}(t_0,t_\alpha)$ 列线性无关都是等价的。

推论 3-4　系统 $\Sigma\left[\boldsymbol{A}(t),\boldsymbol{C}(t)\right]$ 状态完全能观的充分必要条件，是另一形式的格拉姆能观性矩阵

$$\boldsymbol{M}^*(t_0,t_\alpha)=\int_{t_0}^{t_\alpha}\boldsymbol{\Phi}^{\mathrm{T}}(t,t_\alpha)\boldsymbol{C}^{\mathrm{T}}(t)\boldsymbol{C}(t)\boldsymbol{\Phi}(t,t_\alpha)\mathrm{d}t \tag{3-60}$$

满秩或非奇异，即

$$\operatorname{rank}\boldsymbol{M}^*(t_0,t_\alpha)=n \tag{3-61}$$

推论 3-5　系统 $\Sigma\left[\boldsymbol{A}(t),\boldsymbol{C}(t)\right]$ 状态完全能观的充要条件是矩阵 $\boldsymbol{C}(t)\boldsymbol{\Phi}(t,t_0)$ 列线性无关。

定理 3-17　假设系统 $\Sigma\left[\boldsymbol{A}(t),\boldsymbol{C}(t)\right]$ 中，系统矩阵 $\boldsymbol{A}(t)$ 为 $(n-2)$ 阶连续可微的，$\boldsymbol{C}(t)$ 为 $(n-1)$ 阶连续可微。记为

$$
\begin{aligned}
&\boldsymbol{C}_1^{\mathrm{T}} = \boldsymbol{C}^{\mathrm{T}}(t) \\
&\boldsymbol{C}_2^{\mathrm{T}} = \boldsymbol{A}^{\mathrm{T}}(t)\boldsymbol{C}_1^{\mathrm{T}} + \dot{\boldsymbol{C}}_1^{\mathrm{T}} \\
&\quad \vdots \\
&\boldsymbol{C}_i^{\mathrm{T}} = \boldsymbol{A}^{\mathrm{T}}(t)\boldsymbol{C}_{i-1}^{\mathrm{T}} + \dot{\boldsymbol{C}}_{i-1}^{\mathrm{T}} \qquad (i=1,2,3,\cdots,n)
\end{aligned}
$$

当$t=t_\alpha$时，时变系统$\Sigma\left[\boldsymbol{A}(t),\boldsymbol{C}(t)\right]$状态完全能观的充分必要条件是矩阵$\boldsymbol{Q}(t)$满秩，即

$$
\mathrm{rank}\boldsymbol{Q}(t) = n \tag{3-62}
$$

式中

$$
\boldsymbol{Q}(t) = \begin{bmatrix} \boldsymbol{C}_1^{\mathrm{T}}(t) & \boldsymbol{C}_2^{\mathrm{T}}(t) & \cdots & \boldsymbol{C}_n^{\mathrm{T}}(t) \end{bmatrix}_{n\times nm} \tag{3-63}
$$

因为$\left[\boldsymbol{C}_i^{\mathrm{T}}(t)\right] = \boldsymbol{A}^{\mathrm{T}}(t)\boldsymbol{C}_{i-1}^{\mathrm{T}}(t) + \dot{\boldsymbol{C}}_{i-1}^{\mathrm{T}}$，其中$\boldsymbol{A}^{\mathrm{T}}(t)$为$n\times n$矩阵，$\boldsymbol{C}_{i-1}^{\mathrm{T}}(t)$为$n\times m$矩阵，$\dot{\boldsymbol{C}}_{i-1}^{\mathrm{T}}$为$n\times m$矩阵，则$\boldsymbol{Q}(t)$为$n\times nm$矩阵，所以矩阵$\boldsymbol{Q}(t)$满秩为$n$。

证明从略。

推论 3-6 对于时不变系统$\Sigma(\boldsymbol{A},\boldsymbol{C})$，则

$$
\dot{\boldsymbol{C}}_i \equiv \boldsymbol{0}
$$

即

$$
\dot{\boldsymbol{C}}_i^{\mathrm{T}} \equiv \boldsymbol{0}
$$

可得

$$
\begin{aligned}
&\boldsymbol{C}_1^{\mathrm{T}} = \boldsymbol{C}^{\mathrm{T}} \\
&\boldsymbol{C}_2^{\mathrm{T}} = \boldsymbol{A}^{\mathrm{T}}\boldsymbol{C}_1^{\mathrm{T}} + \dot{\boldsymbol{C}}_1^{\mathrm{T}} = \boldsymbol{A}^{\mathrm{T}}\boldsymbol{C}^{\mathrm{T}} \\
&\quad \vdots \\
&\boldsymbol{C}_i^{\mathrm{T}} = \boldsymbol{A}^{\mathrm{T}}\boldsymbol{C}_{i-1}^{\mathrm{T}} = \left(\boldsymbol{A}^{\mathrm{T}}\right)^{i-1}\boldsymbol{C}^{\mathrm{T}} \qquad (i=1,2,3,\cdots,n)
\end{aligned}
$$

故

$$
\boldsymbol{Q}(t) = \begin{bmatrix} \boldsymbol{C}_1^{\mathrm{T}} & \boldsymbol{C}_2^{\mathrm{T}} & \cdots & \boldsymbol{C}_n^{\mathrm{T}} \end{bmatrix}
$$

$$
\boldsymbol{Q}_g = \begin{bmatrix} \boldsymbol{C}^{\mathrm{T}} & \boldsymbol{A}^{\mathrm{T}}\boldsymbol{C}^{\mathrm{T}} & \cdots & \left(\boldsymbol{A}^{\mathrm{T}}\right)^{n-1}\boldsymbol{C}^{\mathrm{T}} \end{bmatrix} \tag{3-64}
$$

因此，当$\mathrm{rank}\boldsymbol{Q}_g = n$时，系统$\Sigma(\boldsymbol{A},\boldsymbol{C})$是状态完全能观的。

3.5.2 线性时不变系统 Σ(*A*, *C*) 能观性判据

系统$\Sigma(\boldsymbol{A},\boldsymbol{C})$能观性判据与$\Sigma(\boldsymbol{A},\boldsymbol{B})$的能控性判据的表述也是类似的，有两种表达方式。设$n$维系统$\Sigma(\boldsymbol{A},\boldsymbol{C})$为

$$
\begin{cases} \dot{\boldsymbol{x}} = \boldsymbol{A}\boldsymbol{x} + \boldsymbol{B}\boldsymbol{u} \\ \boldsymbol{y} = \boldsymbol{C}\boldsymbol{x}, \qquad \boldsymbol{D} = \boldsymbol{0} \end{cases} \qquad t\in[t_0,\infty) \tag{3-65}
$$

1. 第一判据(秩判据)的表述

定理 3-18 时不变系统$\Sigma(\boldsymbol{A},\boldsymbol{C})$状态完全能观的充分必要条件，是能观性矩阵$\boldsymbol{Q}_g$满秩或非奇异，即

$$\operatorname{rank}\boldsymbol{Q}_g = n \tag{3-66}$$

其中

$$\boldsymbol{Q}_g = \begin{bmatrix} \boldsymbol{C} \\ \boldsymbol{CA} \\ \vdots \\ \boldsymbol{CA}^{n-1} \end{bmatrix} \tag{3-67}$$

为 $nm \times n$ 矩阵。

【例 3.16】　设系统 $\Sigma(\boldsymbol{A},\boldsymbol{C})$ 为

$$\begin{cases} \dot{\boldsymbol{x}} = \begin{bmatrix} \dot{x}_1 \\ \dot{x}_2 \end{bmatrix} = \begin{bmatrix} -4 & 5 \\ 1 & 0 \end{bmatrix} \begin{bmatrix} x_1 \\ x_2 \end{bmatrix} \\ \boldsymbol{y} = [y] = [1 \quad -1]\boldsymbol{x} \end{cases}$$

试判断其能观性。

解　因为 $n=2$，$m=1$，所以

$$\boldsymbol{Q}_g = \begin{bmatrix} \boldsymbol{C}^{\mathrm{T}} & \boldsymbol{A}^{\mathrm{T}}\boldsymbol{C}^{\mathrm{T}} \end{bmatrix} = \begin{bmatrix} \boldsymbol{C} \\ \boldsymbol{CA} \end{bmatrix}$$

$$\boldsymbol{C} = [1 \quad -1]$$

$$\boldsymbol{CA} = [1 \quad -1]\begin{bmatrix} -4 & 5 \\ 1 & 0 \end{bmatrix} = [-5 \quad 5]$$

则

$$\boldsymbol{Q}_g = \begin{bmatrix} 1 & -1 \\ -5 & 5 \end{bmatrix}$$

故

$$\det \boldsymbol{Q}_g = 0$$

于是

$$\operatorname{rank}\boldsymbol{Q}_g = 1 \neq 2 = n$$

因此，该系统是状态不完全能观的。

【例 3.17】　考查下面系统的能控性和能观性。

$$\begin{cases} \dot{\boldsymbol{x}} = \begin{bmatrix} 1 & 3 & 2 \\ 0 & 2 & 0 \\ 0 & 1 & 3 \end{bmatrix} \begin{bmatrix} x_1 \\ x_2 \\ x_3 \end{bmatrix} + \begin{bmatrix} 2 & 1 \\ 1 & 1 \\ -1 & -1 \end{bmatrix} \begin{bmatrix} u_1 \\ u_2 \end{bmatrix} \\ y = [1 \quad 0 \quad 0]\boldsymbol{x} \end{cases}$$

解　由已知可得，$n=3$，$m=1$，$r=2$。

(1) 考查能控性。

因为

$$\boldsymbol{Q}_k = \begin{bmatrix} \boldsymbol{B} \mid \boldsymbol{AB} \mid \boldsymbol{A}^2\boldsymbol{B} \end{bmatrix}$$

于是

$$AB=\begin{bmatrix}1&3&2\\0&2&0\\0&1&3\end{bmatrix}\begin{bmatrix}2&1\\1&1\\-1&-1\end{bmatrix}=\begin{bmatrix}3&2\\2&2\\-2&-2\end{bmatrix}$$

$$A^2B=\begin{bmatrix}1&3&2\\0&2&0\\0&1&3\end{bmatrix}\begin{bmatrix}3&2\\2&2\\-2&-2\end{bmatrix}=\begin{bmatrix}5&4\\4&4\\-4&-4\end{bmatrix}$$

故

$$Q_k=\begin{bmatrix}2&1&3&2&5&4\\1&1&2&2&4&4\\-1&-1&-2&-2&-4&-4\end{bmatrix}$$

下面确定 Q_k 的秩。

根据不变性原则，运用矩阵的初等运算可得

$$Q_k=\begin{bmatrix}1&1/2&3/2&1&5/2&2\\0&1/2&1/2&1&3/2&2\\0&0&0&0&0&0\end{bmatrix}$$

在 Q_k 中，通过非奇异线性变换，在广义对角线上存在 2 个非零元素。

显然， $\text{rank}Q_k=2\neq 3=n$ 。因此，该系统是状态不完全能控的。

(2) 考查能观性。

因为

$$Q_g=\begin{bmatrix}C\\CA\\CA^2\end{bmatrix}$$

于是

$$CA=\begin{bmatrix}1&0&0\end{bmatrix}\begin{bmatrix}1&3&2\\0&2&0\\0&1&3\end{bmatrix}=\begin{bmatrix}1&3&2\end{bmatrix}$$

$$CA^2=\begin{bmatrix}1&3&2\end{bmatrix}\begin{bmatrix}1&3&2\\0&2&0\\0&1&3\end{bmatrix}=\begin{bmatrix}1&11&8\end{bmatrix}$$

故

$$Q_g=\begin{bmatrix}1&0&0\\1&3&2\\1&11&8\end{bmatrix}，且 \det Q_g=2\neq 0$$

$$\text{rank}Q_g=3=n$$

因此，该系统是状态完全能观的。

2. 第二判据(基于规范型判据)的表述

如同能控性一样，能观性的第二判据也是依赖于系统能观性的不变性原理，并在系统模型按特征值规范化变换后的基础上进行判断的。

设系统$\Sigma(\boldsymbol{A},\boldsymbol{C})$状态空间模型为

$$\begin{cases}\dot{\boldsymbol{x}}=\boldsymbol{A}\boldsymbol{x}\\ \boldsymbol{y}=\boldsymbol{C}\boldsymbol{x}\end{cases} \tag{3-68}$$

情况一：系统$\Sigma(\boldsymbol{A},\boldsymbol{C})$具有互不相等的单特征值$\lambda_i$。

经非奇异变换，可使系统由式(3-68)变换为对角线规范型，即$\boldsymbol{x}=\boldsymbol{P}\tilde{\boldsymbol{x}}$或$\tilde{\boldsymbol{x}}=\boldsymbol{P}^{-1}\boldsymbol{x}$。系统变为

$$\begin{cases}\dot{\tilde{\boldsymbol{x}}}=\begin{bmatrix}\lambda_1 & & & \boldsymbol{0}\\ & \lambda_2 & & \\ & & \ddots & \\ \boldsymbol{0} & & & \lambda_n\end{bmatrix}\tilde{\boldsymbol{x}}+\tilde{\boldsymbol{B}}\boldsymbol{u}\\ \boldsymbol{y}=\tilde{\boldsymbol{C}}\tilde{\boldsymbol{x}}=\boldsymbol{C}\boldsymbol{P}\tilde{\boldsymbol{x}}\end{cases} \tag{3-69}$$

于是有第二判据的表述如下。

定理 3-19　如果系统$\Sigma(\boldsymbol{A},\boldsymbol{C})$具有全部单特征值，且系统$\Sigma(\boldsymbol{A},\boldsymbol{C})$可对角线化为形如式(3-69)描述，若在变换后的输出矩阵$\tilde{\boldsymbol{C}}=\boldsymbol{C}\boldsymbol{P}$中不存在任何全零列时，则系统$\Sigma(\boldsymbol{A},\boldsymbol{C})$是状态完全能观的。

推论 3-7　若在$\tilde{\boldsymbol{C}}$中存在一些全零列，则系统$\Sigma(\boldsymbol{A},\boldsymbol{C})$是状态不完全能观的，且与全零列相对应的状态分量$x_{\mathrm{i}}$是不能观的。

【例 3.18】　设系统$\Sigma(\boldsymbol{A},\boldsymbol{C})$为

$$\begin{cases}\dot{\boldsymbol{x}}=\begin{bmatrix}\dot{x}_1\\ \dot{x}_2\\ \dot{x}_3\end{bmatrix}=\begin{bmatrix}-7 & 0 & 0\\ 0 & -5 & 0\\ 0 & 0 & -1\end{bmatrix}\begin{bmatrix}x_1\\ x_2\\ x_3\end{bmatrix}\\ \boldsymbol{y}=[y]=[0\quad 4\quad 5]\boldsymbol{x}\end{cases}$$

试判别其能观性。

解　因为系统$\Sigma(\boldsymbol{A},\boldsymbol{C})$已是对角线规范型，$\tilde{\boldsymbol{C}}=\boldsymbol{C}=[0\quad 4\quad 5]$，且第一列是全零列，则系统是状态不完全能观的，状态分量$x_1(t)$是不能观的，即$(x_1)\in \boldsymbol{X}_g^{\ -}$，而$(x_2,x_2)^{\mathrm{T}}\in \boldsymbol{X}_g^{\ +}$是能观的。

事实上

$$\boldsymbol{y}=[y]=[0\quad 4\quad 5]\begin{bmatrix}x_1\\ x_2\\ x_3\end{bmatrix}=0\cdot x_1+4x_2+5x_3$$

即状态分量x_1一方面不能通过对输出$\boldsymbol{y}$的量测而得到，另一方面，x_1也与能观测的x_2、x_3没有关联，所以x_1分量是不能通过量测y而被确定的，也就是不能观的。

【例 3.19】　试判断下面系统的能观性。

$$\begin{cases}\dot{\tilde{x}}=\begin{bmatrix}-2 & & \mathbf{0}\\ & -1 & \\ \mathbf{0} & & -3\end{bmatrix}\begin{bmatrix}\tilde{x}_1\\ \tilde{x}_2\\ \tilde{x}_3\end{bmatrix}\\ y=\begin{bmatrix}3 & 2 & 0\\ 0 & 0 & 1\end{bmatrix}\begin{bmatrix}\tilde{x}_1\\ \tilde{x}_2\\ \tilde{x}_3\end{bmatrix}\end{cases}$$

解 因为$\tilde{\Sigma}\left(\tilde{A},\tilde{C}\right)$已是对角线规范型，在$\tilde{C}=CP$中不存在全零列，所以该系统是状态完全能观的，即$x\in X_g{}^+$。

情况二： 系统$\Sigma(A,C)$仅有一个n重特征值λ_0（即代数重数$\alpha=n$）。

设λ_0具有一个独立的特征向量(即几何重数$\beta=1$)，经非奇异线性变换后，系统$\Sigma(A,C)$由式(3-68)规范化为

$$\begin{cases}\dot{\tilde{x}}=\tilde{A}x\\ y=\tilde{C}\tilde{x}\end{cases}$$

其中

$$\begin{cases}\tilde{A}=P^{-1}AP=\begin{bmatrix}\lambda_0 & 1 & & & \\ & \lambda_0 & 1 & \mathbf{0} & \\ & & \lambda_0 & \ddots & \\ & \mathbf{0} & & \ddots & 1\\ & & & & \lambda_0\end{bmatrix}\\ \tilde{C}=CP\end{cases} \tag{3-70}$$

于是能观性第二判据表述如下。

定理 3-20 对于具有一个n重特征值λ_0，且仅有一个独立特征向量的时不变系统$\Sigma(A,C)$，经非奇异变换化为典型约当规范型后，若变换后的$\tilde{C}=CP$中的第一列为非全零列，则该$\tilde{\Sigma}\left(\tilde{A},\tilde{C}\right)$系统是状态完全能观的。

推论 3-8 若变换后的$\tilde{C}=CP$中第一列为全零列，则该系统$\tilde{\Sigma}\left(\tilde{A},\tilde{C}\right)$是状态不完全能观的，且与全零列相对应的状态分量不能观测。

推论 3-9 若变换后的$\tilde{C}=CP$中第一列为全零列，而相毗邻的下一列也为全零列，则$\tilde{\Sigma}\left(\tilde{A},\tilde{C}\right)$系统是状态不完全能观的，且与两相毗邻全零列相对应的状态分量均不能观测。余类推。

【例 3.20】 有系统经非奇异线性变换后，系统数学描述如下：

$$\begin{cases}\dot{x}=\begin{bmatrix}\lambda_0 & 1 & \mathbf{0}\\ & \lambda_0 & 1\\ \mathbf{0} & & \lambda_0\end{bmatrix}\begin{bmatrix}x_1\\ x_2\\ x_3\end{bmatrix}\\ y=\begin{bmatrix}0 & 0 & 1\\ 0 & 0 & 0\end{bmatrix}x, \qquad D=0\end{cases}$$

试讨论系统的能观性。

解　$\Sigma(\boldsymbol{A},\boldsymbol{C})$ 已被约当规范化了，因为在 $\tilde{\boldsymbol{C}}=\boldsymbol{CP}=\boldsymbol{C}$ 中第一列为全零列 $\begin{bmatrix}0\\0\end{bmatrix}$，则该系统是状态不完全能观测的，且状态分量 x_1 不能观测。

又因为与第一列相毗邻的第二列也是全零列，故第二列相对应的状态分量 x_2 也是不能观测的。

综上，该系统 $\Sigma(\boldsymbol{A},\boldsymbol{C})$ 状态是不完全能观的，且 $(x_1,x_2)^{\mathrm{T}}\in\boldsymbol{X}_g^-$，而 $(x_3)\in\boldsymbol{X}_g^+$ 是能观的。

情况三：系统 $\Sigma(\boldsymbol{A},\boldsymbol{C})$ 具有多个重特征值 λ_i。

设 $\lambda_1,\lambda_2,\cdots,\lambda_i,\cdots,\lambda_l$，且

λ_1 为 m_1 重特征值，且仅具有一个独立特征向量；

λ_2 为 m_2 重特征值，且仅具有一个独立特征向量；

⋮

λ_i 为 m_i 重特征值，且仅具有一个独立特征向量；

⋮

λ_l 为 m_l 重特征值，且仅具有一个独立特征向量。

仍有

$$m_1+m_2+\cdots+m_i+\cdots+m_l=\sum_{i=1}^{l}m_i\equiv n$$

则经非奇异线性变换后，其系数矩阵为

$$\begin{cases}\tilde{\boldsymbol{A}}=\boldsymbol{P}^{-1}\boldsymbol{AP}=\begin{bmatrix}\boldsymbol{J}_1 & & & & & \\ & \boldsymbol{J}_2 & & & \boldsymbol{0} & \\ & & \ddots & & & \\ & & & \boldsymbol{J}_i & & \\ & \boldsymbol{0} & & & \ddots & \\ & & & & & \boldsymbol{J}_l\end{bmatrix}\\ \tilde{\boldsymbol{C}}=\boldsymbol{CP}=\begin{bmatrix}\tilde{\boldsymbol{C}}_1 & \tilde{\boldsymbol{C}}_2 & \cdots & \tilde{\boldsymbol{C}}_i & \cdots & \tilde{\boldsymbol{C}}_l\end{bmatrix}\end{cases}\tag{3-71}$$

其中，$\boldsymbol{J}_i=\begin{bmatrix}\lambda_i & 1 & & \boldsymbol{0} & \\ & \lambda_i & 1 & & \\ & & \ddots & \ddots & \\ & \boldsymbol{0} & & \lambda_i & 1\\ & & & & \lambda_i\end{bmatrix}$ 对应于特征值为 λ_i（m_i 重）的约当子块矩阵。

于是，对于有多个重特征值的系统，能观性第二判据表述如下。

定理 3-21　当系统 $\Sigma(\boldsymbol{A},\boldsymbol{C})$ 具有多个重特征值，且每一重特征值仅有一个独立特征向量时，则 $\Sigma(\boldsymbol{A},\boldsymbol{C})$ 系统是状态完全能观的充分必要条件是：变换后的输出矩阵 $\tilde{\boldsymbol{C}}=\boldsymbol{CP}$ 中相应于每一个重特征值 $\lambda_i(i=1,2,\cdots,l)$ 的约当子块的第一行所对应 $\tilde{\boldsymbol{C}}_i$ 中的列均为非全零列。

推论 3-10　若变换后的 $\tilde{\boldsymbol{C}}=\boldsymbol{CP}$ 中相应于每一约当子块第一行所对应 $\tilde{\boldsymbol{C}}_i$ 中的列为全零

列，则该$\Sigma(\boldsymbol{A},\boldsymbol{C})$系统是状态不完全能观的，且全零列所对应的状态分量不能观测。

推论 3-11　若变换后$\tilde{\boldsymbol{C}}=\boldsymbol{CP}$中相应于每一约当子块第一行所对应$\tilde{\boldsymbol{C}}_i$中的列为全零列，且相毗邻的下一列也为全零列，则这 2 个全零列所对应的状态分量均不能观测。余类推。

【例 3.21】　试考查时不变系统$\Sigma(\boldsymbol{A},\boldsymbol{C})$的能观性。

$$\begin{cases}\dot{\boldsymbol{x}}=\left[\begin{array}{cc|ccc}\lambda_0 & 1 & & & \\ & \lambda_0 & & & \\ \hline & & \lambda_1 & 1 & 0\\ & & & \lambda_1 & 1\\ & & & & \lambda_1\end{array}\right]\begin{bmatrix}x_1\\x_2\\x_3\\x_4\\x_5\end{bmatrix}\\ \boldsymbol{y}=\left[\begin{array}{cc|ccc}1 & 0 & 0 & 0 & 0\\ 0 & 0 & 0 & 0 & 1\end{array}\right]\boldsymbol{x}\end{cases}$$

解　系统已是约当规范型。

相应于λ_0的约当子块：$\boldsymbol{C}$阵第 1 列为$\begin{bmatrix}1\\0\end{bmatrix}$非全零列，则$(x_1,x_2)^{\mathrm{T}}\in\boldsymbol{X}_g^+$是能观的。

相应于λ_1的约当子块：$\boldsymbol{C}$阵中第 3 列和第 4 列为全零列$\begin{bmatrix}0\\0\end{bmatrix}$，则$(x_3,x_4)^{\mathrm{T}}\in\boldsymbol{X}_g^-$，但$(x_5)\in\boldsymbol{X}_g^+$。

综上，$\Sigma(\boldsymbol{A},\boldsymbol{C})$系统是状态不完全能观的，即$(x_3,x_4)^{\mathrm{T}}\in\boldsymbol{X}_g^-$，而$(x_1,x_2,x_5)^{\mathrm{T}}\in\boldsymbol{X}_g^+$。

【例 3.22】　若系统由下式描述

$$\begin{cases}\dot{\boldsymbol{x}}=\begin{bmatrix}\dot{x}_1\\\dot{x}_2\\\dot{x}_3\\\dot{x}_4\\\dot{x}_5\end{bmatrix}=\begin{bmatrix}-3 & 1 & 0 & & \boldsymbol{0}\\ 0 & -3 & 1 & & \\ 0 & 0 & -3 & & \\ & & & -2 & 1\\ \boldsymbol{0} & & & 0 & -2\end{bmatrix}\begin{bmatrix}x_1\\x_2\\x_3\\x_4\\x_5\end{bmatrix}+\boldsymbol{Bu}\\ \boldsymbol{y}=\begin{bmatrix}y_1\\y_2\end{bmatrix}=\begin{bmatrix}1 & 0 & 0 & 0 & 1\\ 0 & 1 & 0 & 1 & 0\end{bmatrix}\boldsymbol{x}\end{cases}$$

试判断系统的状态能观性。

解　系统$\Sigma(\boldsymbol{A},\boldsymbol{C})$已为约当规范型。

因为$\tilde{\boldsymbol{C}}$中第一列和第四列都不是全零列，所以系统是状态完全能观的，即$(x_1,x_2,x_3,x_4,x_5)^{\mathrm{T}}\in\boldsymbol{X}_g^+$。

$\tilde{\boldsymbol{C}}$中第三列是全零列，但是不会影响系统的能观性。

【例 3.23】　考查下式系统的能观性。

$$
\begin{cases}
\dot{\tilde{x}} = \begin{bmatrix} \dot{\tilde{x}}_1 \\ \dot{\tilde{x}}_2 \\ \dot{\tilde{x}}_3 \\ \dot{\tilde{x}}_4 \end{bmatrix} = \begin{bmatrix} -2 & 1 & & \mathbf{0} \\ 0 & -2 & & \\ & & -1 & 1 \\ \mathbf{0} & & 0 & -1 \end{bmatrix} \begin{bmatrix} \tilde{x}_1 \\ \tilde{x}_2 \\ \tilde{x}_3 \\ \tilde{x}_4 \end{bmatrix} \\
\boldsymbol{y} = \begin{bmatrix} 0 & 1 & 0 & 0 \\ 0 & 0 & 1 & 0 \end{bmatrix} \tilde{\boldsymbol{x}}
\end{cases}
$$

解　在 $\tilde{\boldsymbol{C}}$ 中，第 1 列是全零列，则 $\tilde{x}_1$ 是不能观的。因此，系统 $\Sigma(\boldsymbol{A},\boldsymbol{C})$ 是状态不完全能观的。同时在 $\tilde{\boldsymbol{C}}$ 中，第四列是全零列，但是不会影响能观性。

综上，$(x_1)\in \boldsymbol{X}_g^-$、$(x_2,x_3,x_4)^{\mathrm{T}}\in \boldsymbol{X}_g^+$。

情况四： 系统 $\Sigma(\boldsymbol{A},\boldsymbol{C})$ 同时具有单特征值和多个重特征值，这是情况一和情况二的组合。

经过非奇异变换后，系统 $\tilde{\Sigma}(\tilde{\boldsymbol{A}},\tilde{\boldsymbol{C}})$ 规范化为

$$
\begin{cases}
\dot{\tilde{\boldsymbol{x}}} = \begin{bmatrix} \boldsymbol{D} & 0 & \cdots & 0 \\ 0 & \boldsymbol{J}_1 & & 0 \\ \vdots & & \ddots & \vdots \\ 0 & 0 & \cdots & \boldsymbol{J}_l \end{bmatrix} \begin{bmatrix} \tilde{x}_1 \\ \tilde{x}_2 \\ \vdots \\ \tilde{x}_n \end{bmatrix} = \tilde{\boldsymbol{A}}\tilde{\boldsymbol{x}} \\
\boldsymbol{y} = \tilde{\boldsymbol{C}}\tilde{\boldsymbol{x}}
\end{cases}
\tag{3-72}
$$

显然

$$
\tilde{\boldsymbol{A}} = \boldsymbol{P}^{-1}\boldsymbol{A}\boldsymbol{P}
$$

$$
\tilde{\boldsymbol{C}} = \boldsymbol{C}\boldsymbol{P} = \begin{bmatrix} \tilde{\boldsymbol{C}}_{\mathrm{D}} & \tilde{\boldsymbol{C}}_1 & \tilde{\boldsymbol{C}}_2 & \cdots & \tilde{\boldsymbol{C}}_l \end{bmatrix} \tag{3-73}
$$

式中，$\boldsymbol{D}$ 为对角线子块矩阵对应于互不相等特征值部分；$\boldsymbol{J}_i$ 为约当子块矩阵对应于重特征值部分，$i=1,2,\cdots,l$。

因此，可运用定理 3-19、定理 3-20 和定理 3-21 来确定系统的能观性。下面用一个实例加以说明。

【例 3.24】　已知系统 $\Sigma(\boldsymbol{A},\boldsymbol{C})$ 如下：

$$
\begin{cases}
\dot{\boldsymbol{x}} = \begin{bmatrix} \dot{x}_1 \\ \dot{x}_2 \\ \dot{x}_3 \\ \dot{x}_4 \\ \dot{x}_5 \\ \dot{x}_6 \\ \dot{x}_7 \\ \dot{x}_8 \end{bmatrix} = \begin{bmatrix} -1 & & & & & & & \\ & 1 & & & & \mathbf{0} & & \\ & & 2 & & & & & \\ & & & -2 & 1 & & & \\ & & & & -2 & & & \\ & & & & & -3 & 1 & \\ & & \mathbf{0} & & & & -3 & 1 \\ & & & & & & & -3 \end{bmatrix} \begin{bmatrix} x_1 \\ x_2 \\ x_3 \\ x_4 \\ x_5 \\ x_6 \\ x_7 \\ x_8 \end{bmatrix} \\
\boldsymbol{y} = \begin{bmatrix} y_1 \\ y_2 \\ y_3 \end{bmatrix} = \begin{bmatrix} 1 & 0 & 0 & 0 & 0 & 0 & 0 & 1 \\ -1 & 0 & 1 & 0 & 0 & 0 & 0 & 1 \\ 0 & 0 & 0 & 1 & 0 & 0 & 0 & 1 \end{bmatrix} \boldsymbol{x}
\end{cases}
$$

试判断其能观性。

解　$\Sigma(\boldsymbol{A},\boldsymbol{C})$系统已是规范化模型。

对于单特征值部分，$\boldsymbol{C}$ 阵第 2 列为全零列，则$(x_2)\in \boldsymbol{X}_g^-$而$(x_1,x_3)^{\mathrm{T}}\in \boldsymbol{X}_g^+$。

对于 2 重特征值(−2)部分，约当子块第一行对应于$\boldsymbol{C}$阵中的第 4 列为非全零列，则$(x_4,x_5)^{\mathrm{T}}\in \boldsymbol{X}_g^+$。

对于 3 重特征值(−3)部分，约当子块第一行对应于$\boldsymbol{C}$阵中的第 6 列为全零列，且毗邻下一列，第 7 列也是全零列，则$(x_6,x_7)^{\mathrm{T}}\in \boldsymbol{X}_g^-$，而$(x_8)\in \boldsymbol{X}_g^+$。

综上，$\Sigma(\boldsymbol{A},\boldsymbol{C})$系统是状态不完全能观测的，且$(x_1,x_3,x_4,x_5,x_8)^{\mathrm{T}}\in \boldsymbol{X}_g^+$，$(x_2,x_6,x_7)^{\mathrm{T}}\in \boldsymbol{X}_g^-$。

情况五：能观性第二判据在特殊约当规范型中的表述。

这里“特殊约当规范型”的概念与讨论能控性第二判据中“特殊约当规范型”的概念是一样的。

同样，经非奇异线性变换后，$\Sigma(\boldsymbol{A},\boldsymbol{C})$的系统矩阵和输出矩阵将规范化为

$$\begin{cases}\tilde{\boldsymbol{A}}=\boldsymbol{P}^{-1}\boldsymbol{A}\boldsymbol{P}=\begin{bmatrix}\boldsymbol{J}_1 & & & & & \\ & \boldsymbol{J}_2 & & & \boldsymbol{0} & \\ & & \ddots & & & \\ & & & \boldsymbol{J}_k & & \\ & \boldsymbol{0} & & & \ddots & \\ & & & & & \boldsymbol{J}_\sigma\end{bmatrix} \\ \tilde{\boldsymbol{C}}=\boldsymbol{C}\boldsymbol{P}=\begin{bmatrix}\tilde{\boldsymbol{C}}_1 & \tilde{\boldsymbol{C}}_2 & \cdots & \tilde{\boldsymbol{C}}_k & \cdots & \tilde{\boldsymbol{C}}_\sigma\end{bmatrix}\end{cases} \tag{3-74}$$

其中，$\boldsymbol{J}_k\,(k=1,2,\cdots,\sigma)$均为维数不一定相同的约当子块阵，各约当子块$\boldsymbol{J}_k\,(k=1,2,\cdots,\sigma)$都具有相同特征值$\lambda_0$。

下面将针对式(3-74)给出能观性第二判据的表述。

定理 3-22　对于时不变标量系统，若经非奇异变换后对应于每一个约当子块$\boldsymbol{J}_k\,(k=1,2,\cdots,\sigma)$第一行的$\tilde{\boldsymbol{C}}=\boldsymbol{C}\boldsymbol{P}$中的那些列均为非全零列，由于非全零列均为常数，必然线性相关，则标量系统$\tilde{\Sigma}(\tilde{\boldsymbol{A}},\tilde{\boldsymbol{C}})$是状态不完全能观的。

定理 3-23　对于时不变多变量系统，若经非奇异变换后对应于每一个约当子块$\boldsymbol{J}_k\,(k=1,2,\cdots,\sigma)$第一行的$\tilde{\boldsymbol{C}}=\boldsymbol{C}\boldsymbol{P}$中的那些列均为非全零列，且这些非全零列又不具有线性相关性，则多变量系统$\tilde{\Sigma}(\tilde{\boldsymbol{A}},\tilde{\boldsymbol{C}})$是状态完全能观的。

定理 3-24　对于多变量系统，若经非奇异变换后对应于每一个约当子块$\boldsymbol{J}_k\,(k=1,2,\cdots,\sigma)$第一行的$\tilde{\boldsymbol{C}}=\boldsymbol{C}\boldsymbol{P}$中的那些列均为非全零列，但如果这些非全零列中存在有线性相关的列，则多变量系统$\tilde{\Sigma}(\tilde{\boldsymbol{A}},\tilde{\boldsymbol{C}})$是状态不完全能观的。

定理 3-25　无论是标量系统或多变量系统，若经非奇异变换后对应于每一约当子块$\boldsymbol{J}_k\,(k=1,2,\cdots,\sigma)$第一行的$\tilde{\boldsymbol{C}}=\boldsymbol{C}\boldsymbol{P}$中的那些列出现有全零的列，则该系统$\tilde{\Sigma}(\tilde{\boldsymbol{A}},\tilde{\boldsymbol{C}})$是状态不完全能观的，且这些全零列所对应的状态分量是不能观的。

【例 3.25】　有 4 维双输入/双输出时不变系统$\Sigma(\boldsymbol{A},\boldsymbol{C})$为

$$
\begin{cases}
\dot{\boldsymbol{x}}=\left[\begin{array}{cc:cc}-1 & 1 & & \\ 0 & -1 & \multicolumn{2}{c}{\boldsymbol{0}} \\ \hdashline \multicolumn{2}{c:}{\boldsymbol{0}} & -2 & 1 \\ & & & -2\end{array}\right]\begin{bmatrix}x_1\\x_2\\x_3\\x_4\end{bmatrix} \\
\boldsymbol{y}=\left[\begin{array}{cc:cc}1 & 0 & 1 & 0\\0 & 0 & 0 & 1\end{array}\right]\boldsymbol{x}
\end{cases}
$$

试考查其能观性。

解　所给$\Sigma(\boldsymbol{A},\boldsymbol{C})$系统已经规范化。

对于特征值(-1)的约当子块，第一行所对应的$\boldsymbol{C}$阵的列是第 1 列$\begin{bmatrix}1\\0\end{bmatrix}$是非全零列，则相应的状态分量$(x_1,x_2)^{\mathrm{T}}\in\boldsymbol{X}_g^{+}$。

对于特征值(-2)的约当子块，第一行所对应的$\boldsymbol{C}$阵的列是第 3 列$\begin{bmatrix}1\\0\end{bmatrix}$也是非全零列，则相应的状态分量$(x_3,x_4)^{\mathrm{T}}\in\boldsymbol{X}_g^{+}$。

综上，该 4 维多变量系统$\Sigma(\boldsymbol{A},\boldsymbol{C})$是状态完全能观的。

【例 3.26】　有 4 维双输入/双输出系统$\Sigma(\boldsymbol{A},\boldsymbol{B},\boldsymbol{C})$为

$$
\begin{cases}
\dot{\boldsymbol{x}}=\left[\begin{array}{cc:cc}-1 & 1 & & \\ & -1 & \multicolumn{2}{c}{\boldsymbol{0}} \\ \hdashline \multicolumn{2}{c:}{\boldsymbol{0}} & -1 & 1 \\ & & & -1\end{array}\right]\begin{bmatrix}x_1\\x_2\\x_3\\x_4\end{bmatrix}+\begin{bmatrix}0&0\\1&0\\0&1\\1&0\end{bmatrix}\begin{bmatrix}u_1\\u_2\end{bmatrix} \\
\boldsymbol{y}=\begin{bmatrix}0&1&0&0\\1&0&1&0\end{bmatrix}\boldsymbol{x},\qquad \boldsymbol{D}=\boldsymbol{0}
\end{cases}
$$

试判断系统的能控能观性。

解　系统状态空间描述已按特征值规范化。

系统有一个 4 重特征值$\lambda_0=-1$，且具有 2 个独立特征向量，即$\lambda_0=-1$其代数重数$\alpha=4$，几何重数$\beta=2$。

能控性判断：对应于每一个约当子块最后一行，$\tilde{\boldsymbol{B}}=\boldsymbol{P}^{-1}\boldsymbol{B}$阵中的行是第 2 行$[1\ \ 0]$和第 4 行$[1\ \ 0]$，均为非全零行，但该两行是线性相关的，所以，该双输入/双输出系统$\Sigma(\boldsymbol{A},\boldsymbol{B},\boldsymbol{C})$是状态不完全能控的。

能观性判断：对应于每一个约当子块第一行，$\tilde{\boldsymbol{C}}=\boldsymbol{C}\boldsymbol{P}=\boldsymbol{C}$阵中的列是第 1 列$\begin{bmatrix}0\\1\end{bmatrix}$和第 3 列$\begin{bmatrix}0\\1\end{bmatrix}$，均为非全零列，但该两列是线性相关的，所以该系统$\Sigma(\boldsymbol{A},\boldsymbol{B},\boldsymbol{C})$是状态不完全能观的。

综上，该双输入/双输出 4 维系统是状态既不完全能控又不完全能观的。

【例 3.27】 有时不变系统$\Sigma(\boldsymbol{A},\boldsymbol{B},\boldsymbol{C})$结构如下：

$$\begin{cases}\dot{\boldsymbol{x}}=\begin{bmatrix}-1 & 1 & & \boldsymbol{0}\\ & -1 & & \\ & & -1 & \\ \boldsymbol{0} & & & -2\end{bmatrix}\begin{bmatrix}x_1\\x_2\\x_3\\x_4\end{bmatrix}+\begin{bmatrix}1&0\\0&1\\0&1\\1&0\end{bmatrix}\begin{bmatrix}u_1\\u_2\end{bmatrix}\\ \boldsymbol{y}=\begin{bmatrix}1&0&0&1\\0&1&1&0\end{bmatrix}\boldsymbol{x},\qquad \boldsymbol{D}=\boldsymbol{0}\end{cases}$$

试判断系统能控性和能观性。

解 系统已是规范型。

系统有一个三重特征值$\lambda_1=-1$（代数重数$\alpha=3$），λ_1有 2 个独立特征向量(几何重数$\beta=2$)。

系统有一个单特征值$\lambda_2=-2$。

能控性判断：利用第二判据知，因为$\boldsymbol{B}$阵中没有全零行，但是第二行与第三行线性相关，所以系统是状态不完全能控的。

能观性判断：利用第二判据知，因为$\boldsymbol{C}$阵中没有全零列且第一列与第三列线性无关，所以系统是状态完全能观的。

综上，系统是状态不完全能控，但完全能观的。

3.6 系统的能控规范型和能观规范型

在状态空间模型中，能控和能观规范型是一种十分有用的数学模型。本节仅讨论标量系统(单输入/单输出系统)的能控、能观规范型。

3.6.1 能控规范型

在经典控制理论中，单输入/单输出系统描述为

$$\overset{(n)}{y}+a_1\overset{(n-1)}{y}+\dots+a_{n-1}\dot{y}+a_n y=b_0\overset{(m)}{u}+b_1\overset{(m-1)}{u}+\dots+b_{m-1}\dot{u}+b_m u \tag{3-75}$$

由第 1 章知，应用适当的方法可以得到状态空间描述为

$$\begin{cases}\dot{\boldsymbol{x}}=\boldsymbol{A}\boldsymbol{x}+\boldsymbol{B}u\\ y=\boldsymbol{C}\boldsymbol{x},\qquad \boldsymbol{D}=\boldsymbol{0}\end{cases}$$

假定系统矩阵$\boldsymbol{A}$和输入矩阵$\boldsymbol{B}$分别为

$$\boldsymbol{A}=\begin{bmatrix}0&1&0&\cdots&0\\0&0&1&&0\\ \vdots&&&\ddots&\vdots\\0&&&&1\\-a_n&-a_{n-1}&\cdots&\cdots&-a_1\end{bmatrix},\qquad \boldsymbol{B}=\begin{bmatrix}0\\0\\ \vdots\\0\\1\end{bmatrix}$$

利用能控性矩阵$\boldsymbol{Q}_k$

$$\boldsymbol{Q}_k=\left[\boldsymbol{B}\ \vdots\ \boldsymbol{AB}\ \vdots\ \boldsymbol{A}^2\boldsymbol{B}\ \ \cdots\ \ \boldsymbol{A}^{n-1}\boldsymbol{B}\right]$$

考查该系统的能控性

$$\boldsymbol{AB}=\begin{bmatrix}0 & 1 & 0 & \cdots & 0\\ 0 & 0 & 1 & & 0\\ \vdots & & & \ddots & \vdots\\ 0 & & & & 1\\ -a_n & -a_{n-1} & \cdots & \cdots & -a_1\end{bmatrix}\begin{bmatrix}0\\0\\ \vdots\\0\\1\end{bmatrix}=\begin{bmatrix}0\\0\\ \vdots\\0\\1\\-a_1\end{bmatrix}$$

有

$$\boldsymbol{A}^2\boldsymbol{B}=\begin{bmatrix}0 & 1 & 0 & \cdots & 0\\ 0 & 0 & 1 & & 0\\ \vdots & & & \ddots & \vdots\\ 0 & & & & 1\\ -a_n & -a_{n-1} & \cdots & \cdots & -a_1\end{bmatrix}\begin{bmatrix}0\\0\\ \vdots\\0\\1\\-a_1\end{bmatrix}=\begin{bmatrix}0\\0\\ \vdots\\0\\1\\-a_1\\a_1^2-a_2\end{bmatrix}$$

$$\boldsymbol{A}^3\boldsymbol{B}=\begin{bmatrix}0 & 1 & 0 & \cdots & 0\\ 0 & 0 & 1 & & 0\\ \vdots & & & \ddots & \vdots\\ 0 & & & & 1\\ -a_n & -a_{n-1} & \cdots & \cdots & -a_1\end{bmatrix}\begin{bmatrix}0\\0\\ \vdots\\0\\1\\-a_1\\a_1^2-a_2\end{bmatrix}=\begin{bmatrix}0\\ \vdots\\0\\1\\-a_1\\a_1^2-a_2\\ \left(-a_1^3+2a_1a_2-a_3\right)\end{bmatrix}$$

于是

$$\begin{aligned}\boldsymbol{Q}_k&=\left[\boldsymbol{B}\ \ \boldsymbol{AB}\ \ \boldsymbol{A}^2\boldsymbol{B}\ \ \cdots\ \ \boldsymbol{A}^{n-1}\boldsymbol{B}\right]\\ &=\begin{bmatrix}0 & 0 & 0 & \cdots & 0 & 0 & 1\\ 0 & 0 & 0 & & \iddots & \iddots & -a_1\\ \vdots & \vdots & \vdots & \iddots & \iddots & & \left(a_1^2-a_2\right)\\ \vdots & \vdots & 0 & \iddots & & & \vdots\\ \vdots & 0 & 1 & & & & \vdots\\ 0 & 1 & -a_1 & & & & \vdots\\ 1 & -a_1 & a_1^2-a_2 & \cdots & \cdots & \cdots & \end{bmatrix}\end{aligned}\tag{3-76}$$

显然，由矩阵理论可知式(3-76)中能控性矩阵 $\boldsymbol{Q}_k$ 的秩为 n，即

$$\operatorname{rank}\boldsymbol{Q}_k=n$$

所以系统 $\Sigma\left(\boldsymbol{A},\boldsymbol{B},\boldsymbol{C}\right)$ 是状态完全能控的。

因此，可以得出：

(1) 定义形如式(3-77)的状态空间模型为标量系统$\Sigma(\boldsymbol{A},\boldsymbol{B})$的第一能控规范型。

$$\dot{\boldsymbol{x}}=\begin{bmatrix}0 & 1 & 0 & \cdots & 0\\ 0 & 0 & 1 & & 0\\ \vdots & & & \ddots & \vdots\\ 0 & & & & 1\\ -a_n & -a_{n-1} & \cdots & \cdots & -a_1\end{bmatrix}\boldsymbol{x}+\begin{bmatrix}0\\0\\ \vdots\\0\\1\end{bmatrix}[u] \tag{3-77}$$

其中，相伴形矩阵$\boldsymbol{A}$可以利用子块矩阵简略表示为

$$\boldsymbol{A}=\left[\begin{array}{c|ccc}\boldsymbol{0} & & \boldsymbol{I}_{n-1} & \\ \hline -a_n & -a_{n-1} & \cdots & -a_1\end{array}\right] \tag{3-78}$$

其特征多项式为　　$\det(s\boldsymbol{I}-\boldsymbol{A})=s^n+a_1s^{n-1}+\cdots+a_{n-1}s+a_n$

注意，如果系统描述为

$$\begin{cases}\boldsymbol{A}=\begin{bmatrix}0 & 0 & \cdots & 0 & -a_n\\ 1 & 0 & & 0 & -a_{n-1}\\ 0 & 1 & & & \vdots\\ \vdots & & \ddots & & \vdots\\ 0 & 0 & & 1 & -a_1\end{bmatrix}_{n\times n}=\left[\begin{array}{c|c}\boldsymbol{0} & -a_n\\ \hline & -a_{n-1}\\ \boldsymbol{I}_{n-1} & \vdots\\ & -a_1\end{array}\right]_{n\times n}\\ \boldsymbol{B}=\begin{bmatrix}1 & 0 & \cdots & 0 & 0\end{bmatrix}_{1\times n}^{\mathrm{T}}\\ \det(s\boldsymbol{I}-\boldsymbol{A})=s^n+a_1s^{n-1}+\cdots+a_{n-1}s+a_n\end{cases} \tag{3-79}$$

则称式(3-79)为标量系统$\Sigma(\boldsymbol{A},\boldsymbol{B},\boldsymbol{C})$的第二能控规范型。

(2) 当系统状态完全能控时，总可以通过非奇异线性变换将其转换成能控规范型。

设系统$\Sigma(\boldsymbol{A},\boldsymbol{B},\boldsymbol{C})$为

$$\begin{cases}\dot{\boldsymbol{x}}=\boldsymbol{A}\boldsymbol{x}+\boldsymbol{B}\boldsymbol{u}\\ \boldsymbol{y}=\boldsymbol{C}\boldsymbol{x}\end{cases}$$

且

$$\operatorname{rank}\boldsymbol{Q}_k=n$$

经非奇异线性变换$\boldsymbol{x}=\boldsymbol{P}^{-1}\tilde{\boldsymbol{x}}$或$\tilde{\boldsymbol{x}}=\boldsymbol{P}\boldsymbol{x}$后，可得

$$\begin{cases}\dot{\tilde{\boldsymbol{x}}}=\tilde{\boldsymbol{A}}\tilde{\boldsymbol{x}}+\tilde{\boldsymbol{B}}\tilde{\boldsymbol{u}}\\ \boldsymbol{y}=\tilde{\boldsymbol{C}}\tilde{\boldsymbol{x}}\end{cases}$$

式中

$$\tilde{\boldsymbol{A}}=\boldsymbol{P}\boldsymbol{A}\boldsymbol{P}^{-1}=\left[\begin{array}{c|ccc}\boldsymbol{0} & & \boldsymbol{I}_{n-1} & \\ \hline -a_n & -a_{n-1} & \cdots & -a_1\end{array}\right],\qquad \tilde{\boldsymbol{B}}=\boldsymbol{P}\boldsymbol{B}=\begin{bmatrix}0\\0\\ \vdots\\0\\1\end{bmatrix}$$

$$\tilde{C} = CP^{-1}$$

其中，非奇异变换阵 $\boldsymbol{P}$ 可以运用下面方法得到

$$\begin{cases} \boldsymbol{P} = \begin{bmatrix} \boldsymbol{P}_1 \\ \boldsymbol{P}_1\boldsymbol{A} \\ \boldsymbol{P}_1\boldsymbol{A}^2 \\ \vdots \\ \boldsymbol{P}_1\boldsymbol{A}^{n-1} \end{bmatrix}_{n\times n} \\ \boldsymbol{P}_1 = \begin{bmatrix} 0 & 0 & \cdots & 0 & 1 \end{bmatrix}_{1\times n} \boldsymbol{Q}_k^{-1} \end{cases} \tag{3-80}$$

即

$$\boldsymbol{P}_1 = \begin{bmatrix} 0 & \cdots & 0 & 1 \end{bmatrix}_{1\times n} \begin{bmatrix} \boldsymbol{B} & \boldsymbol{AB} & \boldsymbol{A}^2\boldsymbol{B} & \cdots & \boldsymbol{A}^{n-1}\boldsymbol{B} \end{bmatrix}_{n\times n}^{-1} \tag{3-81}$$

显然，$\boldsymbol{P}_1$ 为 $1\times n$ 规模行块阵。

3.6.2　能观规范型

类似地，下面给出单输入/单输出系统能观规范型的结论。

设标量系统状态空间模型为

$$\begin{cases} \dot{\boldsymbol{x}} = \boldsymbol{Ax} + \boldsymbol{Bu} \\ \boldsymbol{y} = \boldsymbol{Cx} + \boldsymbol{Du} \end{cases} \tag{3-82}$$

(1) 若系统矩阵 $\boldsymbol{A}$ 和输出矩阵 $\boldsymbol{C}$ 具有如下形式

$$\begin{cases} \boldsymbol{A} = \left[\begin{array}{c|ccc} \boldsymbol{0} & & \boldsymbol{I}_{n-1} & \\ \hline -a_n & -a_{n-1} & \cdots & -a_1 \end{array}\right], \quad \boldsymbol{C} = \begin{bmatrix} 1 & 0 & \cdots & 0 \end{bmatrix} \\ \det(s\boldsymbol{I} - \boldsymbol{A}) = s^n + a_1 s^{n-1} + \cdots + a_{n-1}s + a_n \end{cases} \tag{3-83}$$

则称式 (3-83) 为标量系统 $\Sigma(\boldsymbol{A},\boldsymbol{B},\boldsymbol{C})$ 的第一能观规范型。

若系统 $\boldsymbol{A}$ 和 $\boldsymbol{C}$ 阵为

$$\begin{cases} \boldsymbol{A} = \begin{bmatrix} 0 & 0 & \cdots & 0 & -a_n \\ 1 & 0 & & 0 & -a_{n-1} \\ 0 & 1 & & \vdots & \vdots \\ \vdots & & \ddots & & \vdots \\ 0 & 0 & \cdots & 1 & -a_1 \end{bmatrix}_{n\times n} = \left[\begin{array}{c|c} 0 & -a_n \\ \hline \boldsymbol{I}_{n-1} & \begin{matrix} -a_{n-1} \\ \vdots \\ -a_1 \end{matrix} \end{array}\right]_{n\times n} \\ \boldsymbol{C} = \begin{bmatrix} 0 & 0 & \cdots & 0 & 1 \end{bmatrix}_{1\times n} \end{cases} \tag{3-84}$$

则称式 (3-84) 为标量系统 $\Sigma(\boldsymbol{A},\boldsymbol{B},\boldsymbol{C})$ 的第二能观规范型。

(2) 若系统是状态完全能观的，则该系统总可以通过非奇异线性变换化为能观规范型。其非奇异变换阵 $\boldsymbol{P}$ 可以这样选择

$$
\begin{cases}
\boldsymbol{P}=\left[\boldsymbol{P}_1 \mid \boldsymbol{A}\boldsymbol{P}_1 \mid \boldsymbol{A}^2\boldsymbol{P}_1 \mid \cdots \mid \boldsymbol{A}^{n-1}\boldsymbol{P}_1\right]_{n\times n} \\
\boldsymbol{P}_1=\begin{bmatrix} \boldsymbol{C} \\ \boldsymbol{C}\boldsymbol{A} \\ \boldsymbol{C}\boldsymbol{A}^2 \\ \vdots \\ \boldsymbol{C}\boldsymbol{A}^{n-1} \end{bmatrix}_{n\times n}^{-1} \cdot \begin{bmatrix} 0 \\ 0 \\ \vdots \\ 0 \\ 1 \end{bmatrix} = \boldsymbol{Q}_g^{-1} \cdot \begin{bmatrix} 0 \\ 0 \\ \vdots \\ 0 \\ 1 \end{bmatrix}
\end{cases}
\tag{3-85}
$$

显然，$\boldsymbol{P}_1$ 为 $n\times 1$ 规模列块矩阵。

下面，用 2 个例子加以说明。

【例 3.28】 有系统 $\Sigma(\boldsymbol{A},\boldsymbol{B},\boldsymbol{C})$

$$
\begin{cases}
\dot{\boldsymbol{x}}=\begin{bmatrix} 1 & 0 \\ -1 & 2 \end{bmatrix}\boldsymbol{x}+\begin{bmatrix} -1 \\ 1 \end{bmatrix}[u] \\
\boldsymbol{y}=\begin{bmatrix} 1 & 0 \end{bmatrix}\boldsymbol{x}, \qquad \boldsymbol{D}=\boldsymbol{0}
\end{cases}
$$

试化为能控规范型。

解 (1)校核系统 $\Sigma(\boldsymbol{A},\boldsymbol{B},\boldsymbol{C})$ 是否状态完全能控。

因为 $\boldsymbol{Q}_k=[\boldsymbol{B} \quad \boldsymbol{A}\boldsymbol{B}]=\begin{bmatrix} -1 & -1 \\ 1 & 3 \end{bmatrix}$，且 $\mathrm{rank}\boldsymbol{Q}_k=2=n=$ 满秩，所以系统是状态完全能控的，即 $\Sigma(\boldsymbol{A},\boldsymbol{B},\boldsymbol{C})\in \boldsymbol{X}_k^+$，故可以进行能控规范化。

(2)计算能使系统能控规范化的非奇异变换阵 $\boldsymbol{P}$。

由式(3-80) $\boldsymbol{P}=\begin{bmatrix} \boldsymbol{P}_1 \\ \boldsymbol{P}_1\boldsymbol{A} \end{bmatrix}$，其中 $\boldsymbol{P}_1=\begin{bmatrix} 0 & 1 \end{bmatrix}\boldsymbol{Q}_k^{-1}$，有

$$
\boldsymbol{Q}_k^{-1}=[\boldsymbol{B} \quad \boldsymbol{A}\boldsymbol{B}]^{-1}=\begin{bmatrix} -1 & -1 \\ 1 & 3 \end{bmatrix}^{-1}=\begin{bmatrix} -3/2 & -1/2 \\ 1/2 & 1/2 \end{bmatrix}
$$

得

$$
\boldsymbol{P}_1=\begin{bmatrix} 0 & 1 \end{bmatrix}\boldsymbol{Q}_k^{-1}=\begin{bmatrix} 0 & 1 \end{bmatrix}\begin{bmatrix} -3/2 & -1/2 \\ 1/2 & 1/2 \end{bmatrix}=\begin{bmatrix} 1/2 & 1/2 \end{bmatrix}
$$

所以

$$
\boldsymbol{P}=\begin{bmatrix} \boldsymbol{P}_1 \\ \boldsymbol{P}_1\boldsymbol{A} \end{bmatrix}=\begin{bmatrix} 1/2 & 1/2 \\ 0 & 1 \end{bmatrix}
$$

同时求得

$$
\boldsymbol{P}^{-1}=\begin{bmatrix} 1/2 & 1/2 \\ 0 & 1 \end{bmatrix}^{-1}=\begin{bmatrix} 2 & -1 \\ 0 & 1 \end{bmatrix}
$$

(3)求出能控规范型。

$$\tilde{A} = PAP^{-1} = \begin{bmatrix} 1/2 & 1/2 \\ 0 & 1 \end{bmatrix}\begin{bmatrix} 1 & 0 \\ -1 & 2 \end{bmatrix}\begin{bmatrix} 2 & -1 \\ 0 & 1 \end{bmatrix} = \begin{bmatrix} 0 & 1 \\ -2 & -3 \end{bmatrix}$$

$$\tilde{B} = PB = \begin{bmatrix} 1/2 & 1/2 \\ 0 & 1 \end{bmatrix}\begin{bmatrix} -1 \\ 1 \end{bmatrix} = \begin{bmatrix} 0 \\ 1 \end{bmatrix}$$

$$\tilde{C} = CP^{-1} = \begin{bmatrix} 1 & 0 \end{bmatrix}\begin{bmatrix} 2 & -1 \\ 0 & 1 \end{bmatrix} = \begin{bmatrix} 2 & -1 \end{bmatrix}$$

【例 3.29】　设系统为

$$\begin{cases} \dot{x} = \begin{bmatrix} 1 & -1 \\ 0 & 2 \end{bmatrix}x + \begin{bmatrix} 1 \\ 1 \end{bmatrix}[u] \\ y = \begin{bmatrix} -1 & -1/2 \end{bmatrix}x, \qquad D=0 \end{cases}$$

试将其能观规范化。

解　(1)校核能观性。

因为$Q_g = \begin{bmatrix} C \\ CA \end{bmatrix} = \begin{bmatrix} -1 & -1/2 \\ -1 & 0 \end{bmatrix}$，且$\text{rank}Q_g = 2 = n =$满秩，所以系统是状态完全能观的。故可进行能观规范化。

(2)计算非奇异变换阵P。

由式(3-85) $P = \begin{bmatrix} P_1 & P_1A \end{bmatrix}$，$P_1 = Q_g^{-1}\begin{bmatrix} 0 \\ 1 \end{bmatrix}$，得

$$Q_g^{-1} = \begin{bmatrix} C \\ CA \end{bmatrix}^{-1} = \begin{bmatrix} -1 & -1/2 \\ -1 & 0 \end{bmatrix}^{-1} = \begin{bmatrix} 0 & -1 \\ -2 & 2 \end{bmatrix}$$

有

$$P_1 = Q_g^{-1}\begin{bmatrix} 0 \\ 1 \end{bmatrix} = \begin{bmatrix} 0 & -1 \\ -2 & 2 \end{bmatrix}\begin{bmatrix} 0 \\ 1 \end{bmatrix} = \begin{bmatrix} -1 \\ 2 \end{bmatrix}$$

所以

$$P = \begin{bmatrix} P_1 & P_1A \end{bmatrix} = \begin{bmatrix} -1 & -3 \\ 2 & 4 \end{bmatrix}$$

同时

$$P^{-1} = \begin{bmatrix} -1 & -3 \\ 2 & 4 \end{bmatrix}^{-1} = \begin{bmatrix} 2 & 3/2 \\ -1 & -1/2 \end{bmatrix}$$

(3)求出能观规范型。

$$\tilde{A} = P^{-1}AP = \begin{bmatrix} 2 & 3/2 \\ -1 & -1/2 \end{bmatrix}\begin{bmatrix} 1 & -1 \\ 0 & 2 \end{bmatrix}\begin{bmatrix} -1 & -3 \\ 2 & 4 \end{bmatrix} = \begin{bmatrix} 0 & -2 \\ 1 & 3 \end{bmatrix}$$

$$\tilde{B} = P^{-1}B = \begin{bmatrix} 2 & 3/2 \\ -1 & -1/2 \end{bmatrix}\begin{bmatrix} 1 \\ 1 \end{bmatrix} = \begin{bmatrix} 7/2 \\ -3/2 \end{bmatrix}$$

$$\tilde{C} = CP = \begin{bmatrix} -1 & -1/2 \end{bmatrix}\begin{bmatrix} -1 & -3 \\ 2 & 4 \end{bmatrix} = \begin{bmatrix} 0 & 1 \end{bmatrix}$$

3.7　线性系统对偶定理

对偶定理(Duality Theorem)是由美籍匈牙利学者卡尔曼提出的，它在简化系统分析和运算中有重要作用。下面给出简略说明。

3.7.1　对偶系统

若两个 n 维时变系统有如下形式的状态空间描述，即

$$\Sigma_1:\begin{cases}\dot{\boldsymbol{x}}=\boldsymbol{A}(t)\boldsymbol{x}+\boldsymbol{B}(t)\boldsymbol{u}\\ \boldsymbol{y}=\boldsymbol{C}(t)\boldsymbol{x}\end{cases}\tag{3-86}$$

$$\Sigma_2:\begin{cases}\dot{\boldsymbol{X}}^{\mathrm{T}}=-\boldsymbol{A}^{\mathrm{T}}(t)\boldsymbol{X}^{\mathrm{T}}-\boldsymbol{C}^{\mathrm{T}}(t)\boldsymbol{R}^{\mathrm{T}}\\ \boldsymbol{Y}^{\mathrm{T}}=\boldsymbol{B}^{\mathrm{T}}(t)\boldsymbol{X}^{\mathrm{T}}\end{cases}\tag{3-87}$$

则称 Σ_1 和 Σ_2 互为对偶系统，记为

$$\Sigma\left[\boldsymbol{A}(t),\boldsymbol{B}(t),\boldsymbol{C}(t)\right],\ \Sigma^*\left[-\boldsymbol{A}^{\mathrm{T}}(t),-\boldsymbol{C}^{\mathrm{T}}(t),\boldsymbol{B}^{\mathrm{T}}(t)\right]$$

或简记为 $\Sigma\ \&\ \Sigma^*$。

其中，$\boldsymbol{x}$ 是 n 维列向量，称状态(State)；$\boldsymbol{X}$ 是 n 维行向量，称为协态(Covariant State)。

3.7.2　框图结构

对偶系统结构图如下图 3-1 所示。图中，对偶系统的每一个系数矩阵，位置是不变的，但是它们是互为转置的；信号流向是相反的；求和点的极性也是相反的。

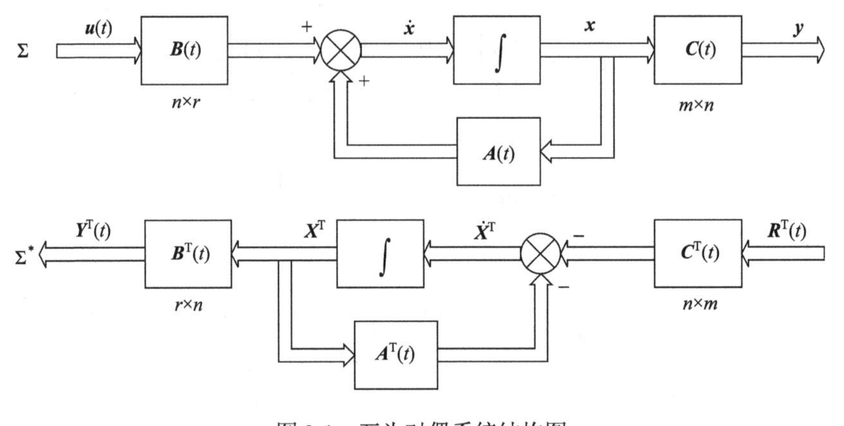

图 3-1　互为对偶系统结构图

3.7.3　对偶关系

因为 $\boldsymbol{x}$ 为 n 维列向量，$\boldsymbol{X}$ 为 n 维行向量，存在

$$\frac{\mathrm{d}}{\mathrm{d}t}[\boldsymbol{X}\cdot\boldsymbol{x}]=\dot{\boldsymbol{X}}\boldsymbol{x}+\boldsymbol{X}\dot{\boldsymbol{x}}\tag{3-88}$$

将两对偶系统状态方程

$$\dot{\boldsymbol{x}} = \boldsymbol{A}(t)\boldsymbol{x} + \boldsymbol{B}(t)\boldsymbol{u}\text{，}\qquad \dot{\boldsymbol{X}} = \left[-\boldsymbol{A}^{\mathrm{T}}(t)\boldsymbol{X}^{\mathrm{T}} - \boldsymbol{C}^{\mathrm{T}}(t)\boldsymbol{R}^{\mathrm{T}}\right]^{\mathrm{T}} = -\boldsymbol{X}\boldsymbol{A}(t) - \boldsymbol{R}\boldsymbol{C}(t)$$

代入式(3-88)整理后，得

$$\frac{\mathrm{d}}{\mathrm{d}t}[\boldsymbol{X}\cdot\boldsymbol{x}] = -\boldsymbol{R}\boldsymbol{y} + \boldsymbol{Y}\boldsymbol{u} \tag{3-89}$$

对式(3-89)在时间定义域$[t_0,t]$内积分，可得

$$[\boldsymbol{X}\cdot\boldsymbol{x}]_{t_0}^{t} = -\int_{t_0}^{t}\boldsymbol{R}\boldsymbol{y}\mathrm{d}t + \int_{t_0}^{t}\boldsymbol{Y}\boldsymbol{u}\mathrm{d}t$$

即

$$\boldsymbol{X}\boldsymbol{x} - \boldsymbol{X}_0\boldsymbol{x}_0 = \int_{t_0}^{t}\boldsymbol{Y}\boldsymbol{u}\mathrm{d}t - \int_{t_0}^{t}\boldsymbol{R}\boldsymbol{y}\mathrm{d}t \tag{3-90}$$

式中，$\boldsymbol{x}_0 = \boldsymbol{x}(t)\big|_{t=t_0} = \boldsymbol{x}(t_0)$，$\boldsymbol{X}_0 = \boldsymbol{X}(t)\big|_{t=t_0} = \boldsymbol{X}(t_0)$。

关系式(3-90)被称作对偶系统间的对偶关系(Duality Relation)。

3.7.4　两对偶系统特征值之间的关系

设原系统Σ的特征值为λ，对偶系统Σ^*的特征值为λ^*，则有

$$\Sigma:\ \det[\lambda\boldsymbol{I} - \boldsymbol{A}] = 0 \tag{3-91}$$

$$\Sigma^*:\ \det\left[\lambda^*\boldsymbol{I} - \left(-\boldsymbol{A}^{\mathrm{T}}\right)\right] = 0 \tag{3-92}$$

推算式(3-92)，有

$$\Sigma^*:\ \det\left[\lambda^*\boldsymbol{I} + \boldsymbol{A}^{\mathrm{T}}\right] = 0$$

根据行列式 det 运算的性质可知

$$\det\left[\lambda^*\boldsymbol{I} + \boldsymbol{A}^{\mathrm{T}}\right] = \det\left[\lambda^*\boldsymbol{I} + \boldsymbol{A}\right] = 0 \tag{3-93}$$

对式(3-93)作恒等运算(提出负号)，则

$$\det\left[-\lambda^*\boldsymbol{I} - \boldsymbol{A}\right] = 0 \tag{3-94}$$

显然，式(3-94)的特征值为$\left[-\lambda^*\right]$。

比较式(3-91)和式(3-94)，便得到两对偶系统特征值的相互关系

$$\lambda = -\lambda^* \quad 或 \quad \lambda^* = -\lambda \tag{3-95}$$

3.7.5　对偶原理(对偶定理)

对偶原理表示了两对偶系统Σ和Σ^*能控性和能观性之间的等价关系。

定理 3-26　在时间定义域中，原系统Σ的能控性完全等价于对偶系统Σ^*的能观性；而原系统Σ的能观性也完全等价于对偶系统Σ^*的能控性。

对偶原理可简单地表示为

$$\begin{cases}\operatorname{rank}\boldsymbol{Q}_k \equiv \operatorname{rank}\boldsymbol{Q}_g^* \\ \operatorname{rank}\boldsymbol{Q}_g \equiv \operatorname{rank}\boldsymbol{Q}_k^*\end{cases} \tag{3-96}$$

式中，$\boldsymbol{Q}_k$ 和 $\boldsymbol{Q}_g$ 表示原系统 Σ 的能控性矩阵和能观性矩阵；$\boldsymbol{Q}_k^*$ 和 $\boldsymbol{Q}_g^*$ 表示对偶系统 Σ^* 的能控性矩阵和能观性矩阵。

定理证明从略。

3.7.6 传递函数阵

原系统 Σ 的传递函数阵 $\boldsymbol{G}(s)$ 为

$$\boldsymbol{G}(s)=\boldsymbol{C}(s\boldsymbol{I}-\boldsymbol{A})^{-1}\boldsymbol{B} \tag{3-97}$$

对偶系统 Σ^* 的传递函数阵 $\boldsymbol{G}^*(s)$ 为

$$\begin{aligned}\boldsymbol{G}^*(s) &\triangleq \boldsymbol{B}^{\mathrm{T}}\left[s^*\boldsymbol{I}-\left(-\boldsymbol{A}^{\mathrm{T}}\right)\right]^{-1}\left[-\boldsymbol{C}^{\mathrm{T}}\right]=-\boldsymbol{B}^{\mathrm{T}}\left[-s\boldsymbol{I}-\left(-\boldsymbol{A}^{\mathrm{T}}\right)\right]^{-1}\boldsymbol{C}^{\mathrm{T}}\\ &=\boldsymbol{B}^{\mathrm{T}}\left[s\boldsymbol{I}-\boldsymbol{A}^{\mathrm{T}}\right]^{-1}\boldsymbol{C}^{\mathrm{T}}=\boldsymbol{B}^{\mathrm{T}}\left\{\left[s\boldsymbol{I}^{\mathrm{T}}-\boldsymbol{A}\right]^{-1}\right\}^{\mathrm{T}}\boldsymbol{C}^{\mathrm{T}}\\ &=\left\{\boldsymbol{C}(s\boldsymbol{I}-\boldsymbol{A})^{-1}\boldsymbol{B}\right\}^{\mathrm{T}}=\boldsymbol{G}^{\mathrm{T}}(s)\end{aligned}$$

有

$$\boldsymbol{G}^*(s)=\boldsymbol{G}^{\mathrm{T}}(s) \tag{3-98}$$

式(3-98)表明两对偶系统的传递函数阵互为转置。

3.7.7 对偶系统的状态转移阵

设原系统 Σ 的状态转移阵为 $\boldsymbol{\Phi}(t,t_0)$，按定义有

$$\begin{aligned}\boldsymbol{\Phi}(t,t_0)=\boldsymbol{I}&+\int_{t_0}^{t}\boldsymbol{A}(\omega)\mathrm{d}\omega+\int_{t_0}^{t}\boldsymbol{A}(\omega_1)\left[\int_{t_0}^{\omega_1}\boldsymbol{A}(\omega_2)\mathrm{d}\omega_2\right]\mathrm{d}\omega_1\\ &+\int_{t_0}^{t}\boldsymbol{A}(\omega_1)\left\{\int_{t_0}^{\omega_1}\boldsymbol{A}(\omega_2)\left[\int_{t_0}^{\omega_2}\boldsymbol{A}(\omega_3)\mathrm{d}\omega_3\right]\mathrm{d}\omega_2\right\}\mathrm{d}\omega_1+\cdots\end{aligned} \tag{3-99}$$

同理，令对偶系统 Σ^* 的状态转移阵为 $\boldsymbol{\Phi}^*(t,t_0)$，有

$$\begin{aligned}\boldsymbol{\Phi}^*(t,t_0)=\boldsymbol{I}&+\int_{t_0}^{t}-\boldsymbol{A}^{\mathrm{T}}(\omega)\mathrm{d}\omega+\int_{t_0}^{t}-\boldsymbol{A}^{\mathrm{T}}(\omega_1)\left[\int_{t_0}^{\omega_1}-\boldsymbol{A}^{\mathrm{T}}(\omega_2)\mathrm{d}\omega_2\right]\mathrm{d}\omega_1\\ &+\int_{t_0}^{t}-\boldsymbol{A}^{\mathrm{T}}(\omega_1)\left\{\int_{t_0}^{\omega_1}-\boldsymbol{A}^{\mathrm{T}}(\omega_2)\left[\int_{t_0}^{\omega_2}-\boldsymbol{A}^{\mathrm{T}}(\omega_3)\mathrm{d}\omega_3\right]\mathrm{d}\omega_2\right\}\mathrm{d}\omega_1+\cdots\end{aligned} \tag{3-100}$$

比较式(3-99)和式(3-100)，并注意运算中的下述 3 点。

(1) 式(3-100)积分中的负号仅使积分限颠倒。

(2) 系统矩阵转置 $\boldsymbol{A}^{\tau}(t)$ 的运算。

(3) 利用状态转移阵逆的性质，即 $\boldsymbol{\Phi}^{-1}(t,t_0)=\boldsymbol{\Phi}(t_0,t)$。

于是，可推证得到

$$\boldsymbol{\Phi}^*(t,t_0)=\boldsymbol{\Phi}^{\mathrm{T}}(t_0,t)=\left[\boldsymbol{\Phi}^{-1}(t,t_0)\right]^{\mathrm{T}} \tag{3-101}$$

式(3-101)表示，系统的状态转移阵等于其对偶系统状态转移阵逆的转置。

3.8　系统的结构分解

对于线性系统$\Sigma_0[\boldsymbol{A}(t),\boldsymbol{B}(t)]$或$\Sigma_0[\boldsymbol{A},\boldsymbol{B}]$

$$\Sigma_0:\begin{cases}\dot{\boldsymbol{x}}=\boldsymbol{A}(t)\boldsymbol{x}+\boldsymbol{B}(t)\boldsymbol{u}\\ \boldsymbol{y}=\boldsymbol{C}(t)\boldsymbol{x}\end{cases}\quad 或 \quad \begin{cases}\dot{\boldsymbol{x}}=\boldsymbol{A}\boldsymbol{x}+\boldsymbol{B}\boldsymbol{u}\\ \boldsymbol{y}=\boldsymbol{C}\boldsymbol{x}\end{cases}\quad t\in[t_0,\infty) \tag{3-102}$$

当系统状态不完全能控或不完全能观时，那么系统Σ_0总是能够分解成一些子系统，例如状态能控能观子系统Σ_1、状态能控不能观子系统Σ_2、状态不能控能观子系统Σ_3以及状态不能控不能观子系统Σ_4。

系统的结构分解基于状态能控能观性的不变性原理，可以通过非奇异线性变换，将系统的状态空间按能控性和能观性进行结构分解。

为了更简洁清晰地表述系统结构分解，本节将运用数学集合中的一些符号来描述系统与子系统之间的一些结构逻辑关系。

(1) $\Sigma(\boldsymbol{A},\boldsymbol{B})\in \boldsymbol{X}_k^+$：表示系统是状态完全能控的。

(2) $\Sigma(\boldsymbol{A},\boldsymbol{B})\in \boldsymbol{X}_k^-$：表示系统是状态完全不能控的。

(3) $\Sigma(\boldsymbol{A},\boldsymbol{B})\in\left[\boldsymbol{X}_k^+\cup\boldsymbol{X}_k^-\right]$：表示系统是状态不完全能控的。

(4) $\Sigma(\boldsymbol{A},\boldsymbol{B})\in \boldsymbol{X}_g^+$：表示系统是状态完全能观的。

(5) $\Sigma(\boldsymbol{A},\boldsymbol{B})\in \boldsymbol{X}_g^-$：表示系统是状态完全不能观的。

(6) $\Sigma(\boldsymbol{A},\boldsymbol{B})\in\left[\boldsymbol{X}_g^+\cup\boldsymbol{X}_g^-\right]$：表示系统是状态不完全能观的。

(7) $\Sigma(\boldsymbol{A},\boldsymbol{B})\in\left[\boldsymbol{X}_k^+\cap\boldsymbol{X}_g^+\right]$：表示系统是状态完全能控，完全能观的。

(8) $\Sigma(\boldsymbol{A},\boldsymbol{B})\in\left[\boldsymbol{X}_k^+\cap\boldsymbol{X}_g^-\right]$：表示系统是状态完全能控，但完全不能观的。

(9) $\Sigma(\boldsymbol{A},\boldsymbol{B})\in\left[\boldsymbol{X}_k^-\cap\boldsymbol{X}_g^+\right]$：表示系统是状态完全不能控，但完全能观的。

(10) $\Sigma(\boldsymbol{A},\boldsymbol{B})\in\left[\boldsymbol{X}_k^-\cap\boldsymbol{X}_g^-\right]$：表示系统是状态完全不能控，完全不能观的。

(11) $\Sigma(\boldsymbol{A},\boldsymbol{B})\in\left[\left(\boldsymbol{X}_k^+\cup\boldsymbol{X}_k^-\right)\cap\left(\boldsymbol{X}_g^+\cup\boldsymbol{X}_g^-\right)\right]$：表示系统是既不完全能控又不完全能观的。

(12) $\Sigma_0\equiv\left[\Sigma_1\cup\Sigma_2\cup\Sigma_3\cup\Sigma_4\right]$：表示原系统$\Sigma_0$是由$\Sigma_1$、$\Sigma_2$、$\Sigma_3$和$\Sigma_4$四个子系统组成的。

3.8.1　按能控性分解

定理 3-27　如果$\Sigma[\boldsymbol{A}(t),\boldsymbol{B}(t)]\in\left[\boldsymbol{X}_k^+\cup\boldsymbol{X}_k^-\right]$，且非奇异阵$\boldsymbol{R}^{-1}(t)$存在，则有

$$\dot{\tilde{\boldsymbol{x}}}=\begin{bmatrix}\dot{\tilde{\boldsymbol{x}}}_1\\ \dot{\tilde{\boldsymbol{x}}}_2\end{bmatrix}=\begin{bmatrix}\tilde{\boldsymbol{A}}_{11}(t) & \tilde{\boldsymbol{A}}_{12}(t)\\ \boldsymbol{0} & \tilde{\boldsymbol{A}}_{22}(t)\end{bmatrix}\begin{bmatrix}\tilde{\boldsymbol{x}}_1\\ \tilde{\boldsymbol{x}}_2\end{bmatrix}+\begin{bmatrix}\tilde{\boldsymbol{B}}_1(t)\\ \boldsymbol{0}\end{bmatrix}[\boldsymbol{u}] \tag{3-103}$$

其中，非奇异变换为$\tilde{\boldsymbol{x}}=\begin{bmatrix}\tilde{\boldsymbol{x}}_1 & \tilde{\boldsymbol{x}}_2\end{bmatrix}^{\mathrm{T}}=\boldsymbol{R}(t)\boldsymbol{x}$，而$\tilde{\boldsymbol{x}}_1$为$n_1$维列向量，由式(3-103)展开为

$$\dot{\tilde{x}}_1 = \tilde{A}_{11}(t)\tilde{x}_1 + \tilde{A}_{12}(t)\tilde{x}_2 + \tilde{B}_1(t)u \tag{3-104}$$

由式(3-104)可知，$\tilde{x}_1$ 为能控部分，即 $\tilde{x}_1 \in X_k^+$。

$\tilde{x}_2$ 为$(n-n_1)$维列向量，由式(3-103)展开可得

$$\dot{\tilde{x}}_2 = \tilde{A}_{22}(t)\tilde{x}_2 + 0\tilde{x}_1 + 0u \tag{3-105}$$

由式(3-105)明显可知，$\tilde{x}_2$ 为不能控部分，即 $\tilde{x}_2 \in X_k^-$。因为 $\tilde{x}_2$ 既不能受到 u 的直接控制，又不能受到能被 u 控制的 $\tilde{x}_1$ 的控制。

非奇异变换阵 $R(t)$ 总是可以利用系统 $\Sigma[A(t),B(t)]$ 的能控矩阵 $Q_k(t)$ 导出(见例 3.30)。

按能控性分解式(3-103)的系统结构图，如图 3-2 所示。

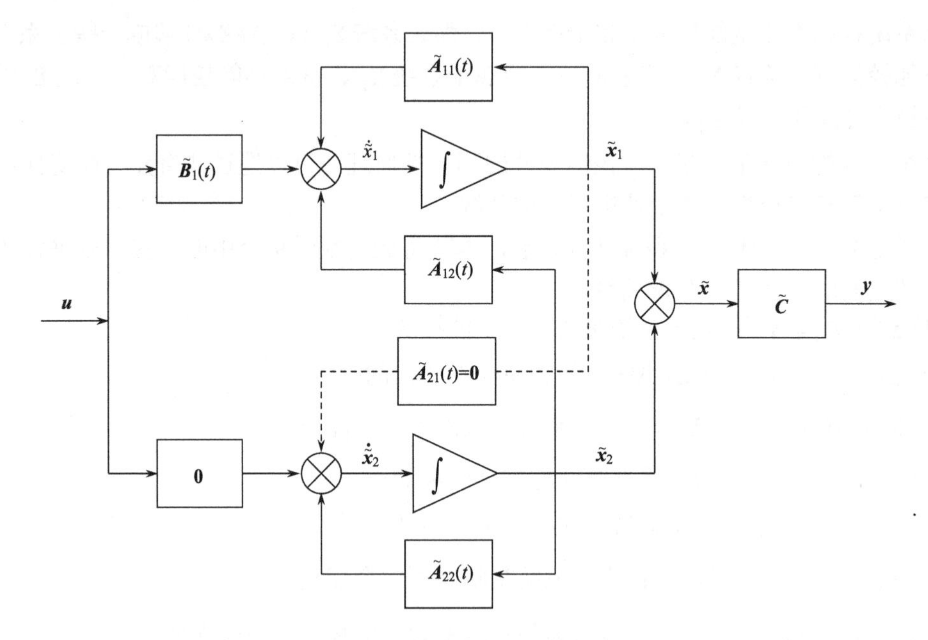

图 3-2　按能控性分解结构图

从图 3-2 中可以看出，$\tilde{x}_1 \in X_k^+(t_0,t)$ 为能控子空间，$\tilde{x}_2 \in X_k^-(t_0,t)$ 为不能控子空间。且 $\tilde{x}_1 \perp \tilde{x}_2$ 为正交子空间。

下面用例说明定理 3-27。

【例 3.30】　设线性时不变系统 $\Sigma(A,B)$ 如下，判别其能控性，若不是完全能控的，试将该系统按能控性进行分解。

$$\begin{cases} \dot{x} = \begin{bmatrix} 1 & 1 & 0 \\ 0 & 1 & 0 \\ 0 & 1 & 1 \end{bmatrix} x + \begin{bmatrix} 0 & 1 \\ 1 & 0 \\ 0 & 1 \end{bmatrix} \begin{bmatrix} u_1 \\ u_2 \end{bmatrix} \\ y = \begin{bmatrix} 1 & 1 & 1 \end{bmatrix} x \end{cases}$$

解　(1)校核系统 $\Sigma(A,B)$ 的能控性。

系统能控性矩阵 Q_k 为

$$Q_k=\begin{bmatrix}B & AB & A^2B\end{bmatrix}=\begin{bmatrix}0&1&1&1&2&1\\1&0&1&0&1&0\\0&1&1&1&2&1\end{bmatrix}$$

显然，Q_k 中仅前两列是线性无关的，后四列都是前两列的线性组合，则 $\text{rank}Q_k=2<3=n$。

即系统是不完全能控的，即 $\Sigma(A,B)\in\left[X_k^+\cup X_k^-\right]$。

(2) 利用 Q_k 构造非奇异变换阵 R。

因为 Q_k 中仅第一列和第二列是线性独立的，后面四列均为前两列的线性组合，所以选择 Q_k 的第一列和第二列为变换阵 R^{-1} 的前两列，而第三列可任意选择，但必须与前两列线性无关，以构成非奇异阵。

比如选择为

$$R^{-1}=\left[\begin{array}{cc|c}0&1&1\\1&0&0\\0&1&0\end{array}\right]\quad 或\quad R^{-1}=\left[\begin{array}{cc|c}0&1&0\\1&0&0\\0&1&1\end{array}\right]$$

显然所选 R^{-1} 为非奇异矩阵，本题选取

$$R^{-1}=\begin{bmatrix}0&1&1\\1&0&0\\0&1&0\end{bmatrix}$$

因此可求得

$$R=\begin{bmatrix}0&1&0\\0&0&1\\1&0&-1\end{bmatrix}$$

(3) 由按能控性分解得到 $\tilde{\Sigma}(\tilde{A},\tilde{B})$

$$\tilde{A}=RAR^{-1}=\begin{bmatrix}0&1&0\\0&0&1\\1&0&-1\end{bmatrix}\begin{bmatrix}1&1&0\\0&1&0\\0&1&1\end{bmatrix}\begin{bmatrix}0&1&1\\1&0&0\\0&1&0\end{bmatrix}=\left[\begin{array}{cc|c}1&0&0\\1&1&0\\\hline 0&0&1\end{array}\right]=\left[\begin{array}{c|c}\tilde{A}_{11}&\tilde{A}_{12}\\\hline \mathbf{0}&\tilde{A}_{22}\end{array}\right]$$

$$\tilde{B}=RB=\begin{bmatrix}0&1&0\\0&0&1\\1&0&-1\end{bmatrix}\begin{bmatrix}0&1\\1&0\\0&1\end{bmatrix}=\left[\begin{array}{cc}1&0\\0&1\\\hline 0&0\end{array}\right]=\left[\begin{array}{c}\tilde{B}_1\\\hline \mathbf{0}\end{array}\right]$$

$$\tilde{C}=CR^{-1}=\begin{bmatrix}1&1&1\end{bmatrix}\begin{bmatrix}0&1&1\\1&0&0\\0&1&0\end{bmatrix}=\left[\begin{array}{cc|c}1&2&1\end{array}\right]=\left[\begin{array}{c|c}\tilde{C}_1&\tilde{C}_2\end{array}\right]$$

于是

$$\tilde{\Sigma}:\begin{cases}\dot{\tilde{\boldsymbol{x}}}=\begin{bmatrix}\tilde{\boldsymbol{x}}_1\\ \tilde{\boldsymbol{x}}_2\end{bmatrix}=\tilde{\boldsymbol{A}}\tilde{\boldsymbol{x}}+\tilde{\boldsymbol{B}}\boldsymbol{u}\\ \tilde{\boldsymbol{y}}=\tilde{\boldsymbol{C}}\tilde{\boldsymbol{x}}\end{cases}$$

这样，$\tilde{\boldsymbol{x}}_1=(\tilde{x}_1\tilde{x}_2)^T\in\boldsymbol{X}_k^+$、$\tilde{\boldsymbol{x}}_2=(\tilde{x}_3)\in\boldsymbol{X}_k^-$。

3.8.2 按能观性分解

定理 3-28 如果$\Sigma\left[\boldsymbol{A}(t),\boldsymbol{B}(t)\right]\in\left[\boldsymbol{X}_g^+\cup\boldsymbol{X}_g^-\right]$，且非奇异阵$\boldsymbol{T}^{-1}(t)$存在，则有

$$\boldsymbol{x}=\boldsymbol{T}^{-1}(t)\tilde{\boldsymbol{x}}\quad\text{或}\quad\tilde{\boldsymbol{x}}=\boldsymbol{T}(t)\boldsymbol{x}$$

$$\begin{cases}\dot{\tilde{\boldsymbol{x}}}=\begin{bmatrix}\dot{\tilde{\boldsymbol{x}}}_1\\ \dot{\tilde{\boldsymbol{x}}}_2\end{bmatrix}=\begin{bmatrix}\tilde{\boldsymbol{A}}_{11}(t) & \boldsymbol{0}\\ \tilde{\boldsymbol{A}}_{21}(t) & \tilde{\boldsymbol{A}}_{22}(t)\end{bmatrix}\begin{bmatrix}\tilde{\boldsymbol{x}}_1\\ \tilde{\boldsymbol{x}}_2\end{bmatrix}\\ \boldsymbol{y}=\begin{bmatrix}\tilde{\boldsymbol{C}}_1(t) & \boldsymbol{0}\end{bmatrix}\begin{bmatrix}\tilde{\boldsymbol{x}}_1\\ \tilde{\boldsymbol{x}}_2\end{bmatrix}\end{cases}\tag{3-106}$$

同样，非奇异变换为$\tilde{\boldsymbol{x}}=\boldsymbol{T}(t)\boldsymbol{x}=\begin{bmatrix}\tilde{\boldsymbol{x}}_1 & \tilde{\boldsymbol{x}}_2\end{bmatrix}^{\mathrm{T}}$，展开式(3-106)，有

$$\begin{cases}\dot{\tilde{\boldsymbol{x}}}_1=\tilde{\boldsymbol{A}}_{11}(t)\tilde{\boldsymbol{x}}_1+\boldsymbol{0}\cdot\tilde{\boldsymbol{x}}_2\\ \boldsymbol{y}=\tilde{\boldsymbol{C}}_1(t)\tilde{\boldsymbol{x}}_1+\boldsymbol{0}\cdot\tilde{\boldsymbol{x}}_2\end{cases}\tag{3-107}$$

很明显$\tilde{\boldsymbol{x}}_1$为能观子空间，$\tilde{\boldsymbol{x}}_2$为不能观子空间，即$\tilde{\boldsymbol{x}}_1\in\boldsymbol{X}_g^+$和$\tilde{\boldsymbol{x}}_2\in\boldsymbol{X}_g^-$。

$\boldsymbol{T}^{-1}(t)$可由系统能观性矩阵$\boldsymbol{Q}_g(t)$导出。

按能观性分解的系统结构图，如图 3-3 所示。

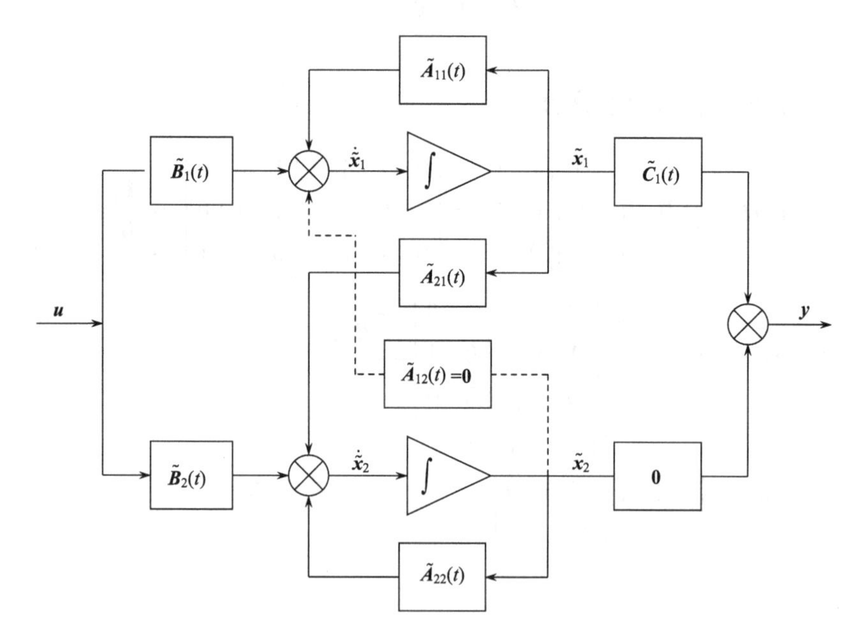

图 3-3　按能观性分解结构图

$\tilde{x}_1 \in X_g^+(t_0,t_\alpha)$ 属能观子空间，$\tilde{x}_2 \in X_g^-(t_0,t_\alpha)$ 属不能观子空间。且 $\tilde{x}_1 \perp \tilde{x}_2$ 为正交子空间。从图 3-3 中可直观地看出，输出 y 只接受了 $\tilde{x}_1$ 的信息，所以 $\tilde{x}_1$ 能观；而 $\tilde{x}_2$ 的信息既不能直接传递给输出 y，又不能通过能观测的 $\tilde{x}_1$ 传递给 y，所以 $\tilde{x}_2$ 不能观。

3.8.3　标准分解

如果线性系统 $\Sigma\left[A(t),B(t),C(t)\right]$ 是既不完全能控又不完全能观的，那么该系统可以同时按能控性和能观性进行分解，这就是标准分解。

设原系统为

$$\begin{cases}\dot{x}=A(t)x+B(t)u\\ y=C(t)x\end{cases}\tag{3-108}$$

既不完全能控又不完全能观，即 $x\in\left[\left(X_k^+\cup X_k^-\right)\cap\left(X_g^+\cup X_g^-\right)\right]$。

首先，按能控性分解。取非奇异变换阵 $\tilde{x}=R(t)x$，则

$$\begin{cases}\dot{\tilde{x}}=\begin{bmatrix}\dot{\tilde{x}}_{1\cdot 2}\\ \dot{\tilde{x}}_{3\cdot 4}\end{bmatrix}=\begin{bmatrix}\tilde{A}_1(t) & \tilde{A}_2(t)\\ 0 & \tilde{A}_4(t)\end{bmatrix}\begin{bmatrix}\tilde{x}_{1\cdot 2}\\ \tilde{x}_{3\cdot 4}\end{bmatrix}+\begin{bmatrix}\tilde{B}_1(t)\\ 0\end{bmatrix}[u]\\ Y=\begin{bmatrix}\tilde{C}_1(t) & \tilde{C}_2(t)\end{bmatrix}\begin{bmatrix}\tilde{x}_{1\cdot 2}\\ \tilde{x}_{3\cdot 4}\end{bmatrix}\end{cases}\tag{3-109}$$

式中，$\tilde{x}_{1\cdot 2}=\begin{bmatrix}\tilde{x}_1 & \tilde{x}_2\end{bmatrix}^{\mathrm{T}}$，且 $\tilde{x}_{1\cdot 2}\in X_k^+$；$\tilde{x}_{3\cdot 4}=\begin{bmatrix}\tilde{x}_3 & \tilde{x}_4\end{bmatrix}^{\mathrm{T}}$，且 $\tilde{x}_{3\cdot 4}\in X_k^-$。

其次，按能观性分解 $\tilde{x}_{1\cdot 2}$ 和 $\tilde{x}_{3\cdot 4}$。对能控子空间（子系统）$\tilde{x}_{1\cdot 2}$ 作能观性分解

$$\begin{cases}\dot{\tilde{x}}_{1\cdot 2}=\begin{bmatrix}\dot{\tilde{x}}_1\\ \dot{\tilde{x}}_2\end{bmatrix}=\tilde{A}_1(t)\tilde{x}_{1\cdot 2}+\tilde{A}_2(t)\tilde{x}_{3\cdot 4}+\tilde{B}_1(t)u\\ y_1=\tilde{C}_1\tilde{x}_{1\cdot 2}\end{cases}\tag{3-110}$$

取 $\hat{x}_{1\cdot 2}=T_1(t)\tilde{x}_{1\cdot 2}$，有

$$\begin{cases}\begin{bmatrix}\dot{\hat{x}}_1\\ \dot{\hat{x}}_2\end{bmatrix}=\begin{bmatrix}\hat{A}_{11}(t) & 0\\ \hat{A}_{21}(t) & \hat{A}_{22}(t)\end{bmatrix}\begin{bmatrix}\hat{x}_1\\ \hat{x}_2\end{bmatrix}+\begin{bmatrix}\hat{A}_{13}(t) & 0\\ \hat{A}_{23}(t) & \hat{A}_{24}(t)\end{bmatrix}\begin{bmatrix}\hat{x}_3\\ \hat{x}_4\end{bmatrix}+\begin{bmatrix}\hat{B}_1(t)\\ \hat{B}_2(t)\end{bmatrix}u\\ y_1=\begin{bmatrix}\hat{C}_1(t) & 0\end{bmatrix}\begin{bmatrix}\hat{x}_1\\ \hat{x}_2\end{bmatrix}\end{cases}\tag{3-111}$$

对不能控子空间（子系统）$\tilde{x}_{3\cdot 4}$ 作能观性分解

$$\begin{cases}\dot{\tilde{x}}_{3\cdot 4}=\begin{bmatrix}\dot{\tilde{x}}_3\\ \dot{\tilde{x}}_4\end{bmatrix}=0\cdot\tilde{x}_{1\cdot 2}+\tilde{A}_4(t)\tilde{x}_{3\cdot 4}+0\cdot u\\ y_2=\tilde{C}_2\tilde{x}_{3\cdot 4}\end{cases}\tag{3-112}$$

取 $\hat{x}_{3\cdot 4}=T_2(t)\tilde{x}_{3\cdot 4}$，有

$$
\begin{cases}
\begin{bmatrix} \dot{\hat{\boldsymbol{x}}}_3 \\ \dot{\hat{\boldsymbol{x}}}_4 \end{bmatrix} = \begin{bmatrix} \hat{\boldsymbol{A}}_{33}(t) & \boldsymbol{0} \\ \hat{\boldsymbol{A}}_{43}(t) & \hat{\boldsymbol{A}}_{44}(t) \end{bmatrix} \begin{bmatrix} \hat{\boldsymbol{x}}_3 \\ \hat{\boldsymbol{x}}_4 \end{bmatrix} \\
\boldsymbol{y}_2 = \begin{bmatrix} \hat{\boldsymbol{C}}_3(t) & \boldsymbol{0} \end{bmatrix} \begin{bmatrix} \hat{\boldsymbol{x}}_3 \\ \hat{\boldsymbol{x}}_4 \end{bmatrix}
\end{cases}
\tag{3-113}
$$

综合式(3-111)和式(3-113)借用块矩阵可得标准结构分解的状态空间描述为

$$
\begin{cases}
\begin{bmatrix} \dot{\hat{\boldsymbol{x}}}_1 \\ \dot{\hat{\boldsymbol{x}}}_2 \\ \dot{\hat{\boldsymbol{x}}}_3 \\ \dot{\hat{\boldsymbol{x}}}_4 \end{bmatrix} = \left[\begin{array}{cc:cc} \hat{\boldsymbol{A}}_{11}(t) & \boldsymbol{0} & \hat{\boldsymbol{A}}_{13}(t) & \boldsymbol{0} \\ \hat{\boldsymbol{A}}_{21}(t) & \hat{\boldsymbol{A}}_{22}(t) & \hat{\boldsymbol{A}}_{23}(t) & \hat{\boldsymbol{A}}_{24}(t) \\ \hdashline \boldsymbol{0} & \boldsymbol{0} & \hat{\boldsymbol{A}}_{33}(t) & \boldsymbol{0} \\ \boldsymbol{0} & \boldsymbol{0} & \hat{\boldsymbol{A}}_{43}(t) & \hat{\boldsymbol{A}}_{44}(t) \end{array}\right] \begin{bmatrix} \hat{\boldsymbol{x}}_1 \\ \hat{\boldsymbol{x}}_2 \\ \hat{\boldsymbol{x}}_3 \\ \hat{\boldsymbol{x}}_4 \end{bmatrix} + \begin{bmatrix} \hat{\boldsymbol{B}}_1(t) \\ \hat{\boldsymbol{B}}_2(t) \\ \boldsymbol{0} \\ \boldsymbol{0} \end{bmatrix} [\boldsymbol{u}] \\
\boldsymbol{y} = \left[\begin{array}{cc:cc} \hat{\boldsymbol{C}}_1(t) & \boldsymbol{0} & \hat{\boldsymbol{C}}_3(t) & \boldsymbol{0} \end{array}\right] \hat{\boldsymbol{x}}
\end{cases}
\tag{3-114}
$$

显然，原系统经标准分解后，被分解为 4 个子空间(子系统)，即

$\Sigma_1 : \hat{\boldsymbol{x}}_1 \in [\boldsymbol{X}_k^+ \cap \boldsymbol{X}_g^+]$ 为能控能观子空间(子系统)；

$\Sigma_2 : \hat{\boldsymbol{x}}_2 \in [\boldsymbol{X}_k^+ \cap \boldsymbol{X}_g^-]$ 为能控不能观子空间(子系统)；

$\Sigma_3 : \hat{\boldsymbol{x}}_3 \in [\boldsymbol{X}_k^- \cap \boldsymbol{X}_g^+]$ 为不能控能观子空间(子系统)；

$\Sigma_4 : \hat{\boldsymbol{x}}_4 \in [\boldsymbol{X}_k^- \cap \boldsymbol{X}_g^-]$ 为不能控不能观子空间(子系统)。

所以，只要系统 Σ_0 是状态不完全能控不完全能观，则 Σ_0 一定是由 Σ_1、Σ_2、Σ_3 和 Σ_4 这 4 个子系统组合而成。

最后可以绘出由式(3-114)表示的系统标准分解结构图，如图 3-4 所示。

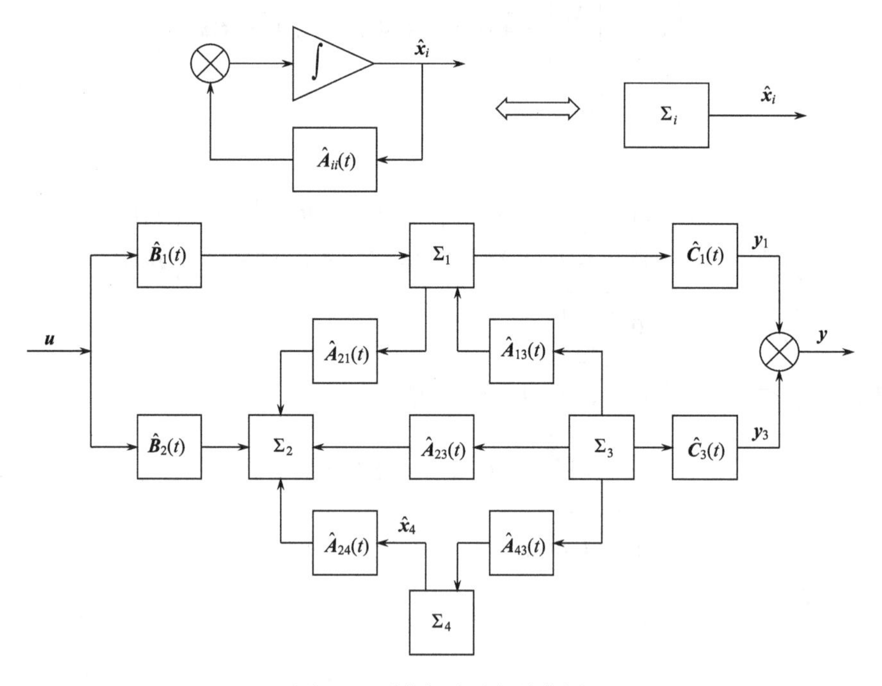

图 3-4　系统标准分解结构图

从图 3-4 可明显地了解到：

(1) 状态空间描述揭示了输入控制引起了系统中状态的变化，而状态变化传递到输出这样一个实质性的变化控制过程。

(2) 系统频域描述传递函数阵定义为：$\boldsymbol{G}(s) \triangleq \boldsymbol{y}(s) \cdot \boldsymbol{u}^{-1}(s)$，即传递函数(阵)描述了输出 $\boldsymbol{y}(s)$ 与输入 $\boldsymbol{u}(s)$ 之间直接的关系。从图 3-4 中可直观看出，整个系统只有能控能观子系统 Σ_1 是直接与输入 $\boldsymbol{u}$ 和输出 $\boldsymbol{y}$ 产生联系。所以才有

$$\boldsymbol{G}(s) = \boldsymbol{y}(s) \cdot \boldsymbol{u}^{-1}(s) = \boldsymbol{C}(s\boldsymbol{I} - \boldsymbol{A})^{-1} \boldsymbol{B} \equiv \boldsymbol{C}_1(s\boldsymbol{I} - \boldsymbol{A}_1)^{-1} \boldsymbol{B}_1 = \boldsymbol{G}_1(s) \tag{3-115}$$

因此，再一次说明传递函数(阵)对系统的描述是不完整描述，它仅仅描述了 Σ_1 子系统，而不涉及 Σ_2、Σ_3 和 Σ_4 这 3 个子系统的信息。

图 3-4 也可以简略绘制为如图 3-5 所示。

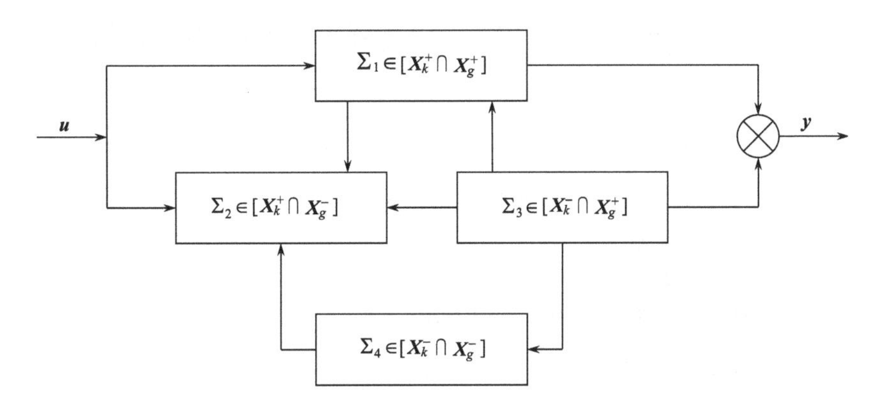

图 3-5　系统结构分解简略图

3.8.4　实现结构分解的方法

前面只是从理论上介绍了如何利用非奇异线性变换对系统作结构分解。但实际中选取非奇异变换矩阵 $\boldsymbol{R}(t)$ 和 $\boldsymbol{T}(t)$，都是比较麻烦和困难的，特别是当系统具有高维时 $\boldsymbol{R}(t)$ 和 $\boldsymbol{T}(t)$ 就很复杂了。尽管如此，这种理论方法仍然是系统结构分解的基本依据和基本方法。为简化结构分解的计算，在做分解前应当首先判断系统的能控能观性，以便做出一个合理的分解选择，一般情况是：

当系统是完全能控但不完全能观时，只做能观性分解；

当系统是不完全能控但完全能观时，只做能控性分解；

只有当系统是既不完全能控，又不完全能观时，才做系统结构的标准分解。

这里另外介绍一种实际中常用的方法：利用能控能观性第二判据做系统结构分解的方法，这种方法往往会使分解过程变得简便一些。

其主要思路如下。

(1) 将系统按特征值规范化为式(3-116)所示，以便运用能控能观性第二判据。

即将所有单特征值部分变换为对角线子块，将各重特征值部分变换为若干约当子块。同时，输入矩阵、输出矩阵也作相应的变换。

$$\begin{cases}\tilde{\boldsymbol{A}}=\boldsymbol{P}^{-1}\boldsymbol{A}\boldsymbol{P}=\begin{bmatrix}\boldsymbol{D} & & & & & \\ & \boldsymbol{J}_1 & & & \boldsymbol{0} & \\ & & \ddots & & & \\ & & & \boldsymbol{J}_q & & \\ & \boldsymbol{0} & & & \ddots & \\ & & & & & \boldsymbol{J}_l\end{bmatrix} \\ \tilde{\boldsymbol{B}}=\boldsymbol{P}^{-1}\boldsymbol{B} \\ \tilde{\boldsymbol{C}}=\boldsymbol{C}\boldsymbol{P}\end{cases} \tag{3-116}$$

其中

$\boldsymbol{D}=\begin{bmatrix}\lambda_1 & & & \boldsymbol{0} \\ & \lambda_2 & & \\ & & \ddots & \\ \boldsymbol{0} & & & \lambda_\alpha\end{bmatrix}=\operatorname{diag}(\lambda_h)$，对角线子块阵，单特征值对应部分；

$\boldsymbol{J}_i=\begin{bmatrix}\lambda_h & 1 & & \boldsymbol{0} \\ & \lambda_q & \ddots & \\ & & \ddots & 1 \\ \boldsymbol{0} & & & \lambda_n\end{bmatrix}$，约当子块阵，重特征值对应部分。

(2) 针对式(3-116)中矩阵 $\tilde{\boldsymbol{A}}$ 和 $\tilde{\boldsymbol{B}}$，利用能控性第二判据，确定系统的能控分量 $\{x_{ki}\}$ 部分和不能控分量 $\{x_{\bar{k}j}\}$ 部分，即

$$\{x_{ki}\}\in \boldsymbol{X}_k^+ \tag{3-117}$$

$$\{x_{\bar{k}j}\}\in \boldsymbol{X}_k^- \tag{3-118}$$

(3) 针对式(3-116)中矩阵 $\tilde{\boldsymbol{A}}$ 和 $\tilde{\boldsymbol{C}}$，利用能观性第二判据确定系统的能观分量 $\{x_{gi}\}$ 和不能观分量 $\{x_{\bar{g}j}\}$，即

$$\{x_{gi}\}\in \boldsymbol{X}_g^+ \tag{3-119}$$

$$\{x_{\bar{g}j}\}\in \boldsymbol{X}_g^- \tag{3-120}$$

(4) 对式(3-117)和式(3-119)求交集分量 $\{x_{kgi}\}$——这就是能控能观分量 $\hat{\boldsymbol{x}}_1$，即

$$\hat{\boldsymbol{x}}_1=\{x_{kgi}\}\in\left[\{x_{ki}\}\cap\{x_{gi}\}\right]=\left[\boldsymbol{X}_k^+\cap \boldsymbol{X}_g^+\right] \tag{3-121}$$

对式(3-117)和式(3-120)求交集分量 $\{x_{k\bar{g}i}\}$——这就是能控不能观分量 $\hat{\boldsymbol{x}}_2$，即

$$\hat{\boldsymbol{x}}_2=\{x_{k\bar{g}i}\}\in\left[\{x_{ki}\}\cap\{x_{\bar{g}j}\}\right]=\left[\boldsymbol{X}_k^+\cap \boldsymbol{X}_g^-\right] \tag{3-122}$$

对式(3-118)和式(3-119)求交集分量 $\{x_{\bar{k}gi}\}$——这就是不能控能观分量 $\hat{\boldsymbol{x}}_3$，即

$$\hat{\boldsymbol{x}}_3=\{x_{\bar{k}gi}\}=\left[\{x_{\bar{k}j}\}\cap\{x_{gi}\}\right]=\left[\boldsymbol{X}_k^-\cap \boldsymbol{X}_g^+\right] \tag{3-123}$$

对式(3-118)和式(3-120)求交集分量 $\{x_{\bar{k}\bar{g}i}\}$——这就是不能控不能观分量 $\hat{\boldsymbol{x}}_4$，即

$$\hat{\boldsymbol{x}}_4=\left\{x_{\overline{k}\overline{g}i}\right\}=\left[\left\{x_{\overline{k}j}\right\}\cap\left\{x_{\overline{g}j}\right\}\right]=\left[\boldsymbol{X}_k^-\cap\boldsymbol{X}_g^-\right] \tag{3-124}$$

(5) 按分解后状态变量 $\hat{\boldsymbol{x}}=\left[\hat{\boldsymbol{x}}_1 \mid \hat{\boldsymbol{x}}_2 \mid \hat{\boldsymbol{x}}_3 \mid \hat{\boldsymbol{x}}_4\right]^{\mathrm{T}}$ 的顺序重新调整原系统式(3-116)中各系数矩阵的行和列，就得了该系统的标准结构分解模型。

下面以一个 8 维系统为例，对系统标准结构分解的这种简便方法做一个说明。

【例 3.31】 设系统 $\tilde{\Sigma}\left(\tilde{\boldsymbol{A}},\tilde{\boldsymbol{B}},\tilde{\boldsymbol{C}}\right)$，其按特征值规范化形式已由如下的模型给出，试对系统进行结构分解。

$$\begin{cases}\dot{\tilde{\boldsymbol{x}}}=\begin{bmatrix}\dot{\tilde{x}}_1\\\dot{\tilde{x}}_2\\\dot{\tilde{x}}_3\\\dot{\tilde{x}}_4\\\dot{\tilde{x}}_5\\\dot{\tilde{x}}_6\\\dot{\tilde{x}}_7\\\dot{\tilde{x}}_8\end{bmatrix}=\begin{bmatrix}-4&1&&&&&&\\0&-4&&&&\boldsymbol{0}&&\\&&3&1&&&&\\&&0&3&&&&\\&&&&-1&1&&\\&&&&0&-1&&\\&\boldsymbol{0}&&&&&5&1\\&&&&&&0&5\end{bmatrix}\begin{bmatrix}\tilde{x}_1\\\tilde{x}_2\\\tilde{x}_3\\\tilde{x}_4\\\tilde{x}_5\\\tilde{x}_6\\\tilde{x}_7\\\tilde{x}_8\end{bmatrix}+\begin{bmatrix}1&3\\5&7\\4&3\\0&0\\1&6\\0&0\\9&2\\0&0\end{bmatrix}\begin{bmatrix}u_1\\u_2\end{bmatrix}\\ \boldsymbol{y}=\begin{bmatrix}\boldsymbol{y}_1\\\boldsymbol{y}_2\end{bmatrix}=\begin{bmatrix}3&0&0&1&0&0&2&6\\1&4&0&1&0&0&3&7\end{bmatrix}\tilde{\boldsymbol{x}}\end{cases} \tag{3-125}$$

解 由于系统已经是特征值规范型，故可直接利用能控性和能观性的第二判据作判断。

(1) 利用能控性第二判据可得

$$(\tilde{x}_1,\tilde{x}_2,\tilde{x}_3,\tilde{x}_5,\tilde{x}_7)^{\mathrm{T}}\in\boldsymbol{X}_k^+$$

$$(\tilde{x}_4,\tilde{x}_6,\tilde{x}_8)^{\mathrm{T}}\in\boldsymbol{X}_k^-$$

(2) 利用能观性的第二判据，可以确定

$$(\tilde{x}_1,\tilde{x}_2,\tilde{x}_4,\tilde{x}_7,\tilde{x}_8)^{\mathrm{T}}\in\boldsymbol{X}_g^+$$

$$(\tilde{x}_3,\tilde{x}_5,\tilde{x}_6)^{\mathrm{T}}\in\boldsymbol{X}_g^-$$

(3) 综合整理步骤 1 和步骤 2，运用交集运算得到

$$\begin{aligned}\hat{\boldsymbol{x}}_1&=(\tilde{x}_1,\tilde{x}_2,\tilde{x}_7)^{\mathrm{T}}\in[\boldsymbol{X}_k^+\cap\boldsymbol{X}_g^+]\\\hat{\boldsymbol{x}}_2&=(\tilde{x}_3,\tilde{x}_5)^{\mathrm{T}}\in[\boldsymbol{X}_k^+\cap\boldsymbol{X}_g^-]\\\hat{\boldsymbol{x}}_3&=(\tilde{x}_4,\tilde{x}_8)^{\mathrm{T}}\in[\boldsymbol{X}_k^-\cap\boldsymbol{X}_g^+]\\\hat{\boldsymbol{x}}_4&=(\tilde{x}_6)^{\mathrm{T}}\in[\boldsymbol{X}_k^-\cap\boldsymbol{X}_g^-]\end{aligned} \tag{3-126}$$

(4) 原系统式(3-125)系数矩阵中的行和列，按式(3-126) $\hat{\boldsymbol{x}}_1$、$\hat{\boldsymbol{x}}_2$、$\hat{\boldsymbol{x}}_3$、$\hat{\boldsymbol{x}}_4$ 的顺序重新组合，即得

$$\begin{cases}\dot{\hat{\boldsymbol{x}}}=\begin{bmatrix}\dot{\hat{\boldsymbol{x}}}_1\\ \dot{\hat{\boldsymbol{x}}}_2\\ \dot{\hat{\boldsymbol{x}}}_3\\ \dot{\hat{\boldsymbol{x}}}_4\end{bmatrix}=\begin{bmatrix}\dot{\tilde{x}}_1\\ \dot{\tilde{x}}_2\\ \dot{\tilde{x}}_7\\ \dot{\tilde{x}}_3\\ \dot{\tilde{x}}_5\\ \dot{\tilde{x}}_4\\ \dot{\tilde{x}}_8\\ \dot{\tilde{x}}_6\end{bmatrix}=\left[\begin{array}{ccc:cc:cc:c}-4 & 1 & 0 & 0 & 0 & 0 & 0 & 0\\ 0 & -4 & 0 & 0 & 0 & 0 & 0 & 0\\ 0 & 0 & 5 & 0 & 0 & 0 & 1 & 0\\ \hdashline & & & 3 & 0 & 1 & 0 & 0\\ & & & 0 & -1 & 0 & 0 & 1\\ \hdashline & & & & & 3 & 0 & 0\\ & & & & & 0 & 5 & 0\\ \hdashline & & & & & & & -1\end{array}\right]\begin{bmatrix}\tilde{x}_1\\ \tilde{x}_2\\ \tilde{x}_7\\ \tilde{x}_3\\ \tilde{x}_5\\ \tilde{x}_4\\ \tilde{x}_8\\ \tilde{x}_6\end{bmatrix}+\left[\begin{array}{cc}1 & 3\\ 5 & 7\\ 9 & 2\\ \hdashline 4 & 3\\ 1 & 6\\ \hdashline 0 & 0\\ 0 & 0\\ \hdashline 0 & 0\end{array}\right]\begin{bmatrix}u_1\\ u_2\end{bmatrix}\\ \boldsymbol{y}=\begin{bmatrix}\boldsymbol{y}_1\\ \boldsymbol{y}_2\end{bmatrix}=\left[\begin{array}{ccc:cc:cc:c}3 & 0 & 2 & 0 & 0 & 1 & 6 & 0\\ 1 & 4 & 3 & 0 & 0 & 1 & 7 & 0\end{array}\right]\begin{bmatrix}\hat{\boldsymbol{x}}_1\\ \hat{\boldsymbol{x}}_2\\ \hat{\boldsymbol{x}}_3\\ \hat{\boldsymbol{x}}_4\end{bmatrix}\end{cases}\tag{3-127}$$

式(3-127)就是原系统的标准分解结构模型。

其中，能控能观子系统$\Sigma_1 \in \boldsymbol{X}_k^+ \cap \boldsymbol{X}_g^+$的数学模型如式(3-128)所示。

$$\Sigma_1:\begin{cases}\dot{\hat{\boldsymbol{x}}}_1=\begin{bmatrix}\dot{\tilde{x}}_1\\ \dot{\tilde{x}}_2\\ \dot{\tilde{x}}_7\end{bmatrix}=\begin{bmatrix}-4 & 1 & 0\\ 0 & -4 & 0\\ 0 & 0 & 5\end{bmatrix}\begin{bmatrix}\tilde{x}_1\\ \tilde{x}_2\\ \tilde{x}_7\end{bmatrix}+\begin{bmatrix}1 & 3\\ 5 & 7\\ 9 & 2\end{bmatrix}u\\ \hat{\boldsymbol{y}}_1=\begin{bmatrix}y_1\\ y_2\end{bmatrix}=\begin{bmatrix}3 & 0 & 2\\ 1 & 4 & 3\end{bmatrix}\begin{bmatrix}\tilde{x}_1\\ \tilde{x}_2\\ \tilde{x}_7\end{bmatrix}\end{cases}\tag{3-128}$$

3.9　系统的实现问题

3.9.1　实现

所谓“实现”(Realization)就是建立系统的一个状态空间模型。或者反过来说，系统的一个状态空间模型就是系统的一个实现。显然，因为状态变量选取的不同或经非奇异线性变换，一个线性系统有许许多多个实现，一般人们较为关注的是一些有特定含义的实现，比如能控规范型实现、能观规范型实现、最小维(规模)实现等。系统的实现为系统分析、系统综合以及系统仿真提供了一个基本的数学依据。

3.9.2　最小实现

系统的最小实现(Minimum Realization)就是系统的一个最小维状态空间模型。比如，一个系统为$n=10$维，用这个10维模型就可以准确地描述系统特性。但从工程实际看，有时构建一个$n_1<n$维(如3维或5维)的状态空间模型就基本上可以较好地描述系统的主要性能特性。这是省事的，经济的，有效益的。因此，实际中所感兴趣的实现正是那些最小维

实现，即最小实现。应当指出，一般地，“最小实现”不一定是系统的完整数学模型，但也基本上可以表达系统的主要性能特性了。如何构建系统的一个“最小实现”呢？通常有两种思路。一是从能控能观角度入手，二是从传递函数阵入手。

1. 基于能控能观性的最小实现

从频域的观点，系统的传递函数(阵)是系统的不完整描述。因为$\boldsymbol{G}(s)=\boldsymbol{y}(s)\boldsymbol{u}^{-1}(s)$仅仅表达了联系输入输出部分。

从上节能控能观性结构分解可知，系统传递函数阵正好是系统能控能观子系统Σ_1的完全描述。

设$\Sigma_1\in\Sigma_0$且$\Sigma_1\subset\left[\boldsymbol{X}_k^+\cap\boldsymbol{X}_g^+\right]$，且一般耦合矩阵$\boldsymbol{D}=\boldsymbol{0}$，则

$$\boldsymbol{G}(s)=\boldsymbol{C}(s\boldsymbol{I}-\boldsymbol{A})^{-1}\boldsymbol{B}\equiv\boldsymbol{C}_1(s\boldsymbol{I}-\boldsymbol{A}_1)^{-1}\boldsymbol{B}_1 \tag{3-129}$$

可以肯定地说，能控能观子系统Σ_1的数学模型就是系统的一个“最小实现”。 例如上节中的例 3.31 中求得的Σ_1子系统，即式(3-128)就是一个最小实现。

所以，从系统结构分解的角度，有最小实现的定理。

定理 3-29　系统能控能观子系统$\Sigma_1\in\left[\boldsymbol{X}_k^+\cap\boldsymbol{X}_g^+\right]$的状态空间模型就是系统的一个最小实现。

证明从略。

【例 3.32】　若时不变标量系统的描述为

$$\begin{cases}\dot{\boldsymbol{x}}=\begin{bmatrix}-1&1&0&0\\0&-1&0&0\\0&0&-2&0\\0&0&0&-3\end{bmatrix}\begin{bmatrix}x_1\\x_2\\x_3\\x_4\end{bmatrix}+\begin{bmatrix}1\\0\\0\\1\end{bmatrix}u\\ \boldsymbol{y}=\begin{bmatrix}1&1&0&1\end{bmatrix}\boldsymbol{x},\qquad \boldsymbol{D}=\boldsymbol{0}\end{cases}$$

试求该系统的一个最小实现。

解　(1)按能控能观性作结构分解。

原 4 维系统模型已经是按特征值规范化的模型，可直接利用能控性能观性第二判据进行标准结构分解。于是有

$$\hat{\boldsymbol{x}}_1=\{x_1,x_4\}^{\mathrm{T}}\in\left[\boldsymbol{X}_k^+\cap\boldsymbol{X}_g^+\right]$$

$$\hat{\boldsymbol{x}}_2=\{0\}\in\left[\boldsymbol{X}_k^+\cap\boldsymbol{X}_g^-\right],\qquad \text{表示空集}$$

$$\hat{\boldsymbol{x}}_3=\{x_2\}\in\left[\boldsymbol{X}_k^-\cap\boldsymbol{X}_g^+\right]$$

$$\hat{\boldsymbol{x}}_4=\{x_3\}\in\left[\boldsymbol{X}_k^-\cap\boldsymbol{X}_g^-\right]$$

得分解后系统结构为

$$\begin{cases} \dot{\boldsymbol{x}} = \begin{bmatrix} -1 & 0 & 1 & 0 \\ 0 & -3 & 0 & 0 \\ 0 & 0 & -1 & 0 \\ 0 & 0 & 0 & -2 \end{bmatrix} \begin{bmatrix} x_1 \\ x_4 \\ x_2 \\ x_3 \end{bmatrix} + \begin{bmatrix} 1 \\ 1 \\ 0 \\ 0 \end{bmatrix} u \\ \boldsymbol{y} = \begin{bmatrix} 1 & 1 & 1 & 0 \end{bmatrix} \begin{bmatrix} x_1 \\ x_4 \\ x_2 \\ x_3 \end{bmatrix} \end{cases}$$

(2) 系统的最小实现为 2 维系统 Σ_1，即为

$$\Sigma_1 : \begin{cases} \dot{\boldsymbol{x}}_1 = \begin{bmatrix} \dot{x}_1 \\ \dot{x}_4 \end{bmatrix} = \begin{bmatrix} -1 & 0 \\ 0 & -3 \end{bmatrix} \begin{bmatrix} x_1 \\ x_4 \end{bmatrix} + \begin{bmatrix} 1 \\ 1 \end{bmatrix} u \\ \boldsymbol{y} = \begin{bmatrix} 1 & 1 \end{bmatrix} \begin{bmatrix} x_1 \\ x_4 \end{bmatrix} \end{cases}$$

(3) 同时，可求得传递函数阵 $\boldsymbol{G}(s)$ 为

$$\begin{aligned} \boldsymbol{G}(s) &= \boldsymbol{G}_1(s) = \boldsymbol{C}_1(s\boldsymbol{I} - \boldsymbol{A}_1)^{-1}\boldsymbol{B}_1 \\ &= \begin{bmatrix} 1 & 1 \end{bmatrix} \begin{bmatrix} s+1 & 0 \\ 0 & s+3 \end{bmatrix}^{-1} \begin{bmatrix} 1 \\ 1 \end{bmatrix} = \frac{1}{s+1} + \frac{1}{s+3} = \frac{2(s+2)}{(s+1)(s+3)} \end{aligned}$$

2. 基于传递函数的最小实现

这里只介绍基于传递函数的标量系统的最小实现。基于传递函数阵的多变量系统的最小实现将在线性系统理论课程中介绍。

当原系统的传递函数

$$\boldsymbol{G}(s) = \frac{\boldsymbol{y}(s)}{\boldsymbol{u}(s)} = \frac{M(s)}{D(s)} = \frac{\prod_{i=1}^{m}(s+z_i)}{\prod_{j=1}^{n}(s+p_j)}$$

中存在有零点消极点的情况，则消去完毕后(约简后)留下的低阶的、不可再约简的传递函数所建立的状态空间模型即为系统的一个最小实现。

于是，从系统传递函数角度，有最小实现的定理。

定理 3-30　由系统不可简约的传递函数 $G(s)$ 所建立的状态空间模型就是系统的一个最小实现。

证明从略。

【例 3.33】　已知标量系统时域数学模型为 3 阶微分方程

$$\frac{\mathrm{d}^3 y}{\mathrm{d}t^3} + 5\frac{\mathrm{d}^2 y}{\mathrm{d}t^2} + 6\frac{\mathrm{d}y}{\mathrm{d}t} = 2\frac{\mathrm{d}^2 u}{\mathrm{d}t^2} + 4\frac{\mathrm{d}u}{\mathrm{d}t}$$

试求取该系统的一个最小实现。

解　由于是标量系统，可以考虑从传递函数(阵)角度求取最小实现。

(1) 求取系统传递函数。

对微分方程在零始条件下进行拉氏变换，有

$$\left(s^3+5s^2+6s\right)y(s)=\left(2s^2+4s\right)u(s)$$

由传递函数定义得

$$G(s)=\frac{y(s)}{u(s)}=\frac{2s^2+4s}{s^3+5s^2+6s}$$

(2) 约简系统传递函数(即消去传递函数中的零、极点)，于是

$$G(s)=\frac{y(s)}{u(s)}=\frac{2s(s+2)}{s(s+2)(s+3)}=\frac{2}{s+3}$$

(3) 对约简后的 $G(s)=\dfrac{2}{s+3}$ 建立状态空间模型。

这里利用状态变量图法，绘制状态变量图如图 3-6 所示。

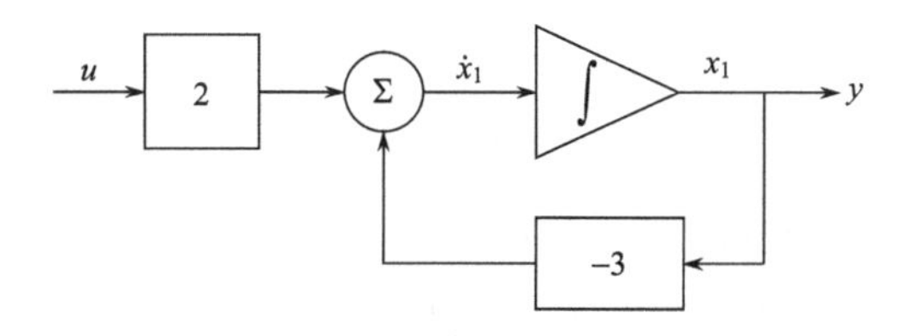

图 3-6　例 3.33 系统状态变量图

由图 3-6 可写出状态空间模型为

$$\begin{cases}\dot{\boldsymbol{x}}=\dot{x}_1=-3x_1+2u\\ \boldsymbol{y}=y=x_1\end{cases}$$

这个 1 维的模型就是该系统的一个最小实现。

3.9.3　最小实现的应用实例

最小实现是系统的一个最小维状态空间描述，尽管它是一个高维实际系统不完整的描述，但它还是包含了系统自身主要的基本性能特性，而且因维数较低、可以获得较简单方便的运算，所以在分析系统和综合系统中也还是经常被应用。本小节就介绍它在求解高维系统响应时的应用。

最小实现是系统的一个最小维模型，这意味着高维系统可降维(阶)分析、运算和求解。这里以一个 4 维系统响应求解为例，说明其应用。

【例 3.34】　设有 4 维系统

$$\begin{cases}\dot{\boldsymbol{x}}=\begin{bmatrix}\dot{x}_1\\ \dot{x}_2\\ \dot{x}_3\\ \dot{x}_4\end{bmatrix}=\begin{bmatrix}-1&0&0&0\\0&-2&0&0\\0&0&-3&0\\0&0&0&-4\end{bmatrix}\begin{bmatrix}x_1\\x_2\\x_3\\x_4\end{bmatrix}+\begin{bmatrix}0\\2\\0\\4\end{bmatrix}u\\ \boldsymbol{y}=[y]=\begin{bmatrix}0&1&0&1\end{bmatrix}\boldsymbol{x},\qquad \boldsymbol{D}=\boldsymbol{0}\end{cases}$$

且初始状态为 $\boldsymbol{x}(t_0)=\boldsymbol{x}(0)=\boldsymbol{0}$，试求系统的单位阶跃响应。

解前分析　(1) 可直接利用第 2 章状态方式求解公式，即

$$\boldsymbol{x}(t)=\boldsymbol{\Phi}(t)\boldsymbol{x}(0)+\int_0^t \boldsymbol{\Phi}(t-\tau)\boldsymbol{B}\boldsymbol{u}(\tau)\mathrm{d}\tau=\int_0^t \boldsymbol{\Phi}(t-\tau)\boldsymbol{B}\boldsymbol{u}(\tau)\mathrm{d}\tau$$

再将解得的 $\boldsymbol{x}(t)$ 代入输出方程中，得

$$\boldsymbol{y}(t)=\boldsymbol{C}\boldsymbol{x}(t)=\boldsymbol{C}\int_0^t \boldsymbol{\Phi}(t-\tau)\boldsymbol{B}\cdot 1\cdot \mathrm{d}\tau$$

但是系统维数 $n=4$，若 n 更高，计算会比较困难，所以不可取。

(2) 因为初态为 0，可用传递函数(阵) $\boldsymbol{G}(s)$ 求解。

$$\boldsymbol{G}(s)=\boldsymbol{y}(s)\boldsymbol{u}^{-1}(s)=\frac{\boldsymbol{y}(s)}{\boldsymbol{u}(s)}$$

则

$$\boldsymbol{y}(s)=y(s)=\boldsymbol{G}(s)\cdot u(s)=\boldsymbol{C}(s\boldsymbol{I}-\boldsymbol{A})^{-1}\boldsymbol{B}u(s)$$

故

$$\boldsymbol{y}(t)=\boldsymbol{G}(t)*u(t)$$

但是 $n=4$，$(s\boldsymbol{I}-\boldsymbol{A})^{-1}$ 难于运算，所以也不可取。

(3) 如果从能控能观结构分解角度考虑，是否会简单一些呢?

因为

$$\boldsymbol{G}(s)\equiv \boldsymbol{G}_1(s)\in\Sigma_1(\boldsymbol{A}_1,\boldsymbol{B}_1)$$

绘出标准结构分解图如图 3-7 所示。

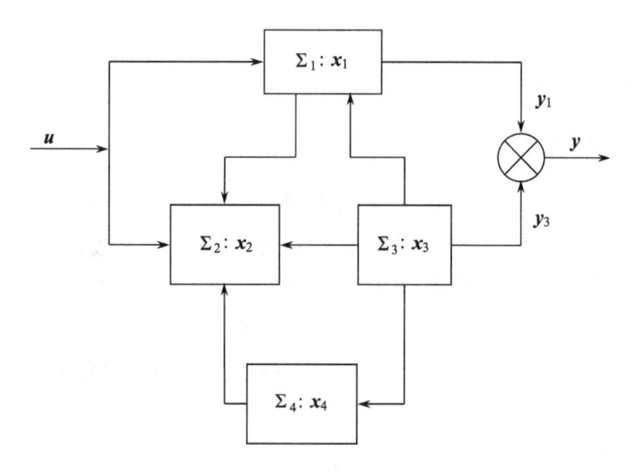

图 3-7　例 3.34 系统结构分解图

注意到本例题所示系统由能控能观第二判据可知，只有两个子系统存在，即

$$\Sigma_1:\hat{\boldsymbol{x}}_1=\{x_2,x_4\}^{\mathrm{T}}\in\left[\boldsymbol{X}_k^+\cap\boldsymbol{X}_g^+\right]$$

$$\Sigma_4:\hat{\boldsymbol{x}}_4=\{x_1,x_3\}^{\mathrm{T}}\in\left[\boldsymbol{X}_k^-\cap\boldsymbol{X}_g^-\right]$$

而另两个子系统为

$$\Sigma_2 = \{0\} \in \left[\boldsymbol{X}_k^+ \cap \boldsymbol{X}_g^- \right]$$

$$\Sigma_3 = \{0\} \in \left[\boldsymbol{X}_k^- \cap \boldsymbol{X}_g^+ \right]$$

都属于空集，不存在。

于是，由图 3-7 可直接得出其响应 $\boldsymbol{y}(t)$，即

$$\boldsymbol{y}(t) = \boldsymbol{y}_1(t) + \boldsymbol{y}_3(t) \equiv \boldsymbol{y}_1(t)$$

或

$$\boldsymbol{y}(s) = \boldsymbol{y}_1(s)$$

所以归结为

$$\boldsymbol{y}(s) = \boldsymbol{y}_1(s) = \boldsymbol{G}_1(s) \cdot u(s)$$

于是，可以如下求解。

解　(1) 求 $\Sigma_1 \in \boldsymbol{X}_k^+ \cap \boldsymbol{X}_g^+$（利用结构分解，或第二判据）。

$$\Sigma_1 : \boldsymbol{A}_1 = \begin{bmatrix} -2 & 0 \\ 0 & -4 \end{bmatrix}, \qquad \boldsymbol{B}_1 = \begin{bmatrix} 2 \\ 4 \end{bmatrix}, \qquad \boldsymbol{C}_1 = \begin{bmatrix} 1 & 1 \end{bmatrix}$$

(2) 将 $\boldsymbol{G}(s) = \boldsymbol{G}_1(s) = \boldsymbol{C}_1(s\boldsymbol{I} - \boldsymbol{A}_1)^{-1}\boldsymbol{B}_1$ 代入子系统系数矩阵，得

$$\boldsymbol{G}(s) = \boldsymbol{G}_1(s) = \left[\frac{2}{s+2} + \frac{4}{s+4} \right]$$

(3) 求单位阶跃响应 $\boldsymbol{y}(s) = \boldsymbol{y}_1(s) = \boldsymbol{G}(s) \cdot u(s)$，即

$$\boldsymbol{y}(s) = \left[\frac{2}{s+2} + \frac{4}{s+4} \right] \cdot \frac{1}{s}$$

展开为部分分式

$$\boldsymbol{y}(s) = \left[\frac{1}{s} - \frac{1}{s+2} \right] + \left[\frac{1}{s} - \frac{1}{s+4} \right] = \frac{2}{s} - \frac{1}{s+2} - \frac{1}{s+4}$$

(4) 取拉氏逆变换求出系统的单位阶跃响应为

$$\boldsymbol{y}(t) = 2 - \mathrm{e}^{-2t} - \mathrm{e}^{-4t} \qquad (t \geqslant 0)$$

【例 3.35】　试求如下系统的单位阶跃响应 $\boldsymbol{y}(t)$。

$$\begin{cases} \dot{\boldsymbol{x}} = \begin{bmatrix} -1 & 0 & 0 & 0 \\ 0 & -1 & 0 & 0 \\ 0 & 0 & -2 & 0 \\ 0 & 0 & 0 & -3 \end{bmatrix} \boldsymbol{x} + \begin{bmatrix} 1 \\ 0 \\ 1 \\ 0 \end{bmatrix} u \\ \boldsymbol{y} = \begin{bmatrix} 1 & 0 & 1 & 0 \end{bmatrix} \boldsymbol{x}, \qquad \boldsymbol{D} = \boldsymbol{0} \end{cases}$$

且 $\boldsymbol{x}(0) = \begin{bmatrix} 1 & 0 & -1 & 0 \end{bmatrix}^{\mathrm{T}}$。

此题与例 3.34 类似，基本思路和方法都是一样的。但系统具有非零初态。

解前分析　因为初态不为零，所以其响应可考虑利用叠加原理，即

$$\boldsymbol{y}(t)=\boldsymbol{y}_{zs}(t)+\boldsymbol{y}_{zi}(t)$$

式中，$\boldsymbol{y}_{zs}(t)$为零状态响应，$\boldsymbol{y}_{zi}(t)$为零输入响应。

其他分析从略。

解 (1)作标准结构分解，求能控能观子系统Σ_1。

显见

$$\hat{\Sigma}_1\in\boldsymbol{X}_k^+\cap\boldsymbol{X}_g^+:\begin{cases}\dot{\hat{\boldsymbol{x}}}_1=\begin{bmatrix}-1&0\\0&-2\end{bmatrix}\hat{\boldsymbol{x}}_1+\begin{bmatrix}1\\1\end{bmatrix}[u]\\ \boldsymbol{y}_1=\begin{bmatrix}1&1\end{bmatrix}\hat{\boldsymbol{x}}_1\end{cases}$$

且$\hat{\boldsymbol{x}}_1(0)=\begin{bmatrix}1&-1\end{bmatrix}^{\mathrm{T}}$，$\hat{\boldsymbol{x}}_1=\begin{bmatrix}x_1&x_3\end{bmatrix}^{\mathrm{T}}$。

注意： $\hat{\Sigma}_2=\boldsymbol{0}\in\boldsymbol{X}_k^+\cap\boldsymbol{X}_g^-$为空集；$\hat{\Sigma}_3=\boldsymbol{0}\in\boldsymbol{X}_k^-\cap\boldsymbol{X}_g^+$为空集；$\hat{\Sigma}_4\in\boldsymbol{X}_k^-\cap\boldsymbol{X}_g^-$存在，且$\hat{\boldsymbol{x}}_4=\begin{bmatrix}x_2&x_4\end{bmatrix}^{\mathrm{T}}$。

(2)如例 3.34 一样，可知

$$\boldsymbol{y}(t)=\boldsymbol{y}_1(t)+\boldsymbol{y}_3(t)\equiv\boldsymbol{y}_1(t)$$

(3)求零输入响应$\boldsymbol{y}_{zi}(t)$(利用自由运动系统状态解式)。

因为
$$\boldsymbol{y}(t)=\boldsymbol{y}_1(t)=\boldsymbol{y}_{1\cdot zi}(t)+\boldsymbol{y}_{1\cdot zs}(t)$$

即
$$\boldsymbol{y}_{zi}(t)=\boldsymbol{y}_{1\cdot zi}(t)$$

且

$$\hat{\Sigma}_1:\begin{cases}\dot{\hat{\boldsymbol{x}}}_1=\begin{bmatrix}-1&0\\0&-2\end{bmatrix}\hat{\boldsymbol{x}}_1+\begin{bmatrix}1\\1\end{bmatrix}[u],\\ \boldsymbol{y}_1=\begin{bmatrix}1&1\end{bmatrix}\hat{\boldsymbol{x}}_1\end{cases}\qquad \hat{\boldsymbol{x}}_1(0)=\begin{bmatrix}1\\-1\end{bmatrix}$$

有

$$\hat{\boldsymbol{x}}_1(t)=\boldsymbol{\Phi}_1(t)\boldsymbol{x}_1(0)$$

其中
$$\boldsymbol{\Phi}_1(t)=\mathrm{e}^{\boldsymbol{A}_1t}=\begin{bmatrix}\mathrm{e}^{-t}&0\\0&\mathrm{e}^{-2t}\end{bmatrix}$$

所以
$$\hat{\boldsymbol{x}}_1(t)=\begin{bmatrix}\mathrm{e}^{-t}&0\\0&\mathrm{e}^{-2t}\end{bmatrix}\begin{bmatrix}1\\-1\end{bmatrix}=\begin{bmatrix}\mathrm{e}^{-t}\\-\mathrm{e}^{-2t}\end{bmatrix}$$

代入输出方程求得

$$\boldsymbol{y}_{zi}(t)=\boldsymbol{y}_{1\cdot zi}(t)=\boldsymbol{C}_1\hat{\boldsymbol{x}}_1=\begin{bmatrix}1&1\end{bmatrix}\begin{bmatrix}\mathrm{e}^{-t}\\-\mathrm{e}^{-2t}\end{bmatrix}=\mathrm{e}^{-t}-\mathrm{e}^{-2t}\qquad(t\geqslant0)$$

(4)求零状态响应$\boldsymbol{y}_{zs}(t)=\boldsymbol{y}_{1\cdot zs}(t)$[可用传递函数(阵)求]。

因为

$$\boldsymbol{G}(s)=\boldsymbol{G}_1(s)=G_1(s)=\frac{\boldsymbol{y}_{1\cdot zs}(s)}{u(s)}$$

所以
$$y_{1\cdot zs}(s)=G_1(s)\cdot u(s)$$

又
$$G_1(s)=C_1(sI-A_1)^{-1}B_1=\begin{bmatrix}1 & 1\end{bmatrix}\begin{bmatrix}s+1 & 0\\ 0 & s+2\end{bmatrix}^{-1}\begin{bmatrix}1\\1\end{bmatrix}=\frac{1}{s+1}+\frac{1}{s+2}$$

于是代入 $y_{1\cdot zs}(s)$ 并展成部分分式，即

$$y_{1\cdot zs}(s)=G_1(s)\cdot u(s)=\left[\frac{1}{s+1}+\frac{1}{s+2}\right]\cdot\frac{1}{s}=\frac{3/2}{s}+\frac{-1}{s+1}+\frac{-1/2}{s+2}$$

所以有

$$y_{zs}(t)=y_{1\cdot zs}(t)=\frac{3}{2}-\mathrm{e}^{-t}-\frac{1}{2}\mathrm{e}^{-2t}\qquad(t\geqslant 0)$$

(5) 叠加 $y_{1\cdot zi}(t)$ 和 $y_{1\cdot zs}(t)$ 后，解得

$$\begin{aligned}y(t)=y_1(t)&=y_{1\cdot zi}(t)+y_{1\cdot zs}(t)\\&=\left[\mathrm{e}^{-t}-\mathrm{e}^{-2t}\right]+\left[\frac{3}{2}-\mathrm{e}^{-t}-\frac{1}{2}\mathrm{e}^{-2t}\right]\\&=\frac{3}{2}\left[1-\mathrm{e}^{-2t}\right]\qquad(t\geqslant 0)\end{aligned}$$

3.10　传递函数矩阵 $G(s)$ 与能控能观性间的关系

传递函数矩阵是系统的频域模型，而能控性和能观性是从状态空间模型中提出的两个重要性能特征。那么能控性和能观性与系统频域模型间会有什么关系呢？这是大家感兴趣的。可以指出，能控能观性和传递函数矩阵之间的关系就是能控能观性与系统零点、极点间的关系。下面先讨论单输入/单输出系统传递函数与能控能观性之间的关系，然后将相关结论引入多输入/多输出系统中。

3.10.1　能控能观性与系统零极点之间的关系

以标量系统为例，设 $\Sigma(A,B,C)$ 为

$$\begin{cases}\dot{x}=Ax+Bu\\ y=Cx,\qquad D=0\end{cases}\qquad t\in[0,\infty)\tag{3-130}$$

$\Sigma(A,B,C)$ 为 n 维系统或 n 阶系统，且初始状态为 $x(t)|_{t=0}=x(0)=0$。特别地，为简化讨论设定系统具有互不相等的特征值这种简单情况。即当 $i\neq j$ 时，$\lambda_i\neq\lambda_j\,(i,j=1,2,\cdots,n)$。

下面，推证其间的关系。

第一步，对 Σ 系统取非奇异线性变换，即 $x=P\tilde{x}$ 或 $\tilde{x}=P^{-1}x$，则

$$\begin{cases}\dot{\tilde{x}}=\tilde{A}\tilde{x}+\tilde{B}\tilde{u}\\ \tilde{y}=\tilde{C}\tilde{x}\end{cases}\tag{3-131}$$

其中，P 为非奇异阵，可使 A 对角线规范化。

由矩阵理论，若 $\boldsymbol{A}$ 为相伴规范形(即友矩阵)时，$\boldsymbol{P}$ 可选取范德蒙德矩阵 $\boldsymbol{V}$ 。即

$$\boldsymbol{P}=\begin{bmatrix} 1 & 1 & \cdots & 1 \\ \lambda_1 & \lambda_2 & & \lambda_n \\ \vdots & & \ddots & \vdots \\ \lambda_1^{n-1} & \lambda_2^{n-1} & \cdots & \lambda_n^{n-1} \end{bmatrix}=\boldsymbol{V}$$

于是

$$\begin{cases} \tilde{\boldsymbol{A}}=\boldsymbol{P}^{-1}\boldsymbol{A}\boldsymbol{P}=\begin{bmatrix} \lambda_1 & & \boldsymbol{0} \\ & \lambda_2 & & \\ & & \ddots & \\ \boldsymbol{0} & & & \lambda_n \end{bmatrix}_{n\times n} \\ \tilde{\boldsymbol{B}}=\boldsymbol{P}^{-1}\boldsymbol{B}=\begin{bmatrix} \alpha_1 \\ \alpha_2 \\ \vdots \\ \alpha_n \end{bmatrix} \\ \tilde{\boldsymbol{C}}=\boldsymbol{C}\boldsymbol{P}=\begin{bmatrix} \beta_1 & \beta_2 & \cdots & \beta_n \end{bmatrix} \end{cases} \tag{3-132}$$

显然，$\alpha_i, \beta_i\left(i=1,2,\cdots,n\right)$ 均为由 $\Sigma\left(\boldsymbol{A},\boldsymbol{B},\boldsymbol{C}\right)$ 系统参数所决定的包括 0 在内的常数。

第二步，求出 Σ 系统的传递函数阵 $G\left(s\right)$ 为

$$\boldsymbol{G}\left(s\right)=\boldsymbol{C}(s\boldsymbol{I}-\boldsymbol{A})^{-1}\boldsymbol{B}=\tilde{\boldsymbol{C}}(s\boldsymbol{I}-\tilde{\boldsymbol{A}})^{-1}\tilde{\boldsymbol{B}}=\boldsymbol{y}\left(s\right)\boldsymbol{u}^{-1}\left(s\right) \tag{3-133}$$

$$\boldsymbol{D}=\boldsymbol{0}$$

已设定 Σ 为标量系统，有

$$\boldsymbol{y}\left(s\right)=y\left(s\right),\qquad \boldsymbol{u}\left(s\right)=u\left(s\right)$$

则 $\boldsymbol{G}\left(s\right)$ 为标量传递函数

$$G\left(s\right)=y\left(s\right)/u\left(s\right)=\tilde{\boldsymbol{C}}(s\boldsymbol{I}-\tilde{\boldsymbol{A}})^{-1}\tilde{\boldsymbol{B}} \tag{3-134}$$

第三步，将 $\tilde{\boldsymbol{C}}=\begin{bmatrix} \beta_1 & \beta_2 & \cdots & \beta_\text{n} \end{bmatrix}$，$\tilde{\boldsymbol{B}}=\begin{bmatrix} \alpha_1 \\ \alpha_2 \\ \vdots \\ \alpha_\text{n} \end{bmatrix}$ 和 $\tilde{\boldsymbol{A}}=\text{diag}(\lambda_i)_{n\times n}$ 代入方程式(3-134)，得到标量传递函数为

$$G(s)=\frac{y(s)}{u(s)}=\begin{bmatrix} \beta_1 & \beta_2 & \cdots & \beta_n \end{bmatrix}\begin{bmatrix} \frac{1}{s-\lambda_1} & & & 0 \\ & \frac{1}{s-\lambda_2} & & \\ & & \ddots & \\ 0 & & & \frac{1}{s-\lambda_n} \end{bmatrix}\begin{bmatrix} \alpha_1 \\ \alpha_2 \\ \vdots \\ \alpha_n \end{bmatrix}\doteq\sum_{i=1}^{n}\frac{\alpha_i\beta_i}{s-\lambda_i} \tag{3-135}$$

第四步，由经典理论可知，当标量系统具有全部的单特征值 λ_i 时，则传递函数 $G(s)$ 可写为

$$G(s)=\frac{y(s)}{u(s)}=\frac{k(s-z_1)(s-z_2)\cdots(s-z_l)}{(s-\lambda_1)(s-\lambda_2)\cdots(s-\lambda_n)}=\frac{k\prod_{j=1}^{l}(s-z_j)}{\prod_{i=1}^{n}(s-\lambda_i)} \qquad (l \leqslant n) \tag{3-136}$$

将式(3-136)按极点展成部分分式，即

$$G(s)=\frac{y(s)}{u(s)}=\frac{a_1}{s-\lambda_1}+\frac{a_2}{s-\lambda_2}+\cdots+\frac{a_n}{s-\lambda_n}=\sum_{i=1}^{n}\frac{a_i}{s-\lambda_i} \tag{3-137}$$

其中，系数 $a_i=\frac{y(s)}{u(s)}(s-\lambda_i)\big|_{s=\lambda_i}$， a_i 为 $G(s)$ 在极点 λ_i 的留数(Residue)。

第五步，比较方程(3-135)和方程(3-137)得到

$$a_i=\alpha_i\beta_i \qquad (i=1,2,\cdots,n) \tag{3-138}$$

由式(3-138)可以得出以下结论。

(1)在经典理论中，已知系数 a_i 是 $G(s)$ 在极点 λ_i 的留数，因此，如果没有任何零点等于任何极点，即 $z_j \neq \lambda_i, \begin{pmatrix} j=1,2,\cdots,l \\ i=1,2,\cdots,n \end{pmatrix}$，则说明系统中没有任何零点消除 $G(s)$ 中的极点，这时，留数 a_i 不等于零，即 $a_i \neq 0\ (i=1,2,\cdots,n)$。也意味着 $\alpha_i \neq 0$ 和 $\beta_i \neq 0$。

(2)从能控能观性角度。当系统为

$$\tilde{\boldsymbol{A}}=\begin{bmatrix} \lambda_1 & & \boldsymbol{0} \\ & \ddots & \\ \boldsymbol{0} & & \lambda_n \end{bmatrix}，对角规范型$$

$$\tilde{\boldsymbol{B}}=\boldsymbol{P}^{-1}\boldsymbol{B}=\begin{bmatrix} \alpha_1 \\ \alpha_2 \\ \vdots \\ \alpha_n \end{bmatrix}$$

$$\tilde{\boldsymbol{C}}=\boldsymbol{CP}=\begin{bmatrix} \beta_1 & \beta_2 & \cdots & \beta_n \end{bmatrix}$$

由能控能观性的第二判据可知：

① $\alpha_i \neq 0$ 说明 $\tilde{\boldsymbol{B}}$ 中不存在全零行，系统是状态完全能控的。

② $\beta_i \neq 0$ 说明 $\tilde{\boldsymbol{C}}$ 中不存在全零列，系统是状态完全能观的。

(3)如果 $G(s)$ 中不存在零点消极点的情况（$a_i \neq 0$），则系统 $\Sigma(\boldsymbol{A},\boldsymbol{B},\boldsymbol{C})$ 是状态完全能控且状态完全能观测的（$\alpha_i \neq 0$、$\beta_i \neq 0$）。

(4)如果在 $G(s)$ 中存在部分零点能够消去部分极点，例如 $z_j=\lambda_i$，这说明该极点 λ_i 处的留数 $a_i=0\ (i=1,2,\cdots,n)$，这意味着

$$\alpha_i=0$$

或

$$\beta_i=0$$

或 $$\alpha_i = \beta_i = 0$$

(5) 这时，同样由能控能观第二判据可知：

①当 $\alpha_i = 0$，系统是状态不完全能控的。

②当 $\beta_i = 0$，系统是状态不完全能观的。

③当 $\alpha_i = \beta_i = 0$，系统是状态既不完全能控又不完全能观的。

(6) 如果在 $G(s)$ 中出现任何一种零点消去极点的情况，此时单输入/单输出系统 $\Sigma(\boldsymbol{A},\boldsymbol{B},\boldsymbol{C})$ 为状态不完全能控或状态不完全能观，或状态不完全能控且不完全能观。

(7) 上面的结论可以扩展到具有重特征值的标量系统中。

于是有关于系统传递函数 $G(s)$ 与能控能观之关系的定理如下。

定理 3-31 对于标量时不变系统 $\Sigma(\boldsymbol{A},\boldsymbol{B},\boldsymbol{C})$ 而言，系统状态完全能控完全能观的充分必要条件是系统传递函数 $G(s)$ 中不存在任何零点消去极点的现象。

推论 3-12 当系统传递函数 $G(s)$ 中存在有零点消去极点的现象，则该系统要么是状态不完全能控的；要么是状态不完全能观的；要么是状态既不完全能控又不完全能观测的。

【例 3.36】 已知系统的传递函数为

$$G(s) = \frac{y(s)}{u(s)} = \frac{(s+1)(s+4)}{(s+1)(s+2)(s+3)}$$

试判别该系统的能控性和能观性。

解前分析 系统是单输入/单输出系统；系统中存在零点消极点的情况。但是，不能确定系统为状态不完全能控或状态不完全能观，或状态不完全能控且不完全能观，所以必须按常规方法判断。

解 (1) 利用系统 $G(s)$ 建立状态空间模型。

$$\frac{y(s)}{u(s)} = \frac{\boldsymbol{x}(s)}{u(s)} \cdot \frac{y(s)}{\boldsymbol{x}(s)} = \frac{1}{(s+1)(s+2)(s+3)} \cdot (s+1)(s+4)$$

于是

$$\begin{cases} u(s) = (s+1)(s+2)(s+3)\boldsymbol{x}(s) = \left(s^3 + 6s^2 + 11s + 6\right)\boldsymbol{x}(s) \\ y(s) = (s+1)(s+4)\boldsymbol{x}(s) = \left(s^2 + 5s + 4\right)\boldsymbol{x}(s) \end{cases}$$

故可得状态空间模型为

$$\begin{cases} \dot{\boldsymbol{x}} = \begin{bmatrix} \dot{x}_1 \\ \dot{x}_2 \\ \dot{x}_3 \end{bmatrix} = \begin{bmatrix} 0 & 1 & 0 \\ 0 & 0 & 1 \\ -6 & -11 & -6 \end{bmatrix} \begin{bmatrix} x_1 \\ x_2 \\ x_3 \end{bmatrix} + \begin{bmatrix} 0 \\ 0 \\ 1 \end{bmatrix} [u] \\ \boldsymbol{y} = [y] = [4 \quad 5 \quad 1]\boldsymbol{x} \end{cases}$$

(2) 确定能控性。

利用系统的能控性矩阵 $\boldsymbol{Q}_k$（$n = 3$）

$$\boldsymbol{Q}_k = \begin{bmatrix} \boldsymbol{B} & \boldsymbol{AB} & \boldsymbol{A}^2\boldsymbol{B} \end{bmatrix} = \begin{bmatrix} 0 & 0 & 1 \\ 0 & 1 & -6 \\ 1 & -6 & 25 \end{bmatrix}$$

因为 $\boldsymbol{Q}_k$ 为三角矩阵，显见 $\text{rank}\boldsymbol{Q}_k = 3 = n$ 满秩，所以系统是状态完全能控的。

事实上，系统的状态空间模型已是能控规范型，故 $\boldsymbol{x} \in \boldsymbol{X}_k^+$。

(3) 确定能观性。因为在 $G(s)$ 中存在零点消极点的情形，且 Σ 是完全能控的，则系统必定是状态不完全能观的。

上述结果可以用系统的能观性矩阵 $\boldsymbol{Q}_g$ 加以验证。

因为

$$\boldsymbol{Q}_g = \begin{bmatrix} \boldsymbol{C} \\ \boldsymbol{CA} \\ \boldsymbol{CA}^2 \end{bmatrix} = \begin{bmatrix} 4 & 5 & 1 \\ -6 & -7 & -1 \\ 6 & 5 & -1 \end{bmatrix}$$

则 $\det \boldsymbol{Q}_g = 0$，故 $\text{rank}\boldsymbol{Q}_g = 2 < 3 = n$。因此，系统是状态不完全能观的。

3.10.2　$G(s)$ 与能控能观性间关系的进一步结论

定理 3-31 引出的推论 3-12 是针对当系统存在有零、极点相消现象时，系统能控能观性可能出现的 3 种情况的结论性描述，但到底是哪一种情况，推论没指出，还需根据已学过的判据做判断，经研究，对单变量(标量)系统而言，根据零极点相消的特点，便可以做出明确判断。下面直接以结论形式给出判断结果而证明从略，其证明请参考相关文献。

1. 针对标量系统的结论

结论 3-1　串联系统，若存在前面零点消去后面极点的现象，则该串联系统是状态不完全能控的。

【例 3.37】　设有系统结构如图 3-8 所示。试确定系统的能控性。

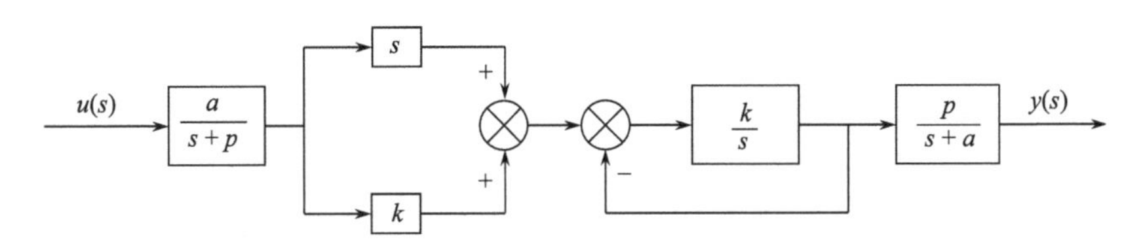

图 3-8　例 3.37 系统结构图

解　简化框图如图 3-9 所示。

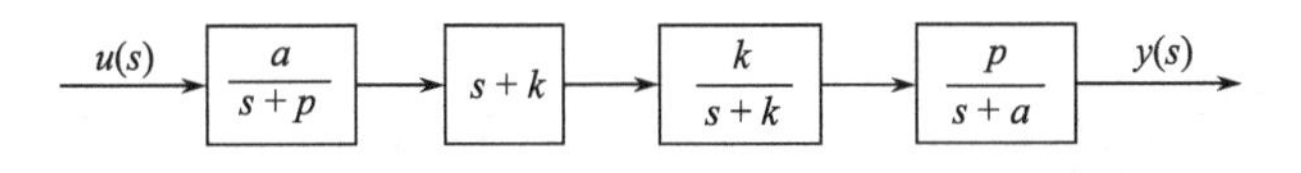

图 3-9　例 3.37 简化框图

显然，前零点 $s+k$ 消去了后面的极点 $(s+k)^{-1}$，所以系统是状态不完全能控的。

结论 3-2　串联系统，若存在前面极点消去后面零点的现象，则该串联系统是状态不完全能观的。

【例 3.38】　设系统结构如图 3-10 所示。试确定其能观性。

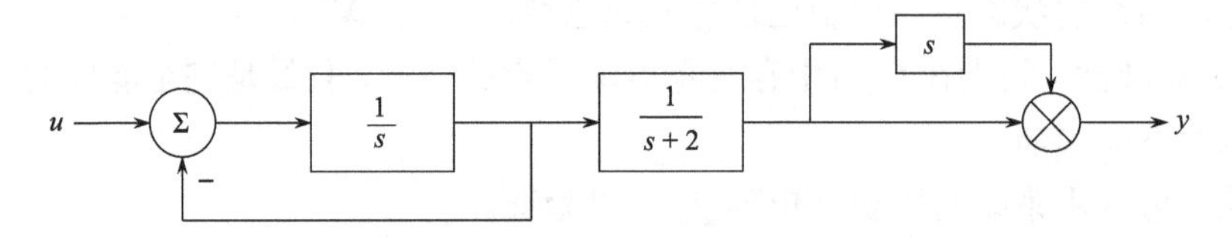

图 3-10　例 3.38 系统结构图

解　简化框图如图 3-11 所示。

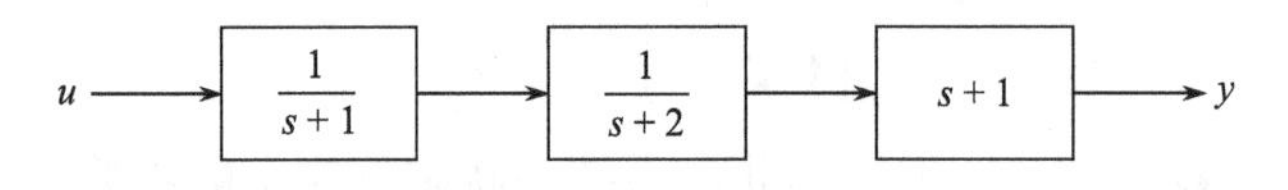

图 3-11　例 3.38 简化框图

显然，存在有前极点$(s+1)^{-1}$消去了后零点$(s+1)$，所以该系统是状态不完全能观的。

结论 3-3　串联系统，若既存在前面零点消去后面极点又存在前面极点消去后面零点现象，则该串联系统是状态既不完全能控又不完全能观的。

【例 3.39】　有系统结构如图 3-12 所示。试分析确定系统的能控性和能观性。

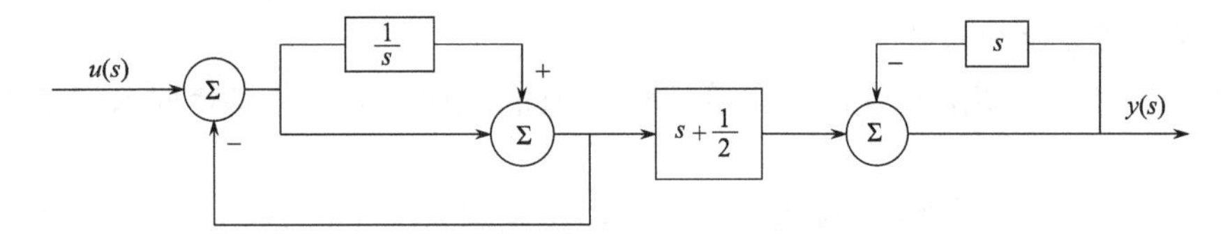

图 3-12　例 3.39 系统结构图

解　(1) 简化框图如图 3-13 所示。

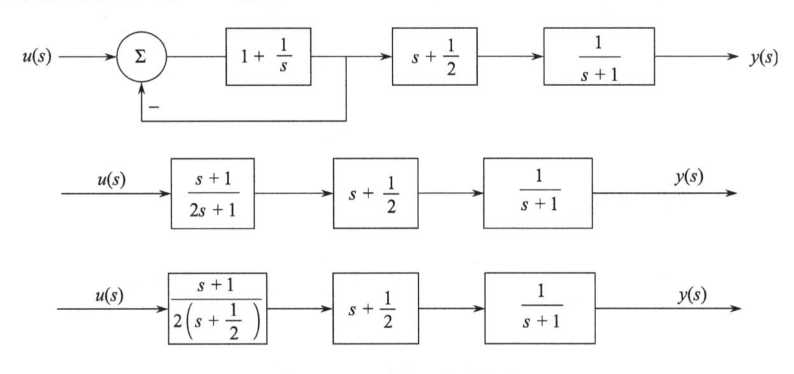

图 3-13　例 3.39 简化框图

(2) 判断。

因为存在前零点$(s+1)$消去了后极点$(s+1)^{-1}$，所以状态不完全能控；又因为前极点$(s+1/2)^{-1}$消去了后零点$(s+1/2)$，所以状态不完全能观。故该系统是状态不完全能控的，即$\Sigma\in\left[\boldsymbol{X}_k^+\cup\boldsymbol{X}_k^-\right]\cap\left[\boldsymbol{X}_g^+\cup\boldsymbol{X}_g^-\right]$。

结论 3-4　当系统用状态空间模型描述时，若零点消去极点的现象出现在状态方程中，则该系统是状态不完全能控的。若零点消去极点现象出现在输出方程中，则系统是状态不完全能观测的。若零极点相消现象既出现在状态方程中又出现在输出方程中，则系统是状态既不完全能控又不完全能观测的。

下面举例说明。

考查如下 2 个时不变系统Σ_a，Σ_b，如图 3-14 和图 3-15 所示，可求得

$$\Sigma_a:\begin{cases}\dot{\boldsymbol{x}}_a=\begin{bmatrix}\dot{x}_1\\ \dot{x}_2\end{bmatrix}=\begin{bmatrix}0 & 1\\ -2 & -3\end{bmatrix}\begin{bmatrix}x_1\\ x_2\end{bmatrix}+\begin{bmatrix}1\\ -2\end{bmatrix}[u]\\ \boldsymbol{y}_a=[y_a]=[1\quad 0]\begin{bmatrix}x_1\\ x_2\end{bmatrix}\end{cases}$$

同样求得

$$\Sigma_b:\begin{cases}\dot{\boldsymbol{x}}_b=\begin{bmatrix}\dot{x}_1\\ \dot{x}_2\end{bmatrix}=\begin{bmatrix}0 & 1\\ -2 & -3\end{bmatrix}\begin{bmatrix}x_1\\ x_2\end{bmatrix}+\begin{bmatrix}0\\ 1\end{bmatrix}[u]\\ \boldsymbol{y}_b=[y_b]=[1\quad 1]\begin{bmatrix}x_1\\ x_2\end{bmatrix}\end{cases}$$

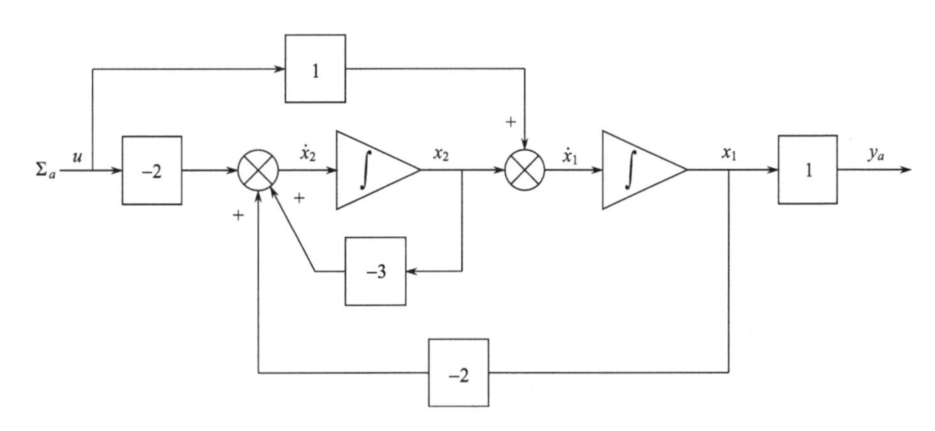

图 3-14　Σ_a 系统的状态变量图

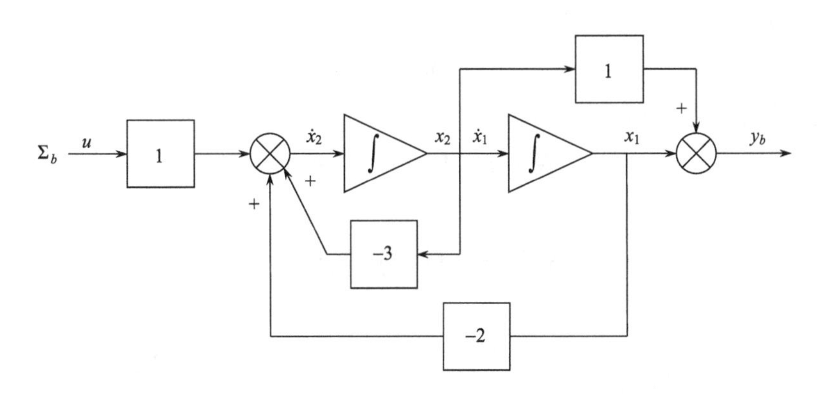

图 3-15　Σ_b 系统的状态变量图

比较Σ_a和Σ_b的上两式模型，显然，这 2 个系统具有相同的系统矩阵$\boldsymbol{A}$。

$$\boldsymbol{A}_a = \boldsymbol{A}_b = \boldsymbol{A} = \begin{bmatrix} 0 & 1 \\ -2 & -3 \end{bmatrix}$$

考查系统Σ_a的能控性

$$\text{rank}\boldsymbol{Q}_{ka} = \text{rank}\left[\boldsymbol{B}_a \quad \boldsymbol{A}\boldsymbol{B}_a\right] = \text{rank}\begin{bmatrix} 1 & -2 \\ -2 & 4 \end{bmatrix} = 1 < 2 = n$$

故系统Σ_a不完全能控。

考查系统Σ_a的能观性

$$\text{rank}\boldsymbol{Q}_{ga} = \text{rank}\begin{bmatrix} \boldsymbol{C}_a \\ \boldsymbol{C}_a\boldsymbol{A} \end{bmatrix} = \text{rank}\begin{bmatrix} 1 & 0 \\ 0 & 1 \end{bmatrix} = 2 = n$$

故系统Σ_a完全能观。

因此得出，Σ_a是状态不完全能控但状态完全能观的，即

$$\Sigma_a \in \left\{\left[\boldsymbol{X}_k^+ \cup \boldsymbol{X}_k^-\right] \cap \boldsymbol{X}_g^+\right\}$$

类似地，分析系统Σ_b得到

$$\text{rank}\boldsymbol{Q}_{kb} = \text{rank}\left[\boldsymbol{B}_b \quad \boldsymbol{A}\boldsymbol{B}_b\right] = \text{rank}\begin{bmatrix} 0 & 1 \\ 1 & -3 \end{bmatrix} = 2 = n$$

故系统Σ_b是状态完全能控的。

同时

$$\text{rank}\boldsymbol{Q}_{gb} = \text{rank}\begin{bmatrix} \boldsymbol{C}_b \\ \boldsymbol{C}_b\boldsymbol{A} \end{bmatrix} = \text{rank}\begin{bmatrix} 1 & 1 \\ -2 & -2 \end{bmatrix} = 1 < 2 = n$$

故系统Σ_b是状态不完全能观的。

所以，系统Σ_b是状态完全能控但状态不完全能观的，即

$$\Sigma_b \in \left\{\boldsymbol{X}_k^+ \cap \left[\boldsymbol{X}_g^+ \cup \boldsymbol{X}_g^-\right]\right\}$$

为什么会得出不同的结论？

下面来看系统Σ_a的状态方程

$$\dot{\boldsymbol{x}}_a = \boldsymbol{A}\boldsymbol{x}_a + \boldsymbol{B}_a\boldsymbol{u}$$

在零初始状态下取拉普拉斯变换，可得

$$s\boldsymbol{x}_a(s) = \boldsymbol{A}\boldsymbol{x}_a(s) + \boldsymbol{B}_a\boldsymbol{u}(s)$$

于是

$$\boldsymbol{x}_a(s) = (s\boldsymbol{I} - \boldsymbol{A})^{-1}\boldsymbol{B}_a\boldsymbol{u}(s)$$

其中

$$(s\boldsymbol{I} - \boldsymbol{A})^{-1} = \begin{bmatrix} s & -1 \\ 2 & s+3 \end{bmatrix}^{-1} = \frac{1}{(s+1)(s+2)}\begin{bmatrix} s+3 & 1 \\ -2 & s \end{bmatrix}$$

则

$$\boldsymbol{x}_a(s)=\frac{1}{(s+1)(s+2)}\begin{bmatrix}s+3 & 1\\ -2 & s\end{bmatrix}\begin{bmatrix}1\\ -2\end{bmatrix}\boldsymbol{u}(s)$$

$$=\frac{1}{(s+1)(s+2)}\begin{bmatrix}s+1\\ -2(s+1)\end{bmatrix}\boldsymbol{u}(s)=\frac{1}{s+2}\begin{bmatrix}1\\ -2\end{bmatrix}\boldsymbol{u}(s)$$

这一过程说明：状态方程中存在零点消极点的现象。故 Σ_a 是状态不完全能控的。

将 $\boldsymbol{x}_a(s)$ 代入输出方程 $\boldsymbol{y}_a(s)$，可得

$$\boldsymbol{y}_a(s)=\boldsymbol{C}_a\boldsymbol{x}_a(s)=[1\quad 0]\frac{1}{s+2}\begin{bmatrix}1\\ -2\end{bmatrix}\boldsymbol{u}(s)=\frac{1}{s+2}\boldsymbol{u}(s)$$

很明显，输出方程中不存在零点和极点相消的现象。故 Σ_a 是状态完全能观的。

类似地，考查系统 Σ_b 的状态方程

$$\boldsymbol{x}_b(s)=(s\boldsymbol{I}-\boldsymbol{A})^{-1}\boldsymbol{B}_b\boldsymbol{u}(s)$$

$$=\frac{1}{(s+1)(s+2)}\begin{bmatrix}s+3 & 1\\ -2 & s\end{bmatrix}\begin{bmatrix}0\\ 1\end{bmatrix}\boldsymbol{u}(s)=\frac{1}{(s+1)(s+2)}\begin{bmatrix}1\\ s\end{bmatrix}\boldsymbol{u}(s)$$

这表明状态方程中不存在零点消极点的现象，故 Σ_b 是状态完全能控的。

将 $\boldsymbol{x}_b(s)$ 代入输出方程 $\boldsymbol{y}_b(s)$ 中，可得

$$\boldsymbol{y}_b(s)=\boldsymbol{C}_b\boldsymbol{x}_b(s)=[1\quad 1]\frac{1}{(s+1)(s+2)}\begin{bmatrix}1\\ s\end{bmatrix}\boldsymbol{u}(s)$$

$$=\frac{1}{(s+1)(s+2)}[1\quad 1]\begin{bmatrix}1\\ s\end{bmatrix}\boldsymbol{u}(s)$$

$$=\frac{1}{(s+1)(s+2)}(s+1)\boldsymbol{u}(s)=\frac{1}{s+2}\boldsymbol{u}(s)$$

而这表明：输出方程中存在零点消除极点的现象。故 Σ_b 是状态不完全能观的。

综上可以得出前述结论，即

(1) 如果系统零点消除极点出现在状态方程中，那么系统是状态不完全能控的，例如 Σ_a。

(2) 如果系统零点消除极点出现在输出方程中，那么系统是状态不完全能观的，例如 Σ_b。

强调指出，结论 3-4 既适用于标量系统，也适用于多输入/多输出系统。

2. 针对多输入/多输出系统的结论

结论 3-5　如果在多输入/多输出系统中不存在任何零点消去极点的现象，则多变量系统是状态完全能控且完全能观的。

注意，这是一个充分条件而非必要条件。

结论 3-6　假设多变量系统存在有一些零点消极点的现象，如果在消去部分极点以后，系统仍旧保留有已消去的极点，那么该多变量系统仍然是状态完全能控且完全能观的。

【例 3.40】　有多变量系统，其传递函数阵为

$$\boldsymbol{G}(s)\triangleq\boldsymbol{y}(s)\boldsymbol{u}^{-1}(s)=\begin{bmatrix}\dfrac{s}{s^2(s+1)} & \dfrac{s(s+2)}{s^3(s+1)}\\ \dfrac{s(s+1)}{s^2} & 0\end{bmatrix}$$

试确定系统的能控能观性。

解　简化系统传递函数阵，消去零极点后，可得

$$\boldsymbol{G}(s)\triangleq\boldsymbol{y}(s)\boldsymbol{u}^{-1}(s)=\begin{bmatrix}\dfrac{1}{s(s+1)} & \dfrac{s+2}{s^2(s+1)}\\ \dfrac{s+1}{s} & 0\end{bmatrix}=\frac{1}{s}\begin{bmatrix}\dfrac{1}{s+1} & \dfrac{s+2}{s(s+1)}\\ s+1 & 0\end{bmatrix}$$

在简化过程中，因为零点 $z=0$ 消去极点 $s=0$ 之后，被消去的 $s=0$ 极点仍然存在，且系统为双输入双输出多变量系统，所以系统仍然为既是状态完全能控又是状态完全能观的，即 $\Sigma\in\left[\boldsymbol{X}_k^+\cap\boldsymbol{X}_g^+\right]$。

3.11　离散时间系统的能控性和能观性

由于线性连续系统只是线性离散系统当采样周期趋于无穷小时的无限近似，所以，离散系统的状态能控性和能观性的定义与线性连续系统的极其相似，能控性和能观性判据则在形式上基本一致。

3.11.1　线性时不变离散系统的状态能控性

线性时不变离散系统的状态能控性介绍如下。

1. 能控性的定义

设线性时不变离散系统为

$$\boldsymbol{x}(k+1)=\boldsymbol{G}\boldsymbol{x}(k)+\boldsymbol{H}\boldsymbol{u}(k)\qquad k\in[0,\infty) \tag{3-139}$$

若对某个任意非零初始状态 $\boldsymbol{x}(k)=\boldsymbol{x}(0)\neq\boldsymbol{0}$，存在输入控制序列 $\boldsymbol{u}(k)(k=0,1,2,\cdots,n-1)$，使系统在第 n 个采样时刻达到零状态，即 $\boldsymbol{x}(n)\equiv\boldsymbol{0}$，则称状态 $\boldsymbol{x}(0)$ 是能控的。若状态空间中的所有状态都能控，则称该系统是状态完全能控的，或简称系统是能控的。

2. 能达性的定义

对线性时不变离散系统 $\Sigma(\boldsymbol{G},\boldsymbol{H})$，若对某个零初始状态 $\boldsymbol{x}(k)=\boldsymbol{x}(0)\equiv\boldsymbol{0}$，存在输入控制序列 $\boldsymbol{u}(k)(k=0,1,2,\cdots,n-1)$，使得系统状态从初始零状态在第 n 个采样时刻到达最终非零目标状态，即 $\boldsymbol{x}(k_\alpha)=\boldsymbol{x}_\alpha\neq\boldsymbol{0}$，则称此系统的状态 $\boldsymbol{x}(0)$ 是能达的。若系统对状态空间中所有状态都能达，则称系统状态完全能达，简称为系统能达。

3. 能控性与能达性的等价问题

状态能控性讨论的是系统输入对状态空间中任意初始状态控制到坐标原点(平衡态)的能力，而状态能达性讨论的是系统输入对坐标原点(平衡态)的初始状态控制到状态空间中任意状态的能力。因此在系统控制问题中，系统镇定问题多与能控性有关，而跟踪、伺服问题多与能达性有关。

应当强调指出，对于线性时不变离散系统，状态的能控性与能达性不一定等价，是否等价有如下的定理(证明可参阅相关文献)。

定理 3-32　对线性时不变离散系统 $\Sigma(\boldsymbol{G},\boldsymbol{H})$，式(3-139)而言，若系统矩阵 $\boldsymbol{G}$ 非奇异，

则离散系统能控性与能达性必然等价。

定理 3-33　对线性时不变离散系统$\Sigma(\boldsymbol{G},\boldsymbol{H})$［式(3-139)］而言，若系统矩阵$\boldsymbol{G}$为奇异，则离散系统能控性与能达性是不等价的。

定理 3-34　当线性时不变离散系统$\Sigma(\boldsymbol{G},\boldsymbol{H})$是由时不变连续时间系统离散化而得到，则该离散化系统能控性与能达性必然等价。

对线性时不变连续系统来说，状态能控性与能达性虽然定义不同，两者的判据却是等价的。而区别于连续时间系统，线性时不变离散系统状态能控性和能达性的判据也是有差异的。

4. 线性时不变离散系统的状态能控性判据

线性时不变离散系统的状态能达性与连续系统的能控性判据在形式上是完全一致的，而离散状态能控性的判据则有所区别。下面给出线性时不变离散系统状态能控性的判据。

定理 3-35　[能控性判据之一：能控性与能达性等价时]

线性时不变离散系统$\Sigma(\boldsymbol{G},\boldsymbol{H})$当系统矩阵$\boldsymbol{G}$非奇异时，系统状态完全能控的**充分必要条件**是能控性矩阵$\boldsymbol{Q}_k$满秩，即

$$\mathrm{rank}\boldsymbol{Q}_k=\mathrm{rank}\begin{bmatrix}\boldsymbol{H} & \boldsymbol{GH} & \cdots & \boldsymbol{G}^{n-1}\boldsymbol{H}\end{bmatrix}=n \tag{3-140}$$

其中，$\boldsymbol{Q}_k=\begin{bmatrix}\boldsymbol{H} & \boldsymbol{GH} & \cdots & \boldsymbol{G}^{n-1}\boldsymbol{H}\end{bmatrix}$称为离散系统的能控性矩阵。

证明　线性时不变离散系统状态方程的解为

$$\boldsymbol{x}(k)=\boldsymbol{G}^k\boldsymbol{x}(0)+\sum_{i=0}^{k-1}\boldsymbol{G}^{k-i-1}\boldsymbol{H}\boldsymbol{u}(i) \tag{3-141}$$

设在第n个采样时刻能使初始状态转移到零状态，则式(3-141)可写成

$$\boldsymbol{x}(n)=\boldsymbol{0}=\boldsymbol{G}^n\boldsymbol{x}(0)+\sum_{i=0}^{n-1}\boldsymbol{G}^{n-i-1}\boldsymbol{H}\boldsymbol{u}(i)$$

即

$$-\boldsymbol{G}^n\boldsymbol{x}(0)=\sum_{i=0}^{n-1}\boldsymbol{G}^{n-i-1}\boldsymbol{H}\boldsymbol{u}(i)=\boldsymbol{G}^{n-1}\boldsymbol{H}\boldsymbol{u}(0)+\boldsymbol{G}^{n-2}\boldsymbol{H}\boldsymbol{u}(1)+\ldots+\boldsymbol{H}\boldsymbol{u}(n-1) \tag{3-142}$$

将式(3-142)写成矩阵形式为

$$\begin{bmatrix}\boldsymbol{H} & \boldsymbol{GH} & \cdots & \boldsymbol{G}^{n-1}\boldsymbol{H}\end{bmatrix}\begin{bmatrix}\boldsymbol{u}(n-1)\\ \boldsymbol{u}(n-2)\\ \vdots \\ \boldsymbol{u}(0)\end{bmatrix}=-\boldsymbol{G}^n\boldsymbol{x}(0) \tag{3-143}$$

当$\boldsymbol{G}$是非奇异矩阵时，对于任意给定的非零初始状态$\boldsymbol{x}(0)$，$\boldsymbol{G}^n\boldsymbol{x}(0)$必为某一非零的$n$维列向量。因此，式(3-143)有解的充分必要条件是$n\times n$维矩阵$\boldsymbol{Q}_k$，即系统的能控性矩阵的秩为

$$\mathrm{rank}\boldsymbol{Q}_k=\mathrm{rank}\begin{bmatrix}\boldsymbol{H} & \boldsymbol{GH} & \cdots & \boldsymbol{G}^{n-1}\boldsymbol{H}\end{bmatrix}=n$$

证毕。

定理 3-36　[能控性判据之二：能控性与能达性不等价时]

线性时不变离散系统$\Sigma(\boldsymbol{G},\boldsymbol{H})$当系统矩阵$\boldsymbol{G}$为奇异时，系统状态完全能控的**充分条件**是能控性矩阵$\boldsymbol{Q}_k$满秩，即

$$\text{rank}\boldsymbol{Q}_k=\text{rank}\begin{bmatrix}\boldsymbol{H} & \boldsymbol{G}\boldsymbol{H} & \cdots & \boldsymbol{G}^{n-1}\boldsymbol{H}\end{bmatrix}=n \tag{3-144}$$

其中，$\boldsymbol{Q}_k=\begin{bmatrix}\boldsymbol{H} & \boldsymbol{G}\boldsymbol{H} & \cdots & \boldsymbol{G}^{n-1}\boldsymbol{H}\end{bmatrix}$是离散系统的能控性矩阵。

证明从略。

上述定理 3-35 是一个充分必要条件，就是说当系统矩阵$\boldsymbol{G}$非奇异时，系统能控性矩阵$\boldsymbol{Q}_k$是满秩的，则系统状态就是完全能控的。反过来，即系统能控性矩阵$\boldsymbol{Q}_k$不是满秩的，则系统状态一定不是完全能控的。而定理 3-36 是一个充分而非必要条件。换句话说，当系统矩阵$\boldsymbol{G}$为奇异时，系统能控性矩阵$\boldsymbol{Q}_k$不是满秩的，则一定不能说系统不是状态完全能控的。

【例 3.41】　若线性时不变离散系统的状态方程为

$$\boldsymbol{x}(k+1)=\begin{bmatrix}0 & 1 & 0\\ 0 & 0 & 1\\ -2 & -3 & -1\end{bmatrix}\boldsymbol{x}(k)+\begin{bmatrix}0\\ 0\\ 1\end{bmatrix}\boldsymbol{u}(k)$$

试判断此系统的能控性。

解　由系统的状态方程可知此系统是一个 3 维系统，$n=3$。注意到$\boldsymbol{G}$阵非奇异。

计算能控性矩阵$\boldsymbol{Q}_k$，即$\boldsymbol{Q}_k=\begin{bmatrix}\boldsymbol{H} & \boldsymbol{G}\boldsymbol{H} & \boldsymbol{G}^2\boldsymbol{H}\end{bmatrix}$，则

$$\boldsymbol{H}=\begin{bmatrix}0\\ 0\\ 1\end{bmatrix},\quad \boldsymbol{G}\boldsymbol{H}=\begin{bmatrix}0 & 1 & 0\\ 0 & 0 & 1\\ -2 & -3 & -1\end{bmatrix}\begin{bmatrix}0\\ 0\\ 1\end{bmatrix}=\begin{bmatrix}0\\ 1\\ -1\end{bmatrix},\quad \boldsymbol{G}^2\boldsymbol{H}=\begin{bmatrix}0 & 1 & 0\\ 0 & 0 & 1\\ -2 & -3 & -1\end{bmatrix}\begin{bmatrix}0\\ 1\\ -1\end{bmatrix}=\begin{bmatrix}1\\ -1\\ -2\end{bmatrix}$$

得到$\boldsymbol{Q}_k$为

$$\boldsymbol{Q}_k=\begin{bmatrix}0 & 0 & 1\\ 0 & 1 & -1\\ 1 & -1 & -2\end{bmatrix}_{3\times 3}$$

由$\det\boldsymbol{Q}_k=\begin{vmatrix}0 & 0 & 1\\ 0 & 1 & -1\\ 1 & -1 & -2\end{vmatrix}=-1\neq 0$可知，$\boldsymbol{Q}_k$是非奇异矩阵。故秩

$$\text{rank}\boldsymbol{Q}_k=\text{rank}\begin{bmatrix}0 & 0 & 1\\ 0 & 1 & -1\\ 1 & -1 & -2\end{bmatrix}=3$$

即$\boldsymbol{Q}_k$满秩，所以该系统状态完全能控。

【例 3.42】　试判别下列系统的能控性。

$$x(k+1)=\begin{bmatrix}1&0&0\\0&2&-2\\-1&1&0\end{bmatrix}x(k)+\begin{bmatrix}1\\2\\1\end{bmatrix}u(k)$$

解　由系统的状态方程可知 $n=3$，且

$$H=\begin{bmatrix}1\\2\\1\end{bmatrix},\qquad GH=\begin{bmatrix}1&0&0\\0&2&-2\\-1&1&0\end{bmatrix}\begin{bmatrix}1\\2\\1\end{bmatrix}=\begin{bmatrix}1\\2\\1\end{bmatrix},\qquad G^2H=\begin{bmatrix}1&0&0\\0&2&-2\\-1&1&0\end{bmatrix}\begin{bmatrix}1\\2\\1\end{bmatrix}=\begin{bmatrix}1\\2\\1\end{bmatrix}$$

所以 Q_k 为

$$Q_k=\begin{bmatrix}H & GH & G^2H\end{bmatrix}=\begin{bmatrix}1&1&1\\2&2&2\\1&1&1\end{bmatrix}$$

显然，Q_k 是列线性相关的奇异矩阵，即 $\det Q_k=0$。其秩

$$\mathrm{rank}Q_k=\mathrm{rank}\begin{bmatrix}1&1&1\\2&2&2\\1&1&1\end{bmatrix}=1\neq n=3$$

故该系统不是完全能控的。

定理 3-37　[能达性判据]

线性时不变离散系统 $\Sigma(G,H)$，系统状态完全能达的**充分必要条件**是能达性矩阵 Q_d 满秩，即

$$\mathrm{rank}Q_d=\mathrm{rank}\begin{bmatrix}H & GH & \cdots & G^{n-1}H\end{bmatrix}=n \tag{3-145}$$

其中，$Q_d=\begin{bmatrix}H & GH & \cdots & G^{n-1}H\end{bmatrix}$ 称为离散系统的能达性矩阵。

证明从略。

一个明显结论：时不变离散系统能控性矩阵 Q_k 与能达性矩阵 Q_d 具有相同结构形式，即

$$Q_k\equiv Q_d=\begin{bmatrix}H & GH & \cdots & G^{n-1}H\end{bmatrix} \tag{3-146}$$

3.11.2　线性时不变离散系统的状态能观性

与线性连续系统一样，线性离散系统的状态能观性只与系统的输出 $y(k)$ 以及系统矩阵 G 和输出矩阵 C 有关，即只需要考虑齐次状态方程和输出方程即可。

1. 能观性的定义

对于线性时不变离散系统

$$\begin{cases}x(k+1)=Gx(k)\\ y(k)=Cx(k)\end{cases}\qquad k\in[0,\infty) \tag{3-147}$$

若对初始状态 $x(0)$，根据在有限个采样瞬间上量测到的输出向量 $y(k)$ 的序列函数 $\{y(0),y(1),\cdots,y(n-1)\}$ 能唯一地确定出系统的任意初始状态 $x(0)$，则称状态 $x(0)$ 是能观测的，若对状态空间中的所有状态 $x(k)$ 都是能观测的，则称系统是状态完全能观的，或简

称为系统完全能观。

2. 线性时不变离散系统的能观性判据

线性时不变离散系统的状态能观性判据与线性时不变连续系统在形式上是完全一致的。下面给出 2 种判据。

定理 3-38　线性时不变离散系统$\Sigma(\boldsymbol{G},\boldsymbol{C})$状态完全能观测的充分必要条件是能观性矩阵$\boldsymbol{Q}_g$满秩或非奇异，即

$$\text{rank}\boldsymbol{Q}_g=\text{rank}\begin{bmatrix}\boldsymbol{C} & \boldsymbol{CG} & \cdots & \boldsymbol{CG}^{n-1}\end{bmatrix}^{\text{T}}=n \tag{3-148}$$

其中，$\boldsymbol{Q}_g=\begin{bmatrix}\boldsymbol{C}\\ \boldsymbol{CG}\\ \vdots\\ \boldsymbol{CG}^{n-1}\end{bmatrix}$为离散系统的能观性矩阵。

证明　由线性时不变离散系统状态空间模型的解的公式可得

$$\begin{aligned}\boldsymbol{y}(0)&=\boldsymbol{Cx}(0)\\ \boldsymbol{y}(1)&=\boldsymbol{Cx}(1)=\boldsymbol{CGx}(0)\\ &\vdots\\ \boldsymbol{y}(n-1)&=\boldsymbol{Cx}(n-1)=\boldsymbol{CG}^{n-1}\boldsymbol{x}(0)\end{aligned} \tag{3-149}$$

将式(3-149)写成矩阵的形式有

$$\boldsymbol{Q}_g\boldsymbol{x}(0)=\begin{bmatrix}\boldsymbol{C}\\ \boldsymbol{CG}\\ \vdots\\ \boldsymbol{CG}^{n-1}\end{bmatrix}\boldsymbol{x}(0)=\begin{bmatrix}\boldsymbol{y}(0)\\ \boldsymbol{y}(1)\\ \vdots\\ \boldsymbol{y}(n-1)\end{bmatrix} \tag{3-150}$$

由线性方程的解存在性理论可知，无论输出向量的维数是否大于 1，式(3-150)有$\boldsymbol{x}(0)$的唯一解的充分必要条件是

$$\text{rank}\boldsymbol{Q}_g=\text{rank}\begin{bmatrix}\boldsymbol{C} & \boldsymbol{CG} & \cdots & \boldsymbol{CG}^{n-1}\end{bmatrix}^{\text{T}}=n \tag{3-151}$$

由能观性的定义可知，式(3-151)为线性时不变离散系统状态完全能观的充分必要条件。定理得证。

【例 3.43】　若线性时不变离散系统为

$$\begin{cases}\boldsymbol{x}(k+1)=\begin{bmatrix}2 & 0 & 3\\ -1 & -2 & 0\\ 0 & 1 & 2\end{bmatrix}\boldsymbol{x}(k)\\ \boldsymbol{y}(k)=\begin{bmatrix}1 & 0 & 0\\ 0 & 1 & 0\end{bmatrix}\boldsymbol{x}(k)\end{cases}$$

试判断该系统的状态能观性。

解　离散系统的能观性矩阵$\boldsymbol{Q}_g$为

$$Q_g = \begin{bmatrix} C \\ CG \\ CG^2 \end{bmatrix}$$

而

$$CG = \begin{bmatrix} 1 & 0 & 0 \\ 0 & 1 & 0 \end{bmatrix}\begin{bmatrix} 2 & 0 & 3 \\ -1 & -2 & 0 \\ 0 & 1 & 2 \end{bmatrix} = \begin{bmatrix} 2 & 0 & 3 \\ -1 & -2 & 0 \end{bmatrix}$$

$$CG^2 = \begin{bmatrix} 2 & 0 & 3 \\ -1 & -2 & 0 \end{bmatrix}\begin{bmatrix} 2 & 0 & 3 \\ -1 & -2 & 0 \\ 0 & 1 & 2 \end{bmatrix} = \begin{bmatrix} 4 & 3 & 12 \\ 0 & 4 & -3 \end{bmatrix}$$

于是

$$Q_g = \begin{bmatrix} C \\ CG \\ CG^2 \end{bmatrix} = \begin{bmatrix} 1 & 0 & 0 \\ 0 & 1 & 0 \\ 2 & 0 & 3 \\ -1 & -2 & 0 \\ 4 & 3 & 12 \\ 0 & 4 & -3 \end{bmatrix}$$

故

$$\text{rank}Q_g = 3 = n$$

因此，该系统是状态完全能观的。

【例 3.44】　试判别如下线性时不变离散系统的状态能观性。

$$\begin{cases} x(k+1) = \begin{bmatrix} 1 & 0 & -1 \\ 0 & -2 & 1 \\ 3 & 0 & 2 \end{bmatrix} x(k) \\ y(k) = \begin{bmatrix} 0 & 0 & 1 \\ 1 & 0 & 0 \end{bmatrix} x(k) \end{cases}$$

解　因为$n = 3$，系统的能观性矩阵为

$$Q_g = \begin{bmatrix} C \\ CG \\ CG^2 \end{bmatrix}$$

其中

$$C = \begin{bmatrix} 0 & 0 & 1 \\ 1 & 0 & 0 \end{bmatrix}$$

$$CG = \begin{bmatrix} 0 & 0 & 1 \\ 1 & 0 & 0 \end{bmatrix}\begin{bmatrix} 1 & 0 & -1 \\ 0 & -2 & 1 \\ 3 & 0 & 2 \end{bmatrix} = \begin{bmatrix} 3 & 0 & 2 \\ 1 & 0 & -1 \end{bmatrix}$$

$$\boldsymbol{CG}^2=\begin{bmatrix}3 & 0 & 2\\1 & 0 & -1\end{bmatrix}\begin{bmatrix}1 & 0 & -1\\0 & -2 & 1\\3 & 0 & 2\end{bmatrix}=\begin{bmatrix}9 & 0 & 1\\-2 & 0 & -3\end{bmatrix}$$

则

$$\boldsymbol{Q}_g=\begin{bmatrix}\boldsymbol{C}\\\boldsymbol{CG}\\\boldsymbol{CG}^2\end{bmatrix}=\begin{bmatrix}0 & 0 & 1\\1 & 0 & 0\\3 & 0 & 2\\1 & 0 & -1\\9 & 0 & 1\\-2 & 0 & -3\end{bmatrix}$$

于是

$$\mathrm{rank}\boldsymbol{Q}_g=2\neq n=3$$

所以，该系统是状态不完全能观测的。

3.11.3　连续系统离散化后的状态能控性和能观性

一个状态完全能控和能观的线性连续系统经离散化后的能控性和能观性是否发生改变，这是在设计采样控制系统或计算机控制系统时需要考虑的一个十分重要的问题。

下面通过分析一个具体的例子，引出连续系统离散化后系统能控性和能观性的一些结论。

【例 3.45】　若线性时不变连续系统为

$$\begin{cases}\dot{\boldsymbol{x}}=\begin{bmatrix}0 & 1\\-1 & 0\end{bmatrix}\boldsymbol{x}+\begin{bmatrix}0\\1\end{bmatrix}\boldsymbol{u}\\\boldsymbol{y}=\begin{bmatrix}1 & 0\end{bmatrix}\boldsymbol{x}\end{cases}$$

试判断该系统离散化后的状态能控性和能观性。

解　(1) 判别原连续系统 $\Sigma(\boldsymbol{A},\boldsymbol{B},\boldsymbol{C})$ 的能控性和能观性。

连续系统 $\Sigma(\boldsymbol{A},\boldsymbol{B},\boldsymbol{C})$ 的能控性矩阵和能观性矩阵分别为

$$\boldsymbol{Q}_k=\begin{bmatrix}\boldsymbol{B} & \boldsymbol{AB}\end{bmatrix}=\begin{bmatrix}0 & 1\\1 & 0\end{bmatrix},\qquad \boldsymbol{Q}_g=\begin{bmatrix}\boldsymbol{C}\\\boldsymbol{CA}\end{bmatrix}=\begin{bmatrix}1 & 0\\0 & 1\end{bmatrix}$$

且

$$\mathrm{rank}\boldsymbol{Q}_k=2=n,\qquad \mathrm{rank}\boldsymbol{Q}_g=2=n$$

故原连续系统 $\Sigma(\boldsymbol{A},\boldsymbol{B},\boldsymbol{C})$ 是状态完全能控且完全能观的。

事实上，原系统状态空间模型已经是能控规范型，也是能观规范型了。

(2) 求连续系统的离散化系统 $\Sigma(\boldsymbol{G},\boldsymbol{H},\boldsymbol{C})$。

连续系统的状态转移矩阵为

$$\mathrm{e}^{\boldsymbol{A}t}=L^{-1}\left[(s\boldsymbol{I}-\boldsymbol{A})^{-1}\right]=L^{-1}\left\{\begin{bmatrix}s & -1\\1 & s\end{bmatrix}^{-1}\right\}=L^{-1}\left\{\begin{bmatrix}\dfrac{s}{s^2+1} & \dfrac{1}{s^2+1}\\\dfrac{-1}{s^2+1} & \dfrac{s}{s^2+1}\end{bmatrix}\right\}=\begin{bmatrix}\cos t & \sin t\\-\sin t & \cos t\end{bmatrix}$$

将连续系统离散化为离散系统$\Sigma(\boldsymbol{G},\boldsymbol{H},\boldsymbol{C})$时，系统矩阵和输入矩阵分别为

$$\boldsymbol{G}=\mathrm{e}^{AT}=\begin{bmatrix}\cos T & \sin T\\ -\sin T & \cos T\end{bmatrix}$$

$$\boldsymbol{H}=\int_0^T \mathrm{e}^{At}\mathrm{d}t\cdot\boldsymbol{B}=\int_0^T\begin{bmatrix}\cos t & \sin t\\ -\sin t & \cos t\end{bmatrix}\mathrm{d}t\cdot\begin{bmatrix}0\\1\end{bmatrix}=\begin{bmatrix}1-\cos T\\ \sin T\end{bmatrix}$$

即经离散化后的系统$\Sigma(\boldsymbol{G},\boldsymbol{H},\boldsymbol{C})$状态空间模型为

$$\begin{cases}\boldsymbol{x}(k+1)=\begin{bmatrix}\cos T & \sin T\\ -\sin T & \cos T\end{bmatrix}\boldsymbol{x}(k)+\begin{bmatrix}1-\cos T\\ \sin T\end{bmatrix}\boldsymbol{u}(k)\\ \boldsymbol{y}(k)=\begin{bmatrix}1 & 0\end{bmatrix}\boldsymbol{x}(k)\end{cases}$$

(3) 求离散化后系统的状态能控性和能观性。

离散系统的能控性矩阵和能观性矩阵分别为

$$\boldsymbol{Q}_k=\begin{bmatrix}\boldsymbol{H} & \boldsymbol{GH}\end{bmatrix}=\begin{bmatrix}1-\cos T & \cos T-\cos^2 T+\sin T\\ \sin T & 2\sin T\cos T-\sin T\end{bmatrix}$$

$$\boldsymbol{Q}_g=\begin{bmatrix}\boldsymbol{C}\\ \boldsymbol{CG}\end{bmatrix}=\begin{bmatrix}1 & 0\\ \cos T & \sin T\end{bmatrix}$$

由定理 3-35 和定理 3-38 可知，离散系统的状态完全能控和完全能观的充分必要条件为

$$\mathrm{rank}\boldsymbol{Q}_k=n\text{，}\qquad \mathrm{rank}\boldsymbol{Q}_g=n$$

若取$T=k\pi\ (k=1,2,\cdots)$，即$\sin T=0$，$\cos T=\pm1$，则有

$$\mathrm{rank}\boldsymbol{Q}_k=\mathrm{rank}\begin{bmatrix}1\mp1 & \pm1-1\\ 0 & 0\end{bmatrix}\leqslant 1<2=n$$

$$\mathrm{rank}\boldsymbol{Q}_g=\mathrm{rank}\begin{bmatrix}1 & 0\\ \cos T & \sin T\end{bmatrix}=\mathrm{rank}\begin{bmatrix}1 & 0\\ \pm1 & 0\end{bmatrix}=1<2=n$$

故能控性、能观性判别矩阵均不满秩，离散化后的系统既不完全能控又不完全能观。

若取$T\neq k\pi\ (k=1,2,\cdots)$，即$\sin T\neq 0$，$\cos T\neq\pm1$，则有

$$\det\boldsymbol{Q}_k=\det\begin{bmatrix}1-\cos T & \cos T-\cos^2 T+\sin T\\ \sin T & 2\sin T\cos T-\sin T\end{bmatrix}=2\sin T(\cos T-1)\neq 0$$

$$\det\boldsymbol{Q}_g=\det\begin{bmatrix}1 & 0\\ \cos T & \sin T\end{bmatrix}=\sin T\neq 0$$

故$\boldsymbol{Q}_k$和$\boldsymbol{Q}_g$均为满秩矩阵，离散化后的系统状态完全能控又完全能观。

由此可知，状态完全能控能观的连续系统经采样离散化后能否保持系统的状态完全能控性和能观性，完全取决于采样周期T的选择。

在上面分析的基础上，可得出如下关于连续系统离散化后的系统能控性和能观性的结论。

假设线性时不变连续系统$\Sigma(\boldsymbol{A},\boldsymbol{B},\boldsymbol{C})$的状态空间模型为

$$\begin{cases}\dot{\boldsymbol{x}}=\boldsymbol{A}\boldsymbol{x}+\boldsymbol{B}\boldsymbol{u}\\ \boldsymbol{y}=\boldsymbol{C}\boldsymbol{x}, \qquad \boldsymbol{D}=\boldsymbol{0}\end{cases} \qquad t\in[0,\infty) \tag{3-152}$$

采样零阶保持器离散化后的系统$\Sigma(\boldsymbol{G},\boldsymbol{H},\boldsymbol{C})$状态空间模型为

$$\begin{cases}\boldsymbol{x}(k+1)=\boldsymbol{G}\boldsymbol{x}(k)+\boldsymbol{H}\boldsymbol{u}(k)\\ \boldsymbol{y}(k)=\boldsymbol{C}\boldsymbol{x}(k)\end{cases} \qquad k\in[0,\infty) \tag{3-153}$$

其中

$$\boldsymbol{G}=\mathrm{e}^{\boldsymbol{A}T}, \qquad \boldsymbol{H}=\int_0^T \mathrm{e}^{\boldsymbol{A}t}\mathrm{d}t\cdot\boldsymbol{B} \tag{3-154}$$

则连续系统和其离散化系统两者之间的状态能控性和能观性关系如下：

(1) 如果连续系统$\Sigma(\boldsymbol{A},\boldsymbol{B},\boldsymbol{C})$状态不完全能控（能观），则其离散化系统$\Sigma(\boldsymbol{G},\boldsymbol{H},\boldsymbol{C})$必定是状态不完全能控（能观）的。

(2) 如果连续系统$\Sigma(\boldsymbol{A},\boldsymbol{B},\boldsymbol{C})$状态完全能控（能观），则其离散化系统$\Sigma(\boldsymbol{G},\boldsymbol{H},\boldsymbol{C})$不一定是状态完全能控（能观）的。

(3) 离散化系统$\Sigma(\boldsymbol{G},\boldsymbol{H},\boldsymbol{C})$是否保持连续系统的能控（能观）性，这将取决于采样周期。

(4) 如果连续系统$\Sigma(\boldsymbol{A},\boldsymbol{B},\boldsymbol{C})$状态完全能控（能观）且其特征值全部为实数，则其离散化系统$\Sigma(\boldsymbol{G},\boldsymbol{H},\boldsymbol{C})$必是状态完全能控（能观）的。

(5) 如果连续系统$\Sigma(\boldsymbol{A},\boldsymbol{B},\boldsymbol{C})$状态完全能控（能观）且存在共轭复数特征值，则其离散化系统$\Sigma(\boldsymbol{G},\boldsymbol{H},\boldsymbol{C})$状态完全能控（能观）的充分条件为一切满足$\mathrm{Re}(\lambda_i-\lambda_j)=0$的特征值，均使

$$T\neq\frac{2k\pi}{I_m(\lambda_i-\lambda_j)} \qquad (k=\pm1,\pm2,\cdots) \tag{3-155}$$

成立。其中λ_i和λ_j为系统矩阵$\boldsymbol{A}$的全部特征值中两个实部相等的特征值。

比如在例 3.45 中，系统矩阵$\boldsymbol{A}$的特征值为$\lambda_1=\mathrm{j}$，$\lambda_2=-\mathrm{j}$，即满足$\mathrm{Re}(\lambda_1-\lambda_2)=0$，所以当$T\neq\dfrac{2k\pi}{I_m(\lambda_i-\lambda_j)}=k\pi\,(k=1,2,\cdots)$时，离散化系统才是状态完全能控和完全能观的。

习　题

3.1 判别下列系统的能控性。

(1) $\dot{\boldsymbol{x}}=\begin{bmatrix}\dot{x}_1\\ \dot{x}_2\end{bmatrix}=\begin{bmatrix}-2 & 0\\ 0 & -1\end{bmatrix}\begin{bmatrix}x_1\\ x_2\end{bmatrix}+\begin{bmatrix}1\\ 0\end{bmatrix}[u]$

(2) $\dot{\boldsymbol{x}}=\begin{bmatrix}\dot{x}_1\\ \dot{x}_2\\ \dot{x}_3\end{bmatrix}=\begin{bmatrix}0 & 1 & 0\\ 0 & 0 & 1\\ -2 & -4 & -3\end{bmatrix}\begin{bmatrix}x_1\\ x_2\\ x_3\end{bmatrix}+\begin{bmatrix}1 & 0\\ 0 & 1\\ -1 & 1\end{bmatrix}\begin{bmatrix}u_1\\ u_2\end{bmatrix}$

(3) $\dot{\boldsymbol{x}}=\begin{bmatrix}\dot{x}_1\\ \dot{x}_2\\ \dot{x}_3\end{bmatrix}=\begin{bmatrix}-7 & 0 & 0\\ 0 & -5 & 0\\ 0 & 0 & -1\end{bmatrix}\begin{bmatrix}x_1\\ x_2\\ x_3\end{bmatrix}+\begin{bmatrix}2\\ 5\\ 7\end{bmatrix}[u]$

(4) $\dot{\boldsymbol{x}}=\begin{bmatrix}\dot{x}_1\\\dot{x}_2\\\dot{x}_3\end{bmatrix}=\begin{bmatrix}-4&1&0\\0&-4&0\\0&0&-2\end{bmatrix}\begin{bmatrix}x_1\\x_2\\x_3\end{bmatrix}+\begin{bmatrix}4&2\\0&0\\3&0\end{bmatrix}\begin{bmatrix}u_1\\u_2\end{bmatrix}$

3.2　判断下列系统的输出能控性。

(1) $\begin{cases}\dot{\boldsymbol{x}}=\begin{bmatrix}-1&5\\0&2\end{bmatrix}\boldsymbol{x}+\begin{bmatrix}1\\0\end{bmatrix}u\\ \boldsymbol{y}=\begin{bmatrix}1&0\\0&1\end{bmatrix}\boldsymbol{x}\end{cases}$

(2) $\begin{cases}\dot{\boldsymbol{x}}=\begin{bmatrix}1&3&2\\0&2&0\\0&1&3\end{bmatrix}\boldsymbol{x}+\begin{bmatrix}2&1\\1&1\\-1&-1\end{bmatrix}\boldsymbol{u}\\ \boldsymbol{y}=\begin{bmatrix}1&0&0\end{bmatrix}\boldsymbol{x}\end{cases}$

(3) $\begin{cases}\dot{\boldsymbol{x}}=\begin{bmatrix}-3&1&0\\0&-3&0\\0&0&-1\end{bmatrix}\boldsymbol{x}+\begin{bmatrix}1&-1\\0&0\\2&0\end{bmatrix}\boldsymbol{u}\\ \boldsymbol{y}=\begin{bmatrix}1&0&1\\-1&1&0\end{bmatrix}\boldsymbol{x}\end{cases}$

3.3　判断下列系统的能观性。

(1) $\begin{cases}\dot{\boldsymbol{x}}=\begin{bmatrix}0&1\\-3&-4\end{bmatrix}\boldsymbol{x}\\ \boldsymbol{y}=\begin{bmatrix}1&1\\-2&-2\end{bmatrix}\boldsymbol{x}\end{cases}$

(2) $\begin{cases}\dot{\boldsymbol{x}}=\begin{bmatrix}2&1&0\\0&2&0\\0&0&-3\end{bmatrix}\boldsymbol{x}\\ \boldsymbol{y}=\begin{bmatrix}0&1&1\end{bmatrix}\boldsymbol{x}\end{cases}$

(3) $\begin{cases}\dot{\boldsymbol{x}}=\begin{bmatrix}4&1&0&0\\0&4&0&0\\0&0&4&1\\0&0&0&4\end{bmatrix}\boldsymbol{x}\\ \boldsymbol{y}=\begin{bmatrix}1&1&2&1\\1&2&2&0\end{bmatrix}\boldsymbol{x}\end{cases}$

3.4　试判断下列系统的能控性和能观性，确定系统哪些状态分量是能控能观的。

(1) $\begin{cases}\dot{\boldsymbol{x}}=\begin{bmatrix}-4&1&&&&&\boldsymbol{0}\\0&-4&&&&&\\&&1&&&&\\&&&-2&&&\\&&&&5&1&\\&&&&0&5&\\\boldsymbol{0}&&&&&&5\end{bmatrix}\boldsymbol{x}+\begin{bmatrix}0&0&0\\1&0&0\\0&3&0\\0&0&7\\0&0&0\\2&0&1\\0&1&2\end{bmatrix}\boldsymbol{u}\\ \boldsymbol{y}=\begin{bmatrix}0&0&1&0&1&0&0\\0&0&2&2&0&0&1\\1&0&0&1&0&0&2\end{bmatrix}\boldsymbol{x}\end{cases}$

(2) $\begin{cases} \dot{x} = \begin{bmatrix} -1 & 1 & & & & & & \mathbf{0} \\ & -1 & 0 & & & & & \\ & & -1 & 0 & & & & \\ & & & -1 & 0 & & & \\ & & & & 2 & 1 & & \\ & & & & & 2 & 0 & \\ & & & & & & 2 & 0 \\ \mathbf{0} & & & & & & & 5 \end{bmatrix} \boldsymbol{x} + \begin{bmatrix} 0 & 0 & 0 \\ 1 & 0 & 0 \\ 0 & 2 & 0 \\ 0 & 0 & 4 \\ 0 & 0 & 0 \\ 1 & 2 & 0 \\ 0 & 3 & 3 \\ 3 & 0 & 0 \end{bmatrix} \boldsymbol{u} \\ \boldsymbol{y} = \begin{bmatrix} 4 & 0 & 0 & 0 & 0 & 2 & 0 & 0 \\ 0 & 0 & 3 & 0 & 0 & 1 & 0 & 1 \\ 0 & 0 & 0 & 5 & 0 & 3 & 0 & 0 \end{bmatrix} \boldsymbol{x} \end{cases}$

3.5　有 $\Sigma(\boldsymbol{A},\boldsymbol{B})$ 系统

$$\begin{cases} \dot{\boldsymbol{x}} = \begin{bmatrix} -1 & & \mathbf{0} \\ & -2 & \\ \mathbf{0} & & -3 \end{bmatrix} \boldsymbol{x} + \begin{bmatrix} 0 \\ 1 \\ 1 \end{bmatrix} [u] \\ \boldsymbol{y} = \begin{bmatrix} 1 & 1 & 1 \end{bmatrix} \boldsymbol{x} \end{cases}$$

试判断系统状态的能控性和输出的能控性。

3.6　试判断下列时不变系统的能控性。

(1) $\dot{\boldsymbol{x}} = \begin{bmatrix} -1 & & & \mathbf{0} \\ & -1 & & \\ & & -2 & \\ \mathbf{0} & & & -3 \end{bmatrix} \boldsymbol{x} + \begin{bmatrix} 0 & 1 \\ 0 & 1 \\ 1 & 0 \\ 1 & 0 \end{bmatrix} \begin{bmatrix} u_1 \\ u_2 \end{bmatrix}$

(2) $\dot{\boldsymbol{x}} = \begin{bmatrix} -1 & 1 & & & \mathbf{0} \\ & -1 & & & \\ & & -1 & & \\ & & & -1 & 1 \\ \mathbf{0} & & & & -1 \end{bmatrix} \boldsymbol{x} + \begin{bmatrix} 1 & 1 \\ 0 & 1 \\ 1 & 1 \\ 1 & 0 \\ 1 & 0 \end{bmatrix} \boldsymbol{u}$

(3) $\dot{\boldsymbol{x}} = \begin{bmatrix} -2 & 1 & & \mathbf{0} \\ & -2 & & \\ & & -2 & \\ \mathbf{0} & & & -2 \end{bmatrix} \boldsymbol{x} + \begin{bmatrix} 1 \\ 2 \\ 1 \\ 2 \end{bmatrix} \boldsymbol{u}$

3.7　试判断线性时不变系统 $\Sigma(\boldsymbol{A},\boldsymbol{C})$ 的能观性。

(1) $\boldsymbol{A} = \begin{bmatrix} -1 & 0 & 0 \\ & -1 & 1 \\ \mathbf{0} & & -1 \end{bmatrix}$，$\boldsymbol{C} = \begin{bmatrix} 1 & 1 & 0 \\ 0 & 0 & 1 \end{bmatrix}$

(2) $\boldsymbol{A} = \begin{bmatrix} -2 & 1 & & \mathbf{0} \\ & -2 & & \\ & & -2 & 1 \\ \mathbf{0} & & & -2 \end{bmatrix}$，$\boldsymbol{C} = \begin{bmatrix} 1 & 0 & 1 & 0 \\ 0 & 1 & 0 & 1 \end{bmatrix}$

(3) $\boldsymbol{A} = \begin{bmatrix} -1 & & & \mathbf{0} \\ & -1 & & \\ & & -2 & \\ \mathbf{0} & & & -2 \end{bmatrix}$，$\boldsymbol{C} = \begin{bmatrix} 1 & 2 & 3 & 4 \end{bmatrix}$

3.8　设多变量时不变系统由下式描述：

$$\begin{cases}\dot{\boldsymbol{x}}=\begin{bmatrix}\dot{x}_1\\\dot{x}_2\\\dot{x}_3\\\dot{x}_4\\\dot{x}_5\\\dot{x}_6\\\dot{x}_7\\\dot{x}_8\end{bmatrix}=\begin{bmatrix}-1&1&&&&&&\\&-1&&&&&\boldsymbol{0}&\\&&-1&&&&&\\&&&-2&&&&\\&&&&-4&&&\\&&&&&-4&1&\\&\boldsymbol{0}&&&&&-4&\\&&&&&&&-3\end{bmatrix}\begin{bmatrix}x_1\\x_2\\x_3\\x_4\\x_5\\x_6\\x_7\\x_8\end{bmatrix}+\begin{bmatrix}1&1\\0&1\\0&0\\1&0\\0&0\\0&1\\0&1\\0&0\end{bmatrix}\begin{bmatrix}u_1\\u_2\end{bmatrix}\\ \boldsymbol{y}=\begin{bmatrix}y_1\\y_2\end{bmatrix}=\begin{bmatrix}0&1&0&0&0&0&0&1\\0&0&0&1&0&0&0&1\end{bmatrix}\boldsymbol{x},\qquad \boldsymbol{D}=\boldsymbol{0}\end{cases}$$

(1) 试求 $\hat{\boldsymbol{x}}_1\in\left[\boldsymbol{X}_k^+\cap\boldsymbol{X}_g^+\right]$，$\hat{\boldsymbol{x}}_2\in\left[\boldsymbol{X}_k^+\cap\boldsymbol{X}_g^-\right]$，$\hat{\boldsymbol{x}}_3\in\left[\boldsymbol{X}_k^-\cap\boldsymbol{X}_g^+\right]$，$\hat{\boldsymbol{x}}_4\in\left[\boldsymbol{X}_k^-\cap\boldsymbol{X}_g^-\right]$；

(2) 试写出系统的一个最小实现；

(3) 试求系统传递函数阵 $\boldsymbol{G}(s)\triangleq\boldsymbol{y}(s)\boldsymbol{u}^{-1}(s)$。

3.9　有标量时不变系统状态方程如下：

$$\dot{\boldsymbol{x}}=\begin{bmatrix}-(a+1)&&\boldsymbol{0}\\&-(b+2)&\\\boldsymbol{0}&&-3\end{bmatrix}\boldsymbol{x}+\begin{bmatrix}a-1\\b-2\\3\end{bmatrix}[u]$$

其中，$\boldsymbol{A}$ 为非奇异矩阵，且具有互不相等的单特征值。试确定使系统状态完全能控时，参数 a 和 b 的值域。

3.10　有 $\Sigma(\boldsymbol{A},\boldsymbol{B})$ 系统，$\boldsymbol{A}$ 为非奇异阵，系统具有单特征值，且

$$\boldsymbol{A}=\begin{bmatrix}-a&&&\boldsymbol{0}\\&-1&&\\&&-2&\\\boldsymbol{0}&&&-3\end{bmatrix},\qquad \boldsymbol{B}=\begin{bmatrix}1\\(a+4)\\(a+5)\\1\end{bmatrix}$$

欲使系统状态完全能控，试求 a 的取值。

3.11　给定标量时不变系统 $\Sigma(\boldsymbol{A},\boldsymbol{B},\boldsymbol{C})$

$$\begin{cases}\dot{\boldsymbol{x}}=\begin{bmatrix}1&-2\\3&4\end{bmatrix}\boldsymbol{x}+\begin{bmatrix}1\\1\end{bmatrix}u\\ \boldsymbol{y}=\begin{bmatrix}1&0\end{bmatrix}\boldsymbol{x}\end{cases}$$

试化为能控规范型。

3.12　设标量时不变系统 $\Sigma(\boldsymbol{A},\boldsymbol{B},\boldsymbol{C})$ 为

$$\begin{cases}\dot{\boldsymbol{x}}=\begin{bmatrix}1&0\\-2&4\end{bmatrix}\boldsymbol{x}+\begin{bmatrix}1\\0\end{bmatrix}u\\ \boldsymbol{y}=\begin{bmatrix}-1&1\end{bmatrix}\boldsymbol{x}\end{cases}$$

试将系统化为能观规范型。

3.13　给定标量时不变系统如下：

$$\begin{cases}\dot{\boldsymbol{x}}=\begin{bmatrix}-1&-2&-2\\0&-1&1\\1&0&1\end{bmatrix}\boldsymbol{x}+\begin{bmatrix}2\\0\\1\end{bmatrix}\boldsymbol{u}\\ \boldsymbol{y}=\begin{bmatrix}1&1&0\end{bmatrix}\boldsymbol{x}\end{cases}$$

试求其能控规范型及能观规范型。

3.14　已知系统的微分方程为 $\dddot{y}+6\ddot{y}+11\dot{y}+6y=6u$，试写出其对偶系统的状态转移阵 $\boldsymbol{\Phi}^*(t)$、传递函数 $\boldsymbol{G}^*(s)$。

3.15　设线性时不变系统 $\Sigma(\boldsymbol{A},\boldsymbol{B},\boldsymbol{C})$ 如下，判别其能控性，若是不完全能控的，试将该系统按能控性进行分解。

$$\begin{cases}\dot{\boldsymbol{x}}=\begin{bmatrix}1 & 2 & -1\\ 0 & 1 & 0\\ 0 & -4 & 3\end{bmatrix}\boldsymbol{x}+\begin{bmatrix}0\\0\\1\end{bmatrix}\boldsymbol{u}\\ \boldsymbol{y}=\begin{bmatrix}1 & -1 & 1\end{bmatrix}\boldsymbol{x}\end{cases}$$

3.16　设线性时不变系统 $\Sigma(\boldsymbol{A},\boldsymbol{B},\boldsymbol{C})$ 如下，判别其能观性，若是不完全能观的，试将该系统按能观性进行分解。

$$\begin{cases}\dot{\boldsymbol{x}}=\begin{bmatrix}-2 & 2 & -1\\ 0 & -2 & 0\\ 1 & -4 & 0\end{bmatrix}\boldsymbol{x}+\begin{bmatrix}0\\0\\1\end{bmatrix}\boldsymbol{u}\\ \boldsymbol{y}=\begin{bmatrix}1 & -1 & 1\end{bmatrix}\boldsymbol{x}\end{cases}$$

3.17　对下列线性时不变系统 $\Sigma(\boldsymbol{A},\boldsymbol{B},\boldsymbol{C})$ 进行标准结构分解。

(1) $\begin{cases}\dot{\boldsymbol{x}}=\begin{bmatrix}0 & 0 & -1\\ 1 & 0 & -3\\ 0 & 1 & -3\end{bmatrix}\boldsymbol{x}+\begin{bmatrix}1\\1\\0\end{bmatrix}\boldsymbol{u}\\ \boldsymbol{y}=\begin{bmatrix}0 & 1 & -2\end{bmatrix}\boldsymbol{x}\end{cases}$　　(2) $\begin{cases}\dot{\boldsymbol{x}}=\begin{bmatrix}1 & 0 & 0 & 0\\ 2 & -3 & 0 & 0\\ 1 & 0 & -2 & 0\\ 4 & -1 & 2 & -4\end{bmatrix}\boldsymbol{x}+\begin{bmatrix}0\\0\\1\\2\end{bmatrix}u\\ \boldsymbol{y}=\begin{bmatrix}3 & 0 & 1 & 0\end{bmatrix}\boldsymbol{x}\end{cases}$

3.18　若系统 $\Sigma(\boldsymbol{A},\boldsymbol{B},\boldsymbol{C})$ 如下：

$$\begin{cases}\dot{\boldsymbol{x}}=\begin{bmatrix}\dot{x}_1\\ \dot{x}_2\\ \dot{x}_3\\ \dot{x}_4\\ \dot{x}_5\\ \dot{x}_6\\ \dot{x}_7\end{bmatrix}=\begin{bmatrix}-2 & 1 & & & & & \\ 0 & -2 & & & & & \\ & & -3 & 1 & & & \\ & & 0 & -3 & & & \\ & & & & 3 & & \\ & & & & & 3 & \\ & & & & & & 3\end{bmatrix}\begin{bmatrix}x_1\\ x_2\\ x_3\\ x_4\\ x_5\\ x_6\\ x_7\end{bmatrix}+\begin{bmatrix}3 & 2\\ 1 & 6\\ 4 & 7\\ 0 & 0\\ 2 & 1\\ 5 & 4\\ 0 & 0\end{bmatrix}\begin{bmatrix}u_1\\ u_2\end{bmatrix}\\ \boldsymbol{y}=\begin{bmatrix}4 & 0 & 0 & 0 & 0 & 0 & 1\\ 0 & 0 & 0 & 5 & 0 & 0 & 0\end{bmatrix}\boldsymbol{x}\end{cases}$$

试对系统进行结构分解，并给出系统的一个最小实现。

3.19　若系统为

$$\begin{cases}\dot{\boldsymbol{x}}=\begin{bmatrix}-1 & & & \boldsymbol{0}\\ & -2 & & \\ & & -3 & 1\\ \boldsymbol{0} & & & -3\end{bmatrix}\boldsymbol{x}+\begin{bmatrix}1 & 0\\ 0 & 1\\ 1 & 0\\ 0 & 0\end{bmatrix}\boldsymbol{u}\\ \boldsymbol{y}=\begin{bmatrix}0 & 1 & 0 & 1\\ 1 & 0 & 0 & 0\end{bmatrix}\boldsymbol{x}\end{cases}$$

试求该系统的一个最小实现。

3.20　已知系统的微分方程为$\begin{cases}2\dot{y}_1+2y_1+\dot{y}_2+y_2=\dot{u}_1+u_2\\ \dot{y}_1+y_1+\dot{y}_2+y_2=\dot{u}_1-u_2\end{cases}$，试求该系统的一个最小实现。

3.21　已知传递函数为

$$G(s)=\frac{s^2+4s+3}{(s+2)(s^2+2s+1)}$$

试求该系统的一个最小实现。

3.22　试求如下标量时不变系统的单位阶跃响应。

$$\begin{cases}\dot{\boldsymbol{x}}=\begin{bmatrix}-1 & 0 & 0 & 0\\ 0 & -2 & 0 & 0\\ 0 & 0 & -3 & 0\\ 0 & 0 & 0 & -4\end{bmatrix}\boldsymbol{x}+\begin{bmatrix}1\\0\\1\\0\end{bmatrix}u\\ \boldsymbol{y}=\begin{bmatrix}2 & 0 & 1 & 0\end{bmatrix}\boldsymbol{x}\end{cases}$$

且初始状态 $\boldsymbol{x}(0)=\begin{bmatrix}-1 & 0 & -1 & 0\end{bmatrix}^{\mathrm{T}}$。

3.23　有线性标量时不变系统结构如图 3-16 所示。试判断系统的能控性和能观性。

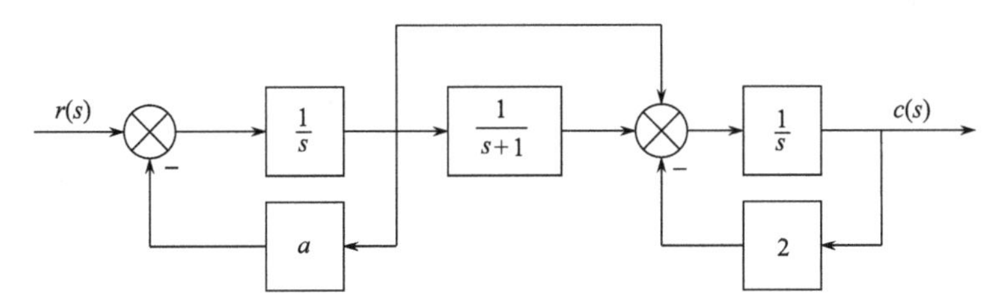

图 3-16　题 3.23 图

3.24　有 $\Sigma(\boldsymbol{A},\boldsymbol{B})$ 系统结构如图 3-17 所示。试判断系统的能控能观性。

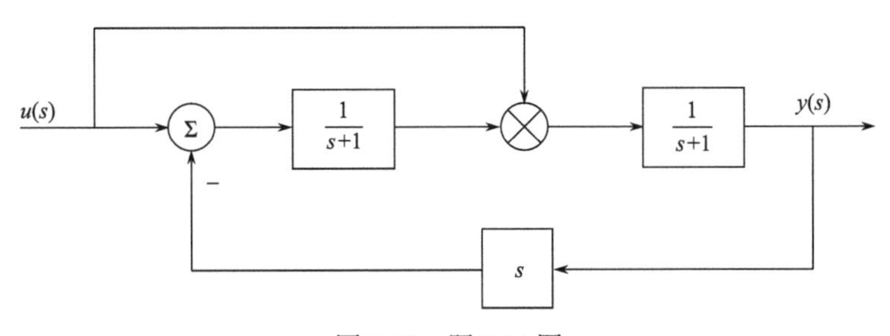

图 3-17　题 3.24 图

3.25　标量时不变系统框图结构如图 3-18 所示。试判断系统的能控性和能观性。

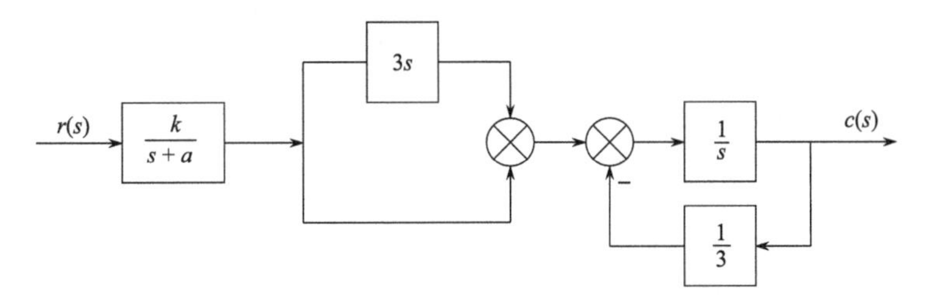

图 3-18　题 3.25 图

3.26　判断下列线性时不变离散系统的能控性和能观性。

(1) $\begin{cases} \boldsymbol{x}(k+1)=\begin{bmatrix} 1 & 3 \\ 2 & 1 \end{bmatrix}\boldsymbol{x}(k)+\begin{bmatrix} 1 \\ 0 \end{bmatrix}u(k) \\ \boldsymbol{y}(k)=\begin{bmatrix} 0 & 1 \end{bmatrix}\boldsymbol{x}(k) \end{cases}$

(2) $\begin{cases} \boldsymbol{x}(k+1)=\begin{bmatrix} 2 & 0 & 0 \\ -1 & -2 & 0 \\ 0 & 1 & 2 \end{bmatrix}\boldsymbol{x}(k)+\begin{bmatrix} 0 \\ 0 \\ 1 \end{bmatrix}u(k) \\ \boldsymbol{y}(k)=\begin{bmatrix} 1 & 0 & 1 \\ 0 & 1 & 0 \end{bmatrix}\boldsymbol{x}(k) \end{cases}$

(3) $\begin{cases} \boldsymbol{x}(k+1)=\begin{bmatrix} 1 & 2 & -1 \\ 0 & 1 & 0 \\ 1 & 0 & 3 \end{bmatrix}\boldsymbol{x}(k)+\begin{bmatrix} 1 & 0 \\ 0 & 1 \\ 0 & 0 \end{bmatrix}\boldsymbol{u}(k) \\ \boldsymbol{y}(k)=\begin{bmatrix} 1 & 0 & 1 \\ 2 & 1 & 0 \end{bmatrix}\boldsymbol{x}(k) \end{cases}$

3.27　已知完全能控连续系统的状态方程为

$$\dot{\boldsymbol{x}}=\begin{bmatrix} 0 & 1 \\ -1 & 0 \end{bmatrix}\boldsymbol{x}+\begin{bmatrix} 0 \\ 1 \end{bmatrix}\boldsymbol{u}$$

试问与它相应的离散化方程

$$\boldsymbol{x}(k+1)=\begin{bmatrix} \cos T & \sin T \\ -\sin T & \cos T \end{bmatrix}\boldsymbol{x}(k)+\begin{bmatrix} 1-\cos T \\ \sin T \end{bmatrix}\boldsymbol{u}(k)$$

是否一定能控？

第 4 章　稳定性理论

4.1　稳定性一般概念

稳定性问题，是系统性能分析中的首要问题。稳定是系统能够正常工作的必要条件。换句话说，从工程应用角度若系统不稳定，那么研究系统的动态性能、静态性能等都是没有意义的。

在经典控制理论中，稳定定义为系统在外部扰动作用下，其响应出现偏差，如果经过足够长的时间，系统响应的偏差能够被消除或减小到某一适当范围，那么称系统是稳定的，否则是不稳定的。显然这一稳定的定义局限在系统外部(即响应)。

现代控制理论是基于状态空间描述的。状态空间描述不仅包含了系统外部特性的描述，而且还揭示了系统的内部特性。那么，如何兼顾系统内部状态的稳定性和外部特征的稳定性呢？因此，李雅普诺夫(Lyapunov)基于平衡状态点稳定的研究恰好统一了系统内外稳定性的讨论，这就是李雅普诺夫稳定性第一法和第二法。

4.1.1　李雅普诺夫第一法——间接方法

设任意自由系统描述如下

$$\dot{\boldsymbol{x}} = \boldsymbol{f}(\boldsymbol{x},t) \tag{4-1}$$

式中，$\boldsymbol{x}$ 为 n 维状态向量；$\boldsymbol{f}(\boldsymbol{x},t)$ 是关于状态 $\boldsymbol{x}$ 和时间 t 的 n 维向量函数，且各分量函数 $f_i\ (i=1,2,\cdots,n)$ 对每一个状态分量 x_i 具有连续可微性，它们可以是线性函数，也可以是非线性函数。

设状态点 $\boldsymbol{x}_{\mathrm{e}}$ 为系统状态平衡点(State Equilibrium)，按平衡点的数学含义，有

$$\boldsymbol{f}(\boldsymbol{x}_{\mathrm{e}},t) \equiv \boldsymbol{0}$$

或

$$\dot{\boldsymbol{x}}\big|_{x=x_{\mathrm{e}}} = \boldsymbol{f}(\boldsymbol{x}_{\mathrm{e}},t) \equiv \boldsymbol{0} \tag{4-2}$$

在平衡点 $\boldsymbol{x}_{\mathrm{e}}$ 处将向量函数 $\boldsymbol{f}(\boldsymbol{x},t)$ 展开为泰勒级数，可得

$$\dot{\boldsymbol{x}} = \frac{\partial \boldsymbol{f}(\boldsymbol{x},t)}{\partial \boldsymbol{x}^{\mathrm{T}}}\Big|_{x=x_{\mathrm{e}}}(\boldsymbol{x}-\boldsymbol{x}_{\mathrm{e}}) + \boldsymbol{g}(\boldsymbol{x}) \tag{4-3}$$

其中，$\boldsymbol{g}(\boldsymbol{x})$ 是关于 $(\boldsymbol{x}-\boldsymbol{x}_{\mathrm{e}})$ 的高次项，即

$$\boldsymbol{g}(\boldsymbol{x}) = \boldsymbol{g}\left[(\boldsymbol{x}-\boldsymbol{x}_{\mathrm{e}})^{i},t\right] \qquad (i \geqslant 2) \tag{4-4}$$

同时

$$\frac{\partial \boldsymbol{f}(\boldsymbol{x},t)}{\partial \boldsymbol{x}^{\mathrm{T}}}=\begin{bmatrix} \frac{\partial f_1}{\partial x_1} & \frac{\partial f_1}{\partial x_2} & \cdots & \frac{\partial f_1}{\partial x_n} \\ \frac{\partial f_2}{\partial x_1} & \frac{\partial f_2}{\partial x_2} & \cdots & \frac{\partial f_2}{\partial x_n} \\ \vdots & \vdots & & \vdots \\ \frac{\partial f_n}{\partial x_1} & \frac{\partial f_n}{\partial x_2} & \cdots & \frac{\partial f_n}{\partial x_n} \end{bmatrix}_{n\times n} \tag{4-5}$$

称式(4-5)为系统的雅可比矩阵(Jacobian Matrix)。

将雅可比矩阵在平衡点 $\boldsymbol{x}_{\mathrm{e}}$ 处的值记为系统的系统矩阵 $\boldsymbol{A}(t)$，即

$$\boldsymbol{A}(t)=\left.\frac{\partial \boldsymbol{f}}{\partial \boldsymbol{x}^{T}}\right|_{\boldsymbol{x}=\boldsymbol{x}_{\mathrm{e}}} \tag{4-6}$$

令新向量

$$\boldsymbol{X}=(\boldsymbol{x}-\boldsymbol{x}_{\mathrm{e}}) \tag{4-7}$$

将式(4-6)和式(4-7)代入式(4-3)并忽略高次项 $\boldsymbol{g}(x)$，则可得到式(4-1)描述的非线性系统的一次线性化方程为

$$\dot{\boldsymbol{X}}=\boldsymbol{A}(t)\boldsymbol{X} \tag{4-8}$$

当系统为时不变时，式(4-8)中系统矩阵 $\boldsymbol{A}(t)$ 为常数阵 $\boldsymbol{A}$，即

$$\dot{\boldsymbol{X}}=\boldsymbol{A}\boldsymbol{x} \tag{4-9}$$

基于一次线性化方程式(4-9)，李雅普诺夫给出了第一法的稳定性定理。

定理 4-1　若系统矩阵 $\boldsymbol{A}$ 的所有特征值 $\lambda_i(i=1,2,\cdots,n)$ 具有负实部，$\mathrm{Re}[\lambda_i]<0$，则原非线性系统在平衡点 $\boldsymbol{x}_{\mathrm{e}}$ 处渐近稳定。即

$$\lim_{t\to\infty}\boldsymbol{x}(t)=\boldsymbol{x}_{\mathrm{e}} \tag{4-10}$$

定理 4-2　若系统矩阵 $\boldsymbol{A}$ 至少有一个特征值具有正实部，则非线性系统在平衡点 $\boldsymbol{x}_{\mathrm{e}}$ 处不稳定。

定理 4-3　若系统矩阵 $\boldsymbol{A}$ 特征值没有正实部，但至少有一个具有零实部，则原非线性系统在平衡点 $\boldsymbol{x}_{\mathrm{e}}$ 处可能稳定，也可能不稳定。是否稳定取决于泰勒展开式中 $(\boldsymbol{x}-\boldsymbol{x}_{\mathrm{e}})$ 的高次项 $\boldsymbol{g}(\boldsymbol{x})$。

由以上李雅普诺夫第一法的稳定性定理，可以得出第一法的一般性结论。

(1)经典理论中的稳定性判据，如奈奎斯特(Nyquist)判据，赫尔维茨(Hurwitz)判据和劳斯(Routh)判据等都属于第一法。

(2)第一法仅指出了原非线性系统和一次线性化(近似)方程之间稳定性的等价关系。

(3)第一法没有解决如式(4-1)所描述的真实的非线性系统的稳定性问题。

(4)第一法仅涉及平衡点处小范围的稳定性，没有提及大范围的稳定性问题。

显然，第一法具有一定的局限性。

4.1.2　李雅普诺夫第二法——直接法

第二法是基于这样一个物理事实：如果系统的某平衡点 $\boldsymbol{x}_{\mathrm{e}}$ 是渐近稳定的，即

$\lim\limits_{t\to\infty}\boldsymbol{x}(t)=\boldsymbol{x}_{\mathrm{e}}$，则随着时间$t$的增加，系统所存储的能量将会在平衡点$\boldsymbol{x}_{\mathrm{e}}$处减少到最小值。

注意，这里“存储能量”是广义能量的概念，可用广义能量函数$V(\boldsymbol{x},t)$标记。

$V(\boldsymbol{x},t)$是关于状态$\boldsymbol{x}_i$和时间t的一个标量函数。当$V(\boldsymbol{x},t)$不显含时间t，仅是状态$\boldsymbol{x}$的函数时，可记为$V(\boldsymbol{x})$。由以上概念，则可以通过研究广义能量函数$V(\boldsymbol{x},t)$和它对时间的变化率$\dot{V}(\boldsymbol{x},t)$的符号来确定系统的稳定性信息。而不必通过求解状态$\boldsymbol{x}$是否逼近平衡点$\boldsymbol{x}_{\mathrm{e}}$来加以确定。

要指出的是：

(1) 能量函数不是唯一的，因此$V(\boldsymbol{x},t)$不完全等价于系统能量。

(2) $V(\boldsymbol{x},t)$适用于线性和非线性系统。

(3) 利用广义能量函数$V(\boldsymbol{x},t)$的符号性质判别系统在平衡点的稳定性问题，是针对一个真实系统，而非等价系统。

4.2　有界输入有界输出系统的稳定性

4.2.1　BIBO 系统的概念

“BIBO”是 Bounded Input Bounded Output 的缩写，即有界输入和有界输出。对 BIBO 系统有如下定义方式。

从数学角度定义：在时间定义域$t\in(-\infty,\infty)$内，设系统输入是有界的，即$|u(t)|\leqslant k_1<\infty$，如果在时间$t\in[t_0,\infty)$内，其输出也是有界的，$|y(t)|\leqslant k_2<\infty$，那么称该系统为有界输入有界输出(BIBO)系统。

从能量角度定义：设系统输入的能量是有限的，即$\left[\int_{-\infty}^{\infty}|u(t)|^2\mathrm{d}t\right]^{\frac{1}{2}}\leqslant k_3<\infty$，如果其输出的能量也是有限的，$\left[\int_{-\infty}^{\infty}|y(t)|^2\mathrm{d}t\right]^{\frac{1}{2}}\leqslant k_4<\infty$，则该系统称为有界输入有界输出系统。

可以证明：对于时不变标量系统而言，具有初始松弛的系统属于 BIBO 系统，也称为松弛系统(Relaxed System)。

所谓“初始松弛”是指系统初始(状态)条件满足式(4-11)的系统：

$$\begin{cases} y(t_0)=c \\ \overset{(i)}{y}(t_0)\equiv 0 \qquad (i=1,2,\cdots,n-1) \end{cases} \tag{4-11}$$

式中，c为包括零在内的常数。

式(4-11)还说明：

(1) 松弛系统的输出$y(t)$在初始时刻t_0，可以具有位置恒定的条件，而其速度、加速度及高阶加速度条件均为 0。

(2) 当初始时刻$t_0=0$时，则有

$$\begin{cases} y(0)=c \\ \overset{(i)}{y}(0)\equiv 0 \end{cases} \tag{4-12}$$

(3) 如果初始时刻，系统输出位置条件也为零，即$c\equiv 0$，则称为标准初始条件或称零初始条件。这时，从物理角度认为：系统在初始时刻处于静止。

显然，零初始条件(标准初始条件)是初始松弛的一种特例。

(4) 由此，经典理论中讨论的标量系统都是初始松弛的系统，即 BIBO 系统。

(5) 于是，对 BIBO 系统稳定性的研究则称为 BIBO 稳定性问题，或称初始松弛系统的 BIBO 稳定性问题。一个明显的结论是：BIBO 稳定性仅仅是研究系统与输入输出相关的外部稳定特性，所以也称为外部稳定性。经典理论讨论的几乎都是 BIBO 稳定性问题。

4.2.2 关于 BIBO 稳定性的定理

以下定理的数学证明从略。

定理 4-4 初始松弛系统为 BIBO 稳定的充分必要条件是对于任意有界输入，其输出也有界。

注意这是充要条件，就是说若假设系统在松弛条件下是 BIBO 稳定的，但是在非松弛条件下，系统不一定是 BIBO 稳定的。

定理 4-5 若松弛单变量(标量)系统描述为

$$y(t)=\int_{t_0}^{t} g(t,\tau)\,u(\tau)\,\mathrm{d}\tau \tag{4-13}$$

当且仅当在$t\geqslant t_0$时，存在一个有限常数k，使得$\int_{t_0}^{\infty}\left|g(t,\tau)\right|\mathrm{d}\tau\leqslant k<\infty$成立，则系统是 BIBO 稳定的。其中，$g(t,t_0)$是系统的脉冲响应函数。

定理 4-6 若松弛多变量系统描述为

$$\boldsymbol{y}(t)=\int_{t_0}^{t}\boldsymbol{G}(t,\tau)\,\boldsymbol{u}(\tau)\,\mathrm{d}\tau \tag{4-14}$$

当且仅当存在有限常数k使得$\int_{t_0}^{\infty}\left|g_{ij}(t,\tau)\right|\mathrm{d}\tau\leqslant k<\infty$成立时，则系统是 BIBO 稳定的。式中，$\boldsymbol{G}(t,t_0)$为系统的脉冲响应矩阵。且

$$\boldsymbol{G}(t,\tau)=\begin{bmatrix} g_{11}(t,\tau) & \cdots & g_{1j}(t,\tau) & \cdots & g_{1r}(t,\tau) \\ \vdots & & \vdots & & \vdots \\ g_{1j}(t,\tau) & & g_{ij}(t,\tau) & & g_{ir}(t,\tau) \\ \vdots & & \vdots & & \vdots \\ g_{m1}(t,\tau) & \cdots & g_{mj}(t,\tau) & \cdots & g_{mr}(t,\tau) \end{bmatrix}_{m\times r} \tag{4-15}$$

m 为输出维数，r 为输入维数。$g_{ij}(t,\tau)$为由第j个输入影响的第i个输出的脉冲响应函数。

定理 4-7 由有理脉冲响应函数描述的松弛单变量系统$G(s)\risingdotseq g(t)$，BIBO 稳定的充分必要条件是$G(s)$或系统的所有极点都在s平面的左半平面。即$\mathrm{Re}[\lambda_i]<0$。

显然，BIBO 稳定性与系统的零点无关。

定理 4-8　对于松弛多变量系统 $\boldsymbol{y}(s)=\boldsymbol{G}(s)\boldsymbol{u}(s)$，BIBO 稳定的充分必要条件是，$\boldsymbol{G}(s)$ 中的每个元素 $g_{ij}(s)$ 的所有极点具有负实部，其中脉冲响应函数阵 $\boldsymbol{G}(s)$ 是非奇异的。

4.2.3　BIBO 稳定性判据

1. 单变量(标量)系统

可以应用赫尔维茨和劳斯判据，确定松弛单变量系统的 BIBO 稳定性。如经典理论所讨论的，这里不再赘述。

2. 多变量系统

设系统 $\Sigma\left[\boldsymbol{A}(t),\boldsymbol{B}(t)\right]$ 为

$$\begin{cases}\dot{\boldsymbol{x}}=\boldsymbol{A}(t)\boldsymbol{x}+\boldsymbol{B}(t)\boldsymbol{u}\\ \boldsymbol{y}=\boldsymbol{C}(t)\boldsymbol{x}\end{cases}\tag{4-16}$$

式中，$\boldsymbol{A}(t)$ 为 $n\times n$ 矩阵，$\boldsymbol{B}(t)$ 为 $n\times r$ 矩阵，$\boldsymbol{C}(t)$ 为 $m\times n$ 矩阵，$\boldsymbol{A}(t)$、$\boldsymbol{B}(t)$ 和 $\boldsymbol{C}(t)$ 每一个元素在 $t\in\left[t_0,\infty\right)$ 内均为连续函数，但是没有界限假设。且 $\Sigma\left[\boldsymbol{A}(t),\boldsymbol{B}(t)\right]$ 的解为

$$\boldsymbol{x}(t)=\boldsymbol{\varphi}(t,t_0,\boldsymbol{x}_0,\boldsymbol{u})=\boldsymbol{\varphi}(t,t_0,\boldsymbol{x}_0,\boldsymbol{0})+\boldsymbol{\varphi}(t,t_0,\boldsymbol{0},\boldsymbol{u})\tag{4-17}$$

一方面，BIBO 稳定性的零状态响应 $\boldsymbol{y}_{\boldsymbol{u}}(t)$ 为

$$\begin{aligned}\boldsymbol{y}_{\boldsymbol{u}}&=\boldsymbol{C}(t)\boldsymbol{\varphi}(t,t_0,\boldsymbol{0},\boldsymbol{u})=\int_{t_0}^{t}\boldsymbol{C}(t)\boldsymbol{\Phi}(t,\tau)\boldsymbol{B}(\tau)\boldsymbol{u}(\tau)\mathrm{d}\tau\\ &=\int_{t_0}^{t}\boldsymbol{G}(t,\tau)\boldsymbol{u}(\tau)\mathrm{d}\tau\end{aligned}\tag{4-18}$$

式中，$\boldsymbol{G}(t,\tau)=\boldsymbol{C}(t)\boldsymbol{\Phi}(t,\tau)\boldsymbol{B}(\tau)$ 为系统 $\Sigma\left[\boldsymbol{A}(t),\boldsymbol{B}(t)\right]$ 的脉冲响应函数矩阵。

注意到零状态响应的初始状态为零，所以零状态响应存在 BIBO 稳定性概念。

另一方面，零输入响应 $\boldsymbol{y}_{\boldsymbol{x}_0}(t)$ 可以这样考虑，因为

$$x(t)=x_f(t)=\boldsymbol{\varphi}(t,t_0,\boldsymbol{x}_0,\boldsymbol{0})\tag{4-19}$$

显然，$x_f(t)$ 是由非零初始状态 $\boldsymbol{x}(t_0)\equiv\boldsymbol{x}_0$ 产生的状态解。因为 $\boldsymbol{x}(t_0)=\boldsymbol{x}_0\neq 0$，因此系统一般不是松弛的。所以，BIBO 稳定性概念对零输入响应 $\boldsymbol{y}_{\boldsymbol{x}_0}(t)$ 不可用。

定理 4-9　在任意时刻 t_0 且 $t\geqslant t_0$ 时，当且仅当存在有限常数 k 时，$\Sigma\left[\boldsymbol{A}(t),\boldsymbol{B}(t)\right]$ 的零状态响应是 BIBO 稳定的，且

$$\int_{t_0}^{t}\left\|\boldsymbol{C}(t)\boldsymbol{\Phi}(t,\tau)\boldsymbol{B}(\tau)\boldsymbol{u}(\tau)\right\|\mathrm{d}\tau\leqslant k<\infty\tag{4-20}$$

对于一个非松弛系统，根据李雅普诺夫第二法的含义，稳定性概念可延伸到平衡点处的稳定性。

4.3　基于李雅普诺夫意义下的稳定性定义

下面介绍关于稳定性的几个基本定义，这些定义有别于经典理论中的含义。它们构成了李雅普诺夫意义下的稳定性概念。

4.3.1　一般定义

设系统为

$$\dot{\boldsymbol{x}} = \boldsymbol{f}(\boldsymbol{x},t) \tag{4-21}$$

其解式记为

$$\boldsymbol{x}(t) = \boldsymbol{\varphi}(t,\boldsymbol{x}_0,t_0) \tag{4-22}$$

显然初态为 $\boldsymbol{x}(t)\big|_{t=t_0} = \boldsymbol{\varphi}(t_0,\boldsymbol{x}_0,t_0) = \boldsymbol{x}(t_0) = \boldsymbol{x}_0$，平衡点为 $\boldsymbol{x}_{\mathrm{e}}$，即 $\dot{\boldsymbol{x}}=\boldsymbol{f}(\boldsymbol{x}_{\mathrm{e}},t) \equiv \mathbf{0}$。

定义 4-1　设对于任意选定的实数 $\varepsilon > 0$，都对应存在另一个实数 $\delta(\varepsilon,t_0) > 0$，如果任意给定的初态 $\boldsymbol{x}_0$ 满足

$$\|\boldsymbol{x}_0 - \boldsymbol{x}_{\mathrm{e}}\| \leqslant \delta(\varepsilon,t_0) \tag{4-23}$$

时，从 $\boldsymbol{x}_0$ 出发的解能够使如下不等式成立，即

$$\|\boldsymbol{\varphi}(t,\boldsymbol{x}_0,t_0) - \boldsymbol{x}_{\mathrm{e}}\| \leqslant \varepsilon \qquad (t \geqslant t_0) \tag{4-24}$$

则称系统的平衡状态 $\boldsymbol{x}_{\mathrm{e}}$ 在李雅普诺夫意义下是稳定的。

图 4-1 所示的二维状态空间曲线，对定义 4-1 和定义 4-2 做出了说明。

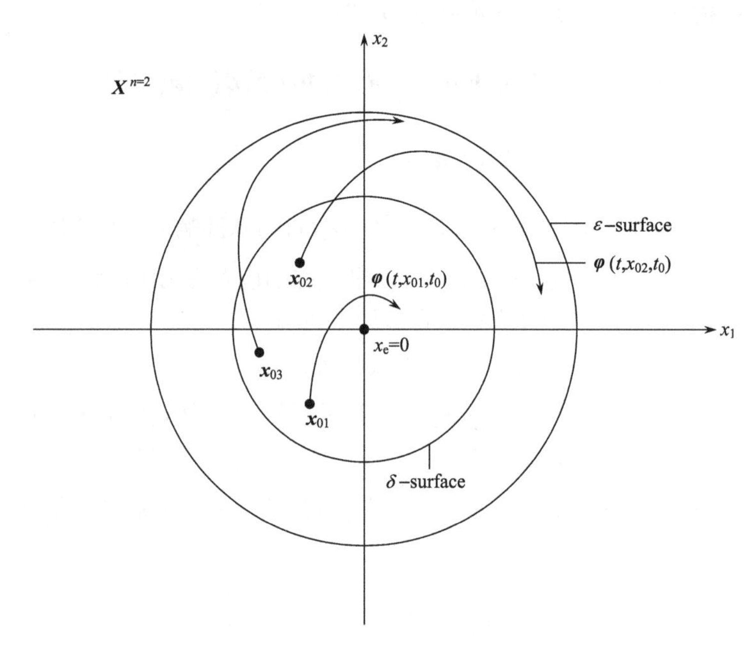

图 4-1　说明定义 4-1 和定义 4-2 的二维状态曲线

定义 4-2　对于任意满足式(4-23)的初始状态 $\boldsymbol{x}_0$，若系统的平衡状态 $\boldsymbol{x}_{\mathrm{e}}$ 是李雅普诺夫意义下稳定的，且满足

$$\lim_{t\to\infty} \boldsymbol{\varphi}(t,\boldsymbol{x}_0,t_0) \Rightarrow \boldsymbol{x}_{\mathrm{e}} \tag{4-25}$$

则称系统的该平衡状态 $\boldsymbol{x}_{\mathrm{e}}$ 是李雅普诺夫意义下渐近稳定的。

对定义 4-1 和 4-2 的说明如下。

(1) 定义中的‖∗‖符号表示范数(Norm)，可理解为距离。

(2) 从工程意义上，渐近稳定比稳定更重要。因此工程系统中，所谓稳定就是李雅普诺夫意义下的渐近稳定。

(3) 由限制条件$\|\boldsymbol{x}_0-\boldsymbol{x}_e\|\leqslant\delta(\varepsilon,t_0)$，定义 4-2 只给出了小范围渐近稳定，而不是大范围渐近稳定。

(4) 从应用的角度，小范围渐近稳定不能保证系统能够很好地正常工作。

定义 4-3　若平衡状态$\boldsymbol{x}_e$是稳定的，且从状态空间中所有状态点出发的状态解的轨线都具有渐近稳定性，则称该平衡状态$\boldsymbol{x}_e$是李雅普诺夫意义的大范围渐近稳定。

严格地讲，系统是大范围渐近稳定的必要条件是，在整个状态空间内仅有一个平衡状态$\boldsymbol{x}_e$。若系统是在平衡状态$\boldsymbol{x}_e$的一个足够大的范围内，而非整个状态空间范围内是渐近稳定的，则称为系统是在$\boldsymbol{x}_e$的一个局部大范围渐近稳定。

对于线性系统，若平衡状态是渐近稳定的，则平衡状态必定是大范围渐近稳定的，但是，对于非线性系统，则是不一定的。

定义 4-4　设在$t\in[t_0,\infty)$内，系统在平衡状态$\boldsymbol{x}_e$是(渐近)稳定的(或大范围渐近稳定的)，那么当且仅当对于每一个给定的$\varepsilon>0$，都存在一个仅依赖于ε而与初始时刻t_0无关的另一个正实数$\delta(\varepsilon)$，如果选取$\boldsymbol{x}_0$满足

$$\|\boldsymbol{x}_0-\boldsymbol{x}_e\|\leqslant\delta(\varepsilon)\tag{4-26}$$

时，使得解式

$$\|\boldsymbol{\varphi}(t,\boldsymbol{x}_0,t_0)-\boldsymbol{x}_e\|\leqslant\varepsilon\tag{4-27}$$

也成立，则称系统在该平衡状态$\boldsymbol{x}_e$是一致(渐近)稳定的(或一致大范围渐近稳定的)。

式中，$t\geqslant t_0$，$t_1\geqslant t_0$。这里，“一致”是指在t_0时刻或非t_0时刻都是渐近稳定的。

但是，特别要注意的是，对于时不变系统，稳定和一致稳定是相同的概念，换句话说，对于时不变系统来说，李雅普诺夫意义下的稳定等价于渐近稳定，也等价于一致(渐近)稳定。

因此，可以得出以下推论。

推论 4-1　设线性时变系统$\Sigma[\boldsymbol{A}(t),\boldsymbol{B}(t)]$为

$$\dot{\boldsymbol{x}}=\boldsymbol{A}(t)\boldsymbol{x}\qquad t\in[t_0,\infty)\tag{4-28}$$

则平衡状态$\boldsymbol{x}_e$在李雅普诺夫意义下稳定的充分必要条件是存在一个取决于初始瞬态t_0的常数k，且系统状态转移矩阵$\boldsymbol{\Phi}(t,t_0)$的范数满足

$$\|\boldsymbol{\Phi}(t,t_0)\|\leqslant k<\infty\tag{4-29}$$

若k不依赖于t_0，则系统$\Sigma[\boldsymbol{A}(t),\boldsymbol{B}(t)]$在李雅普诺夫意义下是一致稳定的。

推论 4-2　对于线性时变系统$\Sigma[\boldsymbol{A}(t),\boldsymbol{B}(t)]$

$$\dot{\boldsymbol{x}}=\boldsymbol{A}(t)\boldsymbol{x}\qquad t\in[t_0,\infty)\tag{4-30}$$

系统零状态渐近稳定的充分必要条件是

$$\|\boldsymbol{\Phi}(t,t_0)\|<k(t_0)<\infty\tag{4-31}$$

且$t\to\infty$时

$$\left\|\boldsymbol{\Phi}(t,t_0)\right\| \to 0 \tag{4-32}$$

推论 4-3　线性时变系统$\Sigma\left[\boldsymbol{A}(t),\boldsymbol{B}(t)\right]$，若矩阵$\boldsymbol{B}(t)$和$\boldsymbol{C}(t)$有界，则一致渐近稳定正好就是系统$\Sigma\left[\boldsymbol{A}(t),\boldsymbol{B}(t)\right]$零状态响应的 BIBO 稳定。

推论 4-4　若系统矩阵$\boldsymbol{A}(t)$、$\boldsymbol{B}(t)$和$\boldsymbol{C}(t)$有界，系统是状态一致完全能控能观的，则该系统零输入响应渐近稳定的充要条件是零状态响应必须是 BIBO 稳定的。

定义 4-5　系统是"总体稳定的(Total Stable)"充分必要条件是对应于任意的初态$\boldsymbol{x}(t_0)$和有界输入$\boldsymbol{u}(t)$，系统的输出$\boldsymbol{y}(t)$和全部的状态$\boldsymbol{x}(t)$都是有界的。

总体稳定不仅要满足输出$\boldsymbol{y}(t)$有界，而且要满足所有的状态变量$\boldsymbol{x}(t)$有界。除此之外，这些条件不仅对于零状态成立，而且对于任何非零初始状态均成立。

所谓"总体稳定"是指在任意的初始状态$\boldsymbol{x}(t_0)$和输入$\boldsymbol{u}(t)$影响下的系统稳定。

推论 4-5　系统总体稳定的充分必要条件是对于任意的$t_0 \in [0,\infty)$且$t \geqslant t_0$满足$\boldsymbol{C}(t)$和$\boldsymbol{\Phi}(t,t_0)$有界，使得下式成立

$$\int_{t_0}^{t} \left\|\boldsymbol{\Phi}(t,\tau)\boldsymbol{B}(\tau)\right\| \mathrm{d}\tau \leqslant k < \infty \tag{4-33}$$

以上的讨论内容是针对线性时变系统$\Sigma\left[\boldsymbol{A}(t),\boldsymbol{B}(t)\right]$稳定的定义和推论。由于时不变系统$\Sigma(\boldsymbol{A},\boldsymbol{B})$具有常系数矩阵，所以定义和推证将会简单一些。

4.3.2　时不变系统的稳定性

设时不变系统$\Sigma(\boldsymbol{A},\boldsymbol{B})$为

$$\begin{cases} \dot{\boldsymbol{x}} = \boldsymbol{A}\boldsymbol{x} + \boldsymbol{B}\boldsymbol{u} \\ \boldsymbol{y} = \boldsymbol{C}\boldsymbol{x} \end{cases} \quad 且 \quad \boldsymbol{G}(s) = \boldsymbol{C}(s\boldsymbol{I} - \boldsymbol{A})^{-1}\boldsymbol{B} \tag{4-34}$$

注意到在线性时不变系统中的稳定指的就是一致渐近稳定。

定理 4-10　当且仅当系统矩阵$\boldsymbol{A}$的所有特征值λ_i均具有非正实部，即仅为负实部和零实部

$$\mathrm{Re}\left[\lambda_i(\boldsymbol{A})\right] \leqslant 0 \tag{4-35}$$

且零实部的特征值必须是矩阵$\boldsymbol{A}$的最小多项式的单根，则系统$\Sigma(\boldsymbol{A},\boldsymbol{B})$在平衡状态$\boldsymbol{x}_\mathrm{e}$处是李雅普诺夫意义下稳定的。

【例 4.1】　考查系统$\Sigma(\boldsymbol{A},\boldsymbol{B})$

$$\dot{\boldsymbol{x}} = \boldsymbol{A}\boldsymbol{x} = \begin{bmatrix} 0 & 0 & 0 \\ 0 & 0 & 0 \\ 0 & 0 & -1 \end{bmatrix} \begin{bmatrix} x_1 \\ x_2 \\ x_3 \end{bmatrix} \tag{4-36}$$

的稳定性。

解　(1)确定系统的平衡点$\boldsymbol{x}_\mathrm{e}$。

设平衡点$\boldsymbol{x}_\mathrm{e} = \begin{bmatrix} x_{1\mathrm{e}} \\ x_{2\mathrm{e}} \\ x_{3\mathrm{e}} \end{bmatrix}$，由平衡点数学含义，有

$$\dot{\boldsymbol{x}}\big|_{x_e} = \boldsymbol{A}\boldsymbol{x} \equiv \boldsymbol{0} \tag{4-37}$$

则解得

$$\boldsymbol{x}_e = \begin{bmatrix} x_{1e} & x_{2e} & 0 \end{bmatrix}^{\mathrm{T}} \tag{4-38}$$

式(4-38)表明

$$\begin{cases} x_3 \equiv 0 \\ x_1 = 任意值 \\ x_2 = 任意值 \end{cases} \tag{4-39}$$

这表示 x_1-x_2 平面均为平衡状态，这意味着式(4-36)所示系统具有一个以 x_1，x_2 为轴构成的平衡面。

(2)求系统特征值 λ_i。

由特征多项式

$$\det(\lambda \boldsymbol{I} - \boldsymbol{A}) = \det\begin{bmatrix} \lambda & 0 & 0 \\ 0 & \lambda & 0 \\ 0 & 0 & \lambda+1 \end{bmatrix} = \lambda^2(\lambda+1) = 0 \tag{4-40}$$

解得

$$\begin{cases} \lambda_1 = \lambda_2 = 0 \\ \lambda_3 = -1 \end{cases} \tag{4-41}$$

满足 $\mathrm{Re}\left[\lambda_i(\boldsymbol{A})\right] \leqslant 0$，且有 2 个零实部的特征值。

当然，因为本例题 $\boldsymbol{A} \equiv \mathrm{diag}(\lambda_i)$，则也可直接由 $\boldsymbol{A}$ 阵直接写出特征值。

(3)求系统最小多项式。

这里可以直接用传递函数阵 $\boldsymbol{G}(s)$ 求出。因为

$$\boldsymbol{G}(s) \triangleq \boldsymbol{y}(s)\boldsymbol{u}^{-1}(s) \tag{4-42}$$

所以

$$\begin{aligned} \boldsymbol{G}(s) &= \boldsymbol{C}(s\boldsymbol{I} - \boldsymbol{A})^{-1}\boldsymbol{B} \\ &= \frac{\boldsymbol{C}\left[\mathrm{adj}(s\boldsymbol{I} - \boldsymbol{A})\right]\boldsymbol{B}}{\det(s\boldsymbol{I} - \boldsymbol{A})} = \frac{1}{\det(s\boldsymbol{I} - \boldsymbol{A})}\left\{\boldsymbol{C} \cdot \mathrm{adj}\begin{bmatrix} s & & \boldsymbol{0} \\ & s & \\ \boldsymbol{0} & & s+1 \end{bmatrix} \cdot \boldsymbol{B}\right\} \\ &= \frac{1}{s^2(s+1)}\left\{\boldsymbol{C} \cdot \begin{bmatrix} s(s+1) & & \boldsymbol{0} \\ & s(s+1) & \\ \boldsymbol{0} & & s^2 \end{bmatrix} \cdot \boldsymbol{B}\right\} \\ &= \frac{1}{s(s+1)}\left\{\boldsymbol{C}\begin{bmatrix} (s+1) & & \boldsymbol{0} \\ & (s+1) & \\ \boldsymbol{0} & & s \end{bmatrix}\boldsymbol{B}\right\} \end{aligned} \tag{4-43}$$

由式(4-43)知

$$\mathrm{Min}\left\{\det(s\boldsymbol{I} - \boldsymbol{A})\right\} = s(s+1) = 0 \tag{4-44}$$

(4) 结论。

因为 $\lambda_1=\lambda_2=0$，$\mathrm{Re}(\lambda_1)=\mathrm{Re}(\lambda_2)=0$ 均是 $\mathrm{Min}\{\det(s\boldsymbol{I}-\boldsymbol{A})\}$ 的单根；$\lambda_3=-1$，$\mathrm{Re}(\lambda_3)<0$ 负实部。所以系统 $\Sigma(\boldsymbol{A},\boldsymbol{B})$ 在 x_1-x_2 平衡面上是李雅普诺夫意义下稳定的。

【例 4.2】 设系统 $\Sigma(\boldsymbol{A},\boldsymbol{B})$ 为

$$\dot{\boldsymbol{x}}=\boldsymbol{A}\boldsymbol{x}=\begin{bmatrix}0&1&0\\0&0&0\\0&0&-1\end{bmatrix}\begin{bmatrix}x_1\\x_2\\x_3\end{bmatrix}$$

试确定该系统的稳定性。

解 (1) 确定系统的平衡状态点 $\boldsymbol{x}_{\mathrm{e}}$。

由 $\dot{\boldsymbol{x}}_{\mathrm{e}}=\boldsymbol{A}\boldsymbol{x}_{\mathrm{e}}\equiv\boldsymbol{0}$ 导出

$$x_2=x_3\equiv 0，\quad x_1=\text{任意}$$

即 x_1 轴为平衡状态——平衡线。

(2) 求系统特征值 λ_i。

$$\det(\lambda\boldsymbol{I}-\boldsymbol{A})=\det\begin{bmatrix}\lambda&-1&0\\0&\lambda&0\\0&0&\lambda+1\end{bmatrix}=\lambda^2(\lambda+1)=0$$

解得 $\lambda_1=\lambda_2=0$ 为具有零实部的特征值，$\lambda_3=-1$，即系统具有非正实部的特征值。

(3) 求系统最小多项式。

由 $\boldsymbol{G}(s)$ 导出最小特征多项式 $\mathrm{Min}\{\det(s\boldsymbol{I}-\boldsymbol{A})\}$。

$$\boldsymbol{G}(s)=\frac{1}{\det(s\boldsymbol{I}-\boldsymbol{A})}\left[\boldsymbol{C}\mathrm{adj}(s\boldsymbol{I}-\boldsymbol{A})\boldsymbol{B}\right]=\frac{\boldsymbol{C}\cdot\mathrm{adj}\begin{bmatrix}s&-1&0\\0&s&0\\0&0&s+1\end{bmatrix}\cdot\boldsymbol{B}}{s^2(s+1)}=\frac{\boldsymbol{C}\begin{bmatrix}s(s+1)&(s+1)&0\\0&s(s+1)&0\\0&0&s^2\end{bmatrix}\boldsymbol{B}}{s^2(s+1)}$$

所以

$$\mathrm{Min}\{\det(s\boldsymbol{I}-\boldsymbol{A})\}=s^2(s+1)$$

(4) 结论。

因为 $\lambda_1=\lambda_2=0$，$\mathrm{Re}(\lambda_1)=\mathrm{Re}(\lambda_2)=0$，即零实部特征值不是最小多项式 $\mathrm{Min}\{\det(s\boldsymbol{I}-\boldsymbol{A})\}$ 的单根，所以系统 $\Sigma(\boldsymbol{A},\boldsymbol{B})$ 在平衡线 $\boldsymbol{x}_{\mathrm{e}}$ 上不是李雅普诺夫意义下稳定的。

定理 4-11 设时不变系统 $\Sigma(\boldsymbol{A},\boldsymbol{B})$ 为

$$\begin{cases}\dot{\boldsymbol{x}}=\boldsymbol{A}\boldsymbol{x}+\boldsymbol{B}\boldsymbol{u}\\ \boldsymbol{y}=\boldsymbol{C}\boldsymbol{x},\qquad \boldsymbol{D}=\boldsymbol{0}\end{cases}\tag{4-45}$$

按能控性分解后得到

$$\begin{cases}\dot{\tilde{\boldsymbol{x}}}=\begin{bmatrix}\tilde{\boldsymbol{A}}_{11}&\tilde{\boldsymbol{A}}_{12}\\\boldsymbol{0}&\tilde{\boldsymbol{A}}_{22}\end{bmatrix}\tilde{\boldsymbol{x}}+\begin{bmatrix}\tilde{\boldsymbol{B}}_1\\\boldsymbol{0}\end{bmatrix}\boldsymbol{u}\\ \boldsymbol{y}=\begin{bmatrix}\tilde{\boldsymbol{C}}_1&\tilde{\boldsymbol{C}}_2\end{bmatrix}\tilde{\boldsymbol{x}}\end{cases}\tag{4-46}$$

显然，$\tilde{\Sigma}_1\left[\tilde{\boldsymbol{A}}_{11},\tilde{\boldsymbol{B}}_1,\tilde{\boldsymbol{C}}_1\right]\in \boldsymbol{X}_k^+$，$\tilde{\Sigma}_2\left[\tilde{\boldsymbol{A}}_{22},\boldsymbol{0},\tilde{\boldsymbol{C}}_2\right]\in \boldsymbol{X}_k^-$。

那么，系统$\Sigma(\boldsymbol{A},\boldsymbol{B})$在平衡点是李雅普诺夫意义下稳定的充分必要条件是以下两条件得以满足：

(1) $\tilde{\Sigma}_1$ 子系统全部特征值 λ_{1i} 具有负实部，即

$$\mathrm{Re}\left[\lambda_{1i}\left(\tilde{\boldsymbol{A}}_{11}\right)\right]<0 \qquad (i=1,2,\cdots,n_1) \tag{4-47}$$

(2) $\tilde{\Sigma}_2$ 子系统全部特征值 λ_{2j} 具有负实部或零实部，且零实部的特征值只能是$\tilde{\Sigma}_2$ 子系统最小多项式的单根。

定理 4-10 与定理 4-11 的区别在于：定理 4-10 适用于没有进行能控性结构分解的系统；定理 4-11 适用于具有零实部特征值的系统，且进行了能控性结构分解后的系统。

显然，定理 4-10 更具普遍意义。

从以上的定义和定理还可以得出以下推论。

推论 4-6　总体稳定保证了 BIBO 稳定，而 BIBO 稳定不一定能保证总体稳定。

推论 4-7　系统的渐近稳定保证了总体稳定，而总体稳定不一定能保证渐近稳定。

显然，BIBO 稳定、总体稳定和渐近稳定中，渐近稳定是最严格的一种稳定。

【例 4.3】　设$\Sigma(\boldsymbol{A},\boldsymbol{B})$系统状态方程已按能控性分解为如下结构形式：

$$\dot{\boldsymbol{x}}=\begin{bmatrix}-1 & & & & & \\ & -2 & & & \boldsymbol{0} & \\ & & -3 & & & \\ & & & 0 & & \\ & \boldsymbol{0} & & & 0 & \\ & & & & & -4\end{bmatrix}\boldsymbol{x}+\begin{bmatrix}1\\1\\1\\0\\0\\0\end{bmatrix}[u] \tag{4-48}$$

试确定其稳定性。

解　(1) 对于能控子系统Σ_1而言

$$\dot{\boldsymbol{x}}_1=\begin{bmatrix}-1 & & \boldsymbol{0}\\ & -2 & \\ \boldsymbol{0} & & -3\end{bmatrix}\boldsymbol{x}_1+\begin{bmatrix}1\\1\\1\end{bmatrix}[u]\in \boldsymbol{X}_k^+ \tag{4-49}$$

求得 λ_{1i}

$$\lambda_1=-1,\quad \lambda_2=-2,\quad \lambda_3=-3$$

因$\mathrm{Re}(\lambda_1)<0$，$\mathrm{Re}(\lambda_2)<0$，$\mathrm{Re}(\lambda_3)<0$，满足定理 4-11 中充要条件第 1 条，即满足式(4-47)。

(2) 对于不能控子系统Σ_2而言

$$\dot{\boldsymbol{x}}_2=\begin{bmatrix}0 & & \boldsymbol{0}\\ & 0 & \\ \boldsymbol{0} & & -4\end{bmatrix}\boldsymbol{x}_2+\begin{bmatrix}0\\0\\0\end{bmatrix}[u]\in \boldsymbol{X}_k^- \tag{4-50}$$

有 $\lambda_4=\lambda_5=0$，$\lambda_6=-4$，即$\mathrm{Re}(\lambda_4=\lambda_5)=0$，$\mathrm{Re}(\lambda_6)<0$。

(3) 由$\boldsymbol{G}(s)$导出Σ_2子系统的最小特征多项式$\mathrm{Min}\left\{\det\left(s\boldsymbol{I}-\boldsymbol{A}_{22}\right)\right\}$。

$$G_2(s)=\frac{1}{\det(s\boldsymbol{I}-\boldsymbol{A}_{22})}\left[\boldsymbol{C}_2\text{adj}(s\boldsymbol{I}-\boldsymbol{A}_{22})\boldsymbol{B}_2\right]$$

$$=\frac{\boldsymbol{C}_2\cdot\text{adj}\begin{bmatrix}s&0&0\\0&s&0\\0&0&s+4\end{bmatrix}\cdot\boldsymbol{B}_2}{\det(s\boldsymbol{I}-\boldsymbol{A})}=\frac{\boldsymbol{C}_2\begin{bmatrix}s(s+4)&0&0\\0&s(s+4)&0\\0&0&s^2\end{bmatrix}\boldsymbol{B}_2}{s^2(s+4)} \tag{4-51}$$

$$=\frac{1}{s(s+4)}\boldsymbol{C}_2\begin{bmatrix}s+4&0&0\\0&s+4&0\\0&0&s\end{bmatrix}\boldsymbol{B}_2$$

所以

$$\text{Min}\left\{\det(s\boldsymbol{I}-\boldsymbol{A}_{22})\right\}=s(s+4) \tag{4-52}$$

(4) 对例 4-3 系统的结论。

因为 $\lambda_4=\lambda_5=0$，$\text{Re}(\lambda_4=\lambda_5)=0$ 是子系统 Σ_2 $\text{Min}\left\{\det(s\boldsymbol{I}-\boldsymbol{A}_{22})\right\}$ 的单根，所以系统 $\Sigma(\boldsymbol{A},\boldsymbol{B})$ 在平衡面 $\boldsymbol{x}_e$ 上是李雅普诺夫意义下稳定的。

定理 4-12 (等价定理) 若线性时不变系统 $\Sigma(\boldsymbol{A},\boldsymbol{B})$ 是状态完全能控能观的，则以下描述是完全等价的：

(1) 系统 $\Sigma(\boldsymbol{A},\boldsymbol{B})$ 总体稳定；

(2) 系统 $\Sigma(\boldsymbol{A},\boldsymbol{B})$ 的零状态响应是 BIBO 稳定的；

(3) 系统 $\Sigma(\boldsymbol{A},\boldsymbol{B})$ 的零状态响应是渐近稳定的；

(4) 系统 $\Sigma(\boldsymbol{A},\boldsymbol{B})$ 中，$\boldsymbol{G}(s)$ 的所有极点具有负实部；

(5) 系统矩阵 $\boldsymbol{A}$ 的所有特征值具有负实部。

此定理还说明了若系统 $\Sigma(\boldsymbol{A},\boldsymbol{B})$ 是状态完全能控能观的，那么系统的总体稳定可以由 $\boldsymbol{G}(s)$ 加以确定，而不一定要用系统的状态空间描述来确定。

最后强调说明一种特殊情况。以上定理都是针对时不变系统 $\Sigma(\boldsymbol{A},\boldsymbol{B})$，对于时变系统是不适用的。但是某些情况下，时变系统 $\dot{\boldsymbol{x}}=\boldsymbol{A}(t)\boldsymbol{x}$ 中系统矩阵 $\boldsymbol{A}(t)$ 的特征值也具有负实部，而系统 $\Sigma\left[\boldsymbol{A}(t),\boldsymbol{B}(t)\right]$ 不是零状态渐近稳定的。下面举例说明。

【例 4.4】 设系统 $\Sigma\left[\boldsymbol{A}(t),\boldsymbol{B}(t)\right]$ 为

$$\dot{\boldsymbol{x}}=\boldsymbol{A}(t)\boldsymbol{x}=\begin{bmatrix}-1&\text{e}^{2t}\\0&-1\end{bmatrix}\boldsymbol{x} \tag{4-53}$$

试判断其稳定性。

解 矩阵 $\boldsymbol{A}(t)$ 的特征多项式为

$$\det(s\boldsymbol{I}-\boldsymbol{A})=\det\begin{bmatrix}s+1&-\text{e}^{2t}\\0&s+1\end{bmatrix}=(s+1)^2 \tag{4-54}$$

特征值 $s_1=s_2=-1$ 即 $\text{Re}[s_i]<0\quad(i=1,2)$。

但不能因为 $\text{Re}[s_i]<0\quad(i=1,2)$，而得出时变系统 $\Sigma\left[\boldsymbol{A}(t),\boldsymbol{B}(t)\right]$ 是稳定的，或渐近稳

定的结论。因此，对于时变系统$\Sigma\left[\boldsymbol{A}(t),\boldsymbol{B}(t)\right]$，则只能用时变系统判断稳定的方法去确定。

这里注意到状态转移矩阵$\boldsymbol{\Phi}(t,0)$为

$$\boldsymbol{\Phi}(t,0)=\begin{bmatrix} e^{-t} & \left(e^{t}-e^{-t}\right)/2 \\ 0 & e^{-t} \end{bmatrix} \tag{4-55}$$

则由时变系统的推论 4-2 中式(4-31)可知，因$t\to\infty$，则$\left\|\boldsymbol{\Phi}(t,0)\right\|\to\infty$，故系统$\Sigma\left[\boldsymbol{A}(t),\boldsymbol{B}(t)\right]$在李雅普诺夫意义下不仅不是渐近稳定，而且也不是稳定的。

4.4　基于李雅普诺夫第二方法的稳定性定理

李雅普诺夫第二稳定性方法是从系统(广义)能量在平衡点$\boldsymbol{x}_e$所处的状况出发，给出系统在该平衡点$\boldsymbol{x}_e$是否稳定的结论。所以第二法也称为李雅普诺夫直接法。

4.4.1　主稳定性定理

定理 4-13　设有系统为

$$\dot{\boldsymbol{x}}=\boldsymbol{f}(\boldsymbol{x},t) \qquad t\in\left[t_0=0,\infty\right) \tag{4-56}$$

$\boldsymbol{x}_e$为其一个平衡状态点，且$\boldsymbol{x}_e=0$，即

$$\dot{\boldsymbol{x}}\big|_{\boldsymbol{x}_e}=\boldsymbol{f}\left(\boldsymbol{x}_e,t\right)=\boldsymbol{f}\left(0,t\right)\equiv\boldsymbol{0} \tag{4-57}$$

如果该系统存在一个标量(广义能量)函数$V(\boldsymbol{x},t)$满足如下条件：

$$\begin{cases} ①\begin{cases} V(\boldsymbol{x},t)>0 \\ V(\boldsymbol{x}_e,t)=0 \end{cases} \text{是正定的} \\ ②\begin{cases} \dot{V}(\boldsymbol{x},t)\leqslant 0 \\ \dot{V}(\boldsymbol{x}_e,t)=0 \end{cases} \text{是负(半)定的} \\ ③V(\boldsymbol{x},t)\text{是有界函数} \\ ④\text{当}\left\|\boldsymbol{x}-\boldsymbol{x}_e\right\|\to\infty\text{时，}V(\boldsymbol{x},t)\to\infty \end{cases} \tag{4-58}$$

则式(4-56)所示系统在平衡点$\boldsymbol{x}_e=0$是大范围渐近稳定的，广义能量函数$V(\boldsymbol{x},t)$称为李雅普诺夫函数。

对主稳定性定理的说明如下。

(1)主稳定性定理给出的是系统大范围渐近稳定的充分条件而非充要条件，也就是说，对于给定系统，若能找到满足以上条件的广义能量函数$V(\boldsymbol{x},t)$，则系统是大范围渐近稳定的，这时$V(\boldsymbol{x},t)$称为李雅普诺夫函数。但是如果找不到满足条件的$V(\boldsymbol{x},t)$函数，则表示不能确定系统的稳定性，而不能否定系统是大范围渐近稳定的。

(2)条件式(4-58)中①～③仅仅保证了系统是小范围渐近稳定的，第④才能够确保大范围渐近稳定。

(3)从能量的观点，显然，若能量有界，$V(\boldsymbol{x},t)\leqslant N\left(\left\|\boldsymbol{x}\right\|\right)$，能量的变化速率为负，$\dot{V}(\boldsymbol{x},t)<0$，则系统就能逼近平衡状态点$\boldsymbol{x}_e$，即$\boldsymbol{x}=\boldsymbol{x}_e=\boldsymbol{0}$，$V(\boldsymbol{x}_e,t)=0$，$\dot{V}(\boldsymbol{x}_e,t)=0$。

(4)对于具有常系数矩阵的线性时不变系统$\Sigma\left(\boldsymbol{A},\boldsymbol{B}\right)$，定理 4-13 的条件可以隐含$t$简

记为

$$\begin{cases} ①\ V(\boldsymbol{x})>0\ \text{是正定的} \\ ②\ \dot{V}(\boldsymbol{x})\leqslant 0\ \text{是负(半)定的} \\ ③\ \text{当}\ \|\boldsymbol{x}\|\to\infty\ \text{时，}\ V(\boldsymbol{x},t)\to\infty \end{cases} \tag{4-59}$$

【例 4.5】 设非线性时不变系统为

$$\begin{cases} \dot{x}_1 = x_2 - x_1\left(x_1^2+x_2^2\right) \\ \dot{x}_2 = -x_1 - x_2\left(x_1^2+x_2^2\right) \end{cases} \tag{4-60}$$

试确定系统在平衡点处的稳定性。

解 (1)求取系统平衡状态点 $\boldsymbol{x}_\mathrm{e}$。由 $\dot{\boldsymbol{x}}\big|_{\boldsymbol{x}_\mathrm{e}}\equiv\mathbf{0}$ 可求得平衡点 $\boldsymbol{x}_\mathrm{e}$ 为

$$\boldsymbol{x}_\mathrm{e}=\begin{bmatrix} x_{1\mathrm{e}} \\ x_{2\mathrm{e}} \end{bmatrix}=\begin{bmatrix} 0 \\ 0 \end{bmatrix} \tag{4-61}$$

(2)选取广义能量函数 $V(\boldsymbol{x})$。

$$V(\boldsymbol{x})=x_1^2+x_2^2>0 \tag{4-62}$$

满足正定条件。

(3)校核 $\dot{V}(\boldsymbol{x})$ 是否负定或负半定。因为

$$\dot{V}(\boldsymbol{x})=\frac{\mathrm{d}V(\boldsymbol{x})}{\mathrm{d}t}=2x_1\dot{x}_1+2x_2\dot{x}_2 \tag{4-63}$$

将式(4-60)中 $\dot{x}_1$ 和 $\dot{x}_2$ 代入 $\dot{V}(\boldsymbol{x})$，可得

$$\dot{V}(\boldsymbol{x})=-2\left(x_1^2+x_2^2\right)<0 \tag{4-64}$$

故，由定理 4-12 可知系统在平衡点 $\boldsymbol{x}_\mathrm{e}$ 处是渐近稳定的。

(4)进一步考查，当 $\|\boldsymbol{x}\|\to\infty$ 时，$V(\boldsymbol{x})=x_1^2+x_2^2\to\infty$。

所以，系统在平衡点 $\boldsymbol{x}_\mathrm{e}\equiv\mathbf{0}$ 处是大范围渐近稳定的，且式(4-62)是系统的一个李雅普诺夫函数。

【例 4.6】 设线性时不变系统为

$$\dot{\boldsymbol{x}}=\boldsymbol{A}\boldsymbol{x}=\begin{bmatrix} \dot{x}_1 \\ \dot{x}_2 \end{bmatrix}=\begin{bmatrix} 0 & 1 \\ -1 & -1 \end{bmatrix}\begin{bmatrix} x_1 \\ x_2 \end{bmatrix} \tag{4-65}$$

试确定系统在平衡点 $\boldsymbol{x}_\mathrm{e}$ 处的稳定性。

解 (1)确定系统的平衡点 $\boldsymbol{x}_\mathrm{e}$。由 $\dot{\boldsymbol{x}}=\boldsymbol{f}(\boldsymbol{x}_\mathrm{e})=\mathbf{0}$ 解得

$$\boldsymbol{x}_\mathrm{e}=\begin{bmatrix} x_1 \\ x_2 \end{bmatrix}=\mathbf{0} \tag{4-66}$$

(2)选取广义能量函数 $V(\boldsymbol{x})$。

$$V(\boldsymbol{x})=x_1^2+x_2^2>0 \tag{4-67}$$

显然，$V(\boldsymbol{x})$ 满足正定条件。

(3) 校核 $\dot{V}(\boldsymbol{x})$ 是否负定或负半定。

$$\dot{V}(\boldsymbol{x}) = 2x_1\dot{x}_1 + 2x_2\dot{x}_2 \tag{4-68}$$

由状态方程式 (4-65) 可得

$$\begin{cases} \dot{x}_1 = x_2 \\ \dot{x}_2 = -(x_1 + x_2) \end{cases} \tag{4-69}$$

将式 (4-69) 代入 $\dot{V}(\boldsymbol{x})$，得到

$$\dot{V}(\boldsymbol{x}) = 2x_1 \cdot x_2 + 2x_2 \cdot \left[-(x_1 + x_2)\right] = -2x_2^2 \tag{4-70}$$

式 (4-70) 表明，当 $\boldsymbol{x} \neq \boldsymbol{x}_{\mathrm{e}} = \boldsymbol{0}$ 时，$\dot{V}(\boldsymbol{x}) = -2x_2^2 = 0$ 是不确定的 (不定的)，而不是负定或负半定的。所以式 (4-67) 不是该系统的李雅普诺夫函数。为判断系统在 $\boldsymbol{x}_{\mathrm{e}}$ 处的稳定性可以重新选择广义能量函数。

(4) 重新选取 $V(\boldsymbol{x})$，比如选取

$$V(\boldsymbol{x}) = \frac{1}{2}\left[(x_1 + x_2)^2 + 2x_1^2 + x_2^2\right] \tag{4-71}$$

显然

$$V(\boldsymbol{x}) = \begin{cases} \dfrac{1}{2}\left[(x_1 + x_2)^2 + 2x_1^2 + x_2^2\right] > 0 & (\boldsymbol{x} \neq \boldsymbol{x}_{\mathrm{e}} = \boldsymbol{0}) \\ \dfrac{1}{2}\left[(x_1 + x_2)^2 + 2x_1^2 + x_2^2\right] = 0 & (\boldsymbol{x} = \boldsymbol{x}_{\mathrm{e}} = \boldsymbol{0}) \end{cases}$$

满足正定条件。

(5) 校核 $\dot{V}(\boldsymbol{x})$ 是否负定或负半定。

$$\dot{V}(\boldsymbol{x}) = (x_1 + x_2)(\dot{x}_1 + \dot{x}_2) + 2x_1\dot{x}_1 + x_2\dot{x}_2 \tag{4-72}$$

将状态方程式 (4-69) 中 $\dot{x}_1$ 和 $\dot{x}_2$ 代入式 (4-72) $\dot{V}(\boldsymbol{x})$，可得

$$\dot{V}(\boldsymbol{x}) = \begin{cases} -(x_1^2 + x_2^2) < 0 & (\boldsymbol{x} \neq \boldsymbol{x}_{\mathrm{e}} = \boldsymbol{0}) \\ -(x_1^2 + x_2^2) = 0 & (\boldsymbol{x} = \boldsymbol{x}_{\mathrm{e}} = \boldsymbol{0}) \end{cases} \tag{4-73}$$

从而可以看出，$\dot{V}(\boldsymbol{x}) < 0$ 负定。

故系统在平衡点 $\boldsymbol{x}_{\mathrm{e}}$ 处是渐近稳定的。

(6) 进一步，当 $\|\boldsymbol{x}\| \to \infty$ 时，$V(\boldsymbol{x}) \to \infty$。所以，系统在平衡点 $\boldsymbol{x}_{\mathrm{e}} \equiv \boldsymbol{0}$ 处是大范围渐近稳定的。

(7) 新选的 $V(\boldsymbol{x})$，式 (4-71) 则是该系统的一个李雅普诺夫函数。

【例 4.7】　设非线性时不变系统为

$$\begin{cases} \dot{x}_1 = x_2 \\ \dot{x}_2 = -(1 - |x_1|)x_2 - x_1 \end{cases} \tag{4-74}$$

试确定系统在平衡点 $\boldsymbol{x}_{\mathrm{e}}$ 处的稳定性。

解　(1) 确定系统平衡点 $\boldsymbol{x}_{\mathrm{e}}$。由 $\dot{\boldsymbol{x}}\big|_{\boldsymbol{x}_{\mathrm{e}}} \equiv \boldsymbol{0}$，可解得

$$\boldsymbol{x}_{\mathrm{e}} = \boldsymbol{0} \tag{4-75}$$

(2) 选取广义能量函数 $V(\boldsymbol{x})$。

$$V(\boldsymbol{x}) = x_1^2 + x_2^2 \tag{4-76}$$

当 $\boldsymbol{x} = \begin{bmatrix} x_1 \\ x_2 \end{bmatrix} \neq \boldsymbol{0}$ 时，$V(\boldsymbol{x}) > 0$，满足正定条件。

(3) 校核 $\dot{V}(\boldsymbol{x})$ 是否负定或负半定。

$$\dot{V}(\boldsymbol{x}) = \frac{\mathrm{d}V(\boldsymbol{x})}{\mathrm{d}t} = 2x_1\dot{x}_1 + 2x_2\dot{x}_2 \tag{4-77}$$

将式(4-74)中 $\dot{x}_1$ 和 $\dot{x}_2$ 代入式(4-77)，化简后有

$$\dot{V}(\boldsymbol{x}) = -2\left(1 - |x_1|\right)x_2^2 \tag{4-78}$$

显然有

①当 $\begin{cases} |x_1| < 1 \\ x_2 \neq 0 \end{cases}$，即

$$\begin{cases} -1 < x_1 < 1 \\ x_2 \neq 0 \end{cases} \tag{4-79}$$

时，$\dot{V}(\boldsymbol{x}) < 0$，负定，系统在平衡点 $\boldsymbol{x}_\mathrm{e}$ 渐近稳定。

②当 $\begin{cases} |x_1| = 1 \\ x_2 \neq 0 \end{cases}$，即

$$\begin{cases} x_1 = \pm 1 \\ x_2 \neq 0 \end{cases} \tag{4-80}$$

时，$\dot{V}(\boldsymbol{x}) \equiv 0$，不确定，即系统在 $\boldsymbol{x}_\mathrm{e}$ 处的稳定性不能确定。

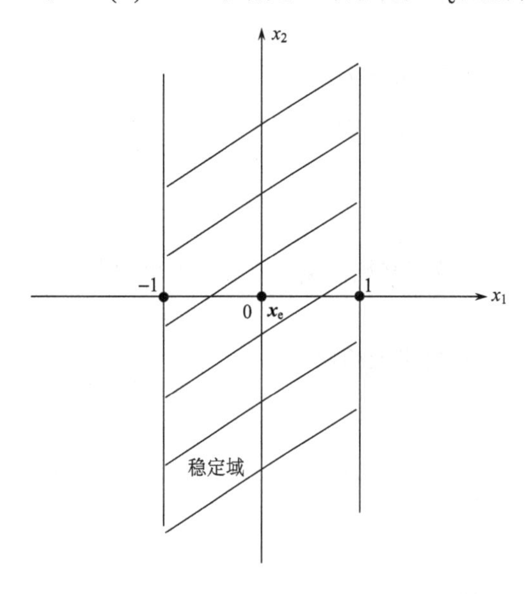

图 4-2　例 4.7 局部大范围渐近稳定示意图

③当 $\begin{cases} |x_1| > 1 \\ x_2 \neq 0 \end{cases}$，即

$$\begin{cases} x_1 < -1 \text{ 和 } x_1 > 1 \\ x_2 \neq 0 \end{cases} \tag{4-81}$$

时，$\dot{V}(\boldsymbol{x}) > 0$，正定。可以证明，此时该系统在平衡点 $\boldsymbol{x}_\mathrm{e}$ 处是不稳定的。

(4) 综上，式(4-74)所示系统在平衡点 $\boldsymbol{x}_\mathrm{e} = \boldsymbol{0}$ 处，当状态取值满足式(4-79)时，系统在 $\boldsymbol{x}_\mathrm{e}$ 处是渐近稳定的。进一步，当 $\|\boldsymbol{x} - \boldsymbol{x}_\mathrm{e}\| = \|\boldsymbol{x}\| \to \infty$ 时，$V(\boldsymbol{x}) \to \infty$，则满足大范围渐近稳定。但注意，这个大范围受到状态取值式(4-79)的限制，所以可称该系统在平衡点 $\boldsymbol{x}_\mathrm{e} = \boldsymbol{0}$ 处是局部大范围渐近稳定的，如图 4-2 所示。

4.4.2 不稳定性定理

设有任意系统 $\dot{\boldsymbol{x}}=\boldsymbol{f}(\boldsymbol{x},t)$ 存在一个标量(广义能量)函数 $W(\boldsymbol{x},t)$ 满足

(1) $$\begin{cases}W(\boldsymbol{x},t)>0\\W(\boldsymbol{0},t)=0\end{cases}\quad \text{正定} \tag{4-82}$$

(2) $$\begin{cases}\dot{W}(\boldsymbol{x},t)>0\\\dot{W}(\boldsymbol{0},t)=0\end{cases}\quad \text{正定} \tag{4-83}$$

或者满足

(1) $$\begin{cases}W(\boldsymbol{x},t)<0\\W(\boldsymbol{0},t)=0\end{cases}\quad \text{负定} \tag{4-84}$$

(2) $$\begin{cases}\dot{W}(\boldsymbol{x},t)<0\\\dot{W}(\boldsymbol{0},t)=0\end{cases}\quad \text{负定} \tag{4-85}$$

则该系统在平衡点 $\boldsymbol{x}_{\mathrm{e}}=\boldsymbol{0}$ 是不稳定的。

4.4.3 关于李雅普诺夫函数

从上述李雅普诺夫主稳定性定理可知，判断稳定性的关键就是寻找一个满足定理条件的李雅普诺夫函数 $V(\boldsymbol{x},t)$，但是，一般地，寻找李雅普诺夫函数 $V(\boldsymbol{x},t)$ 比较困难。下面给出与 $V(\boldsymbol{x},t)$ 相关的一些结论性说明。

(1) $V(\boldsymbol{x},t)$ 是广义能量的标记，它是一个标量函数，当系统为时不变系统时，它不显含 t，即标记为 $V(\boldsymbol{x})$。

(2) 当 $V(\boldsymbol{x},t)$ 满足李雅普诺夫主稳定性定理条件时，标量函数 $V(\boldsymbol{x},t)$ 才称为李雅普诺夫函数。

(3) 对于动态系统，若存在李雅普诺夫函数 $V(\boldsymbol{x},t)$，则 $V(\boldsymbol{x},t)$ 通常不是唯一的。

(4) 李雅普诺夫函数 $V(\boldsymbol{x})$ 的最简形式就是二次型，即 $V(\boldsymbol{x})=\boldsymbol{x}^{\mathrm{T}}\boldsymbol{Q}\boldsymbol{x}$，其中 $\boldsymbol{Q}$ 是时变或时不变的对称阵。

(5) 若动态系统描述为

$$\dot{\boldsymbol{x}}=\boldsymbol{A}(t)\boldsymbol{x}+\boldsymbol{P}(\boldsymbol{x},t) \tag{4-86}$$

当系统受到如下限制，即

① $\boldsymbol{A}(t)$ 为 $n\times n$ 矩阵，其元素均为时间 t 的连续有界函数。

② $\boldsymbol{P}(\boldsymbol{x},t)$ 为 $\boldsymbol{x}$ 和 t 的向量函数，且分量 $P_{ij}(\boldsymbol{x},t)$ 均为 $x_i\,(i=1,2,\cdots,n)$ 的收敛幂级数，则必定存在满足 $V(\boldsymbol{x},t)>0$，$\dot{V}(\boldsymbol{x},t)<0$ 的李雅普诺夫函数 $V(\boldsymbol{x},t)$，有

$$\begin{aligned}V(\boldsymbol{x},t)&\geqslant a^2\sum_{i=1}^{n}x_i^2\\\dot{V}(\boldsymbol{x},t)&\leqslant -b^2\sum_{i=1}^{n}x_i^2\end{aligned} \tag{4-87}$$

其中，$a \neq 0$，$b \neq 0$。

所以，当满足这些限制条件，则线性系统的李雅普诺夫函数能够用二次型表达。

4.5　系统的李雅普诺夫方程

当李雅普诺夫第二法应用于线性时不变系统$\Sigma(\boldsymbol{A},\boldsymbol{B})$时，利用李雅普诺夫方程讨论系统稳定性较之用李雅普诺夫函数更为方便适用。在介绍李雅普诺夫方程之前，先回顾一下矩阵及其正定、负定的问题。

4.5.1　矩阵的正定问题

1. 关于标量函数的定(符)号问题

设有标量函数$V(\boldsymbol{x})$。

(1) 当满足

$$\begin{cases} V(\boldsymbol{x}) > 0 & \boldsymbol{x} \neq \boldsymbol{0} \\ V(\boldsymbol{x}) = 0 & \boldsymbol{x} = \boldsymbol{0} \end{cases} \tag{4-88}$$

时，则称标量函数$V(\boldsymbol{x})$是正定的，记为$V(\boldsymbol{x}) > 0$。

(2) 当满足

$$\begin{cases} V(\boldsymbol{x}) \geqslant 0 & \boldsymbol{x} \neq \boldsymbol{0} \\ V(\boldsymbol{x}) = 0 & \boldsymbol{x} = \boldsymbol{0} \end{cases} \tag{4-89}$$

时，则称标量函数$V(\boldsymbol{x})$是正半定的，记为$V(\boldsymbol{x}) \geqslant 0$。

注意： 当$\boldsymbol{x} \neq \boldsymbol{0}$时，$V(\boldsymbol{x}) = 0$只能在有限的状态点上成立。

(3) 当满足

$$\begin{cases} V(\boldsymbol{x}) < 0 & \boldsymbol{x} \neq \boldsymbol{0} \\ V(\boldsymbol{x}) = 0 & \boldsymbol{x} = \boldsymbol{0} \end{cases} \tag{4-90}$$

时，则称标量函数$V(\boldsymbol{x})$是负定的，记为$V(\boldsymbol{x}) < 0$。

(4) 当满足

$$\begin{cases} V(\boldsymbol{x}) \leqslant 0 & \boldsymbol{x} \neq \boldsymbol{0} \\ V(\boldsymbol{x}) = 0 & \boldsymbol{x} = \boldsymbol{0} \end{cases} \tag{4-91}$$

时，则称标量函数$V(\boldsymbol{x})$是负半定的，记为$V(\boldsymbol{x}) \leqslant 0$。

同样，当$\boldsymbol{x} \neq \boldsymbol{0}$时，$V(\boldsymbol{x}) = 0$也只能在有限的状态点上成立。

(5) 当$V(\boldsymbol{x})$不满足上述各种情况时，则称$V(\boldsymbol{x})$是不定的。$V(\boldsymbol{x})$不定，是指当$\boldsymbol{x} \neq \boldsymbol{0}$时，标量函数$V(\boldsymbol{x})$的符号不确定。

(6) 由线性代数可知，当$\boldsymbol{x} \neq \boldsymbol{0}$时，如果式(4-89)中和式(4-91)中的$V(\boldsymbol{x}) = 0$，对于无限多的状态点都成立，则标量函数$V(\boldsymbol{x})$仍然属于不定的。

比如，正定的标量函数有(这里设$\boldsymbol{x}$为二维向量)

$$V(\boldsymbol{x}) = x_1^2 + x_2^2 > 0$$

$$V(\boldsymbol{x})=x_1^2+\frac{2x_2^2}{1+x_2^2}>0$$

正半定的标量函数有

$$V(\boldsymbol{x})=(x_1+x_2)^2\geqslant 0$$

负定的标量函数有

$$V(\boldsymbol{x})=-x_1^2-(3x_1+2x_2)^2<0$$

$$V(\boldsymbol{x})=-\left(x_1^2+2x_2^2\right)<0$$

负半定的标量函数有

$$V(\boldsymbol{x})=-(x_1+x_2)^2\leqslant 0$$

不定的标量函数有

$$V(\boldsymbol{x})=x_1x_2+x_2^2$$

$$V(\boldsymbol{x})=-2x_1^2\qquad\left(\boldsymbol{x}=\begin{bmatrix}x_1\\x_2\end{bmatrix}，当\ \boldsymbol{x}=\begin{bmatrix}x_1\\x_2\end{bmatrix}=\begin{bmatrix}0\\任意\end{bmatrix}时，\quad V(\boldsymbol{x})\equiv 0\right)$$

2. 二次型标量函数的正定、负定问题

设 $\boldsymbol{x}=[x_1\quad x_2\quad\cdots\quad x_n]^{\mathrm{T}}$ 为 n 维列向量，$\boldsymbol{P}$ 为 $n\times n$ 实对称矩阵，即 $P_{ij}=P_{ji}$。则下列标量函数 $V(\boldsymbol{x})$ 被定义为二次型标量函数，即

$$V(\boldsymbol{x})\triangleq\boldsymbol{x}^{\mathrm{T}}\boldsymbol{P}\boldsymbol{x}=\boldsymbol{x}=[x_1\quad x_2\quad\cdots\quad x_n]\begin{bmatrix}P_{11}&P_{12}&\cdots&P_{1n}\\P_{21}&P_{22}&\cdots&P_{2n}\\\vdots&\vdots&&\vdots\\P_{n1}&P_{n2}&\cdots&P_{nn}\end{bmatrix}\begin{bmatrix}x_1\\x_2\\\vdots\\x_n\end{bmatrix}\tag{4-92}$$

定理 4-14　形如式(4-92)的二次型标量函数 $V(\boldsymbol{x})=\boldsymbol{x}^{\mathrm{T}}\boldsymbol{P}\boldsymbol{x}$ 是正定的(或负定的)充分必要条件是实对称矩阵 $\boldsymbol{P}$ 是正定的(或负定的)。

显然，这一定理是把二次型标量函数 $V(\boldsymbol{x})=\boldsymbol{x}^{\mathrm{T}}\boldsymbol{P}\boldsymbol{x}$ 的正定、负定问题归结为判断其实对称矩阵 $\boldsymbol{P}$ 的正定、负定问题，即

(1) 当 $\boldsymbol{P}>0$ 正定，则 $V(\boldsymbol{x})=\boldsymbol{x}^{\mathrm{T}}\boldsymbol{P}\boldsymbol{x}>0$ 也正定。

(2) 当 $\boldsymbol{P}\geqslant 0$ 正半定，则 $V(\boldsymbol{x})=\boldsymbol{x}^{\mathrm{T}}\boldsymbol{P}\boldsymbol{x}\geqslant 0$ 也正半定。

(3) 当 $\boldsymbol{P}<0$ 负定，则 $V(\boldsymbol{x})=\boldsymbol{x}^{\mathrm{T}}\boldsymbol{P}\boldsymbol{x}<0$ 也负定。

(4) 当 $\boldsymbol{P}\leqslant 0$ 负半定，则 $V(\boldsymbol{x})=\boldsymbol{x}^{\mathrm{T}}\boldsymbol{P}\boldsymbol{x}\leqslant 0$ 也负半定。

(5) 而当 $\boldsymbol{P}$ 不定，则 $V(\boldsymbol{x})=\boldsymbol{x}^{\mathrm{T}}\boldsymbol{P}\boldsymbol{x}$ 也不定。

3. 矩阵的正定、负定问题——西尔维斯特(Sylvester)准则

西尔维斯特准则是判断矩阵 $\boldsymbol{P}$ 正定的一种判据。

设定实对称矩阵 $\boldsymbol{P}$

$$\boldsymbol{P}=\begin{bmatrix} P_{11} & P_{12} & \cdots & P_{1n} \\ P_{21} & P_{22} & \cdots & P_{2n} \\ \vdots & \vdots & & \vdots \\ P_{n1} & P_{n2} & \cdots & P_{nn} \end{bmatrix}_{n\times n}，且 P_{ij}=P_{ji} \qquad (i,j=1,2,\cdots,n) \tag{4-93}$$

定理 4-15　形如式(4-93)的实对称矩阵 $\boldsymbol{P}>0$ 为正定的充分必要条件是 $\boldsymbol{P}$ 矩阵所有主子行列式大于零，$\varDelta_i>0\ (i=1,2,\cdots,n)$，即

$$\begin{cases} \varDelta_1 = P_{11}>0 \\ \varDelta_2=\begin{vmatrix} P_{11} & P_{12} \\ P_{21} & P_{22} \end{vmatrix}>0 \\ \quad\vdots \\ \varDelta_n=\det\boldsymbol{P}=\begin{vmatrix} P_{11} & P_{12} & \cdots & P_{1n} \\ P_{21} & P_{22} & \cdots & P_{2n} \\ \vdots & \vdots & & \vdots \\ P_{n1} & P_{n2} & \cdots & P_{nn} \end{vmatrix}_{n\times n}>0 \end{cases} \tag{4-94}$$

推论 4-8　当 $\boldsymbol{P}$ 阵为奇异时，即 $\varDelta_n=\det\boldsymbol{P}=0$，且其余各主子行列式为非负的，则 $\boldsymbol{P}\geqslant 0$ 为正半定的。

定理 4-16　形如式(4-93)的实对称矩阵 $\boldsymbol{P}<0$ 为负定的充分必要条件是 $\boldsymbol{P}$ 矩阵各主子行列式满足

$$\begin{cases} \varDelta_i<0 & (i为奇数) \\ \varDelta_i>0 & (i为偶数) \end{cases} \qquad (i=1,2,\cdots,n) \tag{4-95}$$

推论 4-9　当 $\boldsymbol{P}$ 阵奇异时，即 $\det\boldsymbol{P}=0$，且其余各主子行列式满足

$$\begin{cases} \varDelta_i\leqslant 0 & 非正 & (i为奇数) \\ \varDelta_i\geqslant 0 & 非负 & (i为偶数) \end{cases} \qquad (i=1,2,\cdots,n) \tag{4-96}$$

则 $\boldsymbol{P}\leqslant 0$ 为负半定的。

定理 4-17　若实对称矩阵 $\boldsymbol{P}$ 不满足定理 4-15 和定理 4-16 的条件，则 $\boldsymbol{P}$ 阵为不定的。

定理 4-18　若设定实对称阵 $[-\boldsymbol{P}]>0$ 是正定的，则 $\boldsymbol{P}$ 阵一定是负定的，即 $\boldsymbol{P}<0$。

定理 4-19　当且仅当 $\boldsymbol{P}$ 阵满足下述条件之一时，实对称矩阵 $\boldsymbol{P}>0$ 是正定的(或是正半定的)：

(1) $\boldsymbol{P}$ 的所有特征值均为正值，即 $\lambda_i>0$ (或为非负值，即 $\lambda_i\geqslant 0$，为正半定的)。

(2) $\boldsymbol{P}$ 阵的所有主子行列式的值为正(或非负)。

(3) 存在非奇异矩阵 $\boldsymbol{N}$ 使得 $\boldsymbol{P}=\boldsymbol{N}^{\mathrm{T}}\boldsymbol{N}$。

【例 4.8】　试证明二次型标量函数的正定性。

$$V(\boldsymbol{x})=10x_1^2+4x_2^2+x_3^2+2x_1x_2-2x_2x_3-4x_1x_3$$

证明　(1) 求取该二次型的实对称阵 $\boldsymbol{P}$，可以将 $V(\boldsymbol{x})$ 写为 $V(\boldsymbol{x})=\boldsymbol{x}^{\mathrm{T}}\boldsymbol{P}\boldsymbol{x}$ 形式，即

$$V(\boldsymbol{x})=\boldsymbol{x}^{\mathrm{T}}\boldsymbol{P}\boldsymbol{x}=\begin{bmatrix}x_1 & x_2 & x_3\end{bmatrix}\begin{bmatrix}10 & 1 & -2\\ 1 & 4 & -1\\ -2 & -1 & 1\end{bmatrix}\begin{bmatrix}x_1\\ x_2\\ x_3\end{bmatrix}$$

所以求得

$$\boldsymbol{P}=\begin{vmatrix}10 & 1 & -2\\ 1 & 4 & -1\\ -2 & -1 & 1\end{vmatrix}$$

(2) 计算实对称矩阵 $\boldsymbol{P}$ 的各主子行列式 $\varDelta_i\ (i=1,2,3)$

$$\varDelta_1=10>0;\qquad \varDelta_2=\begin{vmatrix}10 & 1\\ 1 & 4\end{vmatrix}>0;\qquad \varDelta_3=\begin{vmatrix}10 & 1 & -2\\ 1 & 4 & -1\\ -2 & -1 & 1\end{vmatrix}>0$$

(3) 结论：由西尔维斯特准则可知实对称阵 $\boldsymbol{P}>0$ 正定，所以二次型标量函数 $V(\boldsymbol{x})=\boldsymbol{x}^{\mathrm{T}}\boldsymbol{P}\boldsymbol{x}>0$ 也正定。

4.5.2 李雅普诺夫方程

定理 4-20　设有线性时不变系统 $\Sigma(\boldsymbol{A},\boldsymbol{B})$ 由 $\dot{\boldsymbol{x}}=\boldsymbol{A}\boldsymbol{x}$ 描述，则系统 $\Sigma(\boldsymbol{A},\boldsymbol{B})$ 在平衡点 $\boldsymbol{x}_{\mathrm{e}}=\boldsymbol{0}$ 处渐近稳定的充分必要条件是对于任意给定的正定(或正半定)实对称矩阵 $\boldsymbol{N}\geqslant 0$，其系统李雅普诺夫方程

$$\boldsymbol{A}^{\mathrm{T}}\boldsymbol{P}+\boldsymbol{P}\boldsymbol{A}=-\boldsymbol{N}\tag{4-97}$$

有唯一的正定的实对称解矩阵 $\boldsymbol{P}$，即 $\boldsymbol{P}>0$。

对定理 4-20 的说明如下。

(1) 当系统渐近稳定(即系统矩阵 $\boldsymbol{A}$ 具有实部小于零的特征值)，当给定一个实对称矩阵 $\boldsymbol{N}\geqslant 0$，则由李雅普诺夫方程式(4-97)求出的解矩阵 $\boldsymbol{P}$ 是正定的，即 $\boldsymbol{P}>0$。

(2) 对于任意给定的一个正定或正半定矩阵 $\boldsymbol{N}$，只要 $\boldsymbol{N}\geqslant 0$，方程式(4-97)都是成立的。所以为简化计算，一般取 $\boldsymbol{N}=\boldsymbol{I}$——单位矩阵。

(3) 若由李雅普诺夫方程式(4-97)求出的 $\boldsymbol{P}>0$，则二次型函数 $V(\boldsymbol{x})$

$$V(\boldsymbol{x})=\boldsymbol{x}^{\mathrm{T}}\boldsymbol{P}\boldsymbol{x}>0$$

就是系统 $\Sigma(\boldsymbol{A},\boldsymbol{B})$ 的一个李雅普诺夫函数。

【例 4.9】　设有线性时不变系统 $\Sigma(\boldsymbol{A},\boldsymbol{B})$

$$\dot{\boldsymbol{x}}=\begin{bmatrix}0 & 1\\ -1 & -1\end{bmatrix}\boldsymbol{x}\tag{4-98}$$

试确定系统在平衡点 $\boldsymbol{x}_{\mathrm{e}}$ 处的稳定性。

解　(1) 确定系统平衡点 $\boldsymbol{x}_{\mathrm{e}}$。因为

$$\boldsymbol{A}\boldsymbol{x}\big|_{x=x_{\mathrm{e}}}\equiv\boldsymbol{0}$$

所以

$$\begin{bmatrix}0 & 1\\ -1 & -1\end{bmatrix}\begin{bmatrix}x_{1\mathrm{e}}\\ x_{2\mathrm{e}}\end{bmatrix}=\begin{bmatrix}0\\ 0\end{bmatrix}$$

$$\begin{cases} x_{1e} = 0 \\ -(x_{1e} + x_{2e}) = 0 \end{cases}$$

$$\boldsymbol{x}_e = \begin{bmatrix} x_{1e} \\ x_{2e} \end{bmatrix} = \begin{bmatrix} 0 \\ 0 \end{bmatrix} = \boldsymbol{0} \tag{4-99}$$

(2)利用李雅普诺夫方程。

设 $\boldsymbol{P} = \begin{bmatrix} p_{11} & p_{12} \\ p_{21} & p_{22} \end{bmatrix}$，令 $\boldsymbol{N} = \boldsymbol{I} = \begin{bmatrix} 1 & 0 \\ 0 & 1 \end{bmatrix}$，由 $\boldsymbol{A}^{\mathrm{T}}\boldsymbol{P} + \boldsymbol{P}\boldsymbol{A} = -\boldsymbol{N}$ 可得　　(4-100)

$$\begin{bmatrix} 0 & -1 \\ 1 & -1 \end{bmatrix}\begin{bmatrix} p_{11} & p_{12} \\ p_{21} & p_{22} \end{bmatrix} + \begin{bmatrix} p_{11} & p_{12} \\ p_{21} & p_{22} \end{bmatrix}\begin{bmatrix} 0 & 1 \\ -1 & -1 \end{bmatrix} = \begin{bmatrix} -1 & 0 \\ 0 & -1 \end{bmatrix}$$

$$\begin{bmatrix} -p_{21} & -p_{22} \\ (p_{11} - p_{21}) & (p_{12} - p_{22}) \end{bmatrix} + \begin{bmatrix} -p_{12} & (p_{11} - p_{12}) \\ -p_{22} & (p_{21} - p_{22}) \end{bmatrix} = \begin{bmatrix} -1 & 0 \\ 0 & -1 \end{bmatrix}$$

$$\begin{bmatrix} -(p_{12} + p_{21}) & (p_{11} - p_{12} - p_{22}) \\ (p_{11} - p_{21} - p_{22}) & (p_{12} + p_{21} - 2p_{22}) \end{bmatrix} = \begin{bmatrix} -1 & 0 \\ 0 & -1 \end{bmatrix}$$

于是有

$$\begin{cases} p_{12} + p_{21} = 1 \\ p_{11} - p_{12} - p_{22} = 0 \\ p_{11} - p_{21} - p_{22} = 0 \\ p_{12} + p_{21} - 2p_{22} = -1 \end{cases} \tag{4-101}$$

解得

$$\begin{cases} p_{11} = \dfrac{3}{2} \\ p_{12} = p_{21} = \dfrac{1}{2} \\ p_{22} = 1 \end{cases}$$

故

$$\boldsymbol{P} = \begin{bmatrix} \dfrac{3}{2} & \dfrac{1}{2} \\ \dfrac{1}{2} & 1 \end{bmatrix} \tag{4-102}$$

(3)验证 $\boldsymbol{P}$ 阵是否正定。

因为解得 $\boldsymbol{P} = \begin{bmatrix} \dfrac{3}{2} & \dfrac{1}{2} \\ \dfrac{1}{2} & 1 \end{bmatrix}$，由 Sylvester 判据，主子式为

$$\begin{cases}\Delta_1=\dfrac{3}{2}>0\\ \Delta_2=\det\begin{bmatrix}\dfrac{3}{2}&\dfrac{1}{2}\\ \dfrac{1}{2}&1\end{bmatrix}=\begin{vmatrix}\dfrac{3}{2}&\dfrac{1}{2}\\ \dfrac{1}{2}&1\end{vmatrix}=\dfrac{3}{2}-\dfrac{1}{4}=\dfrac{5}{4}>0\end{cases}\tag{4-103}$$

所以 $\boldsymbol{P}>0$。

(4) 结论：因给定 $\boldsymbol{N}=\boldsymbol{I}>0$，解得 $\boldsymbol{P}$ 阵满足如下条件。

① $\boldsymbol{P}$ 为实对称阵；

② $\boldsymbol{P}>0$ 正定。

所以，$\Sigma(\boldsymbol{A},\boldsymbol{B})$ 系统在 $\boldsymbol{x}_{\mathrm{e}}=\boldsymbol{0}$ 点处是大范围渐近稳定的。

(5) 进一步，可得到一个李雅普诺夫函数 $V(\boldsymbol{x})$，即

$$\begin{aligned}V(\boldsymbol{x})=\boldsymbol{x}^{\mathrm{T}}\boldsymbol{P}\boldsymbol{x}&=[x_1\quad x_2]\begin{bmatrix}\dfrac{3}{2}&\dfrac{1}{2}\\ \dfrac{1}{2}&1\end{bmatrix}\begin{bmatrix}x_1\\ x_2\end{bmatrix}\\ &=\frac{1}{2}\left(3x_1^2+2x_1x_2+2x_2^2\right)\\ &=\frac{1}{2}\left[2x_1^2+(x_1+x_2)^2+x_2^2\right]>0\end{aligned}\tag{4-104}$$

校核

$$\dot{V}(\boldsymbol{x})=\frac{\mathrm{d}}{\mathrm{d}t}\left[\frac{1}{2}\left(3x_1^2+2x_1x_2+2x_2^2\right)\right]=\frac{1}{2}\left[6x_1\cdot\dot{x}_1+2x_2\dot{x}_1+2x_1\dot{x}_2+4x_2\cdot\dot{x}_2\right]\tag{4-105}$$

将

$$\begin{cases}\dot{x}_1=x_2\\ \dot{x}_2=-(x_1+x_2)\end{cases}$$

代入式(4-105)可得

$$\begin{aligned}\dot{V}(\boldsymbol{x})&=\frac{1}{2}\left[6x_1\cdot x_2+2x_2x_2-2x_1(x_1+x_2)-4x_2\cdot(x_1+x_2)\right]\\ &=\frac{1}{2}\left[-2x_1^2-2x_2^2\right]=-\left(x_1^2+x_2^2\right)<0\end{aligned}\tag{4-106}$$

即 $\dot{V}(\boldsymbol{x})<0$，满足负定条件。

4.6　非线性系统的稳定性定理

非线性系统和线性系统相比，其稳定性的讨论较复杂。主要原因一是对于非线性系统而言可能具有多个平衡状态点，二是寻找非线性系统的李雅普诺夫函数较困难。

工程中，研究非线性系统稳定性的方法一般有两种，一种针对某些特殊的非线性问题，寻找一些特定的方法去确定稳定性，如鲁里耶法；另一种利用某些特殊函数作为非线性系

统的李雅普诺夫函数，如克拉索夫斯基法和变量梯度法。

本书仅介绍克拉索夫斯基法和变量梯度法。

4.6.1 克拉索夫斯基法

设有常系数非线性系统为

$$\dot{\boldsymbol{x}} = \boldsymbol{f}(\boldsymbol{x}) \qquad (t \geqslant 0) \tag{4-107}$$

假定系统一个平衡点为 $\boldsymbol{x}_{\mathrm{e}} = \boldsymbol{0}$，即

$$\dot{\boldsymbol{x}}\big|_{\boldsymbol{x}_{\mathrm{e}}=\boldsymbol{0}} = \boldsymbol{f}(\boldsymbol{0}) \equiv \boldsymbol{0}$$

现在，按克拉索夫斯基方法(Krasovskii)来构造广义能量函数 $V(\boldsymbol{x})$。

令 $V(\boldsymbol{x})$ 等于 $\dot{\boldsymbol{x}}$ 范数的平方，即

$$V(\boldsymbol{x}) = \|\dot{\boldsymbol{x}}\|^2 \tag{4-108}$$

于是

$$\begin{aligned} V(\boldsymbol{x}) &= \|\dot{\boldsymbol{x}}\|^2 = \dot{x}_1^2 + \dot{x}_2^2 + \cdots + \dot{x}_n^2 \\ &= \begin{bmatrix} \dot{x}_1 & \dot{x}_2 & \cdots & \dot{x}_n \end{bmatrix} \begin{bmatrix} \dot{x}_1 \\ \dot{x}_2 \\ \vdots \\ \dot{x}_n \end{bmatrix} = \dot{\boldsymbol{x}}^{\mathrm{T}} \dot{\boldsymbol{x}} \begin{cases} > 0 & \boldsymbol{x} \neq \boldsymbol{0} \\ = 0 & \boldsymbol{x} = \boldsymbol{0} \end{cases} \end{aligned} \tag{4-109}$$

显然，式(4-109)表明 $V(\boldsymbol{x}) > 0$ 正定。

将式(4-107) $\dot{\boldsymbol{x}}$ 代入式(4-109)，有

$$V(\boldsymbol{x}) = \dot{\boldsymbol{x}}^{\mathrm{T}} \dot{\boldsymbol{x}} = \boldsymbol{f}^{\mathrm{T}}(\boldsymbol{x}) \boldsymbol{f}(\boldsymbol{x}) \tag{4-110}$$

于是，可求出广义能量函数的变化率 $\dot{V}(\boldsymbol{x})$ 为

$$\dot{V}(\boldsymbol{x}) = \left[\boldsymbol{f}^{\mathrm{T}}(\boldsymbol{x}) \boldsymbol{f}(\boldsymbol{x})\right]' = \frac{\mathrm{d}}{\mathrm{d}t}\left[\boldsymbol{f}^{\mathrm{T}}(\boldsymbol{x}) \boldsymbol{f}(\boldsymbol{x})\right] = \dot{\boldsymbol{f}}^{\mathrm{T}}(\boldsymbol{x}) \boldsymbol{f}(\boldsymbol{x}) + \boldsymbol{f}^{\mathrm{T}}(\boldsymbol{x}) \dot{\boldsymbol{f}}(\boldsymbol{x}) \tag{4-111}$$

注意到

$$\begin{aligned} \dot{\boldsymbol{f}}(\boldsymbol{x}) &= \frac{\mathrm{d}}{\mathrm{d}t}\boldsymbol{f}(\boldsymbol{x}) = \begin{bmatrix} \dfrac{\mathrm{d}f_1(\boldsymbol{x})}{\mathrm{d}t} \\ \vdots \\ \dfrac{\mathrm{d}f_n(\boldsymbol{x})}{\mathrm{d}t} \end{bmatrix} = \begin{bmatrix} \dfrac{\partial f_1(\boldsymbol{x})}{\partial x_1} \cdot \dfrac{\mathrm{d}x_1}{\mathrm{d}t} & \cdots & \dfrac{\partial f_1(\boldsymbol{x})}{\partial x_n} \cdot \dfrac{\mathrm{d}x_n}{\mathrm{d}t} \\ \vdots & & \vdots \\ \dfrac{\partial f_n(\boldsymbol{x})}{\partial x_1} \cdot \dfrac{\mathrm{d}x_1}{\mathrm{d}t} & \cdots & \dfrac{\partial f_n(\boldsymbol{x})}{\partial x_n} \cdot \dfrac{\mathrm{d}x_n}{\mathrm{d}t} \end{bmatrix} \\ &= \begin{bmatrix} \dfrac{\partial f_1(\boldsymbol{x})}{\partial x_1} & \cdots & \dfrac{\partial f_1(\boldsymbol{x})}{\partial x_n} \\ \vdots & & \vdots \\ \dfrac{\partial f_n(\boldsymbol{x})}{\partial x_1} & \cdots & \dfrac{\partial f_n(\boldsymbol{x})}{\partial x_n} \end{bmatrix} \begin{bmatrix} \dfrac{\mathrm{d}x_1}{\mathrm{d}t} \\ \vdots \\ \dfrac{\mathrm{d}x_n}{\mathrm{d}t} \end{bmatrix} = \frac{\partial \boldsymbol{f}(\boldsymbol{x})}{\partial \boldsymbol{x}^{\mathrm{T}}} \cdot \dot{\boldsymbol{x}} = \boldsymbol{F}(\boldsymbol{x}) \boldsymbol{f}(\boldsymbol{x}) \end{aligned} \tag{4-112}$$

其中，$\boldsymbol{F}(\boldsymbol{x}) = \dfrac{\partial \boldsymbol{f}(\boldsymbol{x})}{\partial \boldsymbol{x}^{\mathrm{T}}}$ 为系统的雅可比矩阵。

故

$$\begin{aligned}\dot{V}(\boldsymbol{x}) &= \dot{\boldsymbol{f}}^{\mathrm{T}}(\boldsymbol{x})\boldsymbol{f}(\boldsymbol{x})+\boldsymbol{f}^{\mathrm{T}}(\boldsymbol{x})\dot{\boldsymbol{f}}(\boldsymbol{x}) \\ &= \boldsymbol{f}^{\mathrm{T}}(\boldsymbol{x})\boldsymbol{F}^{\mathrm{T}}(\boldsymbol{x})\boldsymbol{f}(\boldsymbol{x})+\boldsymbol{f}^{\mathrm{T}}(\boldsymbol{x})\boldsymbol{F}(\boldsymbol{x})\boldsymbol{f}(\boldsymbol{x}) \\ &= \boldsymbol{f}^{\mathrm{T}}(\boldsymbol{x})\left[\boldsymbol{F}^{\mathrm{T}}(\boldsymbol{x})+\boldsymbol{F}(\boldsymbol{x})\right]\boldsymbol{f}(\boldsymbol{x})\end{aligned} \tag{4-113}$$

令 $\hat{\boldsymbol{F}}(\boldsymbol{x})=\boldsymbol{F}^{\mathrm{T}}(\boldsymbol{x})+\boldsymbol{F}(\boldsymbol{x})$，则

$$\dot{V}(\boldsymbol{x})=\boldsymbol{f}^{\mathrm{T}}(\boldsymbol{x})\hat{\boldsymbol{F}}(\boldsymbol{x})\boldsymbol{f}(\boldsymbol{x}) \tag{4-114}$$

其中，亦可将 $\hat{\boldsymbol{F}}(\boldsymbol{x})$ 称作克拉索夫斯基矩阵。

为方便讨论，将广义能量函数 $V(\boldsymbol{x})$ 式(4-110)及其变化率 $\dot{V}(\boldsymbol{x})$ 式(4-114)放在一起

$$\begin{cases}V(\boldsymbol{x})=\|\dot{\boldsymbol{x}}\|^2=\boldsymbol{f}^{\mathrm{T}}(\boldsymbol{x})\boldsymbol{f}(\boldsymbol{x})>0 \\ \dot{V}(\boldsymbol{x})=\boldsymbol{f}^{\mathrm{T}}(\boldsymbol{x})\hat{\boldsymbol{F}}(\boldsymbol{x})\boldsymbol{f}(\boldsymbol{x})\end{cases} \tag{4-115}$$

显然，$V(\boldsymbol{x})>0$ 是正定的，只要 $\dot{V}(\boldsymbol{x})<0$ 负定或负半定，则该非线性系统在平衡点 $\boldsymbol{x}_{\mathrm{e}}=\boldsymbol{0}$ 处是渐近稳定的。

于是给出克拉索夫斯基定理。

定理 4-21 (克拉索夫斯基定理)设有非线性系统 $\dot{\boldsymbol{x}}=\boldsymbol{f}(\boldsymbol{x})$，且 $\boldsymbol{f}(\boldsymbol{x})$ 是关于 $x_i\ (i=1,2,\cdots,n)$ 可微的，系统的平衡点为 $\boldsymbol{x}_{\mathrm{e}}=\boldsymbol{0}$，如果克拉索夫斯基矩阵 $\hat{\boldsymbol{F}}(\boldsymbol{x})=\boldsymbol{F}^{\mathrm{T}}(\boldsymbol{x})+\boldsymbol{F}(\boldsymbol{x})$ 负定，则该非线性系统在平衡点 $\boldsymbol{x}_{\mathrm{e}}=\boldsymbol{0}$ 是渐近稳定的。

其中，$\boldsymbol{F}(\boldsymbol{x})$ 为系统的雅可比矩阵，这时，$V(\boldsymbol{x})=\boldsymbol{f}^{\mathrm{T}}(\boldsymbol{x})\boldsymbol{f}(\boldsymbol{x})=\|\dot{\boldsymbol{x}}\|^2$ 就是系统的一个李雅普诺夫函数。

进一步，若 $\|\boldsymbol{x}\|\to\infty$ 时 $V(\boldsymbol{x})=\boldsymbol{f}^{\mathrm{T}}(\boldsymbol{x})\boldsymbol{f}(\boldsymbol{x})\to\infty$，则该非线性系统在平衡点 $\boldsymbol{x}_{\mathrm{e}}=\boldsymbol{0}$ 处是大范围渐近稳定的。

关于克拉索夫斯基定理(定理 4-21)的几点说明。

(1) 克拉索夫斯基定理是系统在平衡点 $\boldsymbol{x}_{\mathrm{e}}=\boldsymbol{0}$ 处大范围渐近稳定的充分条件，而非必要条件。换句话说，若非线性系统的克拉索夫斯基矩阵 $\hat{\boldsymbol{F}}(\boldsymbol{x})=\boldsymbol{F}^{\mathrm{T}}(\boldsymbol{x})+\boldsymbol{F}(\boldsymbol{x})$ 不是负定的，则克拉索夫斯基定理不能提供任何关于系统稳定性的信息。

(2) 克拉索夫斯基定理根据矩阵 $\hat{\boldsymbol{F}}(\boldsymbol{x})=\boldsymbol{F}^{\mathrm{T}}(\boldsymbol{x})+\boldsymbol{F}(\boldsymbol{x})$ 确定系统的稳定性，故运算过程简单。

(3) 对于线性时不变系统 $\dot{\boldsymbol{x}}=\boldsymbol{A}\boldsymbol{x}$，系统矩阵 $\boldsymbol{A}$ 就是系统的雅可比矩阵 $\boldsymbol{F}(\boldsymbol{x})$，即 $\boldsymbol{F}(\boldsymbol{x})=\boldsymbol{A}$，于是克拉索夫斯基矩阵 $\hat{\boldsymbol{F}}(\boldsymbol{x})=\boldsymbol{A}^{\mathrm{T}}+\boldsymbol{A}$。当 $\boldsymbol{A}$ 为非奇异矩阵时，若矩阵 $\left(\boldsymbol{A}^{\mathrm{T}}+\boldsymbol{A}\right)$ 负定，则该线性系统在平衡点 $\boldsymbol{x}_{\mathrm{e}}=\boldsymbol{0}$ 处渐近稳定，且系统的一个李雅普诺夫函数就是 $V(\boldsymbol{x})=\|\dot{\boldsymbol{x}}\|^2=\dot{\boldsymbol{x}}^{\mathrm{T}}\dot{\boldsymbol{x}}$。

【例 4.10】 若非线性系统为

$$\dot{\boldsymbol{x}}=\begin{bmatrix}\dot{x}_1 \\ \dot{x}_2\end{bmatrix}=\boldsymbol{f}(\boldsymbol{x})=\begin{bmatrix}x_2-ax_1\left(x_1^2+x_2^2\right) \\ -x_1-ax_2\left(x_1^2+x_2^2\right)\end{bmatrix} \qquad (a>0) \tag{4-116}$$

试讨论系统在平衡点 $\boldsymbol{x}_{\mathrm{e}}=\mathbf{0}$ 处的稳定性。

解　(1) 确定系统的平衡点 $\boldsymbol{x}_{\mathrm{e}}$。由 $\dot{\boldsymbol{x}}=\boldsymbol{f}(\boldsymbol{x}_{\mathrm{e}})=\mathbf{0}$ 可求出

$$\boldsymbol{x}_{\mathrm{e}}=\mathbf{0}$$

即

$$\begin{cases}x_1=0\\x_2=0\end{cases}\tag{4-117}$$

(2) 确定系统的雅可比矩阵 $\boldsymbol{F}(\boldsymbol{x})$。

$$\boldsymbol{F}(\boldsymbol{x})=\frac{\partial \boldsymbol{f}}{\partial \boldsymbol{x}^{\mathrm{T}}}=\begin{bmatrix}-3ax_1^2-ax_2^2 & 1-2ax_1x_2\\-1-2ax_1x_2 & -3ax_2^2-ax_1^2\end{bmatrix}\tag{4-118}$$

(3) 确定克拉索夫斯基矩阵 $\hat{\boldsymbol{F}}(\boldsymbol{x})$。

$$\begin{aligned}\hat{\boldsymbol{F}}(\boldsymbol{x})=\boldsymbol{F}^{\mathrm{T}}(\boldsymbol{x})+\boldsymbol{F}(\boldsymbol{x})&=\begin{bmatrix}-6ax_1^2-2ax_2^2 & -4ax_1x_2\\-4ax_1x_2 & -6ax_2^2-2ax_1^2\end{bmatrix}\\&=-2\begin{bmatrix}3ax_1^2+ax_2^2 & 2ax_1x_2\\2ax_1x_2 & 3ax_2^2+ax_1^2\end{bmatrix}\end{aligned}\tag{4-119}$$

(4) 利用西尔维斯特准则验证 $\hat{\boldsymbol{F}}(\boldsymbol{x})$ 是否正定或负定。

$$\varDelta_1=-6ax_1^2-2ax_2^2\begin{cases}<0 & (x_1\neq 0)\\=0 & (x_1=0)\end{cases}\quad (a>0)\tag{4-120}$$

$$\begin{aligned}\varDelta_2&=-2\begin{vmatrix}3ax_1^2+ax_2^2 & 2ax_1x_2\\2ax_1x_2 & 3ax_2^2+ax_1^2\end{vmatrix}\\&=-2\left(9a^2x_1^2x_2^2+3a^2x_1^4+3a^2x_2^4+a^2x_1^2x_2^2-4a^2x_1^2x_2^2\right)\\&=-12a^2x_1^2x_2^2-6a^2x_1^4-6a^2x_2^4\begin{cases}<0 & (x_1\neq 0,x_2\neq 0)\\=0 & (x_1=x_2=0)\end{cases}\end{aligned}\tag{4-121}$$

显然，由于 $\varDelta_1<0$，$\varDelta_2<0$，故 $\hat{\boldsymbol{F}}(\boldsymbol{x})$ 是不定的，但因克拉索夫斯基定理仅是充分条件，还不能给出系统是否稳定的结论。

(5) 重新考查 $\hat{\boldsymbol{F}}(\boldsymbol{x})$ 是否负定。

利用西尔维斯特准则定理 4-17，考查 $-\hat{\boldsymbol{F}}(\boldsymbol{x})$ 是否正定，即

$$-\hat{\boldsymbol{F}}(\boldsymbol{x})=2\begin{bmatrix}3ax_1^2+ax_2^2 & 2ax_1x_2\\2ax_1x_2 & 3ax_2^2+ax_1^2\end{bmatrix}\tag{4-122}$$

于是

$$\begin{cases}\varDelta_1=6ax_1^2+2ax_2^2>0\\\varDelta_2=12a^2x_1^2x_2^2+6a^2x_1^4+6a^2x_2^4>0\end{cases}\tag{4-123}$$

可知 $-\hat{\boldsymbol{F}}(\boldsymbol{x})>0$ 正定，所以 $\hat{\boldsymbol{F}}(\boldsymbol{x})<0$，一定是负定的。

且系统的一个李雅普诺夫函数为

$$\begin{aligned}V(\boldsymbol{x})&=\boldsymbol{f}^{\mathrm{T}}(\boldsymbol{x})\boldsymbol{f}(\boldsymbol{x})=\|\boldsymbol{f}(\boldsymbol{x})\|^2=\|\dot{\boldsymbol{x}}\|^2\\&=\left[x_2-ax_1\left(x_1^2+x_2^2\right)\right]^2+\left[x_1+ax_2\left(x_1^2+x_2^2\right)\right]^2\\&=x_1^2+x_2^2+a^2\left(x_1^2+x_2^2\right)^3>0\qquad(\boldsymbol{x}\neq\boldsymbol{x}_\mathrm{e}=\boldsymbol{0})\end{aligned}\tag{4-124}$$

同时，当 $\|\boldsymbol{X}\|\to\infty$ 时，$V(\boldsymbol{x})\to\infty$。

(6) 结论：由于系统 $\hat{\boldsymbol{F}}(\boldsymbol{x})<0$ 负定，则该系统在平衡点 $\boldsymbol{x}_\mathrm{e}=\boldsymbol{0}$ 处大范围渐近稳定。

4.6.2　变量梯度法

变量梯度法(Variable-Gradient Method)是寻求李雅普诺夫函数较为实用的方法。变量梯度法基于下列事实。

对于非线性系统

$$\dot{\boldsymbol{x}}=\boldsymbol{f}(\boldsymbol{x},t),\qquad t\geqslant 0,\qquad \boldsymbol{x}_\mathrm{e}=\boldsymbol{0}\tag{4-125}$$

若有一个能够证明系统在平衡点 $\boldsymbol{x}_\mathrm{e}=\boldsymbol{0}$ 处渐近稳定的李雅普诺夫函数 $V(\boldsymbol{x})$，则该广义能量函数，即李雅普诺夫函数的梯度

$$\mathrm{grad}V(\boldsymbol{x})=\nabla\boldsymbol{V}=\begin{bmatrix}\dfrac{\partial v}{\partial x_1}\\\vdots\\\dfrac{\partial v}{\partial x_n}\end{bmatrix}=\begin{bmatrix}\nabla V_1\\\vdots\\\nabla V_n\end{bmatrix}\tag{4-126}$$

必定存在而且是唯一的。

由此，学者舒尔茨(Schultz)、吉布森(Gibson)于 1962 年提出了变量梯度法，其思路为：

(1) 梯度 $\nabla\boldsymbol{V}$ 具有某种形式。

(2) 建立 $\dot{V}(\boldsymbol{x},t)$ 与梯度之间的关系。

(3) 按照 $\dot{V}(\boldsymbol{x},t)<0$ 或 $\dot{V}(\boldsymbol{x},t)\leqslant 0$ 确定梯度 $\nabla\boldsymbol{V}$ 中的参数。

(4) 如果得到 $V(\boldsymbol{x},t)>0$，则 $V(\boldsymbol{x},t)$ 是非线性系统的一个李雅普诺夫函数，由此可以判定非线性系统在平衡点的稳定性。

下面按以上思路给出变量梯度法的具体步骤。

(1) 设定梯度 $\nabla\boldsymbol{V}$ 的组合形式为线性组合形式，如下式

$$\nabla\boldsymbol{V}=\begin{bmatrix}a_{11}x_1+a_{12}x_2+\cdots+a_{1n}x_n\\a_{21}x_1+a_{22}x_2+\cdots+a_{2n}x_n\\\vdots\\a_{n1}x_1+a_{n2}x_2+\cdots+a_{nn}x_n\end{bmatrix}\tag{4-127}$$

式中，$a_{ij}\,(i,j=1,2,\cdots,n)$ 是待求的未知参数，可以是常数，也可以是时间 t 或 $x_1\cdots x_n$ 的函数。为了减少未知参数的计算量，一般可以先选取参数 a_{nn} 或 a_{11} 为确定的常数或确定的时间 t 的函数。

(2) 推导出 $\nabla\boldsymbol{V}$ 与 $\dot{V}(\boldsymbol{x},t)$ 之间的关系。

对于时不变系统而言，$V(\boldsymbol{x},t)$ 是 x_i 的显函数，而不是时间 t 的显函数，即可记

$V(\boldsymbol{x},t)=V(\boldsymbol{x})$，于是

$$\begin{aligned}\dot{V}(\boldsymbol{x})&=\frac{\partial V}{\partial x_1}\dot{x}_1+\frac{\partial V}{\partial x_2}\dot{x}_2+\cdots+\frac{\partial V}{\partial x_n}\dot{x}_n\\&=\begin{bmatrix}\frac{\partial V}{\partial x_1} & \frac{\partial V}{\partial x_2} & \cdots & \frac{\partial V}{\partial x_n}\end{bmatrix}\begin{bmatrix}\dot{x}_1\\ \dot{x}_2\\ \vdots\\ \dot{x}_n\end{bmatrix}=(\nabla \boldsymbol{V})^{\mathrm{T}}\dot{\boldsymbol{x}}\end{aligned}\tag{4-128}$$

(3) 利用 $\dot{V}(x)<0$ 或 $\dot{V}(x)\leqslant 0$ 确定 $\nabla \boldsymbol{V}$ 的部分参数 a_{ij}。

为了确保系统渐近稳定，$\dot{V}(\boldsymbol{x})$ 必确定为负定或负半定的，即 $\dot{V}(x)<0$ 或 $\dot{V}(x)\leqslant 0$。

(4) 为了简化由梯度 $\nabla \boldsymbol{V}$ 确定 $V(\boldsymbol{x})$ 的过程，增加约束条件：$\nabla \boldsymbol{V}$ 的雅可比矩阵是对称的，即

$$\frac{\partial \nabla V_i}{\partial x_j}=\frac{\partial \nabla V_j}{\partial x_i}\qquad (i,j=1,2,\cdots,n)\tag{4-129}$$

在式(4-129)假设条件下，梯度 $\nabla \boldsymbol{V}$ 的 n 维旋度等于 0，即 $\mathrm{rot}(\nabla V)=0$。或者反过来说，旋度 $\mathrm{rot}(\nabla V)=0$ 的必要条件是雅可比矩阵对称。

因此，利用式(4-129)可求出梯度 $\nabla \boldsymbol{V}$ 中的另一些参数部分。

(5) 校核按上述步骤求得的 $\dot{V}(x)$ 是负定或是负半定之后，则可计算李雅普诺夫函数 $V(\boldsymbol{x})$，$V(\boldsymbol{x})$ 就等于 $(\nabla \boldsymbol{V})^{\mathrm{T}}$ 从 0 到 x 的积分，即

$$\begin{aligned}V(\boldsymbol{x})&=\int_0^{\boldsymbol{x}}\mathrm{d}V(\boldsymbol{x})=\int_0^{\boldsymbol{x}}\left(\frac{\partial V}{\partial x_1}\mathrm{d}x_1+\cdots+\frac{\partial V}{\partial x_n}\mathrm{d}x_n\right)\\&=\int_0^{\boldsymbol{x}}\begin{bmatrix}\frac{\partial V}{\partial x_1} & \cdots & \frac{\partial V}{\partial x_n}\end{bmatrix}\begin{bmatrix}\mathrm{d}x_1\\ \vdots\\ \mathrm{d}x_n\end{bmatrix}=\int_0^{\boldsymbol{x}}(\nabla \boldsymbol{V})^{\mathrm{T}}\mathrm{d}\boldsymbol{x}\end{aligned}\tag{4-130}$$

当系统在封闭场的假定情况下，积分将与路径无关。

则李雅普诺夫函数 $V(\boldsymbol{x})$ 可以简洁地按如下计算：

$$\begin{aligned}V(\boldsymbol{x})=&\int_0^{x_1(x_2=x_3=\cdots=x_n=0)}\nabla V_1\mathrm{d}x_1+\int_0^{x_2(x_1=x_1,x_3=x_4=\cdots=x_n=0)}\nabla V_2\mathrm{d}x_2\\&+\cdots+\int_0^{x_n(x_1=x_1,x_2=x_2,\cdots,x_{n-1}=x_{n-1})}\nabla V_n\mathrm{d}x_n\end{aligned}\tag{4-131}$$

(6) 最后，检查 $V(\boldsymbol{x})$ 是否是正定。

如果 $V(\boldsymbol{x})>0$，则 $V(\boldsymbol{x})$ 是使得系统满足在平衡点 $\boldsymbol{x}_{\mathrm{e}}=\boldsymbol{0}$ 处渐近稳定的一个李雅普诺夫函数。

【例 4.11】 设时不变非线性系统为

$$\begin{cases}\dot{x}_1=-x_1+2x_1^2x_2\\ \dot{x}_2=-x_2\end{cases}\tag{4-132}$$

试用变量梯度法确定系统在平衡点 $\boldsymbol{x}_{\mathrm{e}}$ 处的稳定性。

解 (1) 求系统平衡点 $\boldsymbol{x}_{\mathrm{e}}$。

$$\begin{cases}\dot{x}_{1e}=-x_{1e}+2x_{1e}^2x_{2e}=0\\ \dot{x}_{2e}=-x_{2e}=0\end{cases}$$

即

$$\boldsymbol{x}_e=\begin{bmatrix}x_{1e}\\x_{2e}\end{bmatrix}=\begin{bmatrix}0\\0\end{bmatrix}=\boldsymbol{0} \tag{4-133}$$

(2) 设 $V(\boldsymbol{x})$ 的梯度函数(向量) $\nabla\boldsymbol{V}$ 为

$$\nabla\boldsymbol{V}=\begin{bmatrix}\nabla V_1\\\nabla V_2\end{bmatrix}=\begin{bmatrix}a_{11}x_1+a_{12}x_2\\a_{21}x_1+a_{22}x_2\end{bmatrix} \tag{4-134}$$

为减少参数计算，令 $a_{11}=1$，并代入式(4-134)，即

$$\nabla\boldsymbol{V}=\begin{bmatrix}x_1+a_{12}x_2\\a_{21}x_1+a_{22}x_2\end{bmatrix} \tag{4-135}$$

(3) 计算 $\dot{V}(\boldsymbol{x})$

$$\begin{aligned}\dot{V}(\boldsymbol{x})&=\begin{bmatrix}\dfrac{\partial V}{\partial x_1} & \dfrac{\partial V}{\partial x_2}\end{bmatrix}\begin{bmatrix}\dot{x}_1\\\dot{x}_2\end{bmatrix}=[\nabla\boldsymbol{V}]^{\mathrm{T}}\cdot\dot{\boldsymbol{x}}\\&=[\nabla V_1\quad\nabla V_2]\begin{bmatrix}\dot{x}_1\\\dot{x}_2\end{bmatrix}=[(x_1+a_{12}x_2)\quad(a_{21}x_1+a_{22}x_2)]\begin{bmatrix}-x_1+2x_1^2x_2\\-x_2\end{bmatrix}\\&=-x_1^2-a_{12}x_1x_2+2x_1^3x_2+2a_{12}x_1^2x_2^2-a_{21}x_1x_2-a_{22}x_2^2\end{aligned}$$

整理得

$$\dot{V}(\boldsymbol{x})=-x_1^2[1-2x_2(x_1+a_{12}x_2)]-(a_{12}+a_{21})x_1x_2-a_{22}x_2^2 \tag{4-136}$$

(4) 利用旋度 $\mathrm{rot}(\nabla\boldsymbol{V})\equiv 0$，即确定 a_{12} 与 a_{21} 的关系

$$\begin{cases}\dfrac{\partial\nabla V_1}{\partial x_2}=\dfrac{\partial(x_1+a_{12}x_2)}{\partial x_2}=a_{12}\\[2ex]\dfrac{\partial\nabla V_2}{\partial x_1}=\dfrac{\partial(a_{21}x_1+a_{22}x_2)}{\partial x_1}=a_{21}\end{cases}$$

所以

$$a_{12}=a_{21} \tag{4-137}$$

(5) 利用式(4-136)、式(4-137)和 $\dot{V}(\boldsymbol{x})<0$，求 a_{12} 和 a_{22}。

由式(4-137)和 $\dot{V}(\boldsymbol{x})<0$，有

$$\begin{cases}1-2x_2(x_1+a_{12}x_2)>0\\a_{12}+a_{21}>0\quad(\text{且}x_1x_2>0)\ \text{或}a_{12}+a_{21}<0\ (\text{且}x_1x_2<0)\\a_{22}>0\\a_{12}=a_{21}\end{cases}$$

可知 $a_{22}>0$，可为任意正数值。为简化计算取 $a_{22}=2$ (也可取其他简单常数)为略去讨论 $x_1x_2>0$ 或 $x_1x_2<0$，最简单办法是消去 (x_1x_2) 项，即

$$a_{12}+a_{21}=2a_{12}=0 \tag{4-138}$$

于是可得 $a_{12}=a_{21}=0$。由此

$$\nabla \boldsymbol{V}=\begin{bmatrix}\nabla V_1\\ \nabla V_2\end{bmatrix}=\begin{bmatrix}x_1\\ 2x_2\end{bmatrix} \tag{4-139}$$

且

$$\dot{V}(\boldsymbol{x})=-x_1^{\ 2}\left(1-2x_1x_2\right)-2x_2^{\ 2} \tag{4-140}$$

增加约束条件：当 $1-2x_1x_2>0$ 时，$x_1x_2<1/2$。则

$$\dot{V}(\boldsymbol{x})=-\left[x_1^{\ 2}\left(1-2x_1x_2\right)+2x_2^{\ 2}\right]<0$$

这里 $\left(1-2x_1x_2\right)$ 不可以等于 0，否则 $\dot{V}(\boldsymbol{x})=-2x_2^{\ 2}$ 使 $\dot{V}(\boldsymbol{x})$ 成为不定了。

(6) 利用封闭场内积分式(4-130)求 $V(\boldsymbol{x})$ 并校核 $V(\boldsymbol{x})>0$。

$$\begin{aligned}V(\boldsymbol{x})&=\int_0^{\boldsymbol{x}}\mathrm{d}V(\boldsymbol{x})=\int_0^{\boldsymbol{x}}\left[\frac{\partial V}{\partial x_1}\mathrm{d}x_1+\frac{\partial V}{\partial x_2}\mathrm{d}x_2\right]=\int_0^{\boldsymbol{x}}\left[\nabla V_1\mathrm{d}x_1+\nabla V_2\mathrm{d}x_2\right]\\&=\int_0^{x_1(x_2=0)}\nabla V_1\mathrm{d}x_1+\int_0^{x_2(x_1=x_1)}\nabla V_2\mathrm{d}x_2\\&=\int_0^{x_1(x_2=0)}x_1\mathrm{d}x_1+\int_0^{x_2(x_1=x_1)}2x_2\mathrm{d}x_2=\frac{1}{2}x_1^{\ 2}+x_2^{\ 2}>0\end{aligned} \tag{4-141}$$

(7) 结论：该时不变非线性系统在约束条件 $\left(x_1\cdot x_2\right)<1/2$ 下，于平衡点 $\boldsymbol{x}_{\mathrm{e}}=\boldsymbol{0}$ 处是渐近稳定的。显然，该系统在 $\boldsymbol{x}_{\mathrm{e}}=\boldsymbol{0}$ 处是局部大范围渐近稳定的。如图 4-3 所示。

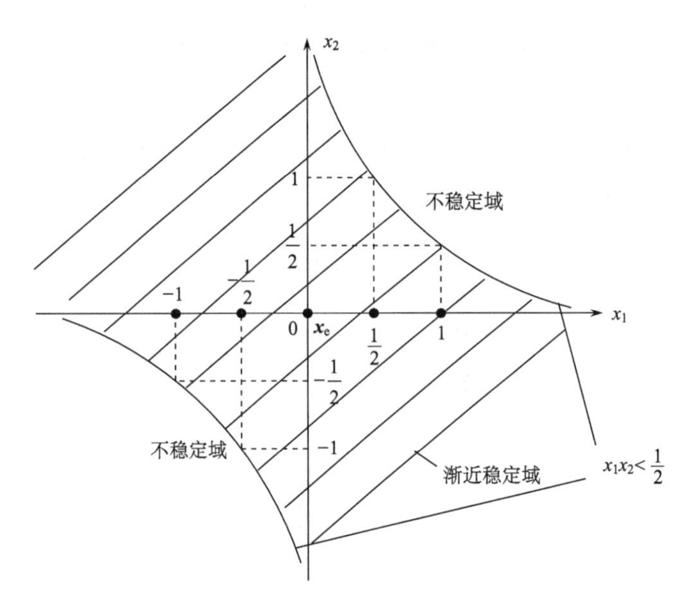

图 4-3　例 4.11 系统局部大范围渐近稳定域

4.7　李雅普诺夫函数的非稳定性应用

李雅普诺夫函数主要应用于讨论系统稳定性问题，但也常常应用于非稳定性问题的研究。例如，估计系统收敛速度，求解系统最优参数问题。

4.7.1　估计收敛速度

1. 一般概念

假设给定系统在平衡点 $\boldsymbol{x}_{\mathrm{e}}=\boldsymbol{0}$ 处渐近稳定，则在 $\boldsymbol{x}_{\mathrm{e}}=\boldsymbol{0}$ 的一定区域内李雅普诺夫函数 $V(\boldsymbol{x},t)$ 总是存在的，且满足 $V(\boldsymbol{x})>0$ 和 $\dot{V}(\boldsymbol{x})<0$。

下面给出一个指标定义式

$$\eta=-\dot{V}(\boldsymbol{x},t)/V(\boldsymbol{x},t)>0 \tag{4-142}$$

对指标定义式(4-142)的说明：

若将 $V(\boldsymbol{x},t)$ 看作从状态点 $\boldsymbol{x}(t)$ 到平衡点 $\boldsymbol{x}_{\mathrm{e}}(t)=\boldsymbol{0}$ 之间的距离轨迹，则 $\dot{V}(\boldsymbol{x},t)$ 可看作距离轨线 $V(\boldsymbol{x},t)$ 从状态点 $\boldsymbol{x}(t)$ 向平衡点 $\boldsymbol{x}_{\mathrm{e}}(t)=\boldsymbol{0}$ 收敛的速度。

物理意义上，定义指标 η 反映了从状态点 $\boldsymbol{x}(t)$ 收敛到平衡点 $\boldsymbol{x}_{\mathrm{e}}(t)=\boldsymbol{0}$ 的收敛速度的快慢，故称 η 为系统的收敛指标。

对式(4-142)两端积分可得

$$-\int_{t_0}^{t}\eta\mathrm{d}t=\int_{t_0}^{t}\frac{\dot{V}(\boldsymbol{x},t)}{V(\boldsymbol{x},t)}\mathrm{d}t=\int_{x_0}^{x}\frac{\mathrm{d}V(\boldsymbol{x},t)}{V(\boldsymbol{x},t)}=\ln V(\boldsymbol{x},t)\Big|_{x_0}^{x}$$

$$=\ln V(\boldsymbol{x},t)-\ln V(\boldsymbol{x}_0,t_0)=\ln\frac{V(\boldsymbol{x},t)}{V(\boldsymbol{x}_0,t_0)}$$

故可求出

$$V(\boldsymbol{x},t)=V(\boldsymbol{x}_0,t_0)\cdot\mathrm{e}^{-\int_{t_0}^{t}\eta\mathrm{d}t} \tag{4-143}$$

式中，$V(\boldsymbol{x},t)$ 为系统在任意状态点 $\boldsymbol{x}$ 和任意瞬时 t 的广义能量，$V(\boldsymbol{x}_0,t_0)$ 为系统在初态 $\boldsymbol{x}_0$ 时的广义初始能量。$\boldsymbol{x}_0$ 为系统的初始状态，t_0 为系统的初始瞬态。

式(4-143)表明了当状态 $\boldsymbol{x}(t)$ 从初始状态 $\boldsymbol{x}_0$ 沿着轨线向平衡点 $\boldsymbol{x}_{\mathrm{e}}$ 收敛变化时，李雅普诺夫函数(即系统广义能量)按指数衰减的变化规律。显然，η 越大，收敛速度越快。

记

$$\eta_{\min}=\mathrm{Min}\left[-\dot{V}(\boldsymbol{x},t)/V(\boldsymbol{x},t)\right]\qquad(\eta_{\min}\leqslant\eta) \tag{4-144}$$

$\eta_{\min}$ 表示系统沿某条轨线收敛时的最小收敛指标值。

代入式(4-143)可得

$$V(\boldsymbol{x},t)\leqslant V(\boldsymbol{x}_0,t_0)\cdot\mathrm{e}^{-\int_{t_0}^{t}\eta_{\min}\mathrm{d}t}$$

注意 $\eta_{\min}$ 是一个极小值，常数值，所以

$$V(\boldsymbol{x},t)\leqslant V(\boldsymbol{x}_0,t_0)\cdot\mathrm{e}^{-\eta_{\min}(t-t_0)} \tag{4-145}$$

显然，式(4-145)表达了系统沿某条收敛轨线收敛速度最慢的情况。

要注意的是，由于收敛轨线不唯一，对于每一条收敛轨线，就有一个最小收敛指标 $\eta_{\min}(i)$。因此，收敛指标 $\eta_{\min}$ 应是所有收敛轨线的最小指标 $\eta_{\min}(i)$ 中的一个最大值。

2. 系统 $\Sigma(\boldsymbol{A},\boldsymbol{B},\boldsymbol{C})$ 的最小收敛指标 $\eta_{\min}$ 的求取

非线性系统中计算 $\eta_{\min}$ 比较困难，而在线性时不变系统中相对简单一些。我们仅讨论

线性时不变系统。

设线性时不变系统为

$$\dot{\boldsymbol{x}} = \boldsymbol{A}\boldsymbol{x}$$

在平衡点 $\boldsymbol{x}_e = \boldsymbol{0}$ 处渐近稳定，即系统全部特征值实部小于零，$\mathrm{Re}[\lambda_i] < 0$，这样

$$\begin{cases} V(\boldsymbol{x}) = \boldsymbol{x}^{\mathrm{T}}\boldsymbol{P}\boldsymbol{x} > 0 \\ \dot{V}(\boldsymbol{x}) = -\boldsymbol{x}^{\mathrm{T}}\boldsymbol{N}\boldsymbol{x} < 0 \end{cases} \tag{4-146}$$

其中，$\boldsymbol{P}$ 为正定实对称阵，$\boldsymbol{N} = -(\boldsymbol{A}^{\mathrm{T}}\boldsymbol{P} + \boldsymbol{P}\boldsymbol{A})$ 为李雅普诺夫方程中的给定矩阵。

故由定义式

$$\eta_{\min} = \mathrm{Min}\left[\frac{-\dot{V}(\boldsymbol{x},t)}{V(\boldsymbol{x},t)}\right] = \mathrm{Min}\left[\frac{\boldsymbol{x}^{\mathrm{T}}\boldsymbol{N}\boldsymbol{x}}{\boldsymbol{x}^{\mathrm{T}}\boldsymbol{P}\boldsymbol{x}}\right] \tag{4-147}$$

利用拉格朗日(Lagrange)乘法因子算法对式(4-147)解算后可得

$$\begin{aligned} \eta_{\min} &= \mathrm{Min}\left[\frac{\boldsymbol{x}^{\mathrm{T}}\boldsymbol{N}\boldsymbol{x}}{\boldsymbol{x}^{\mathrm{T}}\boldsymbol{P}\boldsymbol{x}}\right] = \mathrm{Min}\left\{\boldsymbol{x}^{\mathrm{T}}\boldsymbol{N}\boldsymbol{x}, \boldsymbol{x}^{\mathrm{T}}\boldsymbol{P}\boldsymbol{x} = 1\right\} = \mathrm{Min}\left\{\boldsymbol{x}^{\mathrm{T}}\boldsymbol{N}\boldsymbol{x}\right\} = \boldsymbol{x}^{\mathrm{T}}\boldsymbol{N}\boldsymbol{x}\big|_{\boldsymbol{x}_{\min}} \\ &= \boldsymbol{x}_{\min}^{\mathrm{T}}\boldsymbol{N}\boldsymbol{x}_{\min} = \boldsymbol{x}_{\min}^{\mathrm{T}}\mu\boldsymbol{P}\boldsymbol{x}_{\min} = \mu\boldsymbol{x}_{\min}^{\mathrm{T}}\boldsymbol{P}\boldsymbol{x}_{\min} \\ &= \mu \cdot 1 = \lambda_{\min}\left(\boldsymbol{N}\boldsymbol{P}^{-1}\right) \end{aligned} \tag{4-148}$$

于是有

$$\eta_{\min} = \mu = \lambda_{\min}(\boldsymbol{N}\boldsymbol{P}^{-1}) \tag{4-149}$$

式中，$\boldsymbol{N} = -(\boldsymbol{A}^{\mathrm{T}}\boldsymbol{P} + \boldsymbol{P}\boldsymbol{A})$，一般 $\boldsymbol{N} = \boldsymbol{I}$ 阵，则拉格朗日乘法因子 μ 为

$$\mu = \lambda_{\min}\left(\boldsymbol{N}\boldsymbol{P}^{-1}\right) = \lambda_{\min}\left(\boldsymbol{P}^{-1}\right) \tag{4-150}$$

把式(4-150)代入式(4-149)中，得

$$\eta_{\min} = \lambda_{\min}\left(\boldsymbol{P}^{-1}\right) \tag{4-151}$$

式(4-151)说明：当时不变系统李雅普诺夫方程中的给定矩阵 $\boldsymbol{N}$ 取为单位矩阵 $\boldsymbol{I}$ 时，则系统最小收敛指标 $\eta_{\min}$ 就是 $\boldsymbol{P}^{-1}$ 矩阵特征值中的最小值。

【例 4.12】 设线性时不变系统为

$$\dot{\boldsymbol{x}} = \begin{bmatrix} \dot{x}_1 \\ \dot{x}_2 \end{bmatrix} = \begin{bmatrix} 0 & 1 \\ -1 & -1 \end{bmatrix}\begin{bmatrix} x_1 \\ x_2 \end{bmatrix} \tag{4-152}$$

试估计系统从 $V(\boldsymbol{x}_0) = 150$ 闭合曲面收敛到 $V(\boldsymbol{x}) = 0.06$ 闭合曲面所需要的收敛时间 Δt。

解前分析　由收敛指标 $\eta_{\min}$ 可得到收敛时间 $\Delta t = t - t_0$；要推导出 $\eta_{\min}$，需要利用线性系统李雅普诺夫方程得出李雅普诺夫函数 $V(\boldsymbol{x})$ 即 $V(\boldsymbol{x}) = \boldsymbol{x}^{\mathrm{T}}\boldsymbol{P}\boldsymbol{x}$。

解　(1)利用李雅普诺夫方程确定实对称阵 $\boldsymbol{P} > 0$。

令 $\boldsymbol{N} = \boldsymbol{I} > 0$，$\boldsymbol{P} = \begin{bmatrix} p_{11} & p_{12} \\ p_{21} & p_{22} \end{bmatrix}$ 代入李雅普诺夫方程 $\boldsymbol{A}^{\mathrm{T}}\boldsymbol{P} + \boldsymbol{P}\boldsymbol{A} = -\boldsymbol{N}$ 中，即

$$\begin{bmatrix} 0 & -1 \\ 1 & -1 \end{bmatrix}\begin{bmatrix} p_{11} & p_{12} \\ p_{21} & p_{22} \end{bmatrix} + \begin{bmatrix} p_{11} & p_{12} \\ p_{21} & p_{22} \end{bmatrix}\begin{bmatrix} 0 & 1 \\ -1 & -1 \end{bmatrix} = \begin{bmatrix} -1 & 0 \\ 0 & -1 \end{bmatrix}$$

解得

$$P=\begin{bmatrix}\frac{3}{2} & \frac{1}{2}\\ \frac{1}{2} & 1\end{bmatrix} \tag{4-153}$$

(2)确定系统李雅普诺夫函数$V(\boldsymbol{x})$。

$$\begin{cases}V(\boldsymbol{x})=\boldsymbol{x}^{\mathrm{T}}\boldsymbol{P}\boldsymbol{x}=\frac{1}{2}\left(3x_1^2+2x_1x_2+2x_2^2\right)>0\\ \dot{V}(\boldsymbol{x})=\dot{\boldsymbol{x}}^{\mathrm{T}}\boldsymbol{P}\boldsymbol{x}+\boldsymbol{x}^{\mathrm{T}}\boldsymbol{P}\dot{\boldsymbol{x}}=-\boldsymbol{x}^{\mathrm{T}}\boldsymbol{x}=-\left(x_1^2+x_2^2\right)<0\end{cases} \tag{4-154}$$

显然，$\Sigma(\boldsymbol{A},\boldsymbol{B})$系统在平衡点$\boldsymbol{x}_{\mathrm{e}}=\boldsymbol{0}$处大范围渐近稳定。

(3)确定系统收敛指标$\eta_{\min}$。因为

$$\eta_{\min}=\lambda_{\min}\left(\boldsymbol{N}\boldsymbol{P}^{-1}\right)=\lambda_{\min}\left(\boldsymbol{P}^{-1}\right)$$

于是求$\boldsymbol{P}^{-1}$阵的特征值

$$\det\left(\lambda\boldsymbol{I}-\boldsymbol{P}^{-1}\right)=0 \tag{4-155}$$

利用矩阵运算的性质，有

$$\det\left(\lambda\boldsymbol{P}-\boldsymbol{I}\right)\boldsymbol{P}^{-1}=0 \tag{4-156}$$

即

$$\det\left(\lambda\boldsymbol{P}-\boldsymbol{I}\right)\cdot\det\boldsymbol{P}^{-1}=0 \tag{4-157}$$

$\boldsymbol{P}^{-1}$为非奇异矩阵，故$\det\boldsymbol{P}^{-1}\neq 0$。

于是有

$$\det\left(\lambda\boldsymbol{P}-\boldsymbol{I}\right)=0 \tag{4-158}$$

所以

$$\begin{vmatrix}\frac{3}{2}\lambda-1 & \frac{1}{2}\lambda\\ \frac{1}{2}\lambda & \lambda-1\end{vmatrix}=0$$

解得

$$\lambda_1=1.447\text{，}\qquad \lambda_2=0.553 \tag{4-159}$$

因此可得

$$\eta_{\min}=\lambda_{\min}\left(\boldsymbol{P}^{-1}\right)=\lambda_2=0.553 \tag{4-160}$$

(4)利用公式$V(\boldsymbol{x},t)\leqslant V(\boldsymbol{x}_0,t_0)\cdot\mathrm{e}^{-\eta_{\min}(t-t_0)}$计算收敛时间$\Delta t=t-t_0$。

由题意，有

$$\begin{gathered}V(\boldsymbol{x},t)\leqslant V(\boldsymbol{x}_0,t_0)\cdot\mathrm{e}^{-\eta_{\min}(t-t_0)}\\ 0.06\leqslant 150\cdot\mathrm{e}^{-\eta_{\min}\Delta t}\end{gathered} \tag{4-161}$$

对式(4-161)取以 e 为底的对数，可得

$$\ln 0.06 \leqslant \ln 150 - \eta_{\min}\Delta t$$

$$\eta_{\min}\Delta t \leqslant \ln\frac{150}{0.06}$$

$$\Delta t \leqslant \frac{1}{\eta_{\min}}\ln\frac{150}{0.06} = \frac{1}{0.553}\ln 2500$$

最后解得

$$\Delta t = t - t_0 \leqslant 14.1\text{s} \tag{4-162}$$

4.7.2　解最优参数问题

下面简单介绍一下最优参数的求解问题，如耗能最小、成本最低、信噪比最大等。

有线性时不变系统描述为

$$\dot{\boldsymbol{x}} = \boldsymbol{A}\boldsymbol{x} + \boldsymbol{B}\boldsymbol{u} \tag{4-163}$$

设系统在平衡点 $\boldsymbol{x}_\text{e} = \boldsymbol{0}$ 处渐近稳定，即 $\text{Re}[\lambda_i] < 0 (i = 1,2,\cdots,n)$。

现要求使下面的二次型性能指标成为最小值

$$J = \int_0^\infty \boldsymbol{x}^\text{T}\boldsymbol{N}\boldsymbol{x}\text{d}t \tag{4-164}$$

式中，$\boldsymbol{N}$ 为正定的实对称阵，即 $\boldsymbol{N} > 0$。

下面将应用李雅普诺夫函数解决这一问题。

(1) 建立李雅普诺夫函数 $V(\boldsymbol{x})$ 与指标 J 间的关系。

令

$$\boldsymbol{x}^\text{T}\boldsymbol{N}\boldsymbol{x} = -\dot{V}(\boldsymbol{x}) \tag{4-165}$$

即

$$\boldsymbol{x}^\text{T}\boldsymbol{N}\boldsymbol{x} = -\frac{\text{d}V(\boldsymbol{x})}{\text{d}t} \tag{4-166}$$

(2) 利用李雅普诺夫矩阵方程确定与给定 $\boldsymbol{N}$ 相应的实对称阵 $\boldsymbol{P}$，即

$$\boldsymbol{N} = -\left(\boldsymbol{A}^\text{T}\boldsymbol{P} + \boldsymbol{P}\boldsymbol{A}\right) \tag{4-167}$$

显然，当 $\boldsymbol{N} > 0$ 时，$\boldsymbol{P} > 0$。则李雅普诺夫函数 $V(\boldsymbol{x})$ 为

$$V(\boldsymbol{x}) = \boldsymbol{x}^\text{T}\boldsymbol{P}\boldsymbol{x} \tag{4-168}$$

(3) 将式(4-165)、式(4-166)和式(4-167)代入性能指标方程 J 中，即有

$$\begin{aligned} J &= \int_0^\infty \boldsymbol{x}^\text{T}\boldsymbol{N}\boldsymbol{x}\text{d}t = \int_0^\infty -\frac{\text{d}V(\boldsymbol{x})}{\text{d}t}\text{d}t = -V(\boldsymbol{x})\Big|_0^\infty \\ &= -\boldsymbol{x}^\text{T}\boldsymbol{P}\boldsymbol{x}\Big|_0^\infty = -\boldsymbol{x}^\text{T}(\infty)\boldsymbol{P}\boldsymbol{x}(\infty) + \boldsymbol{x}^\text{T}(0)\boldsymbol{P}\boldsymbol{x}(0) \end{aligned} \tag{4-169}$$

对于式(4-169)应注意：

积分变量是 t，所以上限是 $t = \infty$，而非 $\boldsymbol{x} = \infty$，下限是 $t = 0$，而非 $\boldsymbol{x} = \boldsymbol{0}$。又因为系统渐近稳定，所以 $\boldsymbol{x}(\infty) \to 0$（平衡点 $\boldsymbol{x}_\text{e} = \boldsymbol{0}$）。故式(4-169)可简化为

$$J = \boldsymbol{x}^\text{T}(0)\boldsymbol{P}\boldsymbol{x}(0) \tag{4-170}$$

式(4-170)表示了由初始状态 $\boldsymbol{x}(0)$ 和实对称阵 $\boldsymbol{P}$ 确定的性能指标 J 的关系，且矩阵 $\boldsymbol{P}$ 完全取决于系统矩阵 $\boldsymbol{A}$ 和给定矩阵 $\boldsymbol{N}$。

需要强调，一般地，初始状态 $\boldsymbol{x}(0)$ 和矩阵 $\boldsymbol{N}$ 都是已知的；$\boldsymbol{P}$ 阵由李雅普诺夫矩阵方程解得，$\boldsymbol{P}$ 是 $\boldsymbol{A}$ 阵和 $\boldsymbol{N}$ 阵的函数。因此，通过改变系统矩阵 $\boldsymbol{A}$ 中的系统参数，可以改变二次型性能指标 J 的大小。

(4) 为了得到二次型指标最小值 $J_{\min}$，可计算式(4-170)的最小值，即

$$J_{\min} = \mathrm{Min}\left\{\boldsymbol{x}^{\mathrm{T}}(0)\boldsymbol{P}\boldsymbol{x}(0)\right\} \tag{4-171}$$

假设在系统矩阵 $\boldsymbol{A}$ 中，存在 i 个可调整参数，标记为 K_i 为可调，则取最小值 $J_{\min}$ 的必要条件为一阶偏导为零，即

$$\frac{\partial J}{\partial K_i} = 0 \tag{4-172}$$

充分条件为二阶偏导大于零，即

$$\frac{\partial^2 J}{\partial K_i^2} > 0 \tag{4-173}$$

(5) 为了简化最优参数的运算，一般地，可以设置初始状态 $\boldsymbol{x}(0)$ 中，仅存在一个分量为非零元素，如 $x_1(0) \neq 0$。而其余分量 $x_i\ (i = 1,2,\cdots,n-1)$ 均为 0。

【例 4.13】 已知系统如图 4-4 所示，试确定在输入 $r(t) = 1(t)$ 的条件下，使得系统性能指标 J 为最小的参数的最优值。其中，$\boldsymbol{x} = \begin{bmatrix} x_1 \\ x_2 \end{bmatrix} = \begin{bmatrix} e \\ \dot{e} \end{bmatrix}$，$\boldsymbol{N} = \begin{bmatrix} 1 & 0 \\ 0 & \mu \end{bmatrix}(\mu > 0)$。系统有零初始条件 $c(0) = 0$，$\dot{c}(0) = 0$。

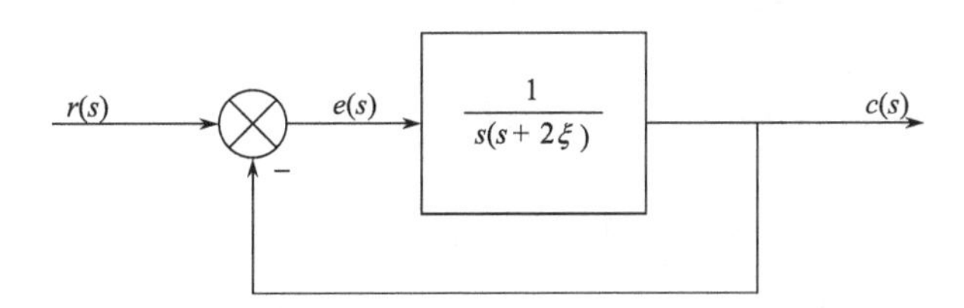

图 4-4 例 4.13 系统框图

解 (1) 确定系统状态空间模型和初始状态 $\boldsymbol{x}(0)$。

由图 4-4 可得系统时域数学模型

$$\frac{\mathrm{d}^2 c(t)}{\mathrm{d}t^2} + 2\xi\frac{\mathrm{d}c(t)}{\mathrm{d}t} + c(t) = r(t)$$

或

$$\ddot{c} + 2\xi\dot{c} + c = r \tag{4-174}$$

由此可求得系统状态，即偏差 e

$$\begin{cases} e = r - c \\ \dot{e} = -\dot{c} \end{cases} \tag{4-175}$$

且初始状态为

$$\begin{cases} e(0)=r(0)-c(0)=r(0)=1 \\ \dot{e}(0)=\dot{r}(0)-\dot{c}(0)=0 \end{cases} \tag{4-176}$$

将式(4-175)和式(4-176)代入式(4-174)，有

$$\ddot{e}+2\xi\dot{e}+e=0 \tag{4-177}$$

令

$$\begin{cases} x_1=e \\ x_2=\dot{e}=\dot{x}_1 \end{cases}$$

于是

$$\boldsymbol{x}(0)=\begin{bmatrix} x_1(0) \\ x_2(0) \end{bmatrix}=\begin{bmatrix} 1 \\ 0 \end{bmatrix} \tag{4-178}$$

可得

$$\dot{\boldsymbol{x}}=\begin{bmatrix} \dot{x}_1 \\ \dot{x}_2 \end{bmatrix}=\begin{bmatrix} 0 & 1 \\ -1 & -2\xi \end{bmatrix}\begin{bmatrix} x_1 \\ x_2 \end{bmatrix} \tag{4-179}$$

且解得平衡点 $\boldsymbol{x}_\mathrm{e}$

$$\boldsymbol{x}_\mathrm{e}=\begin{bmatrix} x_{1\mathrm{e}} \\ x_{2\mathrm{e}} \end{bmatrix}=\begin{bmatrix} 0 \\ 0 \end{bmatrix} \tag{4-180}$$

(2)确定系统的稳定性。

因为该二阶系统阻尼系数 $\xi>0$，意味着 $\mathrm{Re}[\lambda_i]<0$，即系统在平衡点 $\boldsymbol{x}_\mathrm{e}=\boldsymbol{0}$ 处渐近稳定。

(3)确定实对称矩阵 $\boldsymbol{P}$ 。

因为 $\boldsymbol{A}$ 是稳定矩阵，即 $\mathrm{Re}[\lambda_i]<0$ ，所以

$$J=\int_0^\infty \boldsymbol{x}^\mathrm{T}\boldsymbol{N}\boldsymbol{x}\mathrm{d}t=\boldsymbol{x}^\mathrm{T}(0)\boldsymbol{P}\boldsymbol{x}(0) \tag{4-181}$$

由李雅普诺夫矩阵方程确定 $\boldsymbol{P}$ ，即 $\boldsymbol{A}^\mathrm{T}\boldsymbol{P}+\boldsymbol{P}\boldsymbol{A}=-\boldsymbol{N}$ ，则有

$$\begin{bmatrix} 0 & -1 \\ 1 & -2\xi \end{bmatrix}\begin{bmatrix} p_{11} & p_{12} \\ p_{21} & p_{22} \end{bmatrix}+\begin{bmatrix} p_{11} & p_{12} \\ p_{21} & p_{22} \end{bmatrix}\begin{bmatrix} 0 & 1 \\ -1 & -2\xi \end{bmatrix}=\begin{bmatrix} -1 & 0 \\ 0 & -\mu \end{bmatrix}$$

解得

$$\boldsymbol{P}=\begin{bmatrix} p_{11} & p_{12} \\ p_{21} & p_{22} \end{bmatrix}=\begin{bmatrix} \xi+\dfrac{1+\mu}{4\xi} & \dfrac{1}{2} \\ \dfrac{1}{2} & \dfrac{1+\mu}{4\xi} \end{bmatrix} \tag{4-182}$$

(4)将式(4-178)和式(4-182)代入式(4-181)中，可得性能指标 J 为

$$J=\boldsymbol{x}^\mathrm{T}(0)\boldsymbol{P}\boldsymbol{x}(0)=\begin{bmatrix} 1 & 0 \end{bmatrix}\begin{bmatrix} \xi+\dfrac{1+\mu}{4\xi} & \dfrac{1}{2} \\ \dfrac{1}{2} & \dfrac{1+\mu}{4\xi} \end{bmatrix}\begin{bmatrix} 1 \\ 0 \end{bmatrix}$$

于是得

$$J = \xi + \frac{1+\mu}{4\xi} \tag{4-183}$$

(5) 取偏导求极值得 $J_{\min}$，设阻尼系数 ξ 为系统的可调整参数，则有

$$\frac{\partial J}{\partial \xi} = \frac{\partial}{\partial \xi}\left(\xi + \frac{1+\mu}{4\xi}\right) = 0 \tag{4-184}$$

即 $1 - \frac{1+\mu}{4\xi^2} = 0$，解得

$$\xi = \frac{\sqrt{1+\mu}}{2} \tag{4-185}$$

则有

当 $\mu = 0$ 时，$\xi = 0.5$；

当 $\mu = 1$ 时，$\xi = 0.707$；

当 $\mu = 0.1$ 时，$\xi = 0.524$；

当 $\mu = 0.5$ 时，$\xi = 0.612$；

当 $\mu = 2$ 时，$\xi = 0.866$；

当 $\mu = 3$ 时，$\xi = 1$；

当 $\mu > 3$ 时，$\xi > 1$。

综上，若 $0 \leqslant \mu < 3$ 时，$0.5 \leqslant \xi < 1$，系统呈现欠阻尼状态。

若 $\mu > 3$，$\xi > 1$ 时，系统呈现过阻尼状态。

因此，当 $\mu = 1$ 时，得二阶欠阻尼系统最优值 $\xi = 0.707$。

4.8　离散系统的稳定性

一般地，连续系统中李雅普诺夫稳定性概念也适用于离散系统。但是，对于离散非线性系统来说却有不同之处。

4.8.1　线性时不变离散系统

设时不变离散系统为

$$\begin{cases} \boldsymbol{x}(k+1) = \boldsymbol{G}\boldsymbol{x}(k) + \boldsymbol{H}\boldsymbol{u}(k) \\ \boldsymbol{y}(k) = \boldsymbol{C}\boldsymbol{x}(k) \end{cases} \qquad k \in [0, \infty) \tag{4-186}$$

定理 4-22　当系统 $\Sigma(\boldsymbol{G}, \boldsymbol{H})$ 在平衡点 $\boldsymbol{x}_{\mathrm{e}}$ 处是李雅普诺夫意义下的稳定时，其稳定的充要条件是所有特征值 z_i 的模小于等于 1，即 $|z_i| \leqslant 1$，且那些等于 1 的特征值 z_j 必定是系统脉冲传递函数阵 $\boldsymbol{G}$ 的最小多项式的单根。

定理 4-23　系统 $\Sigma(\boldsymbol{G}, \boldsymbol{H})$ 在平衡点 $\boldsymbol{x}_{\mathrm{e}}$ 处渐近稳定的充分必要条件是脉冲传递函数阵 $\boldsymbol{G}$ 的所有特征值 z_i 的模小于 1，即 $|z_i| < 1$，或者说，全部特征值 z_i 在 z 平面的单位圆内。

定理 4-24　若系统为

$$\boldsymbol{x}(k+1) = \boldsymbol{G}\boldsymbol{x}(k) \tag{4-187}$$

广义能量函数记为$V\left[\boldsymbol{x}(k),k\right]$或$V\left[\boldsymbol{x}(k)\right]$，其一阶差分为$\Delta V\left[\boldsymbol{x}(k)\right]$为

$$\Delta V\left[\boldsymbol{x}(k)\right]=V\left[\boldsymbol{x}(k+1)\right]-V\left[\boldsymbol{x}(k)\right] \tag{4-188}$$

离散系统$\Sigma(\boldsymbol{G},\boldsymbol{H})$在平衡点$\boldsymbol{x}_{\mathrm{e}}$处大范围渐近稳定的充要条件是

$$\begin{cases}(1)\begin{cases}V\left[\boldsymbol{x}(k)\right]>0 & (\boldsymbol{x}\neq\boldsymbol{x}_{\mathrm{e}})\\ V\left[\boldsymbol{x}(k)\right]=0 & (\boldsymbol{x}=\boldsymbol{x}_{\mathrm{e}})\end{cases}\text{正定}\\ (2)\begin{cases}\Delta V\left[\boldsymbol{x}(k)\right]<0 & (\boldsymbol{x}\neq\boldsymbol{x}_{\mathrm{e}})\\ \Delta V\left[\boldsymbol{x}(k)\right]=0 & (\boldsymbol{x}=\boldsymbol{x}_{\mathrm{e}})\end{cases}\text{负定}\\ (3)\text{当}\left\|\boldsymbol{x}(k)\right\|\to\infty\text{时，}V\left[\boldsymbol{x}(k)\right]\to\infty\end{cases} \tag{4-189}$$

同理，当满足上述条件时，$V\left[\boldsymbol{x}(k)\right]$才称为离散系统的李雅普诺夫函数。

可以推证，时不变离散系统的李雅普诺夫方程由下式描述，即

$$\boldsymbol{G}^{\mathrm{T}}\boldsymbol{P}\boldsymbol{G}-\boldsymbol{P}=-\boldsymbol{N} \tag{4-190}$$

其中，$\boldsymbol{G}$是离散时不变系统的系统矩阵。

定理 4-25 设离散时不变系统$\Sigma[\boldsymbol{G},\boldsymbol{H}]$为

$$\boldsymbol{x}(k+1)=\boldsymbol{G}\boldsymbol{x}(k)$$

当给定一个$\boldsymbol{N}>0$，可由离散系统的李雅普诺夫方程式(4-190)解出实对称矩阵满足

$$\boldsymbol{P}>0 \tag{4-191}$$

则离散时不变系统$\Sigma[\boldsymbol{G},\boldsymbol{H}]$在平衡点$\boldsymbol{x}_{\mathrm{e}}$处是大范围渐近稳定的。

推论 4-10 定理 4-25 的判据等价于：

若z_i $(i=1,2,\cdots,n)$是离散时不变系统的特征值，即

$$\det\left[z\boldsymbol{I}-\boldsymbol{G}\right]\Big|_{z=z_i}\equiv 0 \tag{4-192}$$

当$|z_i|<1$ $(i=1,2,\cdots,n)$，则$\Sigma[\boldsymbol{G},\boldsymbol{H}]$在平衡点$\boldsymbol{x}_{\mathrm{e}}$是渐近稳定的。

【例 4.14】 设离散时间系统的状态方程为

$$\boldsymbol{x}(k+1)=\begin{bmatrix}\lambda_1 & 0\\ 0 & \lambda_2\end{bmatrix}\boldsymbol{x}(k)$$

试确定系统在平衡点处是大范围内渐近稳定的条件。

解 由离散李雅普诺夫代数方程$\boldsymbol{G}^{\mathrm{T}}\boldsymbol{P}\boldsymbol{G}-\boldsymbol{P}=-\boldsymbol{N}$则有

$$\begin{bmatrix}\lambda_1 & 0\\ 0 & \lambda_2\end{bmatrix}\begin{bmatrix}p_{11} & p_{12}\\ p_{21} & p_{22}\end{bmatrix}\begin{bmatrix}\lambda_1 & 0\\ 0 & \lambda_2\end{bmatrix}-\begin{bmatrix}p_{11} & p_{12}\\ p_{21} & p_{22}\end{bmatrix}=-\begin{bmatrix}1 & 0\\ 0 & 1\end{bmatrix}$$

展开后有如下联立方程组

$$\begin{cases}p_{11}\left(\lambda_1^2-1\right)=-1\\ p_{12}\left(\lambda_1\lambda_2-1\right)=0\\ p_{22}\left(\lambda_2^2-1\right)=-1\end{cases}$$

根据西尔维斯特准则，要使$\boldsymbol{P}$为正定，必须满足

$$p_{11} > 0, \qquad p_{22} > 0, \qquad p_{11}p_{22} - p_{12}^2 > 0$$

因此，有

$$|\lambda_1| < 1, \qquad |\lambda_2| < 1$$

即只有当离散系统的特征值位于单位圆内时，系统在平衡点处才是大范围内渐近稳定的。

4.8.2 非线性离散时间系统

1. 非线性离散系统的稳定性定义

已知非线性离散系统为

$$\boldsymbol{x}(k+1) = \boldsymbol{f}\left[\boldsymbol{x}(k)\right] \tag{4-193}$$

若存在另一个与给定有界区域 $S(r)$ 相对应的有界区域 $S(R)$，且从区域 $S(r)$ 开始的解序列 $\boldsymbol{x}(k)$ 没有穿越区域 $S(R)$，则将该非线性离散系统称为在拉格朗日意义下平衡点 $\boldsymbol{x}_\mathrm{e}$ 处稳定。如图 4-5 所示。

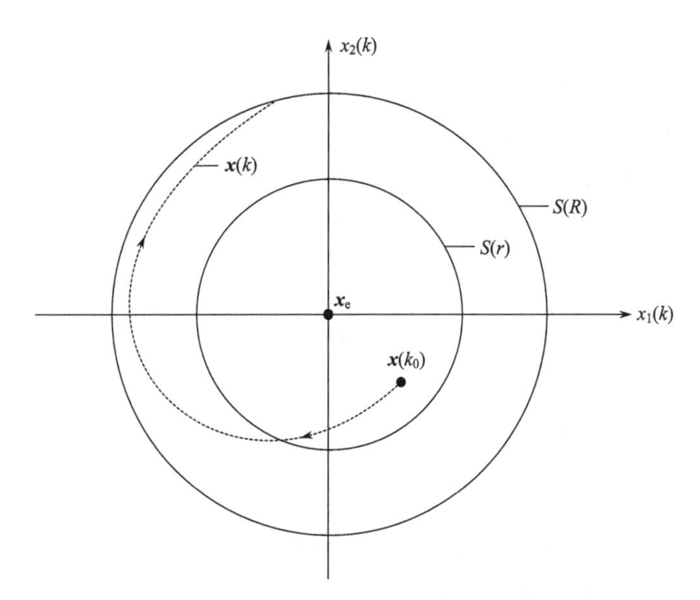

图 4-5　拉格朗日意义下的稳定性图

2. 拉格朗日 (Lagrange) 稳定定理

若非线性离散系统 $\boldsymbol{x}(k+1) = \boldsymbol{f}\left[\boldsymbol{x}(k)\right]$ 线性化为

$$\boldsymbol{x}(k+1) = \boldsymbol{G}\boldsymbol{x}(k) + \boldsymbol{\eta}\left[\boldsymbol{x}(k)\right] \tag{4-194}$$

满足下列条件时：

(1) 存在平均值实对称矩阵 $\tilde{\boldsymbol{P}} = \lim\limits_{n\to\infty} \dfrac{1}{2\pi} \sum\limits_{k=-n}^{n} \boldsymbol{\Phi}^*(k-s)\boldsymbol{\Phi}(k-s)\Delta k$ 。

(2) $\boldsymbol{P} = \tilde{\boldsymbol{P}}$， $\boldsymbol{G}^\mathrm{T}\boldsymbol{P}\boldsymbol{G} - \boldsymbol{P} < 0$ 。

(3) $V\left[\boldsymbol{x}(k)\right] = \boldsymbol{x}^\mathrm{T}(k)\boldsymbol{P}\boldsymbol{x}(k) > 0$，且当 $\|\boldsymbol{x}(k)\| \to \infty$ 时， $V\left[\boldsymbol{x}(k)\right] \to \infty$， $\Delta V\left[\boldsymbol{x}(k)\right] \leqslant 0$ 。

则称该非线性离散系统在平衡点 $\boldsymbol{x}_\mathrm{e}$ 处是拉格朗日意义下的稳定。

习　　题

4.1　有 $\Sigma_0(\boldsymbol{A},\boldsymbol{B})$ 系统 $\dot{\boldsymbol{x}}=\begin{bmatrix}0 & & \boldsymbol{0}\\ & 0 & \\ \boldsymbol{0} & & -2\end{bmatrix}\boldsymbol{x}$，试讨论系统在平衡点 $\boldsymbol{x}_{\mathrm{e}}$ 处的稳定性。

4.2　有 $\Sigma_0(\boldsymbol{A},\boldsymbol{B})$ 系统为

$$\dot{\boldsymbol{x}}=\begin{bmatrix}-1 & & & & \\ & 0 & & \boldsymbol{0} & \\ & & 0 & & \\ & \boldsymbol{0} & & -2 & \\ & & & & -3\end{bmatrix}\boldsymbol{x}+\begin{bmatrix}0\\0\\0\\1\\1\end{bmatrix}[u]$$

试讨论系统在平衡点 $\boldsymbol{x}_{\mathrm{e}}$ 处的稳定性。

4.3　已知系统的状态空间模型为

$$\begin{cases}\dot{\boldsymbol{x}}=\begin{bmatrix}-1 & 0\\ 0 & -1\end{bmatrix}\boldsymbol{x}+\begin{bmatrix}1\\1\end{bmatrix}u\\ \boldsymbol{y}=\begin{bmatrix}1 & 0\end{bmatrix}\boldsymbol{x}\end{cases}$$

试分析系统在平衡点的稳定性及 BIBO 稳定性。

4.4　已知线性系统的状态空间模型为

$$\begin{cases}\dot{\boldsymbol{x}}=\begin{bmatrix}1 & 2 & 0\\ 3 & -1 & 1\\ 0 & 2 & 0\end{bmatrix}\boldsymbol{x}+\begin{bmatrix}2\\1\\1\end{bmatrix}u\\ \boldsymbol{y}=\begin{bmatrix}0 & 0 & 1\end{bmatrix}\boldsymbol{x}\end{cases}$$

试分析系统在平衡点的稳定性和 BIBO 稳定性。

4.5　已知非线性系统状态方程为

$$\begin{cases}\dot{x}_1=x_2\\ \dot{x}_2=-\alpha\sin x_1-\beta x_2+\gamma u\end{cases}$$

其中，α、β、γ 均大于零，设输入 u 为常数，试利用李雅普诺夫第一方法分析系统在平衡状态的稳定性。

4.6　判定下列二次型函数是否为正定函数。

(1) $V(\boldsymbol{x})=-x_1^2-3x_2^2-11x_3^2+2x_1x_2-x_2x_3-2x_1x_3$

(2) $V(\boldsymbol{x})=x_1^2+4x_2^2+x_3^2+2x_1x_2-6x_2x_3-2x_1x_3$

(3) $V(\boldsymbol{x})=x_1^2+5x_2^2+x_3^2+4x_1x_2+2x_2x_3$

(4) $V(\boldsymbol{x})=8x_1^2+2x_2^2+x_3^2-8x_1x_2-2x_2x_3+2x_1x_3$

4.7　已知非线性时不变系统的状态方程为

$$\begin{cases}\dot{x}_1=-(x_1+x_2)-x_2^2\\ \dot{x}_2=-(x_1+x_2)+x_1x_2\end{cases}$$

试利用李雅普诺夫第二方法判别系统在平衡点的稳定性。

4.8　已知线性系统的状态方程为

$$\dot{\boldsymbol{x}}=\boldsymbol{A}\boldsymbol{x}=\begin{bmatrix}\dot{x}_1\\ \dot{x}_2\end{bmatrix}=\begin{bmatrix}1 & 1\\ -1 & 1\end{bmatrix}\begin{bmatrix}x_1\\ x_2\end{bmatrix}$$

试利用李雅普诺夫稳定性定理分析系统在平衡点的稳定性。

4.9　试利用李雅普诺夫第二方法判断下列系统的稳定性。

(1) $\begin{bmatrix} \dot{x}_1 \\ \dot{x}_2 \end{bmatrix} = \begin{bmatrix} -1 & 1 \\ 2 & -3 \end{bmatrix} \begin{bmatrix} x_1 \\ x_2 \end{bmatrix}$　　(2) $\begin{bmatrix} \dot{x}_1 \\ \dot{x}_2 \end{bmatrix} = \begin{bmatrix} 1 & 0 \\ 0 & 1 \end{bmatrix} \begin{bmatrix} x_1 \\ x_2 \end{bmatrix}$

4.10　试利用李雅普诺夫第二方法确定图 4-6 所示系统大范围稳定的 K 的取值范围。

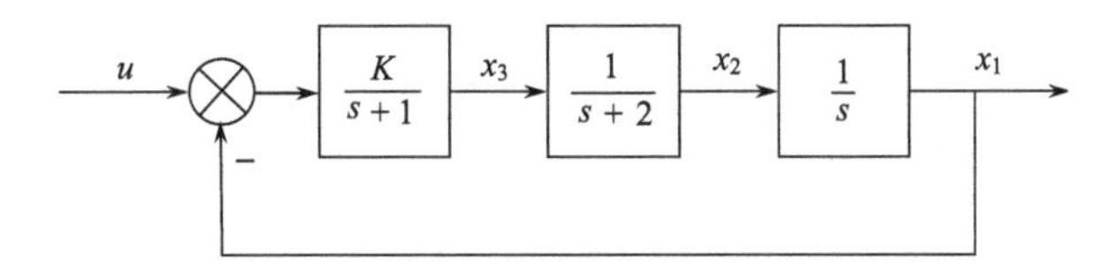

图 4-6　题 4.10 图

4.11　有非线性系统状态方程为

$$\begin{cases} \dot{x}_1 = -2x_1 + 2x_2^4 \\ \dot{x}_2 = -x_2 \end{cases}$$

试用李雅普诺夫第二方法判断系统在平衡点处的稳定性。

4.12　试用克拉索夫斯基定理确定下列系统在平衡点 $\boldsymbol{x}_e = \boldsymbol{0}$ 的稳定性。

$$\begin{cases} \dot{x}_1 = -x_1 \\ \dot{x}_2 = x_1 - x_2 - x_2^3 \end{cases}$$

4.13　试用克拉索夫斯基定理确定非线性系统

$$\begin{cases} \dot{x}_1 = ax_1 + x_2 \\ \dot{x}_2 = x_1 - x_2 + bx_2^3 \end{cases}$$

在原点 $\boldsymbol{x}_e = \boldsymbol{0}$ 处为渐近稳定时，参数 a 和 b 的取值范围。

4.14　试用变量—梯度法判断如下非线性系统的稳定性。

$$\begin{cases} \dot{x}_1 = x_2 \\ \dot{x}_2 = -x_1^3 - x_2 \end{cases}$$

4.15　试用变量—梯度法求解下列系统的稳定性条件。

$$\begin{cases} \dot{x}_1 = x_2 \\ \dot{x}_2 = a_1(t)x_1 + a_2(t)x_2 \end{cases}$$

4.16　设二维时不变线性系统状态方程为

$$\dot{\boldsymbol{x}} = \begin{bmatrix} \dot{x}_1 \\ \dot{x}_2 \end{bmatrix} = \begin{bmatrix} 0 & 1 \\ -1 & -1 \end{bmatrix} \boldsymbol{x}$$

该系统在平衡点 $\boldsymbol{x}_e = \boldsymbol{0}$ 处渐近稳定。试计算广义能量函数 $V(\boldsymbol{x})$ 从 $V(\boldsymbol{x}_0) = 300$ 封闭能量曲线收敛到 $V(\boldsymbol{x}) = 0.05$ 封闭能量曲线所需的时间 $\Delta t = t - t_0$。

4.17　设控制系统结构图如图 4-7 所示，试求其性能指标 $J = \int_0^\infty (e^2 + k\dot{e}^2)\mathrm{d}t$ 取极小时的 ρ 值 $(k \geqslant 0)$。

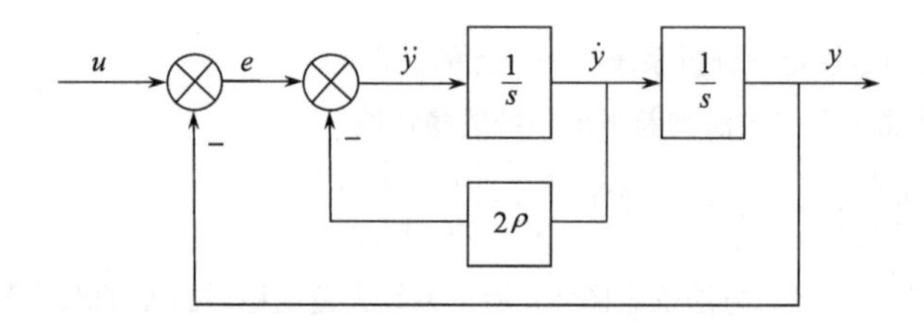

图 4-7　题 4.17 图

4.18　已知线性离散系统的状态方程为

$$\boldsymbol{x}(k+1)=\begin{bmatrix}0 & 1\\ \frac{1}{2} & 0\end{bmatrix}\boldsymbol{x}(k)$$

试判别系统在平衡点的稳定性。

4.19　已知线性离散系统的状态方程为

$$\boldsymbol{x}(k+1)=\begin{bmatrix}0 & 1 & 0\\ 0 & 0 & 1\\ 0 & \frac{k}{2} & 0\end{bmatrix}\boldsymbol{x}(k)\ , \qquad k>0$$

试求在平衡点 $\boldsymbol{x}_{\mathrm{e}}=\boldsymbol{0}$ 处，系统渐近稳定时 k 的取值范围。

4.20　有线性离散系统自由运动方程为

$$\boldsymbol{x}(k+1)=\boldsymbol{G}\boldsymbol{x}(k)=\begin{bmatrix}-\frac{1}{2} & 0 & 0\\ 0 & -(a+1) & 1\\ 0 & 0 & -(a+1)\end{bmatrix}\boldsymbol{x}(k)$$

试求使系统在平衡点 $\boldsymbol{x}_{\mathrm{e}}=\boldsymbol{0}$ 处渐近稳定的 a 值范围。

4.21　有线性离散化系统状态空间模型为

$$\boldsymbol{x}(k+1)=\begin{cases}x_1(k+1)=x_1(k)+3x_2(k)\\ x_2(k+1)=-3x_1(k)-2x_2(k)-3x_3(k)\\ x_3(k+1)=x_1(k)\end{cases}$$

试用李雅普诺夫方程确定该离散化系统在平衡点 $\boldsymbol{x}_{\mathrm{e}}$ 的稳定性。

4.22　有离散化系统 $\Sigma(\boldsymbol{G},\boldsymbol{H})$ 数学模型为

$$\boldsymbol{x}(k+1)=\begin{bmatrix}2 & -1\\ \sin T & 0\end{bmatrix}\boldsymbol{x}(k)$$

试用李雅普诺夫方程确定系统在平衡点 $\boldsymbol{x}_{\mathrm{e}}(k)$ 处的稳定性。

第 5 章　线性系统综合理论

所谓综合理论(Synthesis Theory)是指线性系统在系统校正、系统设计过程中应遵循的最主要基本规则。本章仅讨论线性时不变系统$\Sigma(\boldsymbol{A},\boldsymbol{B},\boldsymbol{C})$的综合问题。

5.1　系统(框图)结构类型

现代线性控制系统$\Sigma(\boldsymbol{A},\boldsymbol{B},\boldsymbol{C})$是由一些单元“小”系统——子系统(Subsystem)构成的。每一个子系统都是线性系统。

因此，和经典系统类似，线性系统Σ的一般结构有串联、并联和反馈三种形式。下面分别介绍这三种结构形式。

5.1.1　一般结构形式

设单元子系统为

$$\Sigma_i:\begin{cases}\dot{\boldsymbol{x}}_i=\boldsymbol{A}_i\boldsymbol{x}_i+\boldsymbol{B}_i\boldsymbol{u}_i\\ \boldsymbol{y}_i=\boldsymbol{C}_i\boldsymbol{x}_i+\boldsymbol{D}_i\boldsymbol{u}_i\end{cases}\tag{5-1}$$

且传递函数阵为

$$\boldsymbol{G}_i(s)=\boldsymbol{C}_i(s\boldsymbol{I}-\boldsymbol{A}_i)^{-1}\boldsymbol{B}_i+\boldsymbol{D}_i\tag{5-2}$$

其单元子系统Σ_i的结构框图如图 5-1 所示。

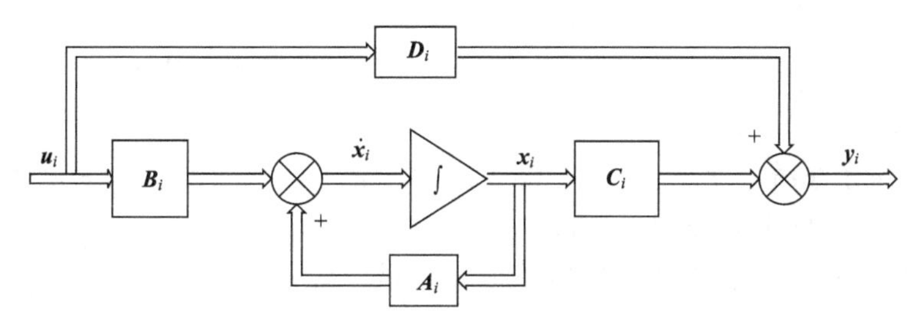

图 5-1　Σ_i 子系统结构框图

1. 串联结构(Cascade Structure)

若有两个$n_i\ (i=1,2)$维子系统，且

$$\Sigma_1:\begin{cases}\dot{\boldsymbol{x}}_1=\boldsymbol{A}_1\boldsymbol{x}_1+\boldsymbol{B}_1\boldsymbol{u}_1\\ \boldsymbol{y}_1=\boldsymbol{C}_1\boldsymbol{x}_1+\boldsymbol{D}_1\boldsymbol{u}_1\end{cases},\qquad \Sigma_2:\begin{cases}\dot{\boldsymbol{x}}_2=\boldsymbol{A}_2\boldsymbol{x}_2+\boldsymbol{B}_2\boldsymbol{u}_2\\ \boldsymbol{y}_2=\boldsymbol{C}_2\boldsymbol{x}_2+\boldsymbol{D}_2\boldsymbol{u}_2\end{cases}\tag{5-3}$$

如图 5-2 所示为Σ_1和Σ_2串联。

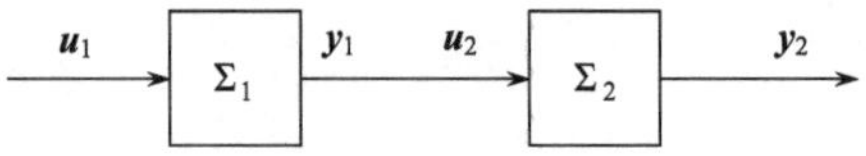

图 5-2　串联结构

这里，$\boldsymbol{u}_1=\boldsymbol{u}$，$\boldsymbol{y}_2=\boldsymbol{y}$，$\boldsymbol{u}_2=\boldsymbol{y}_1$。很容易推导出输入为$\boldsymbol{u}$，输出为$\boldsymbol{y}$的串联系统的状态空间模型为

$$\Sigma_0:\begin{cases}\dot{\boldsymbol{x}}=\begin{bmatrix}\dot{\boldsymbol{x}}_1\\ \dot{\boldsymbol{x}}_2\end{bmatrix}=\begin{bmatrix}\boldsymbol{A}_1 & \boldsymbol{0}\\ \boldsymbol{B}_2\boldsymbol{C}_1 & \boldsymbol{A}_2\end{bmatrix}\begin{bmatrix}\boldsymbol{x}_1\\ \boldsymbol{x}_2\end{bmatrix}+\begin{bmatrix}\boldsymbol{B}_1\\ \boldsymbol{B}_2\boldsymbol{D}_1\end{bmatrix}\begin{bmatrix}\boldsymbol{u}_1\end{bmatrix}\\ \boldsymbol{y}=\begin{bmatrix}\boldsymbol{y}_2\end{bmatrix}=\begin{bmatrix}\boldsymbol{D}_2\boldsymbol{C}_1 & \boldsymbol{C}_2\end{bmatrix}\boldsymbol{x}+\boldsymbol{D}_2\boldsymbol{D}_1\boldsymbol{u}_1\end{cases} \tag{5-4}$$

或

$$\begin{cases}\dot{\boldsymbol{x}}=\boldsymbol{A}\boldsymbol{x}+\boldsymbol{B}\boldsymbol{u}\\ \boldsymbol{y}=\boldsymbol{C}\boldsymbol{x}+\boldsymbol{D}\boldsymbol{u}\end{cases} \tag{5-5}$$

式中

$$\boldsymbol{x}=\begin{bmatrix}\boldsymbol{x}_1 & \vdots & \boldsymbol{x}_2\end{bmatrix}^{\mathrm{T}}=\begin{bmatrix}x_{11} & x_{12} & \cdots & x_{1n_1} & \vdots & x_{21} & x_{22} & \cdots & x_{2n_2}\end{bmatrix}^{\mathrm{T}}$$

$$\boldsymbol{A}=\begin{bmatrix}\boldsymbol{A}_1 & \boldsymbol{0}\\ \boldsymbol{B}_2\boldsymbol{C}_1 & \boldsymbol{A}_2\end{bmatrix},\quad \boldsymbol{B}=\begin{bmatrix}\boldsymbol{B}_1\\ \boldsymbol{B}_2\boldsymbol{D}_1\end{bmatrix},\quad \boldsymbol{C}=\begin{bmatrix}\boldsymbol{D}_2\boldsymbol{C}_1 & \boldsymbol{C}_2\end{bmatrix},\quad \boldsymbol{D}=\boldsymbol{D}_2\boldsymbol{D}_1。$$

因此，若将n_1维子系统Σ_1和n_2维子系统Σ_2串联，则串联系统Σ为$n=n_1+n_2$维。且传递函数阵为

$$\boldsymbol{G}_0(s)=\boldsymbol{C}(s\boldsymbol{I}-\boldsymbol{A})^{-1}\boldsymbol{B}+\boldsymbol{D}$$

故

$$\boldsymbol{G}_0(s)\equiv\boldsymbol{G}_2(s)\cdot\boldsymbol{G}_1(s) \tag{5-6}$$

2. 并联结构(Parallel Structure)

设有两个子系统Σ_1和Σ_2，分别为

$$\Sigma_1:\begin{cases}\dot{\boldsymbol{x}}_1=\boldsymbol{A}_1\boldsymbol{x}_1+\boldsymbol{B}_1\boldsymbol{u}_1\\ \boldsymbol{y}_1=\boldsymbol{C}_1\boldsymbol{x}_1+\boldsymbol{D}_1\boldsymbol{u}_1\end{cases},\qquad \Sigma_2:\begin{cases}\dot{\boldsymbol{x}}_2=\boldsymbol{A}_2\boldsymbol{x}_2+\boldsymbol{B}_2\boldsymbol{u}_2\\ \boldsymbol{y}_2=\boldsymbol{C}_2\boldsymbol{x}_2+\boldsymbol{D}_2\boldsymbol{u}_2\end{cases}$$

其中，Σ_1为n_1维子系统，$\boldsymbol{A}_1$为$n_1\times n_1$矩阵，$\boldsymbol{u}_1$为r_1维，$\boldsymbol{y}_1$为m_1维；Σ_2为n_2维子系统，$\boldsymbol{A}_2$为$n_2\times n_2$矩阵，$\boldsymbol{u}_2$为r_2维，$\boldsymbol{y}_2$为m_2维。

如图 5-3 所示将两个子系统Σ_1和Σ_2并联。这里，$\boldsymbol{u}_1=\boldsymbol{u}_2=\boldsymbol{u}$，$\boldsymbol{y}=\boldsymbol{y}_1+\boldsymbol{y}_2$。

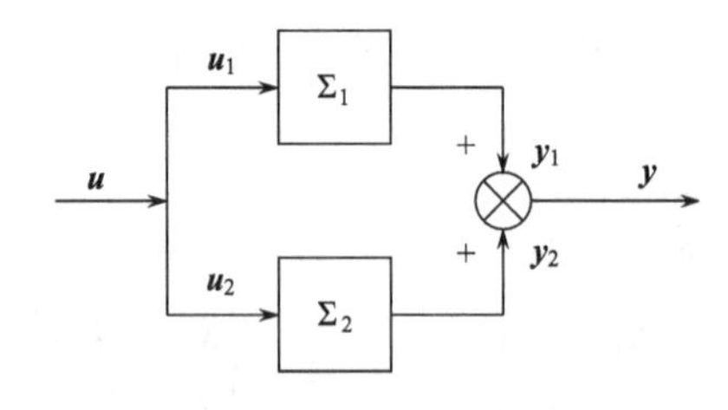

图 5-3　并联结构

可导出并联系统的状态空间模型为

$$
\Sigma_0:\begin{cases}\dot{\boldsymbol{x}}=\begin{bmatrix}\dot{\boldsymbol{x}}_1\\ \dot{\boldsymbol{x}}_2\end{bmatrix}=\begin{bmatrix}\boldsymbol{A}_1 & \boldsymbol{0}\\ \boldsymbol{0} & \boldsymbol{A}_2\end{bmatrix}\begin{bmatrix}\boldsymbol{x}_1\\ \boldsymbol{x}_2\end{bmatrix}+\begin{bmatrix}\boldsymbol{B}_1\\ \boldsymbol{B}_2\end{bmatrix}\boldsymbol{u}\\ \boldsymbol{y}=\left[\boldsymbol{y}_1+\boldsymbol{y}_2\right]=\left[\boldsymbol{C}_1\quad \boldsymbol{C}_2\right]\boldsymbol{x}+\left(\boldsymbol{D}_1+\boldsymbol{D}_2\right)\boldsymbol{u}\end{cases}\tag{5-7}
$$

故系统Σ有$n_1+n_2=n$维。

且传递函数阵为

$$
\boldsymbol{G}_0(s)=\boldsymbol{G}_1(s)+\boldsymbol{G}_2(s)=\boldsymbol{C}(s\boldsymbol{I}-\boldsymbol{A})^{-1}\boldsymbol{B}+\boldsymbol{D}\tag{5-8}
$$

3. 反馈结构(Feedback Structure)

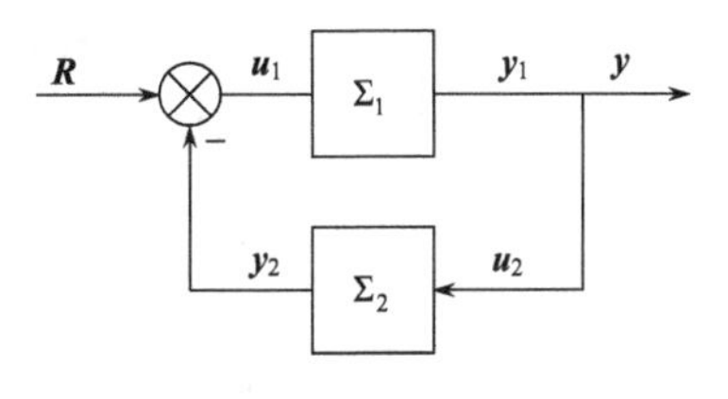

图 5-4　反馈结构

已知有两个子系统Σ_1和Σ_2，分别为

$$
\Sigma_1:\begin{cases}\dot{\boldsymbol{x}}_1=\boldsymbol{A}_1\boldsymbol{x}_1+\boldsymbol{B}_1\boldsymbol{u}_1\\ \boldsymbol{y}_1=\boldsymbol{C}_1\boldsymbol{x}_1+\boldsymbol{D}_1\boldsymbol{u}_1\end{cases},\qquad \Sigma_2:\begin{cases}\dot{\boldsymbol{x}}_2=\boldsymbol{A}_2\boldsymbol{x}_2+\boldsymbol{B}_2\boldsymbol{u}_2\\ \boldsymbol{y}_2=\boldsymbol{C}_2\boldsymbol{x}_2+\boldsymbol{D}_2\boldsymbol{u}_2\end{cases}
$$

如图 5-4 将两个子系统以反馈的形式连接，且反馈律为负反馈。

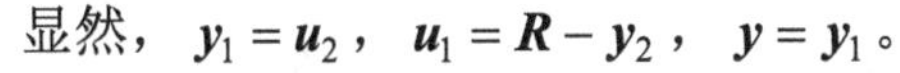

显然，$\boldsymbol{y}_1=\boldsymbol{u}_2$，$\boldsymbol{u}_1=\boldsymbol{R}-\boldsymbol{y}_2$，$\boldsymbol{y}=\boldsymbol{y}_1$。

下面给出其状态空间模型的推导过程。

(1) 因为$\boldsymbol{y}=\boldsymbol{y}_1$，首先导出输出方程为

$$
\boldsymbol{y}_1=\boldsymbol{C}_1\boldsymbol{x}_1+\boldsymbol{D}_1\boldsymbol{u}_1
$$

又$\boldsymbol{u}_1=\boldsymbol{R}-\boldsymbol{y}_2$，则

$$
\begin{aligned}
\boldsymbol{y}_1&=\boldsymbol{C}_1\boldsymbol{x}_1+\boldsymbol{D}_1(\boldsymbol{R}-\boldsymbol{y}_2)\\
\boldsymbol{y}_1&=\boldsymbol{C}_1\boldsymbol{x}_1+\boldsymbol{D}_1\boldsymbol{R}-\boldsymbol{D}_1(\boldsymbol{C}_2\boldsymbol{x}_2+\boldsymbol{D}_2\boldsymbol{u}_2)\\
\boldsymbol{y}_1&=\boldsymbol{C}_1\boldsymbol{x}_1+\boldsymbol{D}_1\boldsymbol{R}-\boldsymbol{D}_1\boldsymbol{C}_2\boldsymbol{x}_2-\boldsymbol{D}_1\boldsymbol{D}_2\boldsymbol{y}_1
\end{aligned}
$$

故

$$
(\boldsymbol{I}+\boldsymbol{D}_1\boldsymbol{D}_2)\boldsymbol{y}_1=\boldsymbol{C}_1\boldsymbol{x}_1-\boldsymbol{D}_1\boldsymbol{C}_2\boldsymbol{x}_2+\boldsymbol{D}_1\boldsymbol{R}
$$

上式左乘$(\boldsymbol{I}+\boldsymbol{D}_1\boldsymbol{D}_2)^{-1}$可得

$$
\boldsymbol{y}_1=(\boldsymbol{I}+\boldsymbol{D}_1\boldsymbol{D}_2)^{-1}(\boldsymbol{C}_1\boldsymbol{x}_1-\boldsymbol{D}_1\boldsymbol{C}_2\boldsymbol{x}_2+\boldsymbol{D}_1\boldsymbol{R})
$$

令$\boldsymbol{K}=(\boldsymbol{I}+\boldsymbol{D}_1\boldsymbol{D}_2)^{-1}$，得输出方程为

$$
\boldsymbol{y}=\boldsymbol{y}_1=\boldsymbol{K}(\boldsymbol{C}_1\boldsymbol{x}_1-\boldsymbol{D}_1\boldsymbol{C}_2\boldsymbol{x}_2+\boldsymbol{D}_1\boldsymbol{R})
$$

或

$$
\boldsymbol{y}=\boldsymbol{y}_1=\boldsymbol{K}\boldsymbol{C}_1\boldsymbol{x}_1-\boldsymbol{K}\boldsymbol{D}_1\boldsymbol{C}_2\boldsymbol{x}_2+\boldsymbol{K}\boldsymbol{D}_1\boldsymbol{R}\tag{5-9}
$$

(2) 确定状态方程。

因为

$$
\begin{cases}\dot{\boldsymbol{x}}_1=\boldsymbol{A}_1\boldsymbol{x}_1+\boldsymbol{B}_1\boldsymbol{u}_1\\ \dot{\boldsymbol{x}}_2=\boldsymbol{A}_2\boldsymbol{x}_2+\boldsymbol{B}_2\boldsymbol{u}_2\end{cases}
$$

所以

$$
\begin{cases}\dot{\boldsymbol{x}}_1=\boldsymbol{A}_1\boldsymbol{x}_1+\boldsymbol{B}_1\boldsymbol{R}-\boldsymbol{B}_1\boldsymbol{y}_2\\ \dot{\boldsymbol{x}}_2=\boldsymbol{A}_2\boldsymbol{x}_2+\boldsymbol{B}_2\boldsymbol{y}_1\end{cases}
$$

及
$$\begin{cases}\dot{x}_1 = A_1x_1 + B_1R - B_1C_2x_2 - B_1D_2y_1 \\ \dot{x}_2 = A_2x_2 + B_2y_1\end{cases} \tag{5-10}$$

(3) 将式(5-9)代入式(5-10)则

$$\begin{cases}\dot{x}_1 = A_1x_1 + B_1R - B_1C_2x_2 - B_1D_2\left(KC_1x_1 - KD_1C_2x_2 + KD_1R\right) \\ \dot{x}_2 = A_2x_2 + B_2\left(KC_1x_1 - KD_1C_2x_2 + KD_1R\right)\end{cases}$$

简化上式为

$$\begin{cases}\dot{x}_1 = A_1x_1 - B_1D_2KC_1x_1 - B_1C_2x_2 + B_1D_2KD_1C_2x_2 + B_1R - B_1D_2KD_1R \\ \dot{x}_2 = B_2KC_1x_1 + A_2x_2 - B_2KD_1C_2x_2 + B_2KD_1R\end{cases}$$

故

$$\begin{cases}\dot{x}_1 = \left(A_1 - B_1D_2KC_1\right)x_1 + B_1\left(D_2KD_1 - I\right)C_2x_2 + B_1\left(I - D_2KD_1\right)R \\ \dot{x}_2 = B_2KC_1x_1 + \left(A_2 - B_2KD_1C_2\right)x_2 + B_2KD_1R\end{cases} \tag{5-11}$$

(4) 借用矩阵性质，得状态空间模型为

$$\Sigma_0:\begin{cases}\dot{x} = \begin{bmatrix}\dot{x}_1 \\ \dot{x}_2\end{bmatrix} = \begin{bmatrix}A_1 - B_1D_2KC_1 & -B_1\left(I - D_2KD_1\right)C_2 \\ B_2KC_1 & A_2 - B_2KD_1C_2\end{bmatrix}\begin{bmatrix}x_1 \\ x_2\end{bmatrix} + \begin{bmatrix}B_1\left(I - D_2KD_1\right) \\ B_2KD_1\end{bmatrix}R \\ y = \left[y_1\right] = \left[KC_1 \quad -KD_1C_2\right]\begin{bmatrix}x_1 \\ x_2\end{bmatrix} + KD_1R\end{cases} \tag{5-12}$$

特别地，若 $D_1 = D_2 = 0$，则 $K = I$。子系统 Σ_1 和 Σ_2 的耦合矩阵均为零矩阵，故状态空间模型可简化为

$$\Sigma_0:\begin{cases}\dot{x} = \begin{bmatrix}\dot{x}_1 \\ \dot{x}_2\end{bmatrix} = \begin{bmatrix}A_1 & -B_1C_2 \\ B_2C_1 & A_2\end{bmatrix}\begin{bmatrix}x_1 \\ x_2\end{bmatrix} + \begin{bmatrix}B_1 \\ 0\end{bmatrix}R \\ y = \left[y_1\right] = \left[C_1 \quad 0\right]x\end{cases} \tag{5-13}$$

传递函数阵则为

$$G_0(s) \triangleq C(sI - A)^{-1}B + D = G_1(s)\left[I + G_1(s)G_2(s)\right]^{-1} \tag{5-14}$$

5.1.2　开环系统

现代控制理论中，前述串联、并联和反馈系统都不是理想系统。尽管系统揭示了运动的本质——状态 x，但是这三种系统结构一般都不满足某些性能指标。换句话说，系统没有针对状态设计和综合。因此，现代控制理论中，将前述串联、并联和反馈三种结构形式的系统定义为开环系统(Open-loop System)，或称为被控对象或被控过程，记为 $\Sigma_0(A, B, C)$。其传递函数阵定义为开环传递函数阵 $G_0(s)$，即

$$G_0(s) = C(sI - A)^{-1}B + D$$

或
$$y(s) = G_0(s)u(s)$$

要优化被控对象的性能指标，需要对开环系统的状态进行设计与综合，也就是把系统设计、综合为闭环系统。

5.1.3　闭环系统的结构形式

考虑到工程实际系统中系统的耦合矩阵 $\boldsymbol{D}$ 基本为零，所以为简化设计计算，以下的讨论仅仅针对无耦合矩阵的线性时不变系统 $\Sigma_0(\boldsymbol{A},\boldsymbol{B},\boldsymbol{C})$，即开环系统均采用如下状态空间模型

$$\Sigma_0 : \begin{cases} \dot{\boldsymbol{x}} = \boldsymbol{A}\boldsymbol{x} + \boldsymbol{B}\boldsymbol{u} \\ \boldsymbol{y} = \boldsymbol{C}\boldsymbol{x}, \qquad \boldsymbol{D} = \boldsymbol{0} \end{cases}$$

1. 状态反馈(State Feedback)

定义 5-1　状态反馈是指将被控系统 $\Sigma_0(\boldsymbol{A},\boldsymbol{B},\boldsymbol{C})$ 的状态向量 $\boldsymbol{x}$，经过一定的形式馈送到系统输入端的过程。

将具有状态反馈结构的闭环系统称为状态反馈闭环系统。通常，反馈律仍然是线性负反馈原则。$\boldsymbol{F}$ 阵为常数阵，称为状态反馈阵。框图结构如图 5-5 所示。

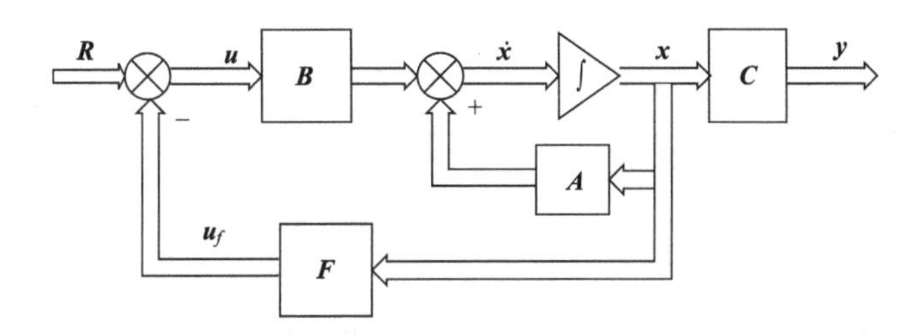

图 5-5　状态反馈闭环系统方框图

利用框图简化方法，容易推得状态反馈系统的状态空间模型为

$$\Sigma_{\mathrm{F}} : \begin{cases} \dot{\boldsymbol{x}} = (\boldsymbol{A} - \boldsymbol{B}\boldsymbol{F})\boldsymbol{x} + \boldsymbol{B}\boldsymbol{R} \\ \boldsymbol{y} = \boldsymbol{C}\boldsymbol{x}, \qquad \boldsymbol{D} = \boldsymbol{0} \end{cases} \tag{5-15}$$

通常将状态反馈系统记为 $\Sigma\left[(\boldsymbol{A}-\boldsymbol{B}\boldsymbol{F}),\boldsymbol{B},\boldsymbol{C}\right]$ 或简记为 Σ_{F}。

其状态反馈闭环传递函数阵 $\boldsymbol{G}_{\mathrm{F}}(s)$ 为(一般 $\boldsymbol{D}=\boldsymbol{0}$)

$$\boldsymbol{G}_{\mathrm{F}}(s) \triangleq \boldsymbol{y}(s)\boldsymbol{R}^{-1}(s) = \boldsymbol{C}(s\boldsymbol{I} - \boldsymbol{A} + \boldsymbol{B}\boldsymbol{F})^{-1}\boldsymbol{B} \tag{5-16}$$

同时，可以得出闭环传递函数阵 $\boldsymbol{G}_{\mathrm{F}}(s)$ 和开环传递函数阵 $\boldsymbol{G}_0(s)$ 之间的关系为

$$\boldsymbol{G}_{\mathrm{F}}(s) = \boldsymbol{G}_0(s)[\boldsymbol{I} + \boldsymbol{F}(s\boldsymbol{I} - \boldsymbol{A})^{-1}\boldsymbol{B}]^{-1} \tag{5-17}$$

显然，此结果仅同经典控制理论中的结果相类似。

2. 输出反馈(Output Feedback)

定义 5-2　输出反馈是指将一个控制系统 $\Sigma_0(\boldsymbol{A},\boldsymbol{B},\boldsymbol{C})$ 的输出变量 $\boldsymbol{y}$ 经过一定形式馈送到系统输入端的过程。

将具有输出反馈的系统称为输出反馈闭环系统。同样地，通常反馈律是线性负反馈原则。输出反馈系统方框图如图 5-6 所示。图中，$\boldsymbol{H}$ 阵为常数阵，称为输出反馈阵。

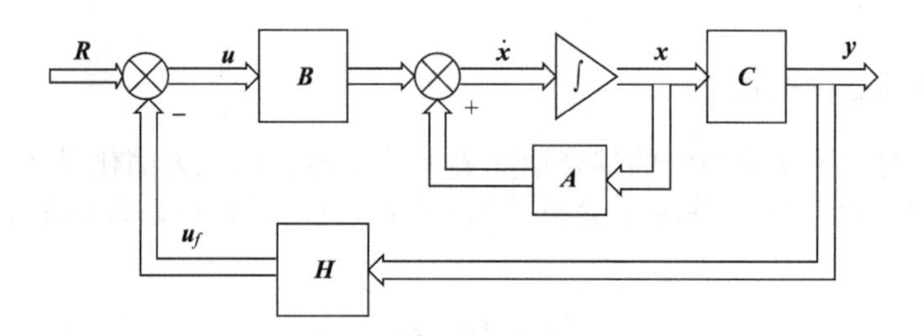

图 5-6　输出反馈闭环系统方框图

同样地，可以通过框图简化得到状态空间模型为

$$\Sigma_{\mathrm{H}}:\begin{cases}\dot{\boldsymbol{x}}=(\boldsymbol{A}-\boldsymbol{BHC})\boldsymbol{x}+\boldsymbol{BR}\\ \boldsymbol{y}=\boldsymbol{Cx}, \qquad \boldsymbol{D}=\mathbf{0}\end{cases} \tag{5-18}$$

显然，输出反馈系统可以记为$\Sigma\left[(\boldsymbol{A}-\boldsymbol{BHC}),\boldsymbol{B},\boldsymbol{C}\right]$或简记为$\Sigma_{\mathrm{H}}$。

Σ_{H}的闭环传递函数阵$\boldsymbol{G}_{\mathrm{H}}(s)$为(一般$\boldsymbol{D}=\mathbf{0}$)

$$\boldsymbol{G}_{\mathrm{H}}(s)\triangleq\boldsymbol{C}(s\boldsymbol{I}-\boldsymbol{A}+\boldsymbol{BHC})^{-1}\boldsymbol{B} \tag{5-19}$$

同理，可推得闭环$\boldsymbol{G}_{\mathrm{H}}(s)$和开环$\boldsymbol{G}_0(s)$之间的关系为

$$\boldsymbol{G}_{\mathrm{H}}(s)=\boldsymbol{G}_0(s)[\boldsymbol{I}+\boldsymbol{HG}_0(s)]^{-1} \tag{5-20}$$

式(5-20)表明：

对于输出反馈闭环系统，$\boldsymbol{G}_{\mathrm{H}}(s)$和$\boldsymbol{G}_0(s)$之间的关系完全类似于经典理论中闭环传递函数$G_{\mathrm{H}}(s)$和开环传递函数$G_0(s)$之间的关系。

其中，$\left[\boldsymbol{I}+\boldsymbol{HG}_0(s)\right]$为方阵，$\boldsymbol{G}_{\mathrm{H}}(s)$规模为$m\times r$阵。

3. 动态补偿器(控制器)(Dynamic Compensator)

动态补偿器Σ_{d}也是一个具有常系数矩阵的线性系统。一般地，通过动态补偿器，可以形成具有状态反馈的闭环系统或具有输出反馈的闭环系统，简单地说，动态补偿器可以看作为调节器，如鲁棒调节器等。一般地，动态补偿器Σ_{d}是闭环系统的一个子系统。如图 5-7 所示。

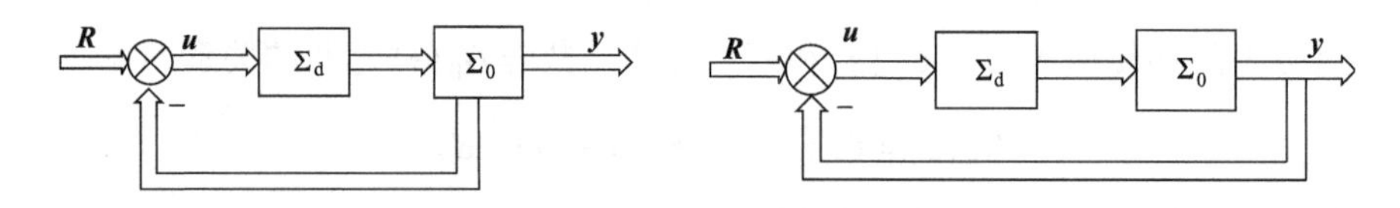

图 5-7　具有动态补偿器的闭环系统

5.2　组合系统的性质

本小节所讨论的“性质”是指组合系统的状态能控性和状态能观性。

5.2.1　并联结构的性质

两子系统相并联，如果在子系统传递函数阵 $\boldsymbol{G}_1(s)$ 和 $\boldsymbol{G}_2(s)$ 中不存在共同的特征值(极点)，则并联系统 Σ_0 是状态完全能控和能观的。这是充分条件而非必要条件。

5.2.2　串联结构的性质

形如 $\boxed{\Sigma_1} \to \boxed{\Sigma_2}$ 的，即 $\boxed{\Sigma_1}$ 在前 $\boxed{\Sigma_2}$ 在后的串联系统是状态完全能控的充分条件是不存在 $\boldsymbol{G}_1(s)$ 中的零点消去 $\boldsymbol{G}_2(s)$ 中极点的情况。同理，形如 $\boxed{\Sigma_1} \to \boxed{\Sigma_2}$ 的系统是状态完全能观的充分条件是不存在 $\boldsymbol{G}_1(s)$ 中的极点消去 $\boldsymbol{G}_2(s)$ 中零点的情况。

5.2.3　反馈结构的性质

假定 $\det\left[\boldsymbol{I}+\boldsymbol{G}_1(s)\boldsymbol{G}_2(s)\right]\neq 0$，即为非奇异的。标记 Σ_{12} 表示：Σ_1 一在前，Σ_2 一在后；而 Σ_{21} 表示：Σ_2 一在前，Σ_1 一在后。于是有如下结论。

(1) 当且仅当 Σ_{12} 是状态完全能控的，则反馈连接组合系统 Σ_0 是状态完全能控的。

(2) 当且仅当 Σ_{21} 是状态完全能观的，则反馈连接组合系统 Σ_0 是状态完全能观的。

(3) 当且仅当 Σ_{12} 状态完全能控，Σ_{21} 状态完全能观，则反馈连接组合系统 Σ_0 是状态完全能控能观的。

5.2.4　各种结构间的性质

1. 对于(组合)开环系统 Σ_0 (串联、并联、反馈结构)

定理 5-1　组成开环系统 Σ_0 的各个子系统的能控性，不能说明 Σ_0 的能控性，反之亦然。

定理 5-2　组成开环系统 Σ_0 的每个子系统的能观性，不能说明 Σ_0 的能观性，反之亦然。

这是因为尽管各个子系统都是状态完全能控或状态完全能观的，但是组合后在 Σ_0 结构中可能会存在零点消去极点的情况。

定理 5-3　具有串联/并联/反馈形式的组合系统 Σ_0 的能控性和能观性只能由能控性和能观性准则进行判断。

2. 对于状态反馈闭环结构系统 Σ_{F}

定理 5-4　状态反馈不破坏原开环系统 Σ_0 的能控性。或者说，状态反馈闭环系统 Σ_{F} 的能控性等价于开环系统 Σ_0 的能控性。

定理 5-5　开环系统 Σ_0 的能观性不能保证状态反馈系统 Σ_{F} 的能观性。或者说，状态反馈有可能破坏原开环系统 Σ_0 的能观性。

3. 对于输出反馈闭环结构系统 Σ_{H}

定理 5-6　输出反馈 Σ_{H} 可以完全保证原开环系统 Σ_0 的能控性和能观性。

以上定理利用能控性矩阵 $\boldsymbol{Q}_k$ 和能观性矩阵 $\boldsymbol{Q}_g$ 极容易得到证明。

5.3　极点配置问题

极点配置问题(Pole Placement Problem)是系统综合理论中十分重要的内容之一。

5.3.1　概念

经典控制理论中，动态系统性能取决于系统零、极点分布，且主要是极点的分布。零点仅改变响应形状，而极点改变的是响应类型，因此综合系统的一个基本思想是：根据系统的工艺性能指标在根平面（s平面）上选择一组期望的极点。经典理论中的这些概念完全适用于现代控制理论。下面给出其定义。

定义 5-3　所谓“极点配置”是指选择合适的状态反馈矩阵$\boldsymbol{F}$或者输出反馈矩阵$\boldsymbol{H}$将闭环系统的极点配置到s平面的期望极点位置上。换句话说，就是适当地构建$\boldsymbol{F}$阵或$\boldsymbol{H}$阵使得闭环极点位于期望位置上。

要注意的是，从现代控制理论的观点来看，系统的极点即是特征值，所以，极点配置就是系统的特征值配置。

从工程角度，期望极点λ_j^*完全取决于工艺指标，一般工艺指标是会随着工作条件变化而改变的，具有任意性。因此要求期望极点也具有任意性，就是说极点配置则应具有任意性。

虽然极点配置是任意的，但是选择期望极点时应该遵循以下几点。

(1) 一个n维系统有且仅有n个期望极点。

(2) 对于时不变（定常）系统而言，期望极点必定是实数或共轭复数。

(3) 必须根据系统工艺指标值和原系统$\Sigma_0(\boldsymbol{A},\boldsymbol{B},\boldsymbol{C})$的已有零点合理选择期望极点。

对于线性时不变系统$\Sigma_0(\boldsymbol{A},\boldsymbol{B},\boldsymbol{C})$，应用状态反馈实现极点任意配置的条件有如下定理。

定理 5-7　能够应用状态反馈对系统$\Sigma_0(\boldsymbol{A},\boldsymbol{B},\boldsymbol{C})$进行任意极点配置的充分必要条件是原系统$\Sigma_0(\boldsymbol{A},\boldsymbol{B},\boldsymbol{C})$是状态完全能控的，即$\Sigma_0(\boldsymbol{A},\boldsymbol{B},\boldsymbol{C})\in \boldsymbol{X}_k^+$。

5.3.2　基于状态反馈的极点配置

本小节以标量系统（单输入/单输出系统）为例给出应用状态反馈任意配置极点的具体步骤。

单输入/单输出系统极点配置就是在给定原系统$\Sigma_0(\boldsymbol{A},\boldsymbol{B},\boldsymbol{C})$和一组任意期望极点$\lambda_j^*\ (j=1,2,\cdots,n)$的情况下，设计计算能使状态反馈闭环系统极点位于期望极点的状态反馈$\boldsymbol{F}$矩阵。$\boldsymbol{F}$阵通常有两种方法可以求得。

1. 比较系数法

比较系数法就是通过对期望闭环特征多项式$D^*(s)$和状态反馈Σ_{F}的闭环特征多项式$D_f(s)$的对应项系数进行比较，进而求得状态反馈矩阵$\boldsymbol{F}$各元的方法。

设单输入/单输出开环系统为$\Sigma_0(\boldsymbol{A},\boldsymbol{B})$

$$\Sigma_0:\begin{cases}\dot{\boldsymbol{x}}=\boldsymbol{A}\boldsymbol{x}+\boldsymbol{B}u\\ y=\boldsymbol{C}\boldsymbol{x}, \qquad \boldsymbol{D}=\boldsymbol{0}\end{cases}\tag{5-21}$$

其频域模型为标量传递函数

$$\boldsymbol{G}_0(s)=G_0(s)=\frac{M_0(s)}{D_0(s)}\qquad (m<n)\tag{5-22}$$

则状态反馈闭环系统为$\Sigma_F\left[(\boldsymbol{A}-\boldsymbol{BF})\quad \boldsymbol{B}\right]$

$$\Sigma_F:\begin{cases}\dot{\boldsymbol{x}}=(\boldsymbol{A}-\boldsymbol{BF})\boldsymbol{x}+\boldsymbol{BR}\\ \boldsymbol{y}=\boldsymbol{Cx}\end{cases}\tag{5-23}$$

相应的频域闭环传递函数为

$$\boldsymbol{G}_F(s)=G_f(s)=\boldsymbol{C}(s\boldsymbol{I}-\boldsymbol{A}+\boldsymbol{BF})^{-1}\boldsymbol{B}=\frac{M_f(s)}{D_f(s)}\tag{5-24}$$

其中，状态反馈$\boldsymbol{F}$阵为行向量

$$\boldsymbol{F}=\begin{bmatrix}f_1 & f_2 & \cdots & f_n\end{bmatrix}\tag{5-25}$$

闭环后，系统期望闭环特征值为$\lambda_j^*\ (j=1,2,\cdots,n)$。

于是有如下典型步骤：

第一步，考查Σ_F存在的条件，即Σ_0是否状态完全能控。

可利用能控性矩阵$\boldsymbol{Q}_k$判断：

当$\mathrm{rank}\boldsymbol{Q}_k=\mathrm{rank}\begin{bmatrix}\boldsymbol{B} & \boldsymbol{AB} & \boldsymbol{A}^2\boldsymbol{B} & \cdots & \boldsymbol{A}^{n-1}\boldsymbol{B}\end{bmatrix}=n$，即$\Sigma_F$存在且可以任意配置极点。

当$\mathrm{rank}\boldsymbol{Q}_k=\mathrm{rank}\begin{bmatrix}\boldsymbol{B} & \boldsymbol{AB} & \boldsymbol{A}^2\boldsymbol{B} & \cdots & \boldsymbol{A}^{n-1}\boldsymbol{B}\end{bmatrix}\neq n$，即$\Sigma_F$不存在，不能任意配置极点。

第二步，求系统闭环后的期望闭环特征多项式$D^*(s)$。

显然，可由期望极点λ_j^*求得

$$D^*(s)=\prod_{j=1}^{n}\left(s-\lambda_j^*\right)=s^n+a_1^*s^{n-1}+a_2^*s^{n-2}+\cdots+a_{n-1}^*s+a_n^*\tag{5-26}$$

第三步，求状态反馈系统Σ_F的闭环特征多项式$D_f(s)$。

$$\begin{aligned}D_f(s)&=\det[s\boldsymbol{I}-\boldsymbol{A}+\boldsymbol{BF}]\\&=\det\left\{\begin{bmatrix}s & & & \boldsymbol{0}\\ & s & & \\ & & \ddots & \\ \boldsymbol{0} & & & s\end{bmatrix}-\begin{bmatrix}a_{11} & a_{12} & & a_{1n}\\ a_{21} & a_{22} & & a_{2n}\\ & & \ddots & \\ a_{n1} & a_{n2} & & a_{nr}\end{bmatrix}+\begin{bmatrix}b_1\\ b_2\\ \vdots\\ b_n\end{bmatrix}\begin{bmatrix}f_1 & f_2 & \cdots & f_n\end{bmatrix}\right\}\\&=s^n+\alpha_1(f_j)s^{n-1}+\alpha_2(f_j)s^{n-2}\cdots+\alpha_{n-1}(f_j)s+\alpha_n(f_j)\end{aligned}\tag{5-27}$$

第四步，注意到式(5-26)恒等于式(5-27)，即

$$D^*(s)\equiv D_f(s)$$

比较对应项系数有

$$\begin{cases}\alpha_1(f_j)=a_1^*\\ \alpha_2(f_j)=a_2^*\\ \qquad\vdots\\ \alpha_j(f_j)=a_j^*\\ \qquad\vdots\\ \alpha_n(f_j)=a_n^*\end{cases}$$

联立解出

$$f_j = \phi\left(a_j^*\right) \qquad (j = 1,2,\cdots,n) \tag{5-28}$$

显然，由式(5-28)可以看出，调节$\boldsymbol{F}$阵中各元f_j可以改变期望特征多项式的系数a_j^*，也就可以配置闭环极点在任意期望极点λ_j^*上。

第五步，绘出状态反馈Σ_F闭环系统的状态变量图，如图5-8所示。

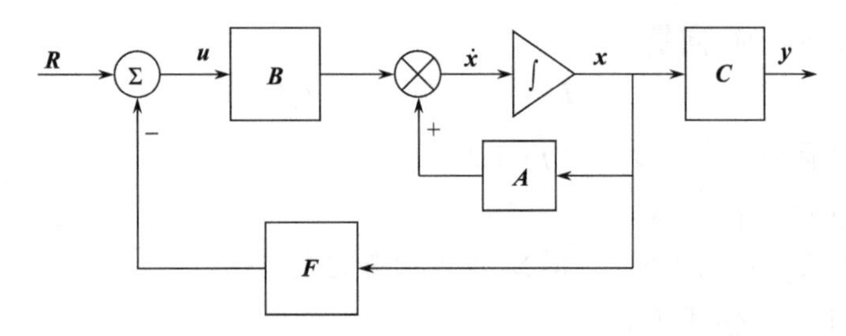

图5-8 状态反馈Σ_F闭环系统的状态变量图

【例5.1】 设有三维$\Sigma_0(\boldsymbol{A},\boldsymbol{B})$系统由下式描述

$$\Sigma_0: \begin{cases} \dot{\boldsymbol{x}} = \begin{bmatrix} 2 & 1 & 0 \\ 0 & 1 & 0 \\ 1 & 0 & 1 \end{bmatrix} \boldsymbol{x} + \begin{bmatrix} 0 \\ 1 \\ 0 \end{bmatrix} [u] \\ \boldsymbol{y} = \begin{bmatrix} 0 & 0 & 1 \end{bmatrix} \boldsymbol{x} \end{cases}$$

试利用状态反馈闭环系统，使闭环后系统期望极点为$\lambda_1^* = -3$，$\lambda_2^* = -4$，$\lambda_3^* = -5$。

解 (1)考查(校核)状态反馈Σ_F存在条件。

因为$\text{rank}\boldsymbol{Q}_k = \text{rank}\begin{bmatrix} \boldsymbol{B} & \boldsymbol{AB} & \boldsymbol{A}^2\boldsymbol{B} \end{bmatrix}$，即有

$$\text{rank}\begin{bmatrix} 0 & 1 & 3 \\ 1 & 1 & 1 \\ 0 & 0 & 1 \end{bmatrix} = 3 \equiv n$$

说明原系统Σ_0是状态完全能控的，所以该系统状态反馈Σ_F存在，且能够任意配置极点。

(2)计算系统闭环后的期望闭环特征多项式$D^*(s)$。

$$\begin{aligned} D^*(s) &= \prod_{j=1}^{n}\left(s - \lambda_j^*\right) = \prod_{j=1}^{3}\left(s - \lambda_j^*\right) = (s+3)(s+4)(s+5) \\ &= s^3 + 12s^2 + 47s + 60 = s^3 + a_1^* s^2 + a_2^* s + a_3^* \end{aligned}$$

(3)求状态反馈系统的闭环特征多项式$D_f(s)$。

因为$D_f(s) = \det[s\boldsymbol{I} - \boldsymbol{A} + \boldsymbol{BF}]$，令$\boldsymbol{F} = [f_1 \quad f_2 \quad f_3]$，将$\boldsymbol{A}$、$\boldsymbol{B}$、$\boldsymbol{F}$代入$D_f(s)$中，有

$$D_f(s) = \det\left\{ \begin{bmatrix} s & & \\ & s & \\ & & s \end{bmatrix} - \begin{bmatrix} 2 & 1 & 0 \\ 0 & 1 & 0 \\ 1 & 0 & 1 \end{bmatrix} + \begin{bmatrix} 0 \\ 1 \\ 0 \end{bmatrix} \begin{bmatrix} f_1 & f_2 & f_3 \end{bmatrix} \right\}$$

$$
=\det\begin{bmatrix} s-2 & -1 & 0 \\ f_1 & s-1+f_2 & f_3 \\ -1 & 0 & s-1 \end{bmatrix}
$$

$$
=s^3+(f_2-4)s^2+(f_1-3f_2+5)s+(-f_1+2f_2+f_3-2)
$$

(4) 比较 $D^*(s)\equiv D_f(s)$，有

$$
\begin{cases} f_2-4=a_1^*=12 \\ f_1-3f_2+5=a_2^*=47 \\ -f_1+2f_2+f_3-2=a_3^*=60 \end{cases}
$$

联立解得

$$
\begin{cases} f_1=90 \\ f_2=16 \\ f_3=120 \end{cases}
$$

所以

$$
\boldsymbol{F}=[f_1\quad f_2\quad f_3]=[90\quad 16\quad 120]
$$

(5) 绘制状态反馈极点配置的状态变量图，如图 5-9 所示。

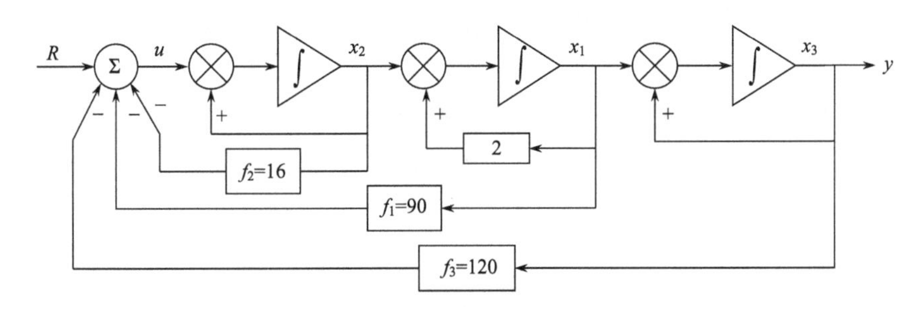

图 5-9　例 5.1 的状态反馈极点配置状态变量图

2. 简易计算法

简易计算法只针对原系统 $\Sigma_0(\boldsymbol{A},\boldsymbol{B})$ 具有能控规范型这种特殊情况，这种方法仍然是由比较系数法推出的一种简易计算结果。下面给予推证。

假设 $\Sigma_0(\boldsymbol{A},\boldsymbol{B})$ 系统状态空间描述已是能控规范型，即

$$
\Sigma_0:\begin{cases} \dot{\boldsymbol{x}}=\boldsymbol{A}\boldsymbol{x}+\boldsymbol{B}u=\begin{bmatrix} 0 & 1 & 0 & 0 & \cdots & 0 \\ 0 & 0 & 1 & 0 & & 0 \\ 0 & 0 & 0 & 1 & & 0 \\ \vdots & & & & \ddots & \vdots \\ 0 & 0 & 0 & 0 & & 1 \\ -a_n & -a_{n-1} & -a_{n-2} & -a_{n-3} & \cdots & -a_1 \end{bmatrix}\boldsymbol{x}+\begin{bmatrix} 0 \\ 0 \\ \vdots \\ 0 \\ 1 \end{bmatrix}[u] \\ \boldsymbol{y}=\boldsymbol{C}\boldsymbol{x},\qquad \boldsymbol{D}=\boldsymbol{0} \end{cases} \tag{5-29}
$$

仍以标量系统(单输入/单输出系统)为例，利用状态反馈Σ_F使系统闭环。

由于原系统$\Sigma_0(\boldsymbol{A},\boldsymbol{B})$已是能控规范型，说明系统已是状态完全能控的，故$\Sigma_F$存在，且可以任意配置闭环极点。

这里令状态反馈阵$\boldsymbol{F}$为

$$\boldsymbol{F}=\begin{bmatrix} f_n & f_{n-1} & \cdots & f_1 \end{bmatrix} \tag{5-30}$$

注意式(5-30)中各元f_j的下标设置顺序，正好和比较法中的设置顺序相反，其目的是为了得到一个便于记忆的简易计算式。

显然有，原系统Σ_0的特征多项式为$D_0(s)$

$$D_0(s)=\det(s\boldsymbol{I}-\boldsymbol{A})=s^n+a_1s^{n-1}+\cdots+a_{n-1}s+a_n \tag{5-31}$$

而状态反馈闭环系统Σ_F的特征多项式为$D_f(s)$

$$D_f(s)=\det(s\boldsymbol{I}-\boldsymbol{A}+\boldsymbol{BF}) \tag{5-32}$$

将$\boldsymbol{A}$、$\boldsymbol{B}$、$\boldsymbol{F}$阵代入式(5-32)中，化简后有

$$\begin{aligned} D_f(s)&=\det(s\boldsymbol{I}-\boldsymbol{A}+\boldsymbol{BF}) \\ &=s^n+(a_1+f_1)s^{n-1}+(a_2+f_2)s^{n-2}+\cdots+(a_{n-1}+f_{n-1})s+(a_n+f_n) \end{aligned} \tag{5-33}$$

设定系统期望闭环极点为$\lambda_j^*\ (j=1,2,\cdots,n)$，可得闭环后系统期望特征多项式$D^*(s)$

$$D^*(s)=\prod_{j=1}^{n}(s-\lambda_j^*)=s^n+a_1^*s^{n-1}+a_2^*s^{n-2}\cdots+a_{n-1}^*s+a_n^* \tag{5-34}$$

于是有$D_f(s)\equiv D^*(s)$，比较式(5-33)和式(5-34)系数得

$$\begin{cases} f_1+a_1=a_1^* \\ f_2+a_2=a_2^* \\ \qquad\vdots \\ f_j+a_j=a_j^* \\ \qquad\vdots \\ f_n+a_n=a_n^* \end{cases}$$

解得

$$f_j=a_j^*-a_j \qquad (j=1,2,\cdots,n) \tag{5-35}$$

结论：式(5-35)就是针对具有状态完全能控规范型的$\Sigma_0(\boldsymbol{A},\boldsymbol{B})$系统，利用状态反馈闭环系统$\Sigma_F$任意配置期望极点时，计算状态反馈矩阵$\boldsymbol{F}$的简易计算公式。式中，$a_j^*$为由期望极点确定的期望特征多项式$D^*(s)$中的相应系数；$a_j$为原系统$\Sigma_0(\boldsymbol{A},\boldsymbol{B})$的特征多项式$D_0(s)$中的相应系数；$f_j$为状态反馈阵$\boldsymbol{F}$中的各元参数。

【例 5.2】 设系统$\Sigma_0(\boldsymbol{A},\boldsymbol{B})$为

$$\Sigma_0:\begin{cases} \dot{\boldsymbol{x}}=\begin{bmatrix} 0 & 1 & 0 \\ 0 & 0 & 1 \\ 0 & -2 & -3 \end{bmatrix}\boldsymbol{x}+\begin{bmatrix} 0 \\ 0 \\ 1 \end{bmatrix}[u] \\ \boldsymbol{y}=\begin{bmatrix} 1 & 0 & 0 \end{bmatrix}\boldsymbol{x}, \qquad \boldsymbol{D}=\boldsymbol{0} \end{cases}$$

试用状态反馈闭环系统，将闭环极点配置在 $\lambda_1^* = -2$， $\lambda_{2,3}^* = -1 \pm \mathrm{j}$ 位置上。

解　由题可知 $\Sigma_0(\boldsymbol{A},\boldsymbol{B})$ 已是状态能控规范型，所以可以运用简易计算法解算。

(1) 考查 Σ_F 存在条件。

由于 Σ_0 已是能控规范型，所以 Σ_F 存在，且可任意配置极点。当然，也可以用 $\mathrm{rank}\boldsymbol{Q}_k$ 进行验证。

(2) 求 Σ_0 的特征多项式 $D_0(s)$。

$$D_0(s) = \det(s\boldsymbol{I} - \boldsymbol{A}) = s^3 + a_1 s^2 + a_2 s + a_3 = s^3 + 3s^2 + 2s + 0$$

(3) 求 Σ_F 期望特征多项式 $D^*(s)$。

$$D^*(s) = \prod_{j=1}^{3}(s - \lambda_j^*) = (s+2)(s+1+\mathrm{j})(s+1-\mathrm{j})$$

即

$$D^*(s) = s^3 + 4s^2 + 6s + 4 = s^3 + a_1^* s^2 + a_2^* s + a_3^*$$

(4) 利用简易计算式(5-35)求 $\boldsymbol{F}$ 阵。

令 $\boldsymbol{F} = [f_3 \quad f_2 \quad f_1]$，根据 $f_j = a_j^* - a_j$，有

$$\begin{cases} f_1 = a_1^* - a_1 = 4 - 3 = 1 \\ f_2 = a_2^* - a_2 = 6 - 2 = 4 \\ f_3 = a_3^* - a_3 = 4 - 0 = 4 \end{cases}$$

所以
$$\boldsymbol{F} = [f_3 \quad f_2 \quad f_1] = [4 \quad 4 \quad 1]$$

(5) 绘制 Σ_F 的状态变量结构图，如图 5-10 所示。

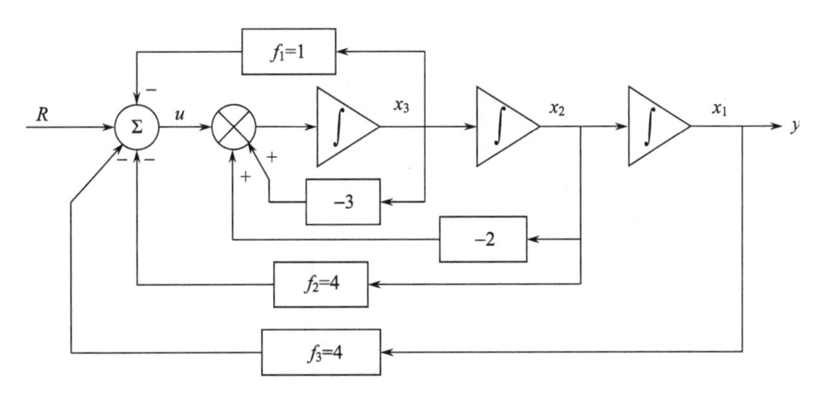

图 5-10　例 5.2 状态反馈闭环系统状态变量图

【例 5.3】　设系统 $\Sigma_0(\boldsymbol{A},\boldsymbol{B})$ 为

$$\begin{cases} \dot{\boldsymbol{x}} = \begin{bmatrix} 0 & 1 \\ 0 & -5 \end{bmatrix}\boldsymbol{x} + \begin{bmatrix} 0 \\ 1 \end{bmatrix}[u] \\ \boldsymbol{y} = [1 \quad 0]\boldsymbol{x}, \qquad \boldsymbol{D} = \boldsymbol{0} \end{cases}$$

试用 Σ_F 配置闭环期望极点 $\lambda_{1,2}^* = -3 \pm \mathrm{j}4$。

方法一：用比较法解算。

解　(1) 校核Σ_F的存在性。

因为$\operatorname{rank}\boldsymbol{Q}_k = 2 = n$，所以系统$\Sigma_F$存在且能任意配置极点。事实上，$\Sigma_0$已是能控规范型。

故Σ_F存在。

(2) 期望特征多项式$D^*(s)$为

$$D^*(s) = \prod_{j=1}^{n}\left(s - \lambda_j^*\right) = s^2 + 6s + 25 \tag{5-36}$$

(3) Σ_F的闭环特征多项式$D_f(s)$为

$$D_f(s) \triangleq \det\{s\boldsymbol{I} - \boldsymbol{A} + \boldsymbol{B}\boldsymbol{F}\}$$

式中，$\boldsymbol{A}$为系统矩阵，$\boldsymbol{B}$为输入矩阵。

令$\boldsymbol{F} = [f_1 \quad f_2]$，则有

$$\begin{aligned} D_f(s) &\triangleq \det\left\{\begin{bmatrix} s & 0 \\ 0 & s \end{bmatrix} - \begin{bmatrix} 0 & 1 \\ 0 & -5 \end{bmatrix} + \begin{bmatrix} 0 \\ 1 \end{bmatrix}[f_1 \quad f_2]\right\} = \det\begin{bmatrix} s & -1 \\ f_1 & s+5+f_2 \end{bmatrix} \\ &= s^2 + (5+f_2)s + f_1 \end{aligned} \tag{5-37}$$

(4) $D_f(s) \equiv D^*(s)$，比较式(5-36)和式(5-37)可得

$$\begin{cases} 6 = 5 + f_2 \\ 25 = f_1 \end{cases}$$

解得

$$\begin{cases} f_1 = 25 \\ f_2 = 1 \end{cases}$$

即

$$\boldsymbol{F} = [f_1 \quad f_2] = [25 \quad 1]$$

(5) 绘出状态反馈闭环系统Σ_F的状态变量结构图如图 5-11 所示。

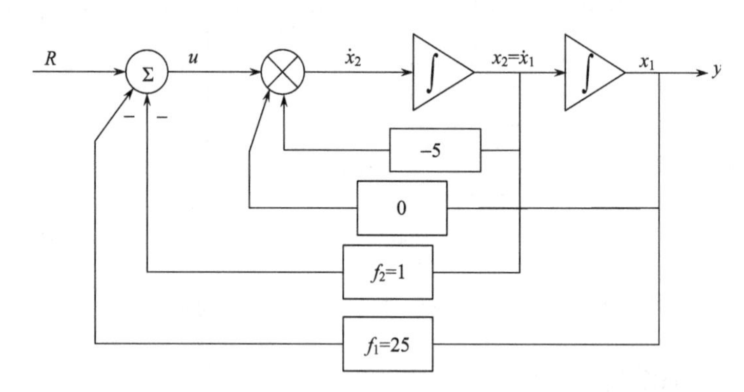

图 5-11　例 5.3 状态反馈闭环系统Σ_F的状态变量结构图

方法二：用简易计算法解算。

解　(1) 校核Σ_F是否存在。Σ_0是能控规范形，故Σ_F存在，且能任意配置闭环极点。

(2) 原系统Σ_0的特征多项式$D_0(s)$为

$$D_0(s) \triangleq \det[s\boldsymbol{I}-\boldsymbol{A}] = \det\left\{\begin{bmatrix} s & 0 \\ 0 & s \end{bmatrix} - \begin{bmatrix} 0 & 1 \\ 0 & -5 \end{bmatrix}\right\} = \det\begin{bmatrix} s & -1 \\ 0 & s+5 \end{bmatrix}$$

$$= s^2+5s+0 = s^2+a_1 s+a_2 \tag{5-38}$$

(3) 期望特征多项式 $D^*(s)$ 为

$$D^*(s) = \prod_{j=1}^{2}(s-\lambda_j^*) = (s+3+\mathrm{j}4)(s+3-\mathrm{j}4) = (s+3)^2-(\mathrm{j}4)^2$$

$$= s^2+6s+25 = s^2+a_1^* s+a_2^* \tag{5-39}$$

(4) 令 $\boldsymbol{F}=[f_2 \quad f_1]$，由 $f_j = a_j^* - a_j$ 得

$$f_1 = a_1^* - a_1 = 6-5 = 1$$

$$f_2 = a_2^* - a_2 = 25-0 = 25$$

求得

$$\boldsymbol{F} = [f_2 \quad f_1] = [25 \quad 1]$$

(5) 绘出 Σ_F 的状态变量图仍如图 5-11 所示。

【例 5.4】　设系统 $\Sigma_0(\boldsymbol{A},\boldsymbol{B})$ 如图 5-12 所示。

试用 Σ_F 配置系统闭环(期望)极点为 $\lambda_{1,2}^* = -7.07 \pm \mathrm{j}7.07$，且 $|\lambda_3^*| \gg |\lambda_{1,2}^*|$。

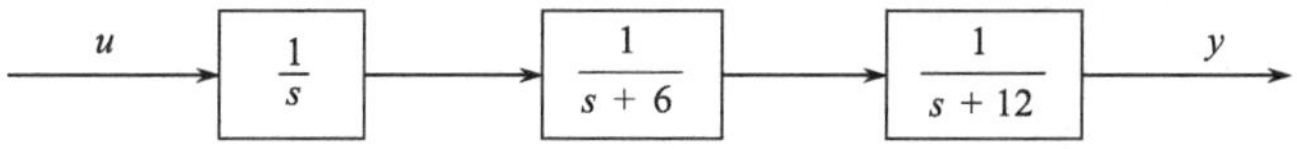

u → [1/s] → [1/(s + 6)] → [1/(s + 12)] → y

图 5-12　系统 Σ_0 的方框图

解　(1) 求取原系统 Σ_0 状态空间模型及原系统特征多项式 $D_0(s)$。

因为

$$G_0(s) = \frac{1}{s(s+6)(s+12)} = \frac{1}{s^3+18s^2+72s} = \frac{M_0(s)}{D_0(s)}$$

所以

$$D_0(s) = s^3+18s^2+72s+0 = s^3+a_1 s^2+a_2 s+a_3 \tag{5-40}$$

由第 1 章方法可得 Σ_0 为

$$\Sigma_0:\ \begin{cases} \dot{\boldsymbol{x}} = \begin{bmatrix} 0 & 1 & 0 \\ 0 & 0 & 1 \\ -a_3 & -a_2 & -a_1 \end{bmatrix}\boldsymbol{x} + \begin{bmatrix} 0 \\ 0 \\ 1 \end{bmatrix}[u] \\ \boldsymbol{y} = [1 \quad 0 \quad 0]\boldsymbol{x}, \qquad \boldsymbol{D}=\boldsymbol{0} \end{cases}$$

其中，$\boldsymbol{A} = \begin{bmatrix} 0 & 1 & 0 \\ 0 & 0 & 1 \\ 0 & -72 & -18 \end{bmatrix}$。

(2) 校核 Σ_0 的能控性。

因为 $\mathrm{rank}\boldsymbol{Q}_k = 3$，所以 Σ_F 存在且可以任意配置极点。事实上，Σ_0 已是能控规范型，当

然，也可由Σ_0中串联环节无零极点相消，得出Σ_F存在且可任意配置极点的结论。

(3) 求系统闭环期望特征多项式$D^*(s)$。

这里，为方便运算，取$\left|\lambda_3^*\right|=10\left|\lambda_{1,2}^*\right|=100$，即$\lambda_3^*=-100$

$$\begin{aligned}D^*(s)&=\prod_{j=1}^{n}\left(s-\lambda_j^*\right)=\left(s-\lambda_1^*\right)\left(s-\lambda_2^*\right)\left(s-\lambda_3^*\right)\\&=(s+7.07+\mathrm{j}7.07)(s+7.07-\mathrm{j}7.07)(s+100)\\&=s^3+114.1s^2+1510s+10^4\\&=s^3+a_1^*s^2+a_2^*s+a_3^*\end{aligned}\tag{5-41}$$

(4) 求$\boldsymbol{F}$阵。

设$\boldsymbol{F}=\begin{bmatrix}f_3 & f_2 & f_1\end{bmatrix}$，由简易计算法$f_j=a_j^*-a_j$得

$$f_1=a_1^*-a_1=114.1-18=96.1$$
$$f_2=a_2^*-a_2=1510-72=1438$$
$$f_3=a_3^*-a_3=10^4-0=10^4$$

所以
$$\boldsymbol{F}=\begin{bmatrix}f_3 & f_2 & f_1\end{bmatrix}=\begin{bmatrix}10^4 & 1438 & 96\end{bmatrix}$$

(5) 最后绘制Σ_F的状态变量结构图，如图 5-13 所示。

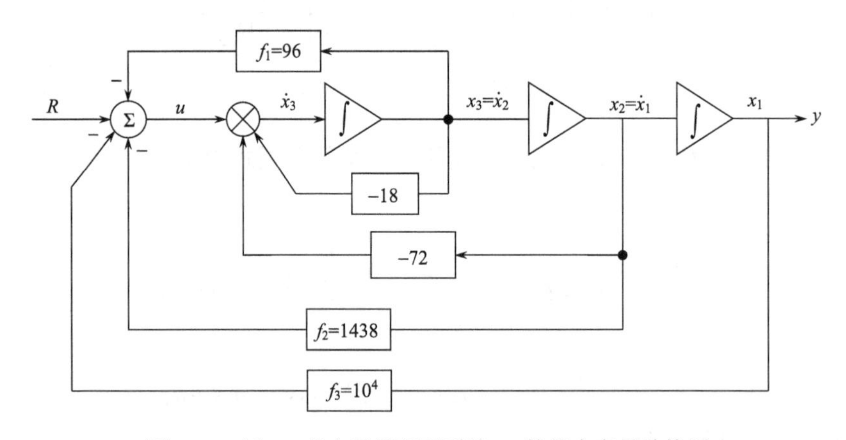

图 5-13　例 5.4 状态反馈闭环系统Σ_F的状态变量结构图

【例 5.5】　原系统$\Sigma_0(\boldsymbol{A},\boldsymbol{B})$结构如图 5-14 所示。试利用状态反馈使系统闭环，并使系统满足动态性能期望指标：最大百分比超调量$\sigma_{\mathrm{p}}\%\leqslant 5\%$，动态过程时间$t_s\leqslant 1\mathrm{s}$ (对应最大容许误差范围为 2%)。

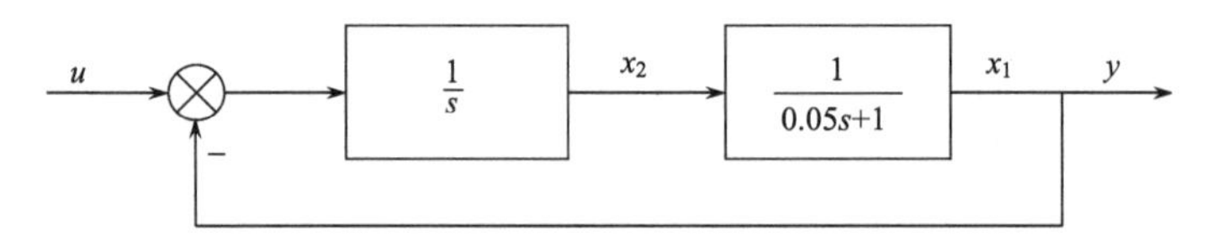

图 5-14　例 5.5 原系统Σ_0的方框图

解　(1)建立系统状态空间模型。

根据原系统结构框图，可利用方框图法的单一回路处理法绘出原系统状态变量图如图 5-15 所示。

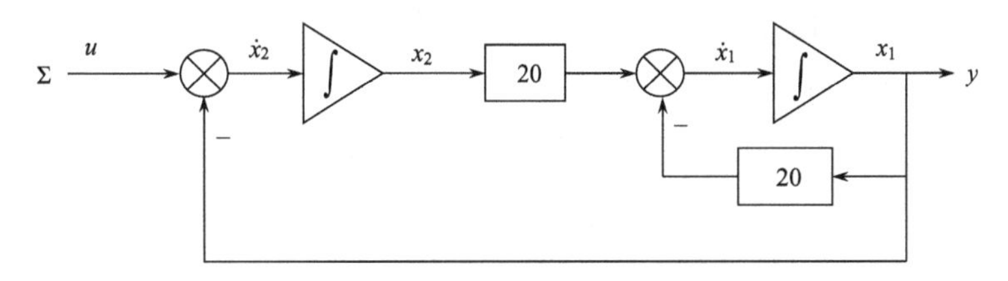

图 5-15　例 5.5 原系统 Σ_0 的状态变量图

显然由上述状态变量图和所选状态变量，通过框图运算可得系统状态空间模型，即

$$\begin{cases}\dot{\boldsymbol{x}}=\begin{bmatrix}-20 & 20\\ -1 & 0\end{bmatrix}\boldsymbol{x}+\begin{bmatrix}0\\ 1\end{bmatrix}\boldsymbol{u}\\ \boldsymbol{y}=\begin{bmatrix}1 & 0\end{bmatrix}\boldsymbol{x}\end{cases}$$

(2)考察原系统状态能控性

$$\operatorname{rank}\boldsymbol{Q}_k=\operatorname{rank}[\boldsymbol{B} \mid \boldsymbol{AB}]=\operatorname{rank}\begin{bmatrix}0 & 20\\ 1 & 0\end{bmatrix}=2=n$$

可见系统状态完全能控，状态反馈阵 $\boldsymbol{F}$ 存在并能任意配置极点。

(3)确定系统闭环期望极点 $\lambda_{1,2}^*$。

闭环期望极点 $\lambda_{1,2}^*$ 可由给定的系统闭环动态指标加以确定，即

$$\begin{cases}\sigma_{\mathrm{p}}\%=\mathrm{e}^{-\xi\pi/\sqrt{1-\xi^2}}\times 100\%\leqslant 5\%\\ t_s=4\dfrac{1}{\xi\omega_n}\leqslant 1\end{cases}$$

求得近似解 $\begin{cases}\xi=0.707\\ \omega_n\geqslant 7.07(1/\mathrm{s})\end{cases}$，可取 $\begin{cases}\xi=0.707\\ \omega_n=8(1/\mathrm{s})\end{cases}$ 计算。

于是，由 $\lambda_{1,2}^*=-\xi\omega_n\pm\mathrm{j}\omega_n\sqrt{1-\xi^2}$ 并代入 ξ=0.707 和 $\omega_n=8$，则得到系统期望极点为

$$\begin{cases}\lambda_1^*=-5.7+\mathrm{j}5.7\\ \lambda_2^*=-5.7-\mathrm{j}5.7\end{cases}$$

(4)求闭环系统的期望特征多项式 $D^*(s)$

$$D^*(s)=\prod_{j=1}^{2}\left(s-\lambda_j^*\right)=(s+5.7+\mathrm{j}5.7)(s+5.7-\mathrm{j}5.7)$$
$$\doteq s^2+11.4s+65$$

(5)利用状态反馈闭环系统的特征多项式 $D_f(s)$ 求出 $\boldsymbol{F}$。

令状态反馈阵 $\boldsymbol{F}=[f_1 \quad f_2]$，则

$$D_f(s)=\det\{s\boldsymbol{I}-\boldsymbol{A}+\boldsymbol{BF}\}=\det\left\{\begin{bmatrix}s&0\\0&s\end{bmatrix}-\begin{bmatrix}-20&20\\-1&0\end{bmatrix}+\begin{bmatrix}0\\1\end{bmatrix}\begin{bmatrix}f_1&f_2\end{bmatrix}\right\}$$

$$=\det\begin{bmatrix}s+20&-20\\1+f_1&s+f_2\end{bmatrix}=s^2+(20+f_2)s+20(f_2+f_1+1)$$

显然，$D_f(s)\equiv D^*(s)$，则由比较可得到

$$\boldsymbol{F}=\begin{bmatrix}f_1&f_2\end{bmatrix}=\begin{bmatrix}10.85&-8.6\end{bmatrix}$$

(6)绘出状态反馈闭环系统Σ_F的状态变量结构图如图 5-16 所示。

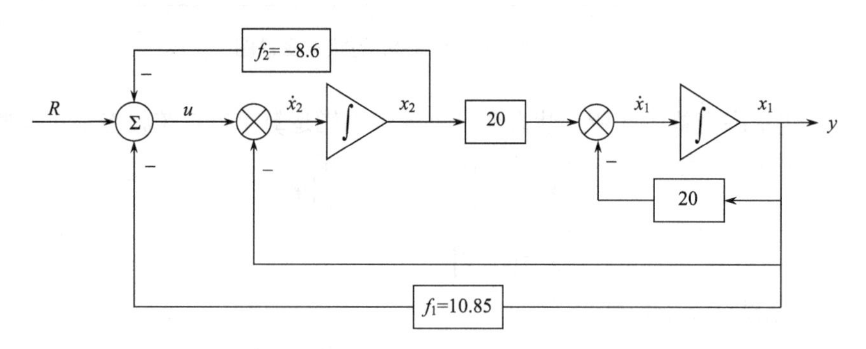

图 5-16　例 5.5 状态反馈闭环系统Σ_F的状态变量结构图

5.4　状态重构问题

状态反馈有两大优点，一是状态反馈阵$\boldsymbol{F}$是常阵，不会产生新零点去抵消极点，所以状态反馈不破坏原系统Σ_0的能控性。二是状态反馈能够任意配置闭环极点，这将使系统的某些性能指标，如二次型指标能够成为最优。

高精度工程实际系统最常用的是状态反馈。但是，状态反馈在工程实际应用中有时也存在一个现实问题，即当系统状态在物理上是不可测量的，则在工程实际中，状态就无法被量测(被取出)，那么状态反馈在工程(物理)上就不可能被实现。

为解决工程中的这一实际问题，可以考虑采用一种设备或装置，利用原系统Σ_0中的一些参量来重新构造与原系统Σ_0完全等同的“重构状态”，当然这些重构的状态在物理上是完全可以被量测(被取出)的，从而实现状态反馈。将这种能产生状态重构值$\hat{\boldsymbol{x}}$的设备或装置称作状态观测器(State Observer)。

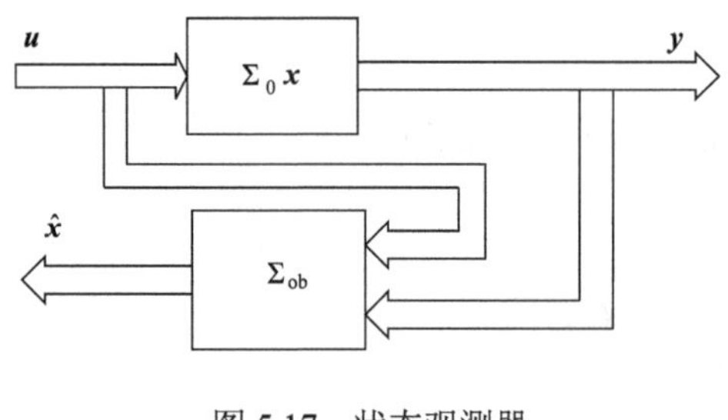

图 5.17　状态观测器

5.4.1　观测器的定义

所谓状态观测器就是能够利用原系统$\Sigma_0(\boldsymbol{A},\boldsymbol{B},\boldsymbol{C})$的输出$\boldsymbol{y}$和输入$\boldsymbol{u}$来产生系统状态$\boldsymbol{x}$的重构值$\hat{\boldsymbol{x}}$的装置，记为$\Sigma_{ob}$。如图 5-17 所示。图中，$\boldsymbol{x}$是原系统的状态，$\hat{\boldsymbol{x}}$是原系统$\Sigma_0(\boldsymbol{A},\boldsymbol{B},\boldsymbol{C})$的状态重构值。

应当强调，状态重构值 $\hat{\boldsymbol{x}}$ 应满足：物理上完全可以被量测，即取得出来。

理论上 $\lim\limits_{t\to\infty}\left[\boldsymbol{x}(t)-\hat{\boldsymbol{x}}(t)\right]=\boldsymbol{0}$，即

$$\boldsymbol{x}(t)\equiv\hat{\boldsymbol{x}}(t) \tag{5-42}$$

5.4.2　观测器的结构

显然，观测器也是一个线性时不变系统——闭环系统中的一个子系统。

1. 开环观测器(Open-loop Observer)

开环观测器的结构如图 5-18 所示。显然，对于开环观测器 Σ_{ob}，如果初始条件、结构参数以及系数矩阵 $\hat{\boldsymbol{A}}$，$\hat{\boldsymbol{B}}$，$\hat{\boldsymbol{C}}$ 都分别与原系统 Σ_0 相等，即 $\boldsymbol{A}=\hat{\boldsymbol{A}}$，$\boldsymbol{B}=\hat{\boldsymbol{B}}$，$\boldsymbol{C}=\hat{\boldsymbol{C}}$，则状态重构值 $\hat{\boldsymbol{x}}$ 就完全等于原系统 Σ_0 的状态 $\boldsymbol{x}$，即 $\hat{\boldsymbol{x}}\equiv\boldsymbol{x}$、$\hat{\boldsymbol{y}}\equiv\boldsymbol{y}$。但实际上，一般来说 $\hat{\boldsymbol{A}}\neq\boldsymbol{A}$、$\hat{\boldsymbol{B}}\neq\boldsymbol{B}$、$\hat{\boldsymbol{C}}\neq\boldsymbol{C}$，且 $\hat{\boldsymbol{x}}(t_0)\neq\boldsymbol{x}(t_0)$，所以重构值 $\hat{\boldsymbol{x}}$ 是不完全等于原系统状态值 $\boldsymbol{x}$ 的，即 $\hat{\boldsymbol{x}}\neq\boldsymbol{x}$、$\hat{\boldsymbol{y}}\neq\boldsymbol{y}$。

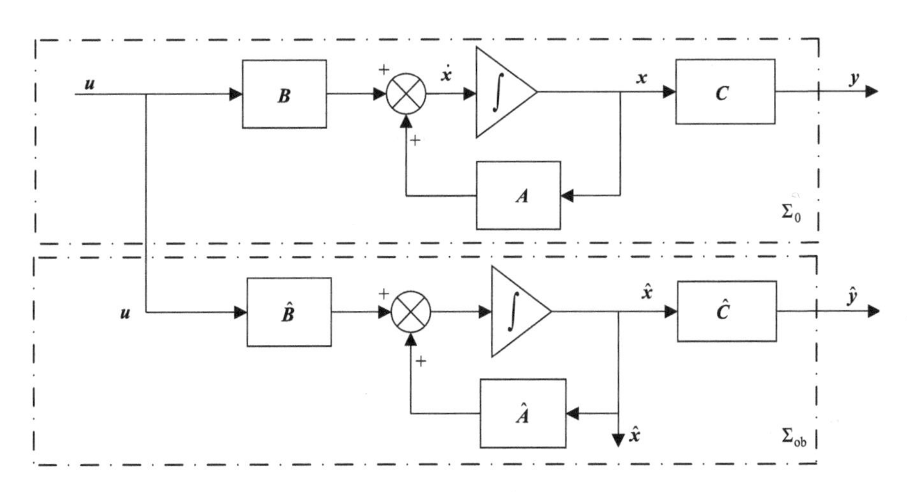

图 5-18　开环观测器的结构图

2. 闭环观测器(Closed-loop Observer)

通过图 5-19 所示的负反馈，利用观测器的反馈矩阵 $\boldsymbol{G}$ 阵将观测器输出与原系统输出的偏差 $(\boldsymbol{y}-\hat{\boldsymbol{y}})$ 送回到观测器输入端对系统重构状态进行控制或调整，从而形成了观测器的闭环结构。由于负反馈的作用可使得重构值 $\hat{\boldsymbol{x}}\Rightarrow\boldsymbol{x}$ 或者 $\lim\limits_{t\to\infty}(\boldsymbol{x}-\hat{\boldsymbol{x}})\doteq\boldsymbol{0}$。

但是，工程中，人们要利用的是观测器的状态重构值 $\hat{\boldsymbol{x}}$，而不是观测器子系统的输出 $\hat{\boldsymbol{y}}$。利用结构图的变换，经常将图 5-19 转换成更直观，更便于理解的常见闭环观测器结构。如图 5-20 所示。

通常，所谓的观测器指的就是闭环观测器。通过方框图转换，得到观测器的状态空间模型为

$$\Sigma_{\text{ob}}:\begin{cases}\dot{\hat{\boldsymbol{x}}}=(\boldsymbol{A}-\boldsymbol{GC})\hat{\boldsymbol{x}}+\boldsymbol{Bu}+\boldsymbol{Gy} & (\Sigma_{\text{ob}}\text{的状态方程})\\ \hat{\boldsymbol{x}}=\hat{\boldsymbol{x}}\quad\text{或}\quad\boldsymbol{x}^*=\boldsymbol{K}\hat{\boldsymbol{x}} & (\Sigma_{\text{ob}}\text{的输出方程})\end{cases} \tag{5-43}$$

这里，$\hat{\boldsymbol{x}}$ 和 $\boldsymbol{x}^*$ 均可视为状态重构值。

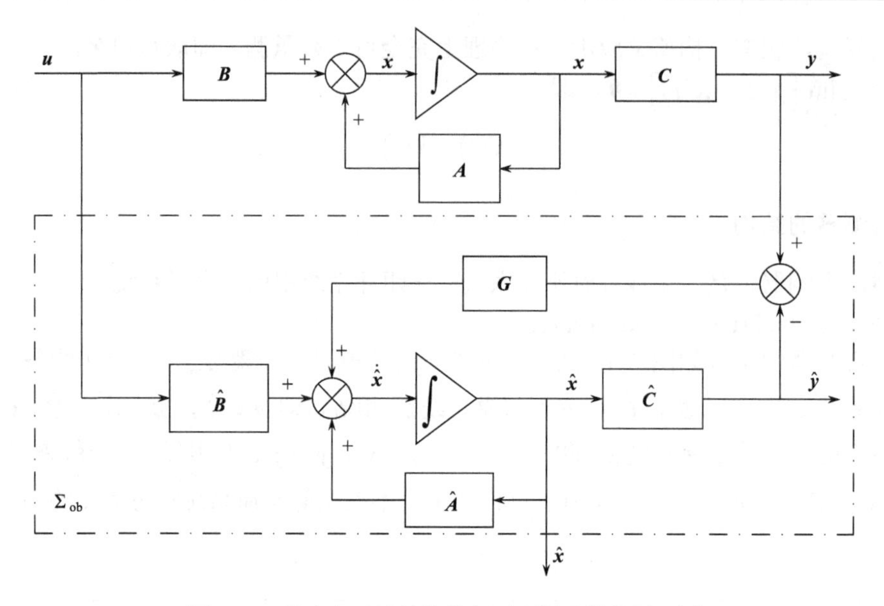

图 5-19　具有负反馈结构的闭环观测器结构原理图

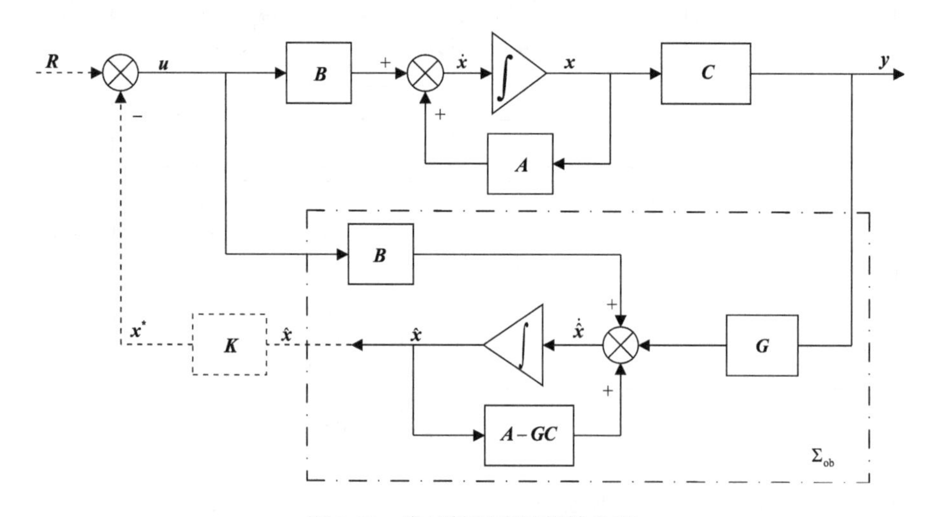

图 5-20　常见闭环观测器结构图

5.4.3　观测器的存在条件

对于具有常系数矩阵的线性系统，有如下定理。

定理 5-8　状态观测器存在的充分条件是原系统 $\Sigma_0(\boldsymbol{A},\boldsymbol{B},\boldsymbol{C})$ 是状态完全可观测的。即

$$\operatorname{rank}\boldsymbol{Q}_g=\operatorname{rank}\begin{bmatrix}\boldsymbol{C} & \boldsymbol{CA} & \boldsymbol{CA}^2 & \cdots & \boldsymbol{CA}^{n-1}\end{bmatrix}^{\mathrm{T}}=n=\text{满秩} \tag{5-44}$$

定理 5-9　对于线性时不变系统 $\Sigma_0(\boldsymbol{A},\boldsymbol{B},\boldsymbol{C})$，状态观测器存在的充分必要条件是原系统 $\Sigma_0(\boldsymbol{A},\boldsymbol{B},\boldsymbol{C})$ 中不可观测子系统是渐近稳定的。

定理 5-10　对于线性时不变系统 $\Sigma_0(\boldsymbol{A},\boldsymbol{B},\boldsymbol{C})$，在状态观测器 Σ_{ob} 存在的条件下，通过改变 $\boldsymbol{G}$ 阵中各元能够任意配置观测器 Σ_{ob} 的极点。

引理　如果系统状态反馈阵 $\boldsymbol{F}$ 存在，且系统的观测器 Σ_{ob} 也存在，则利用观测器构成的状态反馈闭环系统 Σ_{F} 可以任意配置系统闭环极点。

以上定理和引理证明从略。

【例 5.6】　有开环系统 Σ_0 如下：

$$\begin{cases}\dot{\boldsymbol{x}}=\begin{bmatrix}0 & 1 & 0 & & & \\ 0 & 0 & 1 & & \boldsymbol{0} & \\ 0 & -2 & -3 & & & \\ & & & -4 & & \\ & \boldsymbol{0} & & & -5 & \\ & & & & & -6\end{bmatrix}\boldsymbol{x} \\ \boldsymbol{y}=\begin{bmatrix}1 & 0 & 0 & 0 & 0 & 0\end{bmatrix}\boldsymbol{x}\end{cases}$$

试判断系统状态观测器 Σ_{ob} 是否存在。

解　显然，由能观性第二判据可知 Σ_0 系统是状态不完全能观测的。其中，不能观子系统 Σ_2 为

$$\dot{\boldsymbol{x}}_2=\begin{bmatrix}-4 & & \\ & -5 & \\ & & -6\end{bmatrix}\boldsymbol{x}_2$$

满足 $\text{Re}\left[s_j\right]<0\ \left(j=1,2,3\right)$，故不能观测子系统是渐近稳定的。所以原系统 Σ_0 的状态观测器 Σ_{ob} 存在。

【例 5.7】　有 Σ_0 系统为

$$\begin{cases}\dot{\boldsymbol{x}}=\begin{bmatrix}0 & & & & & \\ & -1 & & & \boldsymbol{0} & \\ & & -2 & & & \\ & & & a-4 & 1 & 0 \\ & & \boldsymbol{0} & & a+b & 1 \\ & & & & & b+3\end{bmatrix}\boldsymbol{x} \\ \boldsymbol{y}=\begin{bmatrix}1 & 1 & 1 & 0 & 0 & 0\end{bmatrix}\boldsymbol{x}\end{cases}$$

试确定能使 Σ_0 系统观测器 Σ_{ob} 存在的参数 a 和 b 的值。

解　由能观性第二判据可知，Σ_0 是状态不完全能观的，且不能观子系统 Σ_2 为

$$\dot{\boldsymbol{x}}_2=\begin{bmatrix}a-4 & 1 & 0 \\ & a+b & 1 \\ \boldsymbol{0} & & b+3\end{bmatrix}\boldsymbol{x}_2$$

由 Σ_{ob} 存在条件可得

$$\begin{cases}a-4<0 \\ a+b<0 \\ b+3<0\end{cases}$$

及约当规范型结构条件

$$a-4=a+b=b+3<0$$

联立解得

$$\begin{cases}a=3\\ b=-4\end{cases}$$

5.4.4 观测器的类型

1. 全维观测器(Full-dimension Observer)

设 n 维系统 $\Sigma_0(\boldsymbol{A},\boldsymbol{B},\boldsymbol{C})$ 为

$$\Sigma_0:\begin{cases}\dot{\boldsymbol{x}}=\boldsymbol{A}\boldsymbol{x}+\boldsymbol{B}\boldsymbol{u}\\ \boldsymbol{y}=\boldsymbol{C}\boldsymbol{x}\end{cases} \tag{5-45}$$

且 Σ_0 观测器存在。于是状态观测器状态空间描述可写为

$$\Sigma_{\text{ob}}:\begin{cases}\dot{\hat{\boldsymbol{x}}}=(\boldsymbol{A}-\boldsymbol{G}\boldsymbol{C})\hat{\boldsymbol{x}}+\boldsymbol{B}\boldsymbol{u}+\boldsymbol{G}\boldsymbol{y}\\ \boldsymbol{x}^*=\boldsymbol{K}\hat{\boldsymbol{x}}\end{cases} \tag{5-46}$$

将 $\boldsymbol{y}=\boldsymbol{C}\boldsymbol{x}$ 代入 Σ_{ob} 数学描述式(5-46)中，有

$$\Sigma_{\text{ob}}:\begin{cases}\dot{\hat{\boldsymbol{x}}}=(\boldsymbol{A}-\boldsymbol{G}\boldsymbol{C})\hat{\boldsymbol{x}}+\boldsymbol{B}\boldsymbol{u}+\boldsymbol{G}\boldsymbol{C}\boldsymbol{x}\\ \boldsymbol{x}^*=\boldsymbol{K}\hat{\boldsymbol{x}}\end{cases} \tag{5-47}$$

式(5-47)中，$\hat{\boldsymbol{x}}$ 为状态重构值，$\boldsymbol{x}^*$ 为观测器的输出(也可视为系统状态重构值)。当 $\boldsymbol{K}=\boldsymbol{I}$ 时，$\boldsymbol{x}^*=\hat{\boldsymbol{x}}$。

比较方程式(5-45)和式(5-46)，显然，观测器 Σ_{ob} 与原系统 Σ_0 有相同的维数 n，即重构的状态 $\hat{\boldsymbol{x}}$ 的维数与原系统 $\boldsymbol{x}$ 状态维数相同，或者说，将原系统的全部状态都进行了重构。所以，称此观测器 Σ_{ob} 为 n 维(或 n 阶)观测器，亦称为 Σ_0 的全维观测器。

显然，全维观测器使闭环系统维数增加了一倍，即 Σ_{F} 规模为 $2n$ 维。当原系统全部状态分量都是物理上不可测量(不可取出)时，则必须构建全维观测器；若原系统为状态不完全可测量(不完全可取出)时，则只需要重构不可量测部分的状态分量——采用降维观测器。当然，也可以采用全维观测器。

全维观测器设计详见 5.5 节。

2. 降维观测器(Reduced-dimension Observer)

当系统的状态 $\boldsymbol{x}$ 在物理上是不完全可量测(不完全可取出)时，就可以采用降维观测器只重构不可量测那部分分量，而不必重构状态的全部分量。

当用降维观测器时，有两方面的问题要考虑，一是降维观测器能降至多少维，或者说降维观测器自身维数的确定；二是如何构造降维观测器。

有时不变系统 $\Sigma_0(\boldsymbol{A},\boldsymbol{B},\boldsymbol{C})$

$$\Sigma_0:\begin{cases}\dot{\boldsymbol{x}}=\boldsymbol{A}\boldsymbol{x}+\boldsymbol{B}\boldsymbol{u}\\ \boldsymbol{y}=\boldsymbol{C}\boldsymbol{x}\end{cases} \tag{5-48}$$

若 Σ_0 是状态完全能观的，即系统状态观测器 Σ_{ob} 存在。其中，原系统 Σ_0 为 n 维，$\boldsymbol{u}$ 为 r 维，$\boldsymbol{y}$ 为 m 维。且 $r\leqslant n$，$m\leqslant n$。

同时，$\mathrm{rank}\boldsymbol{Q}_g = n$，注意到$\mathrm{rank}\boldsymbol{C} = m$。

下面给出典型分析步骤。

(1)重新排列输出矩阵$\boldsymbol{C}_{m\times n}$，即

$$\boldsymbol{C} = \begin{bmatrix} \underbrace{\boldsymbol{C}_1}_{(n-m)} & \underbrace{\boldsymbol{C}_2}_{(m)} \end{bmatrix}_{m\times n} \tag{5-49}$$

其中，$\boldsymbol{C}_2$为$m\times m$的非奇异方阵子块，即$\mathrm{rank}\boldsymbol{C}_2 = m$，所以，$\boldsymbol{C}_2^{-1}$存在。

这里“重排”的原因是：输出$\boldsymbol{y}$是m维，输出$\boldsymbol{y}$总是可以被物理量测的(可取出的)。这样至少可以有m个状态分量可以由$\boldsymbol{y}$来替代而不需要重构，即只需要重构$(n-m)$个不可量测的状态分量。

(2)对系统矩阵$\boldsymbol{A}$和输入矩阵$\boldsymbol{B}$也要做相应于$\boldsymbol{C}$阵的重排，可表示为如下子块阵，即

$$\boldsymbol{A} = \begin{bmatrix} \boldsymbol{A}_{11} & \boldsymbol{A}_{12} \\ \underbrace{\boldsymbol{A}_{21}}_{(n-m)} & \underbrace{\boldsymbol{A}_{22}}_{m} \end{bmatrix}_{n\times n} \begin{matrix} \}(n-m) \\ \}(m) \end{matrix}, \quad \boldsymbol{B} = \begin{bmatrix} \boldsymbol{B}_1 \\ \underbrace{\boldsymbol{B}_2}_{r} \end{bmatrix}_{n\times r} \begin{matrix} \}(n-m) \\ \}(m) \end{matrix} \tag{5-50}$$

(3)引入非奇异变换阵$\boldsymbol{P}$和$\boldsymbol{P}^{-1}$，即有$\boldsymbol{P}\boldsymbol{P}^{-1} = \boldsymbol{I}$。令

$$\boldsymbol{P} = \begin{bmatrix} \boldsymbol{I} & \boldsymbol{0} \\ \underbrace{-\boldsymbol{C}_2^{-1}\boldsymbol{C}_1}_{(n-m)} & \underbrace{\boldsymbol{C}_2^{-1}}_{(m)} \end{bmatrix} \begin{matrix} \}(n-m) \\ \}(m) \end{matrix} \tag{5-51}$$

显然

$$\boldsymbol{P}^{-1} = \begin{bmatrix} \boldsymbol{I} & \boldsymbol{0} \\ \underbrace{\boldsymbol{C}_1}_{(n-m)} & \underbrace{\boldsymbol{C}_2}_{(m)} \end{bmatrix} \begin{matrix} \}(n-m) \\ \}(m) \end{matrix} \tag{5-52}$$

(4)对$\Sigma_0(\boldsymbol{A},\boldsymbol{B},\boldsymbol{C})$取非奇异变换$\tilde{\boldsymbol{x}} = \boldsymbol{P}^{-1}\boldsymbol{x}$，有

$$\begin{aligned} \tilde{\boldsymbol{A}} &= \begin{bmatrix} \tilde{\boldsymbol{A}}_{11} & \tilde{\boldsymbol{A}}_{12} \\ \tilde{\boldsymbol{A}}_{21} & \tilde{\boldsymbol{A}}_{22} \end{bmatrix} = \boldsymbol{P}^{-1}\boldsymbol{A}\boldsymbol{P} = \begin{bmatrix} \boldsymbol{I} & \boldsymbol{0} \\ \boldsymbol{C}_1 & \boldsymbol{C}_2 \end{bmatrix} \begin{bmatrix} \boldsymbol{A}_{11} & \boldsymbol{A}_{12} \\ \boldsymbol{A}_{21} & \boldsymbol{A}_{22} \end{bmatrix} \begin{bmatrix} \boldsymbol{I} & \boldsymbol{0} \\ -\boldsymbol{C}_2^{-1}\boldsymbol{C}_1 & \boldsymbol{C}_2^{-1} \end{bmatrix} \\ &= \begin{bmatrix} \boldsymbol{A}_{11} - \boldsymbol{A}_{12}\boldsymbol{C}_2^{-1}\boldsymbol{C}_1 & \boldsymbol{A}_{12}\boldsymbol{C}_2^{-1} \\ (\boldsymbol{C}_1\boldsymbol{A}_{11} + \boldsymbol{C}_2\boldsymbol{A}_{21}) - (\boldsymbol{C}_1\boldsymbol{A}_{12} + \boldsymbol{C}_2\boldsymbol{A}_{22})\boldsymbol{C}_2^{-1}\boldsymbol{C}_1 & (\boldsymbol{C}_1\boldsymbol{A}_{12} + \boldsymbol{C}_2\boldsymbol{A}_{22})\boldsymbol{C}_2^{-1} \end{bmatrix} \end{aligned} \tag{5-53}$$

$$\tilde{\boldsymbol{B}} = \begin{bmatrix} \tilde{\boldsymbol{B}}_1 \\ \tilde{\boldsymbol{B}}_2 \end{bmatrix} = \boldsymbol{P}^{-1}\boldsymbol{B} = \begin{bmatrix} \boldsymbol{I} & \boldsymbol{0} \\ \boldsymbol{C}_1 & \boldsymbol{C}_2 \end{bmatrix} \begin{bmatrix} \boldsymbol{B}_1 \\ \boldsymbol{B}_2 \end{bmatrix} = \begin{bmatrix} \boldsymbol{B}_1 \\ \boldsymbol{C}_1\boldsymbol{B}_1 + \boldsymbol{C}_2\boldsymbol{B}_2 \end{bmatrix} \tag{5-54}$$

$$\tilde{\boldsymbol{C}} = \begin{bmatrix} \tilde{\boldsymbol{C}}_1 & \tilde{\boldsymbol{C}}_2 \end{bmatrix} = \boldsymbol{C}\boldsymbol{P} = \begin{bmatrix} \boldsymbol{C}_1 & \boldsymbol{C}_2 \end{bmatrix} \begin{bmatrix} \boldsymbol{I} & \boldsymbol{0} \\ -\boldsymbol{C}_2^{-1}\boldsymbol{C}_1 & \boldsymbol{C}_2^{-1} \end{bmatrix} = \begin{bmatrix} \boldsymbol{0} & \boldsymbol{I} \end{bmatrix} \tag{5-55}$$

显然，由式(5-55)得到$\tilde{\boldsymbol{y}} = \tilde{\boldsymbol{C}}\tilde{\boldsymbol{x}} = \begin{bmatrix} \boldsymbol{0} & \boldsymbol{I} \end{bmatrix} \begin{bmatrix} \tilde{\boldsymbol{x}}_1 \\ \tilde{\boldsymbol{x}}_2 \end{bmatrix} = \tilde{\boldsymbol{x}}_2$，表示$\tilde{\boldsymbol{x}}_2$完全可由输出$\tilde{\boldsymbol{y}}$来替代而成为物理可量测的部分。

(5)得到变换后的$\tilde{\Sigma}_0$的状态空间描述为

$$\begin{cases} \dot{\tilde{x}} = \begin{bmatrix} \dot{\tilde{x}}_1 \\ \dot{\tilde{x}}_2 \end{bmatrix} = \begin{bmatrix} \tilde{A}_{11} & \tilde{A}_{12} \\ \tilde{A}_{21} & \tilde{A}_{22} \end{bmatrix} \begin{bmatrix} \tilde{x}_1 \\ \tilde{x}_2 \end{bmatrix} + \begin{bmatrix} \tilde{B}_1 \\ \tilde{B}_2 \end{bmatrix} u \\ \tilde{y} = [\tilde{y}] = [0 \quad I] \begin{bmatrix} \tilde{x}_1 \\ \tilde{x}_2 \end{bmatrix} = \tilde{x}_2 \end{cases} \tag{5-56}$$

于是由上述五步，可得出如下结论。

① $\tilde{x}_2$ 为 m 维列向量，通过 $\tilde{y}$ 表现为物理上可量测部分，所以，$\tilde{x}_2$ 不需要重构。

② $\tilde{x}_1$ 为 $(n-m)$ 维列向量，是物理上不可量测部分，也就是需要重构部分。

③观测器的维数则为 $(n-m)$ 维——降维观测器的实际维数(至少维数)。

④状态反馈闭环系统 Σ_F 则是 $n+(n-m)=(2n-m)$ 维系统。

⑤ $\tilde{x}_1$ 和 $\tilde{x}_2$ 都是状态完全可观测的——观测器存在的充分条件。

(6)绘出上述按物理上可量测与不可量测结构分解的系统框图，如图 5-21 所示。

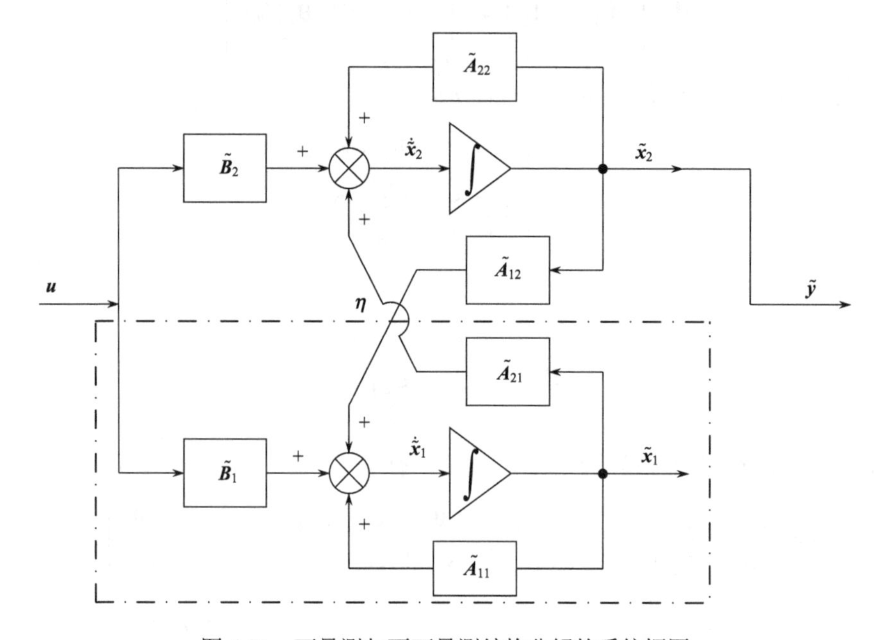

图 5-21　可量测与不可量测结构分解的系统框图

(7)按图 5-21 可以构造不可测量子系统 $\tilde{\Sigma}_1$ 的同维观测器。显然，子系统 $\tilde{\Sigma}_1$ 的状态空间描述为

$$\tilde{\Sigma}_1 : \begin{cases} \dot{\tilde{x}}_1 = \tilde{A}_{11}\tilde{x}_1 + \tilde{A}_{12}\tilde{x}_2 + \tilde{B}_1 u \\ \eta = \tilde{A}_{21}\tilde{x}_1 \end{cases} \tag{5-57}$$

或者

$$\tilde{\Sigma}_1 : \begin{cases} \dot{\tilde{x}}_1 = \tilde{A}_{11}\tilde{x}_1 + \tilde{A}_{12} y + \tilde{B}_1 u = \tilde{A}_{11}\tilde{x}_1 + V \\ \eta = \tilde{A}_{21}\tilde{x}_1 \end{cases} \tag{5-58}$$

式中

$$\begin{cases} \boldsymbol{V}=\tilde{\boldsymbol{A}}_{12}\boldsymbol{y}+\tilde{\boldsymbol{B}}_1\boldsymbol{u} \\ \boldsymbol{\eta}=\dot{\tilde{\boldsymbol{x}}}_2-\tilde{\boldsymbol{A}}_{22}\tilde{\boldsymbol{x}}_2-\tilde{\boldsymbol{B}}_2\boldsymbol{u}=\dot{\boldsymbol{y}}-\tilde{\boldsymbol{A}}_{22}\boldsymbol{y}-\tilde{\boldsymbol{B}}_2\boldsymbol{u} \end{cases} \tag{5-59}$$

如果认为$\boldsymbol{V}$ 等价于$\tilde{\Sigma}_1$的输入信号，$\boldsymbol{\eta}$等价于$\tilde{\Sigma}_1$的输出信号，那么，比较同维观测器状态空间模型式(5-46)，则可类似地写出$\tilde{\Sigma}_1$模型式(5-58)的同维观测器$\tilde{\Sigma}_{\text{ob1}}$的状态空间模型为

$$\tilde{\Sigma}_{\text{ob1}}:\begin{cases} \dot{\hat{\boldsymbol{x}}}=(\tilde{\boldsymbol{A}}_{11}-\boldsymbol{G}\tilde{\boldsymbol{A}}_{21})\hat{\boldsymbol{x}}+\boldsymbol{V}+\boldsymbol{G}\boldsymbol{\eta} \\ \boldsymbol{x}^*=\boldsymbol{K}\hat{\boldsymbol{x}} \end{cases} \tag{5-60}$$

将式(5-59)代入式(5-60)，有

$$\begin{aligned} \dot{\hat{\boldsymbol{x}}}&=(\tilde{\boldsymbol{A}}_{11}-\boldsymbol{G}\tilde{\boldsymbol{A}}_{21})\hat{\boldsymbol{x}}+\left(\tilde{\boldsymbol{A}}_{12}\tilde{\boldsymbol{y}}+\tilde{\boldsymbol{B}}_1\boldsymbol{u}\right)+\boldsymbol{G}\left(\dot{\tilde{\boldsymbol{y}}}-\tilde{\boldsymbol{A}}_{22}\tilde{\boldsymbol{y}}-\tilde{\boldsymbol{B}}_2\boldsymbol{u}\right) \\ &=(\tilde{\boldsymbol{A}}_{11}-\boldsymbol{G}\tilde{\boldsymbol{A}}_{21})\hat{\boldsymbol{x}}+\left(\tilde{\boldsymbol{A}}_{12}-\boldsymbol{G}\tilde{\boldsymbol{A}}_{22}\right)\tilde{\boldsymbol{y}}+\left(\tilde{\boldsymbol{B}}_1-\boldsymbol{G}\tilde{\boldsymbol{B}}_2\right)\boldsymbol{u}+\boldsymbol{G}\dot{\tilde{\boldsymbol{y}}} \end{aligned} \tag{5-61}$$

为简化运算，引入新变量$\tilde{\boldsymbol{Z}}$以设法消去上式中的$\dot{\tilde{\boldsymbol{y}}}$项。令$\hat{\boldsymbol{x}}=\tilde{\boldsymbol{Z}}+\boldsymbol{G}\boldsymbol{y}$或$\tilde{\boldsymbol{Z}}=\hat{\boldsymbol{x}}-\boldsymbol{G}\boldsymbol{y}$，代入式(5-61)，得

$$\begin{cases} \dot{\tilde{\boldsymbol{Z}}}=(\tilde{\boldsymbol{A}}_{11}-\boldsymbol{G}\tilde{\boldsymbol{A}}_{21})\hat{\boldsymbol{x}}+\left(\tilde{\boldsymbol{A}}_{12}-\boldsymbol{G}\tilde{\boldsymbol{A}}_{22}\right)\boldsymbol{y}+\left(\tilde{\boldsymbol{B}}_1-\boldsymbol{G}\tilde{\boldsymbol{B}}_2\right)\boldsymbol{u} \\ \hat{\boldsymbol{x}}=\tilde{\boldsymbol{Z}}+\boldsymbol{G}\boldsymbol{y} \end{cases} \tag{5-62}$$

按式(5-62)可以得到变换后的观测器$\tilde{\Sigma}_{\text{ob1}}$结构框图，如图 5-22 所示。

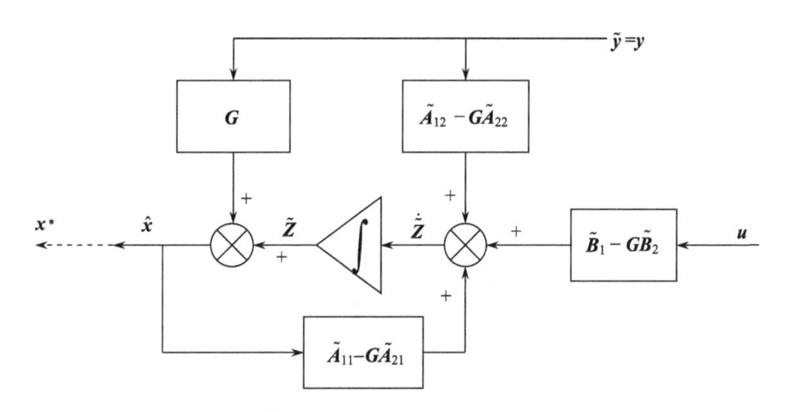

图 5-22　子系统$\tilde{\Sigma}_1$的同维观测器$\tilde{\Sigma}_{\text{ob1}}$结构框图

显然，$\hat{\boldsymbol{x}}$、$\tilde{\boldsymbol{Z}}$和$\boldsymbol{x}^*$全部都是$(n-m)$维列向量，表示了不可量测状态$\tilde{\boldsymbol{x}}_1$的重构值。

因此，从数学上对于变换后的$\tilde{\Sigma}_0$而言，其观测器必须取出n个状态变量以供状态反馈使用。即

$$\begin{bmatrix} \hat{\boldsymbol{x}} \\ \tilde{\boldsymbol{x}}_2 \end{bmatrix}=\begin{bmatrix} \hat{\boldsymbol{x}} \\ \boldsymbol{y} \end{bmatrix}=\tilde{\boldsymbol{\omega}} \tag{5-63}$$

于是可绘出系统“虚拟的”观测器$\tilde{\Sigma}_{\text{ob}}$图，如图 5-23 所示。

所谓“虚拟的”，是因为这个观测器$\tilde{\Sigma}_{\text{ob}}$是非奇异变换之后的系统$\tilde{\Sigma}_0$的状态观测器，是纯数学意义上的，它并不是原实际系统Σ_0的观测器。

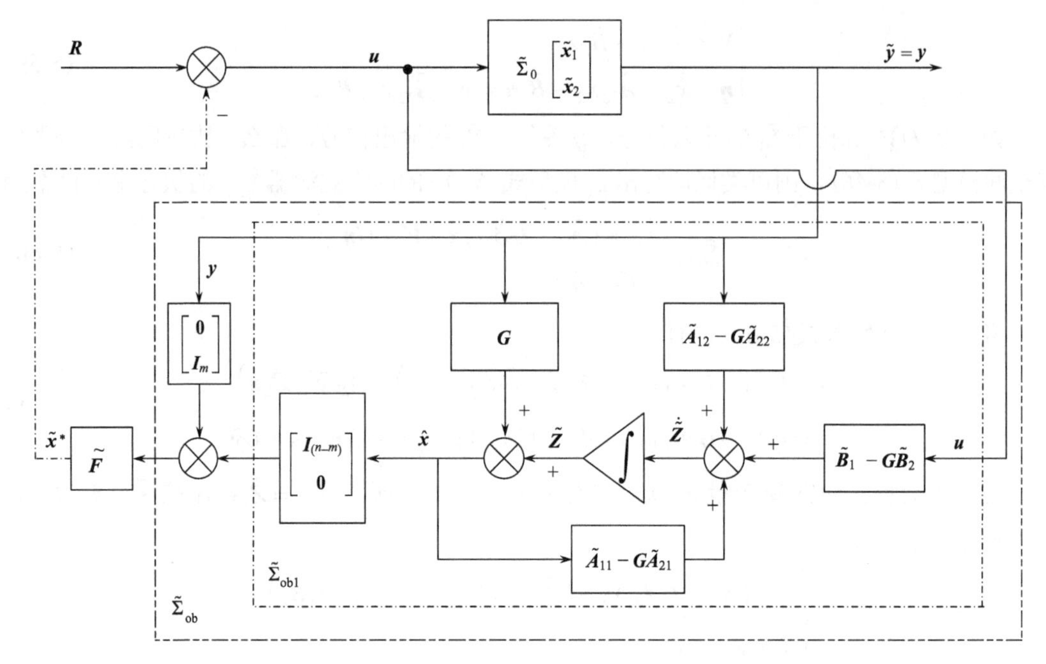

图 5-23　系统虚拟观测器 $\tilde{\Sigma}_{ob}$ 图

(8) 求原实际系统 Σ_0 的观测器 Σ_{ob} 结构。

需要注意的是，真正需要状态观测器 Σ_{ob} 的是原系统 Σ_0，而不是非奇异变换后系统 $\tilde{\Sigma}_0$。因此，还需经过非奇异逆变换转换回来，即将

$$\tilde{\Sigma}_0 \Rightarrow \Sigma_0$$

为此对 $\tilde{\Sigma}_0$ 的同维观测器的重构值 $\tilde{\boldsymbol{\omega}}$ 取前述非奇异逆变换，有

$$\boldsymbol{\omega}=\boldsymbol{P}\tilde{\boldsymbol{\omega}}=\begin{bmatrix}\boldsymbol{I} & \boldsymbol{0}\\-\boldsymbol{C}_2^{-1}\boldsymbol{C}_1 & \boldsymbol{C}_2^{-1}\end{bmatrix}\begin{bmatrix}\hat{\boldsymbol{x}}\\\tilde{\boldsymbol{x}}_2=\boldsymbol{y}\end{bmatrix} \tag{5-64}$$

故

$$\boldsymbol{\omega}=\begin{bmatrix}\hat{\boldsymbol{x}}\\-\boldsymbol{C}_2^{-1}\boldsymbol{C}_1\hat{\boldsymbol{x}}+\boldsymbol{C}_2^{-1}\boldsymbol{y}\end{bmatrix}=\begin{bmatrix}\boldsymbol{\omega}_1\\\boldsymbol{\omega}_2\end{bmatrix} \tag{5-65}$$

其中，$\boldsymbol{y}$ 为 Σ_0 的输出，$\hat{\boldsymbol{x}}$ 为 $\tilde{\Sigma}_0$ 的降维观测器 $\tilde{\Sigma}_{ob1}$ 的重构值，$\boldsymbol{\omega}$ 为原系统 Σ_0 的状态观测器 Σ_{ob} 的重构值。

于是，按

$$\begin{cases}\boldsymbol{\omega}_1=\hat{\boldsymbol{x}}\\\boldsymbol{\omega}_2=-\boldsymbol{C}_2^{-1}\boldsymbol{C}_1\hat{\boldsymbol{x}}+\boldsymbol{C}_2^{-1}\boldsymbol{y}\end{cases} \tag{5-66}$$

绘出系统 Σ_0 的状态观测器 Σ_{ob} 的结构框图，如图 5-24 所示。

严格意义上，Σ_{ob} 仍是与 Σ_0 同维的，但实际上，只重构了 $(n-m)$ 维状态，所以仍可以被称为 Σ_0 的降维观测器，只有这一状态观测器才能用于实际 Σ_0 系统中构成状态反馈闭环系统 Σ_F。

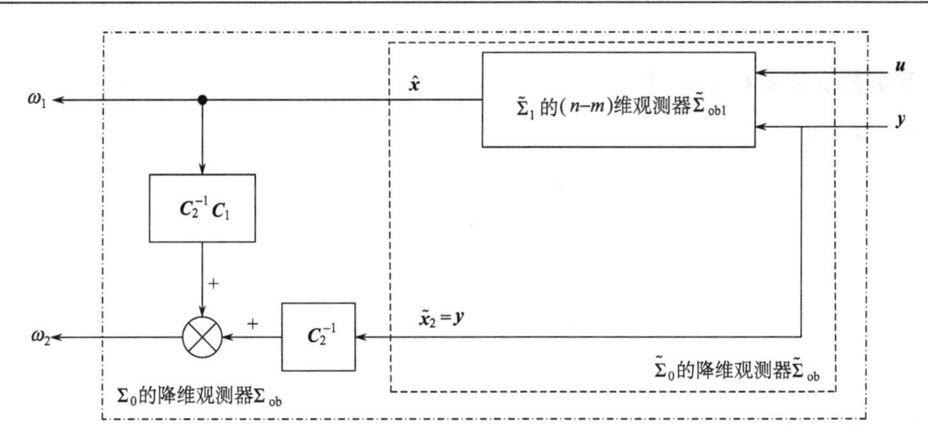

图 5-24　系统 Σ_0 的状态观测器 Σ_{ob} 的结构框图

5.5　观测器设计

所谓观测器设计(Observer Design)是指对观测器自身反馈阵 $\boldsymbol{G}$ 进行设计计算。由于观测器的作用是使被重构的状态分量在物理上能够被量测(被取出)，以使系统的状态反馈闭环系统得以实现，所以通常是在观测器 $\boldsymbol{G}$ 阵设计完成后，同时按系统期望闭环极点配置设计状态反馈矩阵 $\boldsymbol{F}$ 。

5.4 节已得到闭环观测器如图 5-25 所示。图中，$\boldsymbol{F}$ 为带有观测器的闭环系统的状态反馈矩阵，$\boldsymbol{K}$ 是为解决系统跟踪误差的输入放大矩阵，$\boldsymbol{G}$ 是观测器自身的反馈矩阵。

本节主要的问题就是讨论如何求取 $\boldsymbol{G}$ 阵和 $\boldsymbol{F}$ 阵。

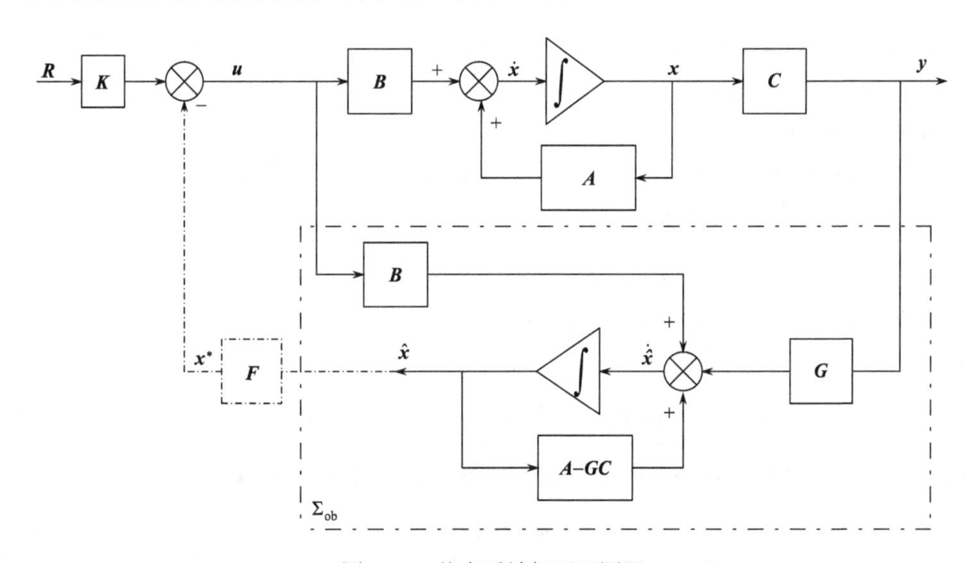

图 5-25　状态反馈闭环观测器

5.5.1　观测器反馈阵 G 的设计

设 $\Sigma_0\left(\boldsymbol{A},\boldsymbol{B},\boldsymbol{C}\right)$ 为

$$\Sigma_0:\begin{cases}\dot{\boldsymbol{x}}=\boldsymbol{Ax}+\boldsymbol{Bu}\\ \boldsymbol{y}=\boldsymbol{Cx}, \qquad \boldsymbol{D}=\boldsymbol{0}\end{cases} \qquad t\in\left[t_0,\infty\right) \tag{5-67}$$

显然，观测器模型则为

$$\Sigma_{\text{ob}}:\begin{cases}\dot{\hat{\boldsymbol{x}}}=(\boldsymbol{A}-\boldsymbol{GC})\hat{\boldsymbol{x}}+\boldsymbol{Bu}+\boldsymbol{Gy}\\ \hat{\boldsymbol{x}}=\hat{\boldsymbol{x}}\end{cases} \tag{5-68}$$

即 $\Sigma_{\text{ob}}\left[(\boldsymbol{A}-\boldsymbol{GC}),\boldsymbol{B},\boldsymbol{I}\right]$，且 $\boldsymbol{G}$ 为 $(n\times m)$ 维矩阵。

利用原系统状态方程 $\dot{\boldsymbol{x}}$ 减去观测器状态方程 $\dot{\hat{\boldsymbol{x}}}$，有

$$\begin{aligned}\dot{\boldsymbol{x}}-\dot{\hat{\boldsymbol{x}}}&=\boldsymbol{Ax}+\boldsymbol{Bu}-\left[(\boldsymbol{A}-\boldsymbol{GC})\hat{\boldsymbol{x}}+\boldsymbol{Bu}+\boldsymbol{Gy}\right]\\&=\boldsymbol{Ax}-(\boldsymbol{A}-\boldsymbol{GC})\hat{\boldsymbol{x}}-\boldsymbol{G}\cdot\boldsymbol{Cx}\\&=(\boldsymbol{A}-\boldsymbol{GC})\boldsymbol{x}-(\boldsymbol{A}-\boldsymbol{GC})\hat{\boldsymbol{x}}\end{aligned}$$

于是

$$\dot{\boldsymbol{x}}-\dot{\hat{\boldsymbol{x}}}=(\boldsymbol{A}-\boldsymbol{GC})(\boldsymbol{x}-\hat{\boldsymbol{x}}) \tag{5-69}$$

令一个新变量 $\boldsymbol{Z}=\boldsymbol{x}-\hat{\boldsymbol{x}}$，则 $\dot{\boldsymbol{Z}}=\dot{\boldsymbol{x}}-\dot{\hat{\boldsymbol{x}}}$，这样有

$$\dot{\boldsymbol{Z}}=\left(\boldsymbol{A}-\boldsymbol{GC}\right)\boldsymbol{Z} \tag{5-70}$$

式(5-70)正好是状态与其重构值之差的状态空间描述，且为自由运动方程，其解为

$$\boldsymbol{Z}\left(t\right)=\boldsymbol{\Phi}\left(t-t_0\right)\boldsymbol{Z}\left(t_0\right)=\mathrm{e}^{(\boldsymbol{A}-\boldsymbol{GC})(t-t_0)}\cdot\boldsymbol{Z}\left(t_0\right) \tag{5-71}$$

显然，$\boldsymbol{Z}\left(t_0\right)=\boldsymbol{x}\left(t_0\right)-\hat{\boldsymbol{x}}\left(t_0\right)$ 为变量 $\boldsymbol{Z}(t)$ 的初始状态。其中，$\boldsymbol{x}\left(t_0\right)$ 为原系统的初态值，$\hat{\boldsymbol{x}}\left(t_0\right)$ 为状态观测器 Σ_{ob} 的初态值。

由解式(5-71)可以看出：

当 $\boldsymbol{Z}\left(t\right)=\boldsymbol{x}\left(t\right)-\hat{\boldsymbol{x}}\left(t\right)=0$ 时，即表示 $\hat{\boldsymbol{x}}\left(t\right)=\boldsymbol{x}\left(t\right)$，说明原系统状态被完全准确地重构，这是希望的。注意到，$\boldsymbol{Z}\left(t\right)=0$，意即

$$\boldsymbol{\Phi}\left(t-t_0\right)\boldsymbol{Z}\left(t_0\right)=\mathrm{e}^{(\boldsymbol{A}-\boldsymbol{GC})(t-t_0)}\boldsymbol{Z}\left(t_0\right)\equiv\boldsymbol{0} \tag{5-72}$$

实际上，初态 $\boldsymbol{Z}\left(t_0\right)=\boldsymbol{x}\left(t_0\right)-\hat{\boldsymbol{x}}\left(t_0\right)\neq0$，即 $\boldsymbol{x}\left(t_0\right)\neq\hat{\boldsymbol{x}}\left(t_0\right)$，那么要使式(5-72)成立，则必须是

$$\lim_{t\to\infty}\boldsymbol{\Phi}\left(t-t_0\right)=\lim_{t\to\infty}\mathrm{e}^{(\boldsymbol{A}-\boldsymbol{GC})(t-t_0)}=\boldsymbol{0} \tag{5-73}$$

由矩阵理论，可知上式(5-73)成立的充要条件是：当且仅当 $(\boldsymbol{A}-\boldsymbol{GC})$ 负定，即

$$\boldsymbol{A}-\boldsymbol{GC}<0 \tag{5-74}$$

再由矩阵正定、负定判别的 Sylvester 准则可知：矩阵 $(\boldsymbol{A}-\boldsymbol{GC})$ 要负定，则其全部主子行列式 $\varDelta_i$ 必须满足

$$\varDelta_i=\begin{cases}<0 & i=\text{奇数}\\ >0 & i=\text{偶数}\end{cases} \tag{5-75}$$

进一步，式(5-75)成立又可以归结为：矩阵$(\boldsymbol{A}-\boldsymbol{GC})$的全部特征值$\lambda_i$具有负实部，即

$$\mathrm{Re}\left[\lambda_i\left(\boldsymbol{A}-\boldsymbol{GC}\right)\right]<0 \tag{5-76}$$

下面，对式(5-76)的意义做进一步的说明。

因为矩阵$(\boldsymbol{A}-\boldsymbol{GC})$是观测器的系统矩阵，所以$\mathrm{Re}\left[\lambda_i\left(\boldsymbol{A}-\boldsymbol{GC}\right)\right]<0$意味着状态观测器$\Sigma_{\mathrm{ob}}$必须是渐近稳定的。

一方面，如果特征值的模很大，即$\left|\lambda_i\left(\boldsymbol{A}-\boldsymbol{GC}\right)\right|$越大，则重构值$\hat{\boldsymbol{x}}(t)$会快速逼近原系统状态值$\boldsymbol{x}(t)$，这是期望的；另一方面，$\left|\lambda_i\left(\boldsymbol{A}-\boldsymbol{GC}\right)\right|$越大其工程实现是困难的，工程实际中$\left|\lambda_i\left(\boldsymbol{A}-\boldsymbol{GC}\right)\right|$增大将可能使系统出现饱和非线性特性。实际中为了使$\hat{\boldsymbol{x}}(t)$较快趋于$\boldsymbol{x}(t)$而又不出现饱和非线性特性，所以通常是人为地给定或确定观测器的期望特征值，并记为${}^*\lambda_i$。

因此，按观测器期望特征值${}^*\lambda_i$计算$\boldsymbol{G}$阵设计观测器Σ_{ob}，也称为观测器的特征值(极点)配置。

最后，得出几点小结。

(1)观测器重构值$\hat{\boldsymbol{x}}$要最终趋于(等于)原系统状态值$\boldsymbol{x}$的充分必要条件是：观测器Σ_{ob}必须是渐近稳定的，或者说观测器的极点(特征值)λ_i必须具有负实部。

(2)观测器Σ_{ob}的极点(特征值)λ_i的大小，反映了重构值$\hat{\boldsymbol{x}}$逼近原系统状态值$\boldsymbol{x}$的快慢程度。

(3)观测器Σ_{ob}的设计，实际上就按观测器的期望极点(特征值)${}^*\lambda_i$进行极点配置，计算出$\boldsymbol{G}$阵。

(4)观测器Σ_{ob}的期望极点(特征值)${}^*\lambda_i$的确定一般有两种方式，一种是人为地直接给定(见例 5.8)，另一种是借用系统状态反馈的闭环期望极点(特征值)λ_j^*来加以确定(见例 5.9)。

(5)不论用何种方式确定观测器Σ_{ob}的期望极点${}^*\lambda_i$，其确定的原则如下：

$$\begin{cases} ①\ \mathrm{Re}\left[{}^*\lambda_i\left(\boldsymbol{A}-\boldsymbol{GC}\right)\right]<0 \\ ②\ \left|{}^*\lambda_i\right| \gg \left|\lambda_j^*\right|，\text{一般}\left|{}^*\lambda_i\right|=(5\sim10)\left|\lambda_j^*\right| \end{cases} \tag{5-77}$$

设计计算时，为简单方便，通常${}^*\lambda_i$均取为相等的负实数。

【例 5.8】　设Σ_0的传递函数阵为

$$\boldsymbol{G}(s)=\frac{2}{(s+1)(s+2)}$$

其为标量系统，且系统全部状态在物理上是不可量测的。为实施状态反馈，试设计观测器，令观测器期望极点为${}^*\lambda_1=-10$，${}^*\lambda_2=-10$。

解　(1)求原系统Σ_0的状态空间描述。

由$\boldsymbol{G}(s)\triangleq\dfrac{y(s)}{u(s)}=\dfrac{2}{(s+1)(s+2)}=\dfrac{2}{s^2+3s+2}$可求得

$$\Sigma_0:\begin{cases}\dot{\boldsymbol{x}}=\boldsymbol{Ax}+\boldsymbol{Bu}\\ \boldsymbol{y}=\boldsymbol{Cx}\end{cases}$$

式中，$\boldsymbol{A}=\begin{bmatrix}0 & 1\\ -2 & -3\end{bmatrix}$，$\boldsymbol{B}=\begin{bmatrix}0\\ 1\end{bmatrix}$，$\boldsymbol{C}=\begin{bmatrix}2 & 0\end{bmatrix}$。

(2) 校核观测器存在条件。

$$\boldsymbol{Q}_g=\begin{bmatrix}\boldsymbol{C}\\ \boldsymbol{CA}\end{bmatrix}=\begin{bmatrix}2 & 0\\ 0 & 2\end{bmatrix},\quad \text{rank}\boldsymbol{Q}_g=2=n \text{满秩}$$

所以，观测器Σ_{ob}存在，且能任意配置极点。

(3) 令观测器反馈阵$\boldsymbol{G}$为

$$\boldsymbol{G}=\begin{bmatrix}g_1\\ g_2\end{bmatrix}_{n\times m}$$

代入观测器模型中，以求g_i。

(4) 观测器Σ_{ob}模型为

$$\Sigma_{\text{ob}}:\begin{cases}\dot{\hat{\boldsymbol{x}}}=(\boldsymbol{A}-\boldsymbol{GC})\hat{\boldsymbol{x}}+\boldsymbol{Bu}+\boldsymbol{Gy}\\ \hat{\boldsymbol{x}}=\hat{\boldsymbol{x}}\end{cases}$$

(5) 求Σ_{ob}的特征多项式。

$$D_{\text{ob}}(s)=\det\left[s\boldsymbol{I}-\boldsymbol{A}+\boldsymbol{GC}\right]=\det\begin{bmatrix}s+2g_1 & -1\\ 2+2g_2 & s+3\end{bmatrix}$$

即

$$D_{\text{ob}}(s)=s^2+(2g_1+3)s+(6g_1+2+2g_2)$$

(6) 按期望特征值${}^*\lambda_1=-10$，${}^*\lambda_2=-10$，求观测器Σ_{ob}的期望特征式$D_{\text{ob}}^*(s)$。

$$D_{\text{ob}}^*(s)=\prod_{i=1}^{n}\left(s-{}^*\lambda_i\right)=(s+10)^2=s^2+20s+100$$

(7) 比较$D_{\text{ob}}(s)\equiv D_{\text{ob}}^*(s)$，有

$$\begin{cases}2g_1+3=20\\ 6g_1+2+2g_2=100\end{cases}$$

解得

$$\begin{cases}g_1=8.5\\ g_2=23.5\end{cases}$$

于是有$\boldsymbol{G}$阵

$$\boldsymbol{G}=\begin{bmatrix}g_1\\ g_2\end{bmatrix}=\begin{bmatrix}8.5\\ 23.5\end{bmatrix}$$

(8) 绘制原系统与观测器的状态变量图，如图 5-26 所示。

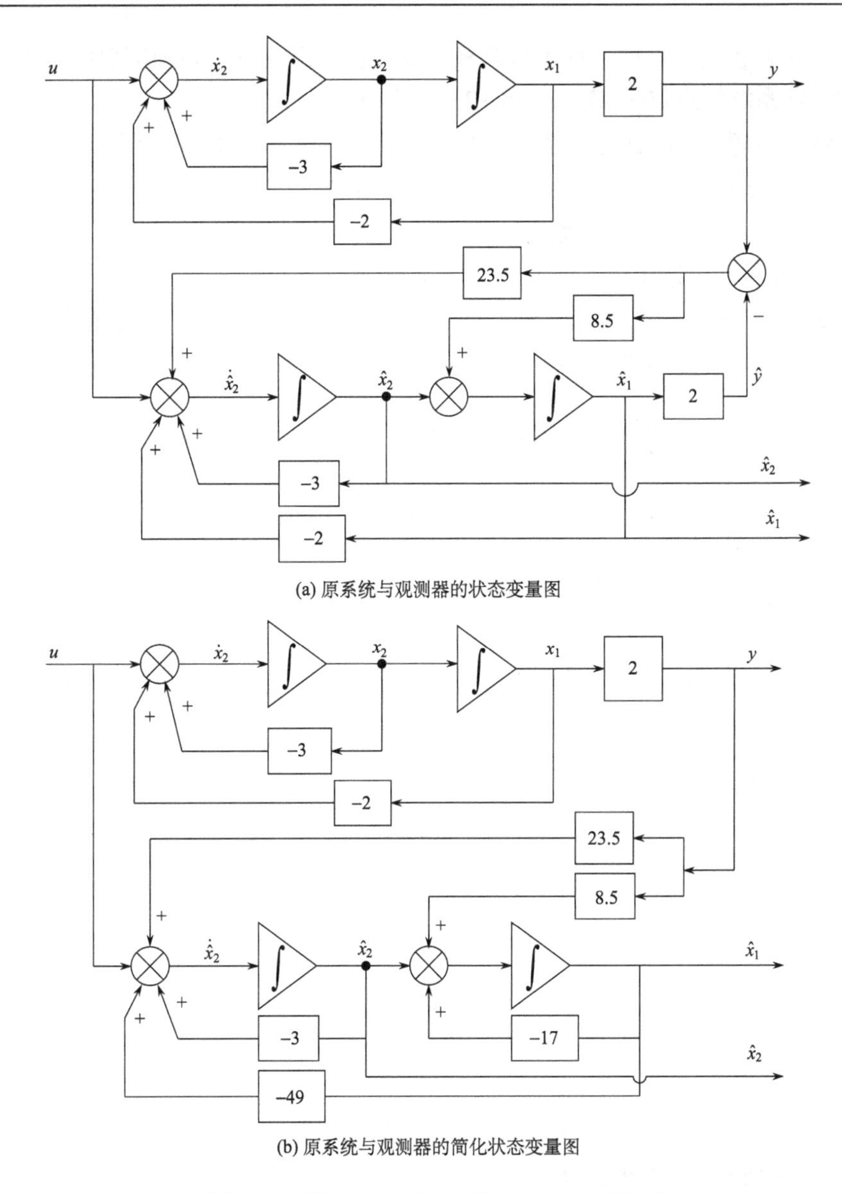

(a) 原系统与观测器的状态变量图

(b) 原系统与观测器的简化状态变量图

图 5-26　例 5.8 原系统与观测器的状态变量图

5.5.2　设计带有观测器的状态反馈阵

设计带有观测器的状态反馈阵 $\boldsymbol{F}$ 与不带观测器的状态反馈阵 $\boldsymbol{F}$ 的方法是完全一样的。也就是利用给定的状态反馈 Σ_F 闭环期望极点 λ_j^* 完成闭环系统 Σ_F 的极点配置。

对于单输入/单输出系统，设定 $\boldsymbol{F}=\begin{bmatrix} f_1 & f_2 & \cdots & f_n \end{bmatrix}$，下面举例说明。

【例 5.9】 设原系统 Σ_0 为

$$\begin{cases} \dot{\boldsymbol{x}} = \begin{bmatrix} 0 & 1 \\ 0 & -5 \end{bmatrix} \boldsymbol{x} + \begin{bmatrix} 0 \\ 1 \end{bmatrix} \boldsymbol{u} \\ \boldsymbol{y} = \begin{bmatrix} 1 & 0 \end{bmatrix} \boldsymbol{x}, \qquad \boldsymbol{D} = \boldsymbol{0} \end{cases}$$

假定系统所有状态在物理上均不可测量，试设计一个具有状态观测器的状态反馈闭环系统，使得闭环系统极点位于 $\lambda_j^* = \lambda_{1,2}^* = -7.07 \pm \mathrm{j}7.07$。

解前分析　由题意，应设计一个带有全维观测器的状态反馈闭环系统 Σ_F。观测器期望极点 ${}^*\lambda_i = {}^*\lambda_{1,2}$ 没给出。设计闭环状态反馈阵 $\boldsymbol{F}$ 与系统有无观测器是没有关系的，所以，一般可以先求状态反馈阵 $\boldsymbol{F}$，然后再求取观测器 $\boldsymbol{G}$ 阵。

解　(1) 设计状态反馈闭环系统 Σ_F 的状态反馈阵 $\boldsymbol{F}$。

①校核 Σ_F 存在条件。因为 Σ_0 已是能控规范型，所以 Σ_F 存在且可任意配置极点。

②求闭环期望特征多项式 $D_f^*(s)$。

$$D_f^*(s) = \prod_{j=1}^{2}\left(s-\lambda_j^*\right) = (s+7.07-\mathrm{j}7.07)(s+7.07+\mathrm{j}7.07)$$
$$= s^2 + 14.14s + 99.97 = s^2 + a_1^* s + a_2^*$$

③求 Σ_F 的闭环特征多项式 $D_f(s)$。

令 $\boldsymbol{F} = [f_1 \quad f_2]$，则

$$D_f(s) = \det[s\boldsymbol{I} - (\boldsymbol{A} - \boldsymbol{BF})] = \det\begin{bmatrix} s & -1 \\ f_1 & s+5+f_2 \end{bmatrix} = s^2 + (5+f_2)s + f_1$$

④求 $\boldsymbol{F}$ 阵。

比较 $D_f^*(s) \equiv D_f(s)$，有

$$\begin{cases} 5+f_2 = 14.14 = a_1^* \\ f_1 = 99.97 = a_2^* \end{cases}$$

解得

$$\begin{cases} f_1 \doteq 100 \\ f_2 \doteq 9 \end{cases}$$

所以

$$\boldsymbol{F} = [f_1 \quad f_2] = [100 \quad 9]$$

(2) 设计观测器 Σ_ob 的反馈阵 $\boldsymbol{G}$。

①校核 Σ_ob 存在条件。

因为 $\mathrm{rank}\boldsymbol{Q}_g = \mathrm{rank}\begin{bmatrix} \boldsymbol{C} \\ \boldsymbol{CA} \end{bmatrix} = \mathrm{rank}\begin{bmatrix} 1 & 0 \\ 0 & 1 \end{bmatrix} = 2 = n =$满秩，所以观测器 Σ_ob 存在。

②求观测器的特征多项式 $D_\mathrm{ob}(s)$。

令观测器反馈阵 $\boldsymbol{G} = \begin{bmatrix} g_1 \\ g_2 \end{bmatrix}_{n\times m}$，则

$$D_\mathrm{ob}(s) = \det[s\boldsymbol{I} - \boldsymbol{A} + \boldsymbol{GC}] = \det\begin{bmatrix} s+g_1 & -1 \\ g_2 & s+5 \end{bmatrix} = s^2 + (5+g_1)s + (5g_1 + g_2)$$

③确定观测器的期望极点 ${}^*\lambda_i$。由观测器期望极点确定原则得

$$\mathrm{Re}\left({}^*\lambda_i\right)<0$$

于是，可利用系统闭环期望极点 $\lambda_j^*=-7.07\pm \mathrm{j}7.07$，则有

$$\left|{}^*\lambda_i\right|=(5\sim 10)\left|\lambda_j^*\right|=(5\sim 10)\left|-7.07\pm \mathrm{j}7.07\right|=(5\sim 10)\left[7.07\sqrt{2}\right]$$

所以，可以取 10 倍，得

$$\left|{}^*\lambda_i\right|=(5\sim 10)\bullet 9.89\approx 50$$

故本题取

$${}^*\lambda_{1,2}=-50$$

④求观测器 Σ_{ob} 的期望特征多项式 $D_{\mathrm{ob}}^*(s)$。

$$D_{\mathrm{ob}}^*(s)=\prod_{i=1}^{2}\left(s-{}^*\lambda_i\right)=\left(s-{}^*\lambda_1\right)\left(s-{}^*\lambda_2\right)=(s+50)^2=s^2+100s+2500$$

⑤求观测器反馈阵 $\boldsymbol{G}$。

同理，比较 $D_{\mathrm{ob}}^*(s)\equiv D_{\mathrm{ob}}(s)$ 有

$$s^2+(5+g_1)s+(5g_1+g_2)=s^2+100s+2500$$

解得

$$\begin{cases}g_1=95\\ g_2=2025\end{cases}$$

于是

$$\boldsymbol{G}=\begin{bmatrix}g_1\\ g_2\end{bmatrix}=\begin{bmatrix}95\\ 2025\end{bmatrix}$$

⑥绘出具有观测器的状态反馈状态变量图如图 5-27 所示。

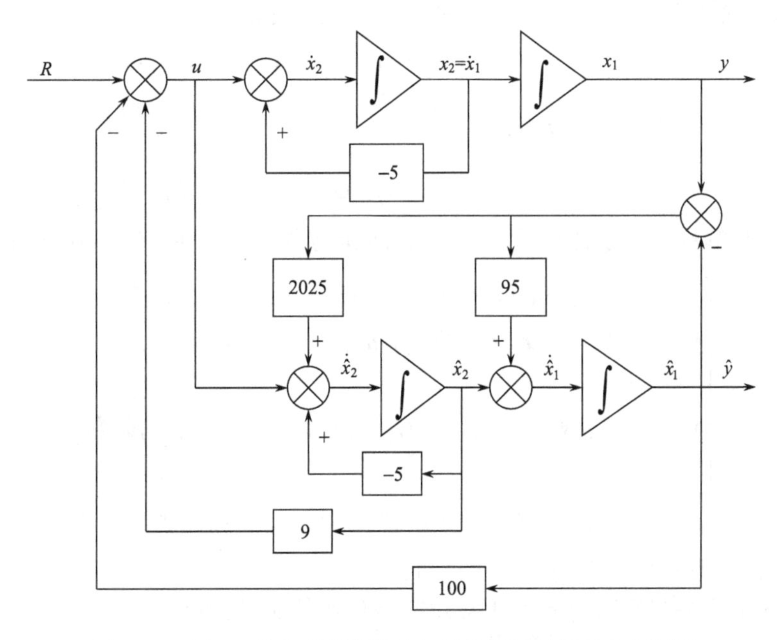

图 5-27　例 5.9 带有观测器的状态反馈闭环系统状态变量图

5.6　系统解耦问题

解耦问题(Decouple Problem)是多变量系统综合理论中的又一重要内容。下面从两方面讲述“解耦”的概念。

1. 物理含义

在多变量系统中，若使系统实现每一个输出 y_i 仅受相应的一个输入 u_i 所控制，每一个输入也仅能控制相应的一个输出 y_i，则将该系统称为解耦系统。多变量解耦系统的示意图如图 5-28 所示，即 $y_1 = \boldsymbol{f}_1(\boldsymbol{x},u_1)$， $y_2 = \boldsymbol{f}_2(\boldsymbol{x},u_2)$， …， $y_i = \boldsymbol{f}_i(\boldsymbol{x},u_i)$。

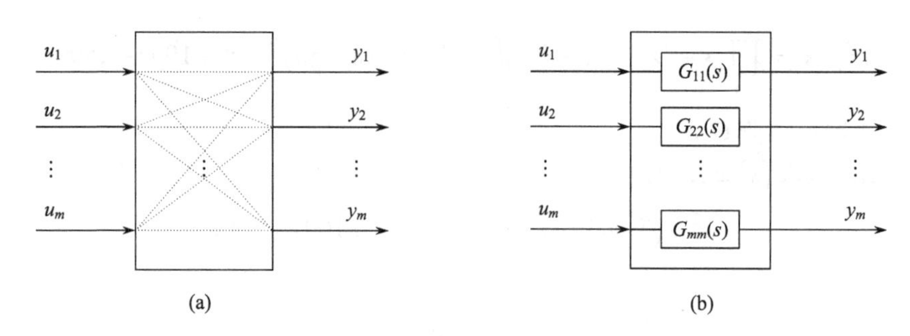

图 5-28　多变量解耦系统的示意图

显然，从工程控制角度，解耦后的系统是简单和方便的，但是，一般地，多变量系统每个输出变量都是与多个输入变量相关联耦合的，即并不是解耦的，如图 5-28(a)所示，即 $y_i = \boldsymbol{f}_i(\boldsymbol{x},u_i)\ \ (i=1,2,\cdots)$。

2. 数学含义

联系多变量系统输入 u_i 与输出 y_i 的频域模型是传递函数阵，即

$$\boldsymbol{G}(s) \triangleq \boldsymbol{y}(s)\cdot\boldsymbol{u}^{-1}(s) = \begin{bmatrix} G_{11}(s) & G_{12}(s) & \cdots & G_{1r}(s) \\ G_{21}(s) & G_{22}(s) & \cdots & G_{2r}(s) \\ \vdots & \vdots & & \vdots \\ G_{m1}(s) & G_{m2}(s) & \cdots & G_{mr}(s) \end{bmatrix}_{m\times r} \tag{5-78}$$

考虑 $r = m$ 情况(解耦基本条件)，则 $\boldsymbol{G}(s)$ 为 $m\times m$ 方阵，这样由 $\boldsymbol{y}(s)=\boldsymbol{G}(s)\cdot\boldsymbol{u}(s)$，有

$$\begin{cases} y_1(s) = G_{11}(s)u_1(s) + G_{12}(s)u_2(s) + \cdots + G_{1m}(s)u_m(s) \\ y_2(s) = G_{21}(s)u_1(s) + G_{22}(s)u_2(s) + \cdots + G_{2m}(s)u_m(s) \\ \qquad\vdots \\ y_i(s) = G_{i1}(s)u_1(s) + \cdots + G_{ii}(s)u_i(s) + \cdots + G_{im}(s)u_m(s) \\ \qquad\vdots \\ y_m(s) = G_{m1}(s)u_1(s) + G_{m2}(s)u_2(s) + \cdots + G_{mm}(s)u_m(s) \end{cases} \tag{5-79}$$

式(5-79)表示，一般多变量系统不是解耦的。

若当闭环传递函数阵 $\boldsymbol{G}(s)$ 是一个对角线形有理多项式矩阵，即

$$G(s) \triangleq y(s) \cdot u^{-1}(s) = \begin{bmatrix} G_{11}(s) & & & \mathbf{0} \\ & G_{22}(s) & & \\ & & \ddots & \\ \mathbf{0} & & & G_{mm}(s) \end{bmatrix} = \text{diag}\left[G_{ii}(s)\right] \tag{5-80}$$

于是

$$y_i(s) = G_{ii}(s) u_i(s) \tag{5-81}$$

显然，此时输出 y_i 就只受相应的一个输入 u_i 控制，则输出就是解耦的。

因此，解耦的数学意义就是使得系统闭环传递函数阵 $\boldsymbol{G}(s)$ 变为对角线阵。

当多变量系统解耦之后，则可将该多变量系统看作是由许多单变量的子系统组合构成的，因此，分析和综合都比较方便。当然，系统解耦的最基本条件就是 $r = m$，且 $m \leqslant n$，r 为输入维数，m 为输出维数，n 为系统的维数。

实现系统解耦的方法目前主要有两种。

5.6.1　补偿器解耦(串联补偿器)

设原系统 $\Sigma_0(\boldsymbol{A},\boldsymbol{B},\boldsymbol{C})$ 具有传递函数阵为

$$\boldsymbol{G}_0(s) = \boldsymbol{C}(s\boldsymbol{I} - \boldsymbol{A})^{-1}\boldsymbol{B} \tag{5-82}$$

闭环系统具有单位输出反馈的结构形式如图 5-29 所示。图中 $\boldsymbol{G}_c(s)$ 为补偿器的传递函数阵。

令 $\boldsymbol{G}_p(s) = \boldsymbol{G}_0(s) \cdot \boldsymbol{G}_c(s)$，则等效方框图如图 5-30 所示。

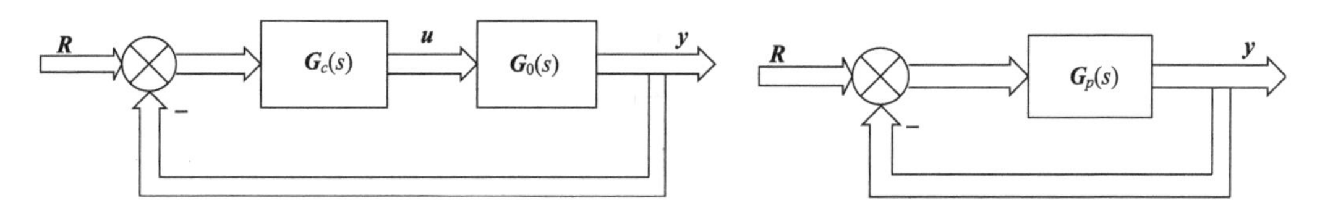

图 5-29　单位输出反馈系统的结构图　　　　图 5-30　等效方框图

显然，输出反馈的闭环传递函数矩阵 $\boldsymbol{G}_{\text{H}}(s)$ 为

$$\boldsymbol{G}_{\text{H}}(s) \triangleq \boldsymbol{y}(s)\boldsymbol{R}^{-1}(s) = \left[\boldsymbol{I} + \boldsymbol{G}_p(s)\right]^{-1} \boldsymbol{G}_p(s) \tag{5-83}$$

代入 $\boldsymbol{G}_p(s)$，有

$$\boldsymbol{G}_{\text{H}}(s) = \left[\boldsymbol{I} + \boldsymbol{G}_0(s)\boldsymbol{G}_c(s)\right]^{-1} \boldsymbol{G}_0(s)\boldsymbol{G}_c(s) \tag{5-84}$$

式(5-84)两端左乘 $\left[\boldsymbol{I} + \boldsymbol{G}_0(s) \cdot \boldsymbol{G}_c(s)\right]$，得

$$\left[\boldsymbol{I} + \boldsymbol{G}_0(s)\boldsymbol{G}_c(s)\right]\boldsymbol{G}_{\text{H}}(s) = \boldsymbol{G}_0(s)\boldsymbol{G}_c(s) \tag{5-85}$$

展开

$$\boldsymbol{G}_{\text{H}}(s) + \boldsymbol{G}_0(s)\boldsymbol{G}_c(s)\boldsymbol{G}_{\text{H}}(s) = \boldsymbol{G}_0(s)\boldsymbol{G}_c(s)$$

整理

$$\boldsymbol{G}_0(s)\boldsymbol{G}_c(s)\left[\boldsymbol{I}-\boldsymbol{G}_{\mathrm{H}}(s)\right]=\boldsymbol{G}_{\mathrm{H}}(s) \tag{5-86}$$

式(5-86)两端右乘$\left[\boldsymbol{I}-\boldsymbol{G}_{\mathrm{H}}(s)\right]^{-1}$，得

$$\boldsymbol{G}_0(s)\boldsymbol{G}_c(s)=\boldsymbol{G}_{\mathrm{H}}(s)\left[\boldsymbol{I}-\boldsymbol{G}_{\mathrm{H}}(s)\right]^{-1} \tag{5-87}$$

最后可得补偿器$\boldsymbol{G}_c(s)$为

$$\boldsymbol{G}_c(s)=\boldsymbol{G}_0^{-1}(s)\boldsymbol{G}_{\mathrm{H}}(s)\left[\boldsymbol{I}-\boldsymbol{G}_{\mathrm{H}}(s)\right]^{-1} \tag{5-88}$$

综合式(5-87)和式(5-88)，可得出以下结论。

(1)解耦后的闭环传递函数阵$\boldsymbol{G}_{\mathrm{H}}(s)$不能等于单位矩阵，即$\boldsymbol{G}_{\mathrm{H}}(s)\neq\boldsymbol{I}$，否则$\left[\boldsymbol{I}-\boldsymbol{G}_{\mathrm{H}}(s)\right]$为奇异矩阵，这也意味着$y_i\neq u_i$，即不能直接以$u_i$作为$y_i$输出。

(2)从式(5-87)得出，解耦后$\boldsymbol{G}_{\mathrm{H}}(s)$应是对角线矩阵，当然$\left[\boldsymbol{I}-\boldsymbol{G}_{\mathrm{H}}(s)\right]^{-1}$也是对角线矩阵，故$\boldsymbol{G}_p(s)=\boldsymbol{G}_0(s)\cdot\boldsymbol{G}_c(s)$也是对角线矩阵。换句话说，适当地选择补偿器$\boldsymbol{G}_c(s)$可以使得原始系统$\boldsymbol{G}_0(s)$对角化，进而则通过输出单位反馈闭环系统实现多变量系统解耦。

(3)若给定一个期望的解耦闭环传递函数阵$\boldsymbol{G}_{\mathrm{H}}(s)$，则由式(5-88)可设计出一个相应的补偿器$\boldsymbol{G}_c(s)$。

下面给出一个实例加以阐述。

【例 5.10】 若双输入双输出系统框图如图 5-31 所示，图中，$\boldsymbol{G}_c(s)=\begin{bmatrix}G_{c11} & G_{c12}\\ G_{c21} & G_{c22}\end{bmatrix}$为解耦补偿器。试设计补偿器$\boldsymbol{G}_c(s)$，能使采用单位输出反馈的闭环系统传递函数阵$\boldsymbol{G}_{\mathrm{H}}(s)$具有如下解耦形式：

$$\boldsymbol{G}_{\mathrm{H}}(s)=\begin{bmatrix}\dfrac{1}{s+1} & 0\\ 0 & \dfrac{1}{5s+1}\end{bmatrix}$$

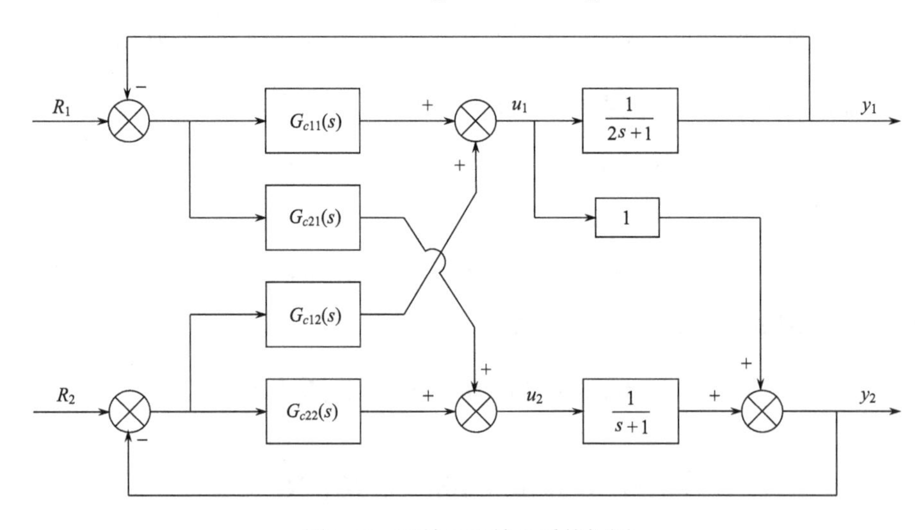

图 5-31　双输入双输出系统框图

解　(1) 由图可得被控对象 Σ_0 的传递函数阵 $\boldsymbol{G}_0(s)$ 为

$$\boldsymbol{G}_0(s)=\boldsymbol{y}(s)\boldsymbol{u}^{-1}(s)=\begin{bmatrix}\dfrac{1}{2s+1} & 0\\ 1 & \dfrac{1}{s+1}\end{bmatrix}$$

或

$$\boldsymbol{y}(s)=\boldsymbol{G}_0(s)\boldsymbol{u}(s)$$

即

$$\begin{bmatrix}y_1(s)\\ y_2(s)\end{bmatrix}=\begin{bmatrix}\dfrac{1}{2s+1} & 0\\ 1 & \dfrac{1}{s+1}\end{bmatrix}\begin{bmatrix}u_1(s)\\ u_2(s)\end{bmatrix}$$

(2) 由补偿器计算公式(5-88) $\boldsymbol{G}_c(s)=\boldsymbol{G}_0^{-1}(s)\boldsymbol{G}_{\mathrm{H}}(s)\left[\boldsymbol{I}-\boldsymbol{G}_{\mathrm{H}}(s)\right]^{-1}$ 求取 $\boldsymbol{G}_c(s)$。

注意到

$$\boldsymbol{G}_{\mathrm{H}}(s)\left[\boldsymbol{I}-\boldsymbol{G}_{\mathrm{H}}(s)\right]^{-1}=\begin{bmatrix}\dfrac{1}{s+1} & 0\\ 0 & \dfrac{1}{5s+1}\end{bmatrix}\begin{bmatrix}\dfrac{s}{s+1} & 0\\ 0 & \dfrac{5s}{5s+1}\end{bmatrix}^{-1}$$

$$=\begin{bmatrix}\dfrac{1}{s+1} & 0\\ 0 & \dfrac{1}{5s+1}\end{bmatrix}\begin{bmatrix}\dfrac{s+1}{s} & 0\\ 0 & \dfrac{5s+1}{5s}\end{bmatrix}=\begin{bmatrix}\dfrac{1}{s} & 0\\ 0 & \dfrac{1}{5s}\end{bmatrix}$$

所以

$$\boldsymbol{G}_0^{-1}(s)=\begin{bmatrix}\dfrac{1}{2s+1} & 0\\ 1 & \dfrac{1}{s+1}\end{bmatrix}^{-1}=\begin{bmatrix}2s+1 & 0\\ -(2s+1)(s+1) & s+1\end{bmatrix}$$

将上述结果代入 $\boldsymbol{G}_c(s)$，则有

$$\boldsymbol{G}_c(s)=\begin{bmatrix}2s+1 & 0\\ -(2s+1)(s+1) & s+1\end{bmatrix}\begin{bmatrix}\dfrac{1}{s} & 0\\ 0 & \dfrac{1}{5s}\end{bmatrix}=\begin{bmatrix}\dfrac{(2s+1)}{s} & 0\\ \dfrac{-(2s+1)(s+1)}{s} & \dfrac{(s+1)}{5s}\end{bmatrix}$$

于是求得补偿器各元

$$G_{c11}=\frac{(2s+1)}{s};\quad G_{c12}=0;\quad G_{c21}=\frac{-(2s+1)(s+1)}{s};\quad G_{c22}=\frac{(s+1)}{5s}$$

5.6.2　状态反馈解耦

现代控制理论中，更多的是利用状态反馈 Σ_{F} 而非利用输出反馈 Σ_{H} 实现闭环控制系统的解耦。

下面给出状态反馈解耦的典型结构图，如图 5-32 所示。

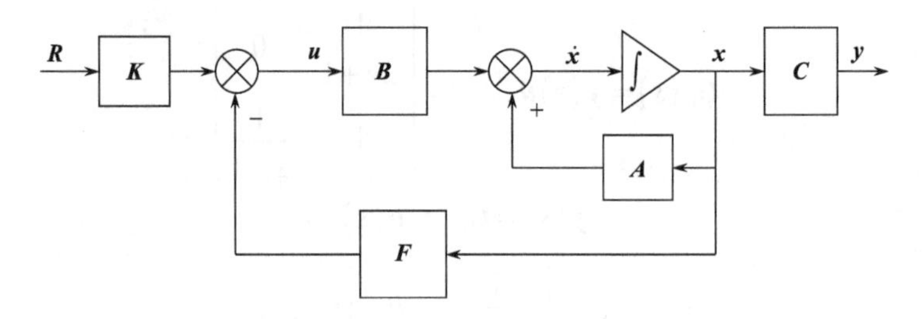

图 5-32　状态反馈解耦系统框图

设

$$\Sigma_0:\begin{cases}\dot{x}=Ax+Bu\\ y=Cx\end{cases} \tag{5-89}$$

$$\Sigma_{KF}:\begin{cases}\dot{x}=(A-BF)x+BKR\\ y=Cx\end{cases} \tag{5-90}$$

所谓“状态反馈解耦”指的是适当地选择状态反馈矩阵 $\boldsymbol{F}$ 和输入放大/变换矩阵 $\boldsymbol{K}$，使得闭环传递函数阵 $\boldsymbol{G}_{\mathrm{KF}}(s)$ 为对角线形矩阵。因为推证较麻烦，先简单提出基本思路，之后给出解耦结论，最后用实例说明。

基本思路如下。

1. 展开开环系统 Σ_0 的传递函数阵 $\boldsymbol{G}_0(s)$

因为

$$\Sigma_0:\begin{cases}\dot{x}=Ax+Bu\\ y=Cx,\qquad D=0\end{cases}$$

所以

$$G_0(s)=C(sI-A)^{-1}B$$

令

$$G_0(s)=\begin{bmatrix}G_{01}(s)\\ G_{02}(s)\\ \vdots\\ G_{0m}(s)\end{bmatrix}=\begin{bmatrix}C_1(sI-A)^{-1}B\\ C_2(sI-A)^{-1}B\\ \vdots\\ C_m(sI-A)^{-1}B\end{bmatrix} \tag{5-91}$$

则

$$\begin{aligned}G_{0i}(s)&=C_i(sI-A)^{-1}B\\ &=\frac{1}{\det(sI-A)}C_i\left[H_1s^{n-1}+H_2s^{n-2}+\cdots+H_{d_i+1}s^{n-d_i-1}+\cdots+H_n\right]\\ &=\frac{C_iH_1Bs^{n-1}+C_iH_2Bs^{n-2}+\cdots+C_iH_{d_i+1}Bs^{n-d_i-1}+\cdots+C_iH_nB}{s^n+a_1s^{n-1}+\cdots+a_{n-1}s+a_n}\end{aligned} \tag{5-92}$$

利用凯莱-哈密顿定理有

$$f(\lambda)=\lambda^n+a_1\lambda^{n-1}+\cdots+a_{n-1}\lambda+a_n=0 \tag{5-93}$$

则

$$f(A)=A^n+a_1A^{n-1}+\cdots+a_{n-1}A+a_nI=0 \tag{5-94}$$

故可得

$$\begin{cases} \boldsymbol{I} = \boldsymbol{H}_1 \\ a_1\boldsymbol{I} = \boldsymbol{H}_2 - \boldsymbol{H}_1\boldsymbol{A} \\ \quad\vdots \\ a_{n-1}\boldsymbol{I} = \boldsymbol{H}_n - \boldsymbol{H}_{n-1}\boldsymbol{A} \\ a_n\boldsymbol{I} = -\boldsymbol{H}_n\boldsymbol{A} \end{cases} \tag{5-95}$$

即

$$\begin{cases} \boldsymbol{H}_1 = \boldsymbol{I} \\ \boldsymbol{H}_2 = \boldsymbol{A} + a_1\boldsymbol{I} \\ \quad\vdots \\ \boldsymbol{H}_n = \boldsymbol{A}^{n-1} + a_1\boldsymbol{A}^{n-2} + \cdots + a_n\boldsymbol{I} \end{cases} \tag{5-96}$$

2. 引入系统特征参数 d_i

系统特征参数 d_i 为开环 $\boldsymbol{G}_0(s)$ 中第 i 行的特征参数，且

$$d_i \triangleq \mathrm{Min}\left[\Delta_j \mathrm{in} \boldsymbol{G}_{0i}(s)\right] - 1 \qquad j = 1,2,\cdots,m \tag{5-97}$$

式中，Δ_j 为 $\boldsymbol{G}_{0i}(s)$ 中第 j 列每个元素的分子和分母的阶次差。

显然，若 $\boldsymbol{G}_{0i}(s) = \boldsymbol{0}$，则 $d_i = n-1$；若 $\boldsymbol{G}_{0i}(s) \neq \boldsymbol{0}$，则 $d_i =$ 常数。

3. 定义参数矩阵 $\boldsymbol{E}_i$，并确定 $\boldsymbol{E}_i$ 与 $\boldsymbol{A}$、$\boldsymbol{B}$、$\boldsymbol{C}_i$ 之间的关系

由 d_i 的定义可知方程式(5-92)中 s^{n-d_i}，s^{n-d_i-1},…，s^{n-1} 的系数矩阵必定为零阵，即

$$\boldsymbol{C}_i\boldsymbol{H}_1\boldsymbol{B} = \boldsymbol{0}, \quad \boldsymbol{C}_i\boldsymbol{H}_2\boldsymbol{B} = \boldsymbol{0}, \quad \cdots, \quad \boldsymbol{C}_i\boldsymbol{H}_{d_i}\boldsymbol{B} = \boldsymbol{0} \tag{5-98}$$

但是，$\boldsymbol{C}_i\boldsymbol{H}_{d_i+1}\boldsymbol{B} \neq \boldsymbol{0}$。

用式(5-96)代入式(5-98)，得

$$\boldsymbol{C}_i\boldsymbol{B} = \boldsymbol{0}, \quad \boldsymbol{C}_i\boldsymbol{A}\boldsymbol{B} = \boldsymbol{0}, \quad \cdots, \quad \boldsymbol{C}_i\boldsymbol{A}^{d_i-1}\boldsymbol{B} = \boldsymbol{0} \text{ 且 } \boldsymbol{C}_i\boldsymbol{A}^{d_i}\boldsymbol{B} \neq \boldsymbol{0}$$

定义非零向量 $\boldsymbol{E}$，且

$$\boldsymbol{E}_i = \boldsymbol{C}_i\boldsymbol{H}_{d_i+1}\boldsymbol{B} = \boldsymbol{C}_i\boldsymbol{A}^{d_i}\boldsymbol{B} \neq \boldsymbol{0} \tag{5-99}$$

当然

$$\boldsymbol{E} = \begin{bmatrix} \boldsymbol{E}_1 \\ \boldsymbol{E}_2 \\ \vdots \\ \boldsymbol{E}_i \\ \vdots \\ \boldsymbol{E}_m \end{bmatrix} = \begin{bmatrix} \boldsymbol{C}_1\boldsymbol{A}^{d_1}\boldsymbol{B} \\ \boldsymbol{C}_2\boldsymbol{A}^{d_2}\boldsymbol{B} \\ \vdots \\ \boldsymbol{C}_i\boldsymbol{A}^{d_i}\boldsymbol{B} \\ \vdots \\ \boldsymbol{C}_m\boldsymbol{A}^{d_m}\boldsymbol{B} \end{bmatrix}_{m\times m}$$

同时，定义辅助向量 $\boldsymbol{L}$，其中

$$\boldsymbol{L}_i \triangleq \boldsymbol{C}_i\boldsymbol{A}^{d_i+1}$$

显然

$$\boldsymbol{L}=\begin{bmatrix}\boldsymbol{L}_1\\\boldsymbol{L}_2\\\vdots\\\boldsymbol{L}_i\\\vdots\\\boldsymbol{L}_m\end{bmatrix}=\begin{bmatrix}\boldsymbol{C}_1\boldsymbol{A}^{d_1+1}\\\boldsymbol{C}_2\boldsymbol{A}^{d_2+1}\\\vdots\\\boldsymbol{C}_i\boldsymbol{A}^{d_i+1}\\\vdots\\\boldsymbol{C}_m\boldsymbol{A}^{d_m+1}\end{bmatrix}\tag{5-100}$$

4. 确定闭环系统结构实现系统解耦

若具有输入放大矩阵的状态反馈系统结构如图 5-32 所示。

$$\Sigma_{\text{KF}}:\begin{cases}\dot{\boldsymbol{x}}=(\boldsymbol{A}-\boldsymbol{BF})\boldsymbol{x}+\boldsymbol{BKR}\\\boldsymbol{y}=\boldsymbol{Cx}\end{cases}$$

闭环传递函数阵 $\boldsymbol{G}_{\text{KF}}(s)$ 为

$$\boldsymbol{G}_{\text{KF}}(s)=\boldsymbol{C}\left[s\boldsymbol{I}-(\boldsymbol{A}-\boldsymbol{BF})\right]^{-1}\boldsymbol{BK}$$

可以给出结论。

(1) 图 5-32 中，状态反馈解耦的充分必要条件是矩阵 $\boldsymbol{E}$ 必定是非奇异的，即

$$\det\boldsymbol{E}=\det\begin{bmatrix}\boldsymbol{E}_1\\\boldsymbol{E}_2\\\vdots\\\boldsymbol{E}_m\end{bmatrix}\neq 0\tag{5-101}$$

(2) 当 $\det\boldsymbol{E}\neq 0$ 时，若取 $\boldsymbol{F}=\boldsymbol{E}^{-1}\boldsymbol{L}$，$\boldsymbol{K}=\boldsymbol{E}^{-1}$，则图 5-32 中闭环系统的解耦能够实现，且解耦后，闭环传递函数阵 $\boldsymbol{G}_{\text{KF}}(s)$ 为

$$\boldsymbol{G}_{\text{KF}}(s)=\begin{bmatrix}\dfrac{1}{s^{d_1+1}} & & & \boldsymbol{0}\\ & \dfrac{1}{s^{d_2+1}} & & \\ & & \ddots & \\ \boldsymbol{0} & & & \dfrac{1}{s^{d_m+1}}\end{bmatrix}_{m\times m}\tag{5-102}$$

【例 5.11】 若双输入双输出系统框图如图 5-33 所示，试利用状态反馈解耦系统。

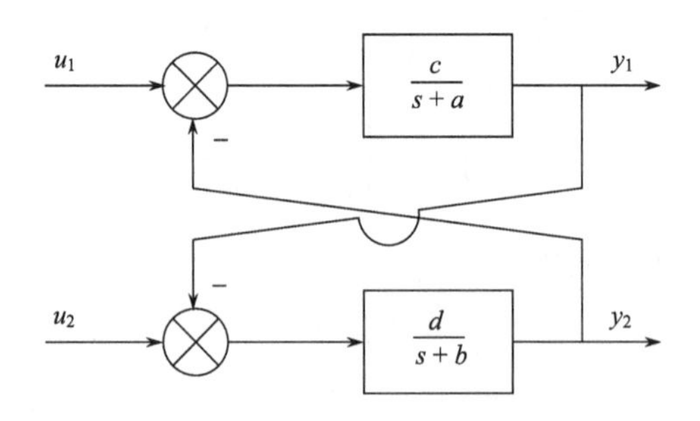

图 5-33　例 5.11 双输入双输出系统框图

解　(1) 系统的状态空间模型很容易求得为

$$\Sigma_0:\begin{cases}\dot{\boldsymbol{x}}=\begin{bmatrix}\dot{x}_1\\ \dot{x}_2\end{bmatrix}=\begin{bmatrix}-a & -c\\ -d & -b\end{bmatrix}\begin{bmatrix}x_1\\ x_2\end{bmatrix}+\begin{bmatrix}c & 0\\ 0 & d\end{bmatrix}\begin{bmatrix}u_1\\ u_2\end{bmatrix}\\ \boldsymbol{y}=\begin{bmatrix}y_1\\ y_2\end{bmatrix}=\begin{bmatrix}1 & 0\\ 0 & 1\end{bmatrix}\boldsymbol{x}, \qquad \boldsymbol{D}=\boldsymbol{0}\end{cases}$$

即

$$\begin{cases}\dot{\boldsymbol{x}}=\boldsymbol{Ax}+\boldsymbol{Bu}\\ \boldsymbol{y}=\boldsymbol{Cx}\end{cases}$$

(2) 传递函数阵 $\boldsymbol{G}_0(s)$ 为

$$\boldsymbol{G}_0(s)=\boldsymbol{C}(s\boldsymbol{I}-\boldsymbol{A})^{-1}\boldsymbol{B}$$

则

$$\boldsymbol{G}_0(s)=\begin{bmatrix}\boldsymbol{G}_{01}(s)\\ \boldsymbol{G}_{02}(s)\end{bmatrix}=\begin{bmatrix}\dfrac{c(s+b)}{s^2+(a+b)s+ab-cd} & \dfrac{-cd}{s^2+(a+b)s+ab-cd}\\ \dfrac{-cd}{s^2+(a+b)s+ab-cd} & \dfrac{d(s+a)}{s^2+(a+b)s+ab-cd}\end{bmatrix}_{2\times 2}$$

(3) 由 $d_i \triangleq \mathrm{Min}\left[\varDelta_j \mathrm{in} \boldsymbol{G}_{0i}(s)\right]-1$ 确定参数 d_i。

$$d_1=\mathrm{Min}\left[(2-1),(2-0)\right]-1=\mathrm{Min}[1,2]-1=0$$

$$d_2=\mathrm{Min}\left[(2-0),(2-1)\right]-1=\mathrm{Min}[2,1]-1=0$$

(4) 由 $\boldsymbol{E}_i=\boldsymbol{C}_i\boldsymbol{A}^{d_i}\boldsymbol{B}$ 计算出非零向量 $\boldsymbol{E}$。

因为

$$\boldsymbol{E}_1=\boldsymbol{C}_1\boldsymbol{A}^{d_1}\boldsymbol{B}=[1\quad 0][\boldsymbol{A}]^0\begin{bmatrix}c & 0\\ 0 & d\end{bmatrix}=[c\quad 0]$$

$$\boldsymbol{E}_2=\boldsymbol{C}_2\boldsymbol{A}^{d_2}\boldsymbol{B}=[0\quad 1][\boldsymbol{A}]^0\begin{bmatrix}c & 0\\ 0 & d\end{bmatrix}=[0\quad d]$$

所以

$$\boldsymbol{E}=\begin{bmatrix}\boldsymbol{E}_1\\ \boldsymbol{E}_2\end{bmatrix}=\begin{bmatrix}c & 0\\ 0 & d\end{bmatrix}，且\ \det\boldsymbol{E}\neq 0$$

故

$$\boldsymbol{E}^{-1}=\begin{bmatrix}\dfrac{1}{c} & 0\\ 0 & \dfrac{1}{d}\end{bmatrix}$$

显然，系统能被解耦。

(5) 确定状态反馈解耦结构，如图 5-33 所示。

(6) 由 $\boldsymbol{L}_i=\boldsymbol{C}_i\boldsymbol{A}^{d_i+1}$ 假设辅助向量 $\boldsymbol{L}$。

$$\boldsymbol{L}_1=\begin{bmatrix}1 & 0\end{bmatrix}\begin{bmatrix}-a & -c\\ -d & -b\end{bmatrix}^{0+1}=\begin{bmatrix}-a & -c\end{bmatrix}$$

$$\boldsymbol{L}_2=\begin{bmatrix}0 & 1\end{bmatrix}\begin{bmatrix}-a & -c\\ -d & -b\end{bmatrix}^{0+1}=\begin{bmatrix}-d & -b\end{bmatrix}$$

故

$$\boldsymbol{L}=\begin{bmatrix}\boldsymbol{L}_1\\ \boldsymbol{L}_2\end{bmatrix}=\begin{bmatrix}-a & -c\\ -d & -b\end{bmatrix}$$

(7)根据 $\boldsymbol{F}=\boldsymbol{E}^{-1}\boldsymbol{L}$，$\boldsymbol{K}=\boldsymbol{E}^{-1}$ 选择 $\boldsymbol{F}$ 和 $\boldsymbol{K}$ 阵为

$$\boldsymbol{F}=\boldsymbol{E}^{-1}\boldsymbol{L}=\begin{bmatrix}\frac{1}{c} & 0\\ 0 & \frac{1}{d}\end{bmatrix}\begin{bmatrix}-a & -c\\ -d & -b\end{bmatrix}=\begin{bmatrix}-\frac{a}{c} & -1\\ -1 & -\frac{b}{d}\end{bmatrix},\qquad \boldsymbol{K}=\boldsymbol{E}^{-1}=\begin{bmatrix}\frac{1}{c} & 0\\ 0 & \frac{1}{d}\end{bmatrix}$$

(8)绘出状态变量结构图，如图 5-34 所示。

(9)由式(5-102)写出闭环传递函数矩阵 $\boldsymbol{G}_{\mathrm{KF}}(s)$ 为

$$\boldsymbol{G}_{\mathrm{KF}}(s)=\boldsymbol{y}\boldsymbol{R}^{-1}=\begin{bmatrix}\frac{1}{s^{d_1+1}} & 0\\ 0 & \frac{1}{s^{d_2+1}}\end{bmatrix}=\begin{bmatrix}\frac{1}{s} & 0\\ 0 & \frac{1}{s}\end{bmatrix}$$

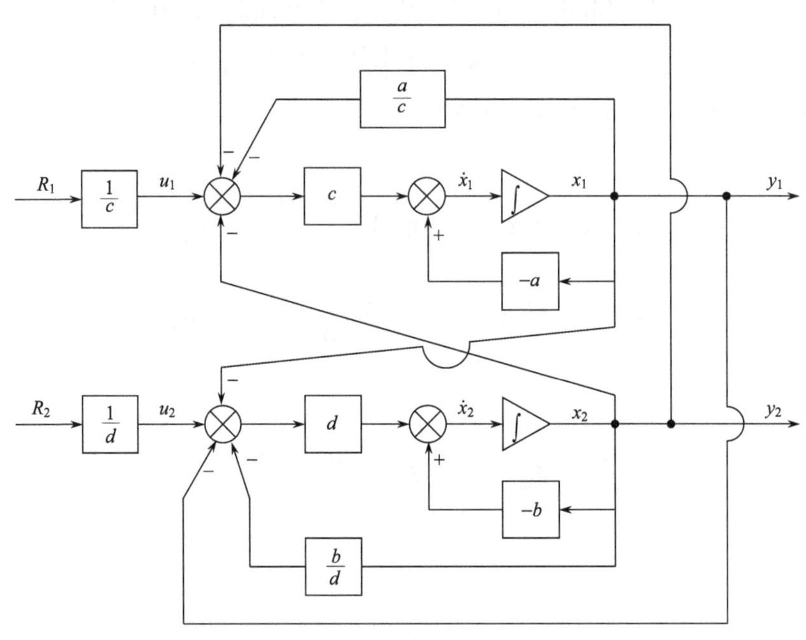

图 5-34　例 5.11 系统解耦后状态变量结构图

从上例可以得出：

(1)若 $\boldsymbol{F}=\boldsymbol{E}^{-1}\boldsymbol{L}$，$\boldsymbol{K}=\boldsymbol{E}^{-1}$，则通过状态反馈，系统能被解耦，且解耦后传递函数阵 $\boldsymbol{G}_{\mathrm{KF}}(s)$ 为

$$\boldsymbol{G}_{\mathrm{KF}}(s)=\begin{bmatrix}\dfrac{1}{s^{d_1+1}} & & \boldsymbol{0}\\ & \ddots & \\ \boldsymbol{0} & & \dfrac{1}{s^{d_m+1}}\end{bmatrix}=\boldsymbol{y}\boldsymbol{R}^{-1}$$

显然

$$\boldsymbol{y}(s)=\begin{bmatrix}y_1\\ \vdots\\ y_m\end{bmatrix}=\boldsymbol{G}_{\mathrm{KF}}(s)\boldsymbol{R}(s)=\begin{bmatrix}\dfrac{1}{s^{d_1+1}} & & \boldsymbol{0}\\ & \ddots & \\ \boldsymbol{0} & & \dfrac{1}{s^{d_m+1}}\end{bmatrix}\begin{bmatrix}R_1\\ \vdots\\ R_m\end{bmatrix}$$

即

$$y_i(s)=\frac{1}{s^{d_i+1}}R_i(s)\qquad i=1,2,\cdots,m$$

则

$$y_i(t)=\int^{(d_i+1)}\cdots\int R_i(t)\mathrm{d}t^{(d_i+1)}$$

也可将此解耦系统称为积分型解耦系统。

(2) 由 $\boldsymbol{G}_{\mathrm{KF}}(s)=\begin{bmatrix}\dfrac{1}{s^{d_1+1}} & & \boldsymbol{0}\\ & \ddots & \\ \boldsymbol{0} & & \dfrac{1}{s^{d_m+1}}\end{bmatrix}$ 可得积分解耦系统的闭环极点均在 s 平面的原点，显然，这是不期望的。

(3) 为了使得系统的闭环极点定位在 s 平面的左半平面，可以利用状态反馈或输出反馈对解耦后的系统配置期望极点。

5.7　系统镇定问题

5.7.1　系统镇定概念

稳定是系统能正常工作的必要条件。当原系统 Σ_0 出现部分或全部右极点时，系统就不稳定了。为了使系统稳定，可以采用一些办法使这些非左极点返回到 s 左半平面。所谓“镇定问题”(Stabilization Problem)是系统通过反馈(状态反馈或输出反馈)作用，使系统闭环后的极点具有负实部，保证系统为渐近稳定的这样一个综合(设计)过程。所以，从这个意义上，系统镇定问题也就是系统极点的一种特殊配置问题，即只需将极点配置在根平面的左半平面以解决系统渐近稳定即可，而不必配置极点在某一期望的位置上，或者说，期望极点就是整个左半平面。

5.7.2　系统镇定的实现方法

系统镇定实现方法主要有三种。

(1) 利用状态反馈 Σ_F 实现系统镇定。

(2) 利用输出反馈 Σ_H 实现系统镇定。

(3) 利用串联校正器 $\boldsymbol{G}_c$ 实现系统镇定。

对于现代控制系统，主要应用前两种方法。

5.7.3　系统可镇定条件

镇定问题就是利用状态反馈(或输出反馈)将闭环极点配置在 s 左半平面。是不是所有系统都有可能镇定呢？先看一个例子。

【例 5.12】　设系统为

$$\begin{cases}\dot{\boldsymbol{x}}=\begin{bmatrix}0&1&0\\0&0&-1\\-1&0&0\end{bmatrix}\boldsymbol{x}+\begin{bmatrix}0\\1\\0\end{bmatrix}\boldsymbol{u}\\ \boldsymbol{y}=\begin{bmatrix}1&0&0\\0&0&1\end{bmatrix}\boldsymbol{x}\end{cases}$$

试证明该系统不能通过输出反馈使之镇定。

证明　经检验，该系统是状态完全能控完全能观的，但从特征多项式

$$\det\left(s\boldsymbol{I}-\boldsymbol{A}\right)=\begin{bmatrix}s&-1&0\\0&s&1\\1&0&s\end{bmatrix}=s^3-1$$

看出 s 的各次系数异号且缺项，故系统是不稳定的。

若引入输出负反馈阵 $\boldsymbol{H}_{r\times m}=\begin{bmatrix}h_0&h_1\end{bmatrix}$，则有

$$\boldsymbol{A}-\boldsymbol{BHC}=\begin{bmatrix}0&1&0\\0&0&-1\\-1&0&0\end{bmatrix}-\begin{bmatrix}0\\1\\0\end{bmatrix}\begin{bmatrix}h_0&h_1\end{bmatrix}\begin{bmatrix}1&0&0\\0&0&1\end{bmatrix}=\begin{bmatrix}0&1&0\\-h_0&0&-(h_1+1)\\-1&0&0\end{bmatrix}$$

$$\det\left[s\boldsymbol{I}-\left(\boldsymbol{A}-\boldsymbol{BHC}\right)\right]=\begin{bmatrix}s&-1&0\\h_0&s&1+h_1\\1&0&s\end{bmatrix}=s^3+h_0s-\left(h_1+1\right)$$

由上式可见，经 $\boldsymbol{H}$ 负反馈闭环后的特征式仍缺少 s^2 项，因此无论怎样选择 $\boldsymbol{H}$，也不能使系统获得镇定。这个例子表明，利用输出反馈未必能使能控且能观的系统得到镇定。

所以下面给出系统可镇定的条件。

1. 对于 Σ_F 而言

定理 5-11　$\Sigma_0\left(\boldsymbol{A},\boldsymbol{B},\boldsymbol{C}\right)$ 系统能够利用状态反馈 $\Sigma_F\left[\left(\boldsymbol{A}-\boldsymbol{BF}\right),\boldsymbol{B},\boldsymbol{C}\right]$ 实现系统镇定的充分条件是原系统 Σ_0 是状态完全能控的(事实上，这就是系统利用 Σ_F 实现任意配置极点的充分条件)。

定理 5-12　$\Sigma_0(\boldsymbol{A},\boldsymbol{B},\boldsymbol{C})$ 系统能够利用 Σ_F 实现系统镇定的充分必要条件是原系统 Σ_0 中不能控子系统 Σ_2 是渐近稳定的。

2. 对 Σ_H 而言(输出单位负反馈系统)

定理 5-13　一般利用输出反馈 Σ_H 不能任意地配置系统的全部极点。因为单位输出反馈中系统零点将影响系统闭环极点。

定理 5-14　对于 $\Sigma_0(\boldsymbol{A}_{n\times n},\boldsymbol{B}_{n\times r},\boldsymbol{C}_{m\times n})$ 系统，当 $\text{rank}\boldsymbol{B}=r$ ， $\text{rank}\boldsymbol{C}=m$ ，则利用 Σ_H 反馈可以对数目为 $\text{Min}\{n,(r+m-1)\}$ 个闭环极点实现“任意地接近”式配置为期望极点。但是，Σ_H 仍不可任意地配置“全部”极点。

定理 5-15　$\Sigma_0(\boldsymbol{A},\boldsymbol{B},\boldsymbol{C})$ 系统当利用 Σ_H 反馈的同时引入串联补偿(校正)器 $\boldsymbol{G}_c(s)$，则可以实现利用 Σ_H 来任意配置全部极点(但配置过程显得复杂)。

定理 5-16　$\Sigma_0(\boldsymbol{A},\boldsymbol{B},\boldsymbol{C})$ 系统利用 Σ_H 输出反馈能够实现镇定的充分必要条件是原系统 Σ_0 实施结构分解后，子系统 $\Sigma_1\in\left[\boldsymbol{X}_k^+\cap\boldsymbol{X}_g^+\right]$ 是满足输出反馈能镇定的，$\Sigma_2\in\left[\boldsymbol{X}_k^+\cap\boldsymbol{X}_g^-\right]$，$\Sigma_3\in\left[\boldsymbol{X}_k^-\cap\boldsymbol{X}_g^+\right]$ 和 $\Sigma_4\in\left[\boldsymbol{X}_k^-\cap\boldsymbol{X}_g^-\right]$ 子系统都是渐近稳定的。这就是说，Σ_0 系统需要镇定的问题仅存在于能控能观子系统 Σ_1 中，而其他三个子系统 Σ_2、Σ_3 和 Σ_4 已经是镇定的了。

显然，工程实际中，一般不用 Σ_H 来实现系统镇定问题。

下面给出状态反馈实现镇定的算法步骤。

第一步，利用定理 5-11 或定理 5-12 校核镇定条件。

第二步，将 $\Sigma_0(\boldsymbol{A},\boldsymbol{B},\boldsymbol{C})$ 系统作能控性结构分解为能控子系统 $\Sigma_1(\boldsymbol{A}_1,\boldsymbol{B}_1,\boldsymbol{C}_1)$ 和不能控子系统 $\Sigma_2(\boldsymbol{A}_2,\boldsymbol{B}_2,\boldsymbol{C}_2)$。

显然，$\text{Re}\left[\lambda_i(\boldsymbol{A})\right]\geqslant 0$ 的极点只能在 Σ_1 子系统中。这样，Σ_0 要实现镇定，实质上是对 $\Sigma_1(\boldsymbol{A}_1,\boldsymbol{B}_1,\boldsymbol{C}_1)$ 子系统实施镇定。

当然，子系统 Σ_2 必须渐近稳定，即 $\text{Re}\left[\lambda_j(\boldsymbol{A}_2)\right]<0$。

第三步，将 Σ_1 子系统化为规范型(Jordan 型或对角线型)，并将规范型调整为 $\text{Re}(\lambda_i)\geqslant 0$ 部分和 $\text{Re}(\lambda_j)<0$ 两部分，以块阵表示。

对 $\Sigma_0(\boldsymbol{A},\boldsymbol{B},\boldsymbol{C})$ 系统作非奇异线性变换，即有

$$\Sigma_1(\boldsymbol{A}_1,\boldsymbol{B}_1,\boldsymbol{C}_1)\Rightarrow\tilde{\Sigma}_1(\tilde{\boldsymbol{A}}_1,\tilde{\boldsymbol{B}}_1,\tilde{\boldsymbol{C}}_1) \tag{5-103}$$

设定 Σ_1 具有 n_1 维，于是

$$\tilde{\boldsymbol{A}}_1=\boldsymbol{Q}^{-1}\boldsymbol{A}_1\boldsymbol{Q}=\begin{bmatrix}\tilde{\boldsymbol{A}}_{11} & \boldsymbol{0}\\ \boldsymbol{0} & \tilde{\boldsymbol{A}}_{22}\end{bmatrix},\qquad \tilde{\boldsymbol{B}}_1=\boldsymbol{Q}^{-1}\boldsymbol{B}_1,\qquad \tilde{\boldsymbol{C}}_1=\boldsymbol{C}_1\boldsymbol{Q} \tag{5-104}$$

其中，$\tilde{\boldsymbol{A}}_{11}$ 为 $n_{11}\times n_{11}$ 维，且 $\text{Re}\left[\lambda_i(\tilde{\boldsymbol{A}}_{11})\right]\geqslant 0\ (i=1,2,\cdots,n_{11})$，$\tilde{\boldsymbol{A}}_{22}$ 为 $n_{12}\times n_{12}$ 维，$\text{Re}\left[\lambda_j(\tilde{\boldsymbol{A}}_{22})\right]<0(j=1,2,\cdots,n_{12})$。当然 $n_{11}+n_{12}=n_1$。同时求出非奇异变换阵 $\boldsymbol{Q}^{-1}$。

显然，第三步可以看成对 Σ_1 实施具有负实部极点和非负实部极点的结构分解。

第四步，对具有非负实部子-子系统(二级子系统) $\tilde{\Sigma}_{11}(\tilde{\boldsymbol{A}}_{11},\tilde{\boldsymbol{B}}_{11},\tilde{\boldsymbol{C}}_{11})$ 利用状态反馈实现镇定，即使这 n_{11} 个非负实部极点“调整”到 s 左半平面来。

换句话说，第四步是对子-子系统$\tilde{\Sigma}_{11}$进行极点配置，且使λ_i“调整”到s左半平面。用$\Sigma_{F_{11}}$状态反馈，使这n_{11}个非左极点位于s左半面，也即使$\mathrm{Re}\left[\lambda_i\left(\tilde{\boldsymbol{A}}_{11}-\tilde{\boldsymbol{B}}_1\tilde{\boldsymbol{F}}_1\right)\right]>0$ $(i=1,2,\cdots,n_{11})$变为$\mathrm{Re}\left[\lambda_i\left(\tilde{\boldsymbol{A}}_{11}-\tilde{\boldsymbol{B}}_1\tilde{\boldsymbol{F}}_1\right)\right]<0$。

第五步，按极点配置方法求状态反馈阵$\boldsymbol{F}$，明显有

$$\tilde{\boldsymbol{F}}=\begin{bmatrix}\tilde{\boldsymbol{F}}_1 & \boldsymbol{0}\end{bmatrix} \tag{5-105}$$

又因为$\boldsymbol{F}$为

$$\boldsymbol{F}=\tilde{\boldsymbol{F}}\cdot\boldsymbol{Q}^{-1}\cdot\boldsymbol{P} \tag{5-106}$$

故有

$$\boldsymbol{F}=\begin{bmatrix}\tilde{\boldsymbol{F}}_1 & \boldsymbol{0}\end{bmatrix}\boldsymbol{Q}^{-1}\cdot\boldsymbol{P} \tag{5-107}$$

要说明的是，第五步计算$\boldsymbol{F}$阵依据的仍然是系统闭环期望极点$\mathrm{Re}\left(\lambda_i^*\right)<0$，由于镇定时不强求具体的负实部准确值，因此会使得计算难度增加或无从着手，即无数据参考。所以工程实际中，$\boldsymbol{F}$阵一般还是结合工艺指标要求设计一个具有负实部且为确定值的闭环期望极点，来计算镇定问题的极点配置，这样一举两得，且解法方便。

【例 5.13】　有Σ_0系统为

$$\Sigma_0:\begin{cases}\dot{\boldsymbol{x}}=\begin{bmatrix}0 & & & & & \\ & (a-4) & 1 & & & \\ & & (b+3) & 0 & 0 & 1 \\ & & & -1 & & \\ & & & & -2 & \\ & & & & & (a+b)\end{bmatrix}\boldsymbol{x}+\begin{bmatrix}1\\0\\0\\1\\1\\0\end{bmatrix}[u] \\ \boldsymbol{y}=\begin{bmatrix}1 & 0 & 0 & 1 & 1 & 0\end{bmatrix}\boldsymbol{x}, \qquad \boldsymbol{D}=\boldsymbol{0}\end{cases}$$

为使系统既能利用Σ_F镇定，又有观测器存在，试确定参数a和b的取值。

解　(1) 对原系统Σ_0作能控能观结构分解，得

$$\tilde{\Sigma}_0:\begin{cases}\dot{\tilde{\boldsymbol{x}}}=\begin{bmatrix}0 & & & & & \boldsymbol{0} \\ & -1 & & & & \\ & & -2 & & & \\ & & & (a-4) & 1 & 0 \\ & & & & (b+3) & 1 \\ \boldsymbol{0} & & & & & (a+b)\end{bmatrix}\tilde{\boldsymbol{x}}+\begin{bmatrix}1\\1\\1\\0\\0\\0\end{bmatrix}[u] \\ \boldsymbol{y}=\begin{bmatrix}1 & 1 & 1 & 0 & 0 & 0\end{bmatrix}\tilde{\boldsymbol{x}}\end{cases}$$

于是，有能控能观子系统

$$\tilde{\Sigma}_1\in\left[\boldsymbol{X}_k^+\cap\boldsymbol{X}_g^+\right]:\begin{cases}\dot{\tilde{\boldsymbol{x}}}_1=\begin{bmatrix}0 & & \boldsymbol{0} \\ & -1 & \\ \boldsymbol{0} & & -2\end{bmatrix}\tilde{\boldsymbol{x}}_1+\begin{bmatrix}1\\1\\1\end{bmatrix}[u] \\ \boldsymbol{y}_1=\begin{bmatrix}1 & 1 & 1\end{bmatrix}\tilde{\boldsymbol{x}}_1\end{cases}$$

以及不能控不能观子系统

$$\tilde{\Sigma}_2 \in \left[\boldsymbol{X}_k^- \cap \boldsymbol{X}_g^- \right]: \begin{cases} \dot{\tilde{\boldsymbol{x}}}_2 = \begin{bmatrix} a-4 & 1 & 0 \\ & b+3 & 1 \\ \boldsymbol{0} & & a+b \end{bmatrix} \tilde{\boldsymbol{x}}_2 + \begin{bmatrix} 0 \\ 0 \\ 0 \end{bmatrix} [u] \\ \boldsymbol{y}_2 = \begin{bmatrix} 0 & 0 & 0 \end{bmatrix} \tilde{\boldsymbol{x}}_2 \end{cases}$$

(2) 求使得 Σ_0 镇定的 a 和 b 的取值。

由定理 5-12 可知，欲使 Σ_0 能镇定，则子系统 $\tilde{\Sigma}_2$ 必须渐近稳定，所以有

$$\begin{cases} a-4<0 \\ b+3<0 \\ a+b<0 \end{cases}$$

解得

$$\begin{cases} a<4 \\ b<-3 \\ a<-b \end{cases}$$

特别注意，$\tilde{\Sigma}_2$ 为典型的 Jordan 标准型，所以还应有

$$\begin{cases} a-4=b+3 \\ a+b=b+3 \end{cases}$$

由此

$$\begin{cases} a=3 \\ b=-4 \end{cases}$$

从而得知，此解符合 $\tilde{\Sigma}_2$ 渐近稳定条件。

(3) 求满足观测器 Σ_{ob} 存在条件时 a 和 b 的取值。

观测器 Σ_{ob} 存在条件是不能观测子系统 $\tilde{\Sigma}_2$ 是渐近稳定的，即与求解系统镇定的充要条件吻合。

所以，可得 a 和 b 的取值为

$$\begin{cases} a=3 \\ b=-4 \end{cases}$$

(4) 结论，此题所示系统若要使系统镇定又要使系统观测器存在，则系统中参数 $a=3$，参数 $b=-4$。

习　题

5.1　设两个子系统 Σ_1 和 Σ_2 分别为

$$\Sigma_1\text{:}\ \boldsymbol{A}_1 = \begin{bmatrix} 0 & 1 \\ -3 & -4 \end{bmatrix}, \quad \boldsymbol{B}_1 = \begin{bmatrix} 0 \\ 1 \end{bmatrix}, \quad \boldsymbol{C}_1 = \begin{bmatrix} 2 & 1 \end{bmatrix}$$

$$\Sigma_2\text{:}\ \boldsymbol{A}_2 = -2, \quad \boldsymbol{B}_2 = 1, \quad \boldsymbol{C}_2 = 1$$

试求出由 Σ_1 和 Σ_2 串联组合系统的状态空间模型，并写出其传递函数阵。

5.2　设有两个子系统 Σ_1 和 Σ_2 为

$$\Sigma_1:\begin{cases}\dot{\boldsymbol{x}}_1=\begin{bmatrix}-1 & 0\\ -2 & -3\end{bmatrix}\begin{bmatrix}x_{11}\\ x_{12}\end{bmatrix}+\begin{bmatrix}0\\ 1\end{bmatrix}[u]\\ \boldsymbol{y}_1=\begin{bmatrix}1 & 0\end{bmatrix}\boldsymbol{x}_1\end{cases}\qquad \Sigma_2:\begin{cases}\dot{\boldsymbol{x}}_2=\begin{bmatrix}-3 & 0\\ 0 & -4\end{bmatrix}\begin{bmatrix}x_{21}\\ x_{22}\end{bmatrix}+\begin{bmatrix}0\\ 1\end{bmatrix}[u]\\ \boldsymbol{y}_2=\begin{bmatrix}0 & 1\end{bmatrix}\boldsymbol{x}_2\end{cases}$$

现将两个子系统相并联组合，试求组合系统的状态空间描述，并写出组合系统传递函数阵。

5.3　设有 Σ_1、Σ_2 两子系统相并联，且

$$\Sigma_1:\begin{cases}\dot{\boldsymbol{x}}_1=\begin{bmatrix}-1 & 0\\ 0 & -2\end{bmatrix}\boldsymbol{x}_1+\begin{bmatrix}1\\ 1\end{bmatrix}[u]\\ \boldsymbol{y}_1=\begin{bmatrix}1 & 0\end{bmatrix}\boldsymbol{x}_1\end{cases}\qquad \Sigma_2:\begin{cases}\dot{\boldsymbol{x}}_2=\begin{bmatrix}1 & 0\\ 0 & 2\end{bmatrix}\boldsymbol{x}_2+\begin{bmatrix}0\\ 1\end{bmatrix}[u]\\ \boldsymbol{y}_2=\begin{bmatrix}0 & 1\end{bmatrix}\boldsymbol{x}_2\end{cases}$$

其中，令 $\boldsymbol{x}_1=\begin{bmatrix}x_1 & x_2\end{bmatrix}^{\mathrm{T}}$；$\boldsymbol{x}_2=\begin{bmatrix}x_3 & x_4\end{bmatrix}^{\mathrm{T}}$。

(1) 试考察组合系统 $\Sigma_0(\boldsymbol{A},\boldsymbol{B})$ 的能控能观性；

(2) 求出组合系统 $\Sigma_0(\boldsymbol{A},\boldsymbol{B})$ 的 $\hat{\boldsymbol{x}}_1$、$\hat{\boldsymbol{x}}_2$、$\hat{\boldsymbol{x}}_3$和$\hat{\boldsymbol{x}}_4$。

5.4　设有 Σ_1、Σ_2 两子系统相串联，且

$$\Sigma_1:\begin{cases}\dot{\boldsymbol{x}}_1=\begin{bmatrix}-1 & 0\\ 0 & -2\end{bmatrix}\boldsymbol{x}_1+\begin{bmatrix}1 & 0\\ 0 & 1\end{bmatrix}[u]\\ \boldsymbol{y}_1=\begin{bmatrix}1 & 0\\ 0 & 1\end{bmatrix}\boldsymbol{x}_1\end{cases}\qquad \Sigma_2:\begin{cases}\dot{\boldsymbol{x}}_2=\begin{bmatrix}0 & 1\\ -2 & -3\end{bmatrix}\boldsymbol{x}_2+\begin{bmatrix}1 & 0\\ 0 & 1\end{bmatrix}\boldsymbol{y}_1\\ \boldsymbol{y}_2=\begin{bmatrix}0 & 1\end{bmatrix}\boldsymbol{x}_2\end{cases}$$

其中，令 $\boldsymbol{x}_1=\begin{bmatrix}x_1 & x_2\end{bmatrix}^{\mathrm{T}}$；$\boldsymbol{x}_2=\begin{bmatrix}x_3 & x_4\end{bmatrix}^{\mathrm{T}}$。

(1) 试求串联组合系统 Σ_0 的状态空间描述；

(2) 试求串联组合系统 Σ_0 的传递函数 $\boldsymbol{G}_0(s)$；

(3) 讨论串联组合系统 Σ_0 的能控能观性。

5.5　已知能控系统的状态方程为

$$\begin{cases}\dot{\boldsymbol{x}}=\begin{bmatrix}-1 & -2\\ -1 & -3\end{bmatrix}\boldsymbol{x}+\begin{bmatrix}2\\ 1\end{bmatrix}\boldsymbol{u}\\ \boldsymbol{y}=\begin{bmatrix}1 & 1\end{bmatrix}\boldsymbol{x}\end{cases}$$

试求状态反馈矩阵 $\boldsymbol{F}$，使闭环系统的极点配置为 $-1\pm \mathrm{j}2$。

5.6　已知系统状态方程为

$$\begin{cases}\dot{\boldsymbol{x}}=\begin{bmatrix}1 & 1 & 0\\ 0 & 1 & 0\\ 0 & 0 & 2\end{bmatrix}\boldsymbol{x}+\begin{bmatrix}0\\ 1\\ -2\end{bmatrix}\boldsymbol{u}\\ \boldsymbol{y}=\begin{bmatrix}1 & 1 & 0\end{bmatrix}\boldsymbol{x}\end{cases}$$

试求状态反馈矩阵 $\boldsymbol{F}$，使闭环系统的极点配置为 -2 和 $-1\pm \mathrm{j}2$，并画出状态反馈系统 Σ_{F} 的状态变量图。

5.7　给定系统

$$\begin{cases}\dot{\boldsymbol{x}}=\begin{bmatrix}0 & 1\\ -6 & -5\end{bmatrix}\boldsymbol{x}+\begin{bmatrix}0\\ 1\end{bmatrix}\boldsymbol{u}\\ \boldsymbol{y}=\begin{bmatrix}1 & 0\end{bmatrix}\boldsymbol{x}\end{cases}$$

试设计一个状态反馈闭环系统，满足以下要求：闭环系统的阻尼系数 $\xi=0.707$，阶跃响应的峰值时间等于 3.14s。画出状态反馈系统 Σ_{F} 的状态变量图。

5.8　设控制系统 Σ_0 如题图 5-35 所示，试设计状态反馈矩阵 $\boldsymbol{F}$，使闭环系统输出超调量 $\sigma\% \leqslant 5\%$ 和峰值时间 $t_p \leqslant 5\text{s}$。

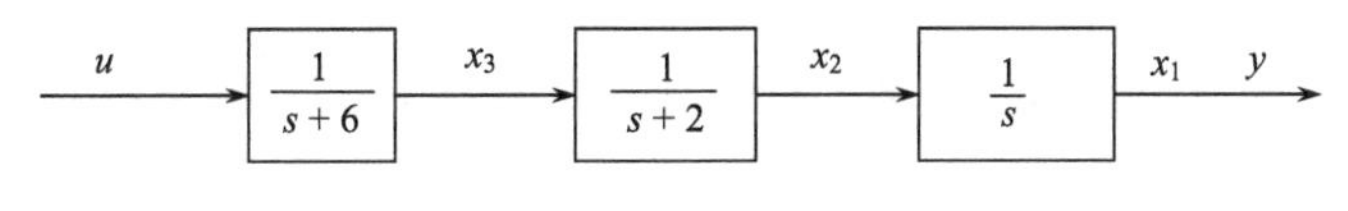

图 5-35　题 5.8 图

5.9　给定系统

$$\begin{cases} \dot{\boldsymbol{x}} = \begin{bmatrix} 0 & 1 \\ 0 & 0 \end{bmatrix}\boldsymbol{x} + \begin{bmatrix} 0 \\ 1 \end{bmatrix}\boldsymbol{u} \\ \boldsymbol{y} = \begin{bmatrix} 1 & 0 \end{bmatrix}\boldsymbol{x} \end{cases}$$

试设计全维状态观测器，使观测器的特征值为 ${}^*\lambda_1 = -2$，${}^*\lambda_2 = -4$，并画出系统状态变量图。

5.10　给定时不变系统

$$\begin{cases} \dot{\boldsymbol{x}} = \begin{bmatrix} 0 & 1 & 0 \\ 0 & 0 & 1 \\ 0 & 0 & 0 \end{bmatrix}\boldsymbol{x} + \begin{bmatrix} 0 \\ 0 \\ 1 \end{bmatrix}\boldsymbol{u} \\ \boldsymbol{y} = \begin{bmatrix} 1 & 0 & 0 \end{bmatrix}\boldsymbol{x} \end{cases}$$

试设计降维观测器，使观测器期望极点为 -4、-5，并画出系统状态变量图。

5.11　设时不变系统的状态空间描述为

$$\begin{cases} \dot{\boldsymbol{x}} = \begin{bmatrix} 0 & 1 \\ 0 & -1 \end{bmatrix}\boldsymbol{x} + \begin{bmatrix} 0 \\ 1 \end{bmatrix}\boldsymbol{u} \\ \boldsymbol{y} = \begin{bmatrix} 10 & 0 \end{bmatrix}\boldsymbol{x} \end{cases}$$

试设计带有状态观测器的状态反馈，使闭环系统的特征值为 $\lambda_{1,2}^* = -2 \pm \mathrm{j}$。

5.12　设时不变系统的传递函数为

$$G(s) = \frac{1}{(s+1)(s+2)}$$

假定系统所有状态在物理上均不可测量，试设计观测器实现状态反馈，使得闭环系统极点为 $-1 \pm \mathrm{j}$，观测器的极点为 -3、-3。画出状态变量图。

5.13　给定时不变系统

$$\begin{cases} \dot{\boldsymbol{x}} = \begin{bmatrix} 1 & 0 & 0 \\ 0 & 2 & 1 \\ 0 & 0 & 2 \end{bmatrix}\boldsymbol{x} + \begin{bmatrix} 1 \\ 0 \\ 1 \end{bmatrix}\boldsymbol{u} \\ \boldsymbol{y} = \begin{bmatrix} 1 & 1 & 0 \end{bmatrix}\boldsymbol{x} \end{cases}$$

试设计一个状态观测器，要求将其极点配置在 -3、-4 和 -5 上。画出状态变量图。

5.14　设时不变系统的传递函数为 $G_0(s) = \dfrac{1}{s^3}$。若系统状态在物理上均不可测量，试设计状态反馈控制，使闭环系统具有 -3、$-\dfrac{1}{2} \pm \mathrm{j}\sqrt{\dfrac{3}{2}}$ 的极点，并绘出闭环后的系统状态变量图。

5.15　有 $\Sigma_0(\boldsymbol{A},\boldsymbol{B})$ 为

$$\begin{cases}\dot{\boldsymbol{x}}=\begin{bmatrix}-1 & 0\\ 0 & -2\end{bmatrix}\boldsymbol{x}+\begin{bmatrix}1\\1\end{bmatrix}[u]\\ \boldsymbol{y}=\begin{bmatrix}1 & 1\end{bmatrix}\boldsymbol{x}\end{cases}$$

若系统状态是物理上完全可测量的，试设计一个系统 Σ_{F} 使闭环系统满足如下性能指标：$M_{\mathrm{p}}=4.3\%$，$t_s\leqslant 0.05\mathrm{s}$。

5.16　有 $\Sigma_0(\boldsymbol{A},\boldsymbol{B})$ 系统如下：

$$\begin{cases}\dot{\boldsymbol{x}}=\begin{bmatrix}-1 & & & & & \\ & a+1 & & & \boldsymbol{0} & \\ & & b+2 & & & \\ & & & 0 & 1 & \\ & \boldsymbol{0} & & & 0 & \\ & & & & & 2\end{bmatrix}\begin{bmatrix}x_1\\x_2\\x_3\\x_4\\x_5\\x_6\end{bmatrix}+\begin{bmatrix}0 & 1\\0 & 0\\0 & 0\\0 & 0\\1 & 0\\0 & 1\end{bmatrix}\begin{bmatrix}u_1\\u_2\end{bmatrix}\\ \boldsymbol{y}=\begin{bmatrix}0 & 1 & 0 & 0 & 1 & 0\\0 & 0 & 0 & 1 & 0 & 1\end{bmatrix}\boldsymbol{x}\end{cases}$$

设系统仅有一对重极点，其余为单极点。

(1) 试问系统是否需要镇定？

(2) 当用 Σ_{H} 进行镇定时，可以配置几个极点？

(3) 当用 Σ_{H} 进行镇定时，求参数 a 和 b 的值域。

5.17　求一串联补偿器 $\boldsymbol{G}_c(s)$，使时不变系统

$$\boldsymbol{G}_0(s)=\begin{bmatrix}\dfrac{1}{s+1} & \dfrac{1}{s+2}\\ \dfrac{1}{s(s+1)} & \dfrac{1}{s}\end{bmatrix}$$

解耦，且解耦后的传递函数矩阵 $\boldsymbol{G}(s)$ 为

$$\boldsymbol{G}(s)=\begin{bmatrix}\dfrac{1}{(s+1)^2} & 0\\ 0 & \dfrac{1}{(s+2)^2}\end{bmatrix}$$

5.18　已知受控系统为

$$\begin{cases}\dot{\boldsymbol{x}}=\begin{bmatrix}0 & 0 & 0\\0 & 0 & 0\\0 & 1 & 0\end{bmatrix}\boldsymbol{x}+\begin{bmatrix}1 & 0\\0 & 0\\0 & 1\end{bmatrix}\boldsymbol{u}\\ \boldsymbol{y}=\begin{bmatrix}1 & 0 & 0\\0 & 0 & 1\end{bmatrix}\boldsymbol{x}\end{cases}$$

试利用状态反馈解耦系统，求 $\boldsymbol{F}$ 阵、$\boldsymbol{K}$ 阵及解耦后的传递函数阵 $\boldsymbol{G}_{\mathrm{KF}}(s)$，画出状态变量图。

5.19　已知系统的状态方程为

$$\dot{\boldsymbol{x}}=\begin{bmatrix}1 & 0 & -1\\0 & -2 & 0\\-1 & 0 & 2\end{bmatrix}\boldsymbol{x}+\begin{bmatrix}0\\0\\1\end{bmatrix}\boldsymbol{u}$$

试判断系统是否需要镇定。若需要镇定，利用状态反馈使闭环系统成为渐近稳定系统。

5.20　设 $\Sigma_0(\boldsymbol{A},\boldsymbol{B})$ 由下式描述：

$$
\begin{cases}
\dot{\boldsymbol{x}} = \begin{bmatrix} 0 & & & & & \\ & b-4 & 1 & & & \\ & & c+3 & & & 1 \\ & & & -4 & & \\ & & & & -3 & \\ & & & & & b+c \end{bmatrix} \boldsymbol{x} + \begin{bmatrix} 3a+2 \\ 0 \\ 0 \\ 1 \\ 1 \\ 0 \end{bmatrix} [u] \\
\boldsymbol{y} = \begin{bmatrix} 1 & 0 & 0 & 1 & 1 & 0 \end{bmatrix} \boldsymbol{x}, \qquad \boldsymbol{D} = \boldsymbol{0}
\end{cases}
$$

若要既使系统状态观测器存在，又能使系统镇定，那么系统中参数 a 、b 和 c 的取值应当是多少？

参 考 文 献

胡寿松, 2001. 自动控制原理[M]. 4 版. 北京: 科学出版社.

李先允, 2007. 现代控制理论基础[M]. 北京: 机械工业出版社.

李友善, 1981. 自动控制原理(下册)[M]. 北京: 国防工业出版社.

梁慧冰, 孙炳达, 2004. 现代控制理论基础[M]. 北京: 机械工业出版社.

刘豹, 2000. 现代控制理论[M]. 2 版. 北京: 机械工业出版社.

OGATA K, 2000. 现代控制工程[M]. 2 版. 卢伯英, 佟明安, 译. 北京: 电子工业出版社.

宋丽蓉, 2006. 现代控制理论基础[M]. 北京: 中国电力出版社.

汪纪锋, 1992. 单特征值系统的特殊标准型[J]. 重庆建筑大学学报, 10: 15-19.

汪纪锋, 1993. 线性系统输出响应降维求解[J] //智能控制与智能自动化, 第一届全球华人智能控制与智能自动化大会论文集(下卷).北京: 科学出版社: 1905-1910.

汪纪锋, 2010. 分数阶系统控制性能分析[M]. 北京: 电子工业出版社.

汪纪锋, 肖河, 2009. 分数阶全维观测器设计[J]. 重庆邮电大学学报(自然科学版), 21(6): 795-798.

吴麒, 1992. 自动控制原理(下册)[M]. 北京: 清华大学出版社.

谢克明, 2000. 现代控制理论基础[M]. 北京: 北京工业大学出版社.

尤昌德, 1996. 现代控制理论基础[M]. 北京: 电子工业出版社.

于凤敏, 于南翔, 汪纪锋, 2007. 分数阶线性定常系统的能控性研究[J]. 重庆邮电大学学报(自然科学版), 19(5): 647-648.

郑大钟, 2002. 线性系统理论[M]. 2 版. 北京: 清华大学出版社.

CHEN C T, 1984. Linear system theory and design[M]. Philadelphia: CBS College Publishing.

WANG J F, 1994. A new fangled normative form for single eigenvalue systems[J]. Proceedings of ICARCV'94, 11(3): 2214-2218.

WANG J F, LI Y K, 2005. Frequency domain analysis and applications for fractional-order control systems[J]. Journal of Physics: Conference Series, 13: 268-273.

WANG J F, LI Y K, 2006. Frequency domain stability criteria for fractional-order control systems[J].Journal of Chongqing University (English Edition), 3(5): 30-35.